Data Architecture of Enterprise

企业级数据架构

核心要素、架构模型、数据管理与平台搭建

李杨 ◎著

图书在版编目（CIP）数据

企业级数据架构：核心要素、架构模型、数据管理与平台搭建 / 李杨著. —北京：机械工业出版社，2023.12

（架构师书库）

ISBN 978-7-111-74682-9

Ⅰ.①企… Ⅱ.①李… Ⅲ.①数据处理 Ⅳ.①TP274

中国国家版本馆 CIP 数据核字（2024）第 008136 号

机械工业出版社（北京市百万庄大街 22 号 邮政编码 100037）

策划编辑：杨福川　　责任编辑：杨福川

责任校对：张亚楠　梁　静　　责任印制：李　昂

河北宝昌佳彩印刷有限公司

2024 年 2 月第 1 版第 1 次印刷

186mm × 240mm · 21.5 印张 · 467 千字

标准书号：ISBN 978-7-111-74682-9

定价：99.00 元

电话服务

客服电话：010-88361066

010-88379833

010-68326294

网络服务

机　工　官　网：www.cmpbook.com

机　工　官　博：weibo.com/cmp1952

金　　书　　网：www.golden-book.com

机工教育服务网：www.cmpedu.com

Preamble 序

企业的数字化转型是近十几年来的热门话题，备受关注。然而，很少有企业宣称自己数字化转型成功，相反，很多企业遇到了各种阻碍和挑战。最近在一个研讨会上，有人问到：当前数字化转型最缺乏的是什么？我回答：企业架构，或者业务与IT联动的可演进的顶层设计。

企业架构作为企业数字化转型的设计蓝图，对于许多大型企业或组织来说，具有至关重要的作用。在快速变化和应接不暇的新技术引入与迭代过程中，企业的业务需求也呈现出快速多变的特点。企业IT系统的数量和规模在过去30年中飞速增长，"量变引起质变"，导致企业的系统复杂度呈指数级提升。其中，企业产生和使用的数据海量增加，进一步提升了企业系统的技术复杂度。

然而，很多企业对业务、IT和数据等方面缺乏整体的规划与定义，使得数字化转型往往呈现出烟囱状或补丁式的改进，无法实现预期的价值和目标。因此，一个与业务战略紧密关联的企业架构，包括数据架构，是确保数字化转型能够在整体有机规划下实现持续扩展和平滑演进的必要条件。

我常常将新兴的IT行业与成熟的建筑行业进行类比。架构师与建筑师对应同一个英文单词：architect。建筑行业作为人类社会发展历史中最为成熟的领域，已有三千多年的历史，而IT行业的发展借鉴了许多建筑领域的理念和精华。例如，IT行业广为人知的瀑布式开发模式，是1970年由Winston Royce博士借鉴建筑工程领域的思想而提出的，定义了软件开发生命周期的不同阶段。再如设计模式，它借鉴了美国建筑大师克里斯托夫·亚历山大（Christopher Alexander）的著作《建筑模式语言：城镇、建筑、构造》中的思想，提炼归纳了常用的软件设计模式，从而推动IT行业从"工坊式"开发阶段进入强调复用性和标准化的"软件工程"阶段。

同样，数字化转型也可以从建筑行业的发展历程中汲取经验。在原始社会，人们依靠简单的茅草屋、简陋的棚子以及互相依赖的部落或村落来遮风挡雨，保护自己。随着社会和技术的发展，逐渐形成了城镇和城市，建筑物也逐渐扩展出更多功能，比如从一般的住宅到办公楼宇、活跃商圈、文化展览场所等。回顾建筑行业的历史，我们可以看到从村落发展到城镇，从城镇发展到普通城市，从普通城市发展到大都市圈，每一次飞跃都是在新的需求和技术驱动下进行的重建和转型。一个城镇不可能通过修修补补自然地发展成一个面向未来的都市；而一个工业城市要转型成一个旅游城市，同样需要整体的规划设计和建设。

回顾IT行业的发展历程，我们可以看到最早期的单体应用和零散的办公系统，服务总线上的*N*层架构，分布式、微服务化以及前 / 中 / 后台分离的复杂体系。面对不同企业的IT现状，有些企业的数字化转型相当于从城镇化到城市化，而有些企业的数字化转型则可能相当于从工业城市转变成旅游城市。建筑行业经过数千年的实践沉淀出了规划设计先行的理念。因此，数字化转型也需要在新环境和新目标下提供顶层设计和规划。这个顶层设计需要考虑更长远的业务发展方向，并设计出可演变、可扩展、可复用的系统来支持业务的快速变化。这些正是企业架构设计的目的和产出。

数字化转型的核心在于“转型”，而前提则是“数字化”。大多数中国企业正面临各种系统和应用以及新旧基础设施相互交叠所形成的复杂性挑战，其中最核心的问题之一就是碎片化、烟囱式的数字化导致的数字孤岛现象。缺乏整体规划设计的集成往往难以充分实现企业转型的价值和对业务的赋能。由于数据过于复杂、分散且不统一，很多企业无法充分挖掘和利用数据的潜能，也无法及时通过数据分析得到业务发展需要的预警或机会。作为企业数字化最核心的资产，企业层面的数据全生命周期管理（包括定义、规划、使用和维护等）尤为重要。这些都属于企业数据架构的范畴，但遗憾的是很多企业只关注后期的数据治理，而没有从源头上关注早期的整体规划和设计，造成了“治标不治本”的普遍现象。

李杨是我认识的一位非常勤奋、有想法、肯钻研并且乐于在架构社区分享的架构师。我经常提到架构师需要具备三个核心能力——技术能力、沟通能力和领导力，而著书立说是这三种能力的综合体现。为了撰写这本书，李杨阅读了大量国内外相关资料，并结合自己的工作经验，在工作之余坚持不懈地写作，历时两年有余。企业级的数据架构设计相关著述在国内外都比较少，李杨的这本书在一定程度上填补了国内在这个领域的空白。

架构是一个整体，数据架构是其中的一个核心领域。不仅数据架构师能从此书中直接获益，其他架构师、软件开发人员甚至业务人员也能通过此书深入了解企业架构从数据的设计到开发、使用和演变的整体生命周期。

希望更多的从业者能认识到企业级架构（包括业务、数据、应用、安全等）对转型的指导作用。李杨的这本书可以为从业者从数据角度理解企业架构提供参考。

金新明　平安科技首席架构师

Author's Preface 自　序

在工作上，我更希望别人称呼我为“李工”，这个“工”是工程师的缩写，对应的英文单词是 Engineer。这样的称呼其实与我的具体职务或职位无关，而仅仅代表我是一个具备专业技能的 IT 从业者。

尽管我在这个行业中已经工作了十几年，但仍然算是一个晚辈。幸运的是，这些年来我经历了比较大的角色转变，从一个相对单纯的数据开发人员转变为一个相对单纯的应用开发人员。虽然这种转变让我在一段时间内感到非常痛苦，但也让我对企业数据架构及应用架构有了更加全面的理解。

正如有一首歌的歌词所说：“What doesn’t kill you makes you stronger.”两种角色，让我有了两种思考问题的视角：数据架构及数据开发人员的视角和企业应用架构及应用开发人员的视角。我逐渐对“数据孤岛”“数据荒漠”背后的原因有了更加深刻的认知。

当前数字化浪潮已经席卷各个行业，各种数据概念层出不穷。企业数字化转型、迈向数字化的需求此起彼伏，数据湖、数据中台、流批一体化、湖仓一体等各种架构或解决方案应运而生，数据治理、数据资产等各种要求随之出现，DataOps 等各种探索也逐步展开。以上种种无疑对从业者提出了更高的要求。

然而，我发现很多从业者对于他们的工作内容在企业数据版图中所处的位置或所起的作用并不清楚，对于新时代背景下的数据技能的要求也有些困惑，甚至连很多与数据相关的基础概念都不太了解。这些都表明企业对于数据相关人才的诉求与数据从业者之间存在一些错配。

为了解决这个问题，我根据自己的理解，提炼出了一些相对重要的内容（由于个人能力有限，可能存在一些疏漏），无论企业数字化进程处于哪个阶段，这些内容都是构成企业数据架构的基础，并且可能会随着数字化进程的加深而变得越来越重要。

近几年企业数据建设发展迅速，我与很多行业的从业者对此进行了深入的探讨。探讨过程中得到了很多优秀人员的无私帮助，他们是我的良师益友。张忠梅、何森两位分别深入阐述了各自领域中企业数字化的诉求，例如金融创新应用场景下的数据资产管理实践等。

袁在敏、张铮作为非常资深的数据从业者以及优秀的项目管理者，始终奋斗在企业数字化转型的一线，他们让我了解了不同行业的企业在数字化转型中所处的具体阶段以及遇到的一些问题。杨非作为我 10 多年前的老领导，是我进入数据行业的引路人，在一起工作的日子里，我深刻体会到了他的专业以及对于数据体系的独到见解，大受裨益。没有他们的帮助和支持，我将无法完成这本书。

最后要感谢我的朋友和家人。为了写这本书，我经常在咖啡厅中度过周末，而我的女儿 Shiry 会坐在我面前写作业。每当抬头看到她可爱的脸庞时，我都会获得坚持写下去的动力。写作的这两年多来，我经常从晚上写到凌晨，感谢我的太太理解和支持我，给我营造一个温柔的环境，让我可以安心地创作下去。感谢她们一直以来对我的鼓励和陪伴。

Preface 前　言

为何写作本书

2017 年英国《经济学人》杂志提出一个观点：世界上最具价值的资源不再是石油，而是数据。有关数据的各种概念，如数据要素、数字经济、数字化转型以及数据资产定价等不断提出，对数据理论层面的探索从未停止过。各行各业乃至整个社会都对数据愈发重视，政府也提出建设"数字中国"的概念。上述种种无疑对数据从业者提出了更高的要求。

笔者工作这十几年来始终在一线从事开发工作，接触过很多企业内部的需求。笔者清楚地感受到，企业在不同时期，对于数据平台的定位或者期待发生了很大的变化，同时企业高层对于数据的重视程度也在持续提高。同时，企业内部关于数据平台建设的思路或者对于从业者技能的要求也发生了巨大的变化。

笔者花了很长时间去思考一些问题，例如：数据平台在这些年的发展过程中，有哪些内容是始终不变的，哪些内容变得更加重要；从业者需要掌握哪些技能才能更好地适应新时代的发展。基于这些思考，笔者写了这本书，从数据架构的角度阐述不同时期企业数据平台的建设，期望给从业者提供一些参考。

本书主要特点

这是一本偏落地实践的书。笔者会基于自己在一线工作的经验，在书中详细介绍数据架构涉及的技术栈、技术组件以及数据架构落地中可能遇到的问题，并提供对应的解决方案。

这也是一本包含必要理论的书。数据架构涉及大量的概念，不同的概念在不同的阶段可能会有不同的内涵。所以本书会针对这些概念以及不同概念之间的因果关系、逻辑关系等进行详细的介绍。通过这些介绍，相信读者可以更加深入地了解数据架构。

本书会将书介绍的组件与书中提到的理论相结合，并一步步地带领读者搭建自己的迷你版数据平台，以加深读者对于数据架构的理解。

本书读者对象

本书是一本企业数据架构相关的书，比较全面地介绍了企业数据架构在企业架构中的位置以及数据架构的构成等。从内容来看，本书比较适合以下读者阅读：

- 对数据感兴趣的相关行业从业者。
- 想了解企业数字化转型内涵的相关人员。
- 期望从事数据相关工作的初学者。
- 想提升自身能力的数据相关从业者。
- 想拓展自己的技术领域的应用开发人员。
- 正在或者将要进行数据治理或者数据资产建设的相关人员。
- 在建设企业数据平台时遇到困难的一线人员。

如何阅读本书

本书共 17 章，分为五部分。

第一部分为架构基础（第 1 章），将会总览性地介绍企业架构及数据架构的内容。

第 1 章主要介绍企业架构的组成，例如业务架构、数据架构及应用架构等，从不同角度解析两个主要企业架构——Zachman 框架及 TOGAF，并对比不同组织或者机构对于数据架构的理解。

第二部分为数据架构基础（第 2~6 章），从不同方面阐述数据架构的组成。

第 2 章主要介绍数据架构的构成，例如数据模型、元数据、数据质量、数据标准、数据治理、数据资产、数据生命周期、数据分布、常见数据架构技术选型、数据调度等。如果想知道数据架构的核心组成，建议仔细阅读这一章。

第 3 章主要介绍数据架构中数据存储的发展以及不同类型数据存储的特点，然后分别从集中式数据库、分布式数据库、大数据存储、特定领域存储、实时计算阶段等方面进行详细阐述。如果对于不同类型的数据存储都非常了解的话，这一章可以选择性阅读。

第 4 章主要介绍数据存储中数据调度与消息传输的相关内容，对比了不同类型的商业 ETL 软件的区别，之后分别介绍了开源调度平台（Airflow）、ETL 工具（DataX）、消息中间件（Kafka）的架构及核心概念等。读者可以根据自己对这些内容的了解程度有选择地阅读这一章。

第 5 章主要介绍数据架构的演进，引出 Lambda 架构和 Kappa 架构，并详细介绍这两种架构的组成及区别，最后简单介绍流批一体化的优劣势。

第 6 章主要介绍数据架构落地中可能涉及的各种辅助类应用，例如资源管理、资源及组件监控、应用监控以及日志监控等。如果企业内部已经有比较成熟的解决方案，这一章可以作为拓展阅读内容。

第三部分为数据架构模型实践（第 7~9 章），详细介绍了数据架构涉及的数据模型的部分。

第 7 章主要介绍企业内部数据区的划分以及企业内部数据的流向等内容，包括大多数企业内部数据区层级的划分以及每一层级的作用，并介绍互联网公司的集成型数据区分层特点等。

第 8 章主要介绍数据模型架构的内容，包括建模策略、建模步骤、建模方法论以及常见模型概述等。对于数据建模比较感兴趣的读者可以仔细阅读这一章内容。

第 9 章主要介绍维度建模的内容，包括维度建模概述、维度建模总线结构、维度详解、缓慢变化维度、事实表详解、事务型事实表等。对于维度建模的各种概念不是很理解的读者可以仔细阅读这一章内容。

第四部分为数据资产管理（第 10~14 章），第 10~12 章介绍数据架构的核心内容，第 13 章及第 14 章介绍企业如何开展数据治理以及数据资产相关工作。

第 10 章主要介绍元数据管理，包括元数据的产生、分类及价值等，同时介绍元数据的应用及生命周期等，最后阐述如何构建元数据管理体系。

第 11 章主要介绍数据质量管理，主要内容包括数据质量的管理框架、核心维度及规则体系等，同时介绍企业如何进行数据质量评估。

第 12 章主要介绍数据标准管理，详细阐述了数据标准的内涵、体系设计框架、管理流程以及面临的挑战，最后系统阐述数据标准与数据质量的关系。如果想系统了解不同概念之间的关系，需要花点时间阅读这一章内容。

第 13 章主要介绍数据治理的相关内容，就数据治理的产生原因、内涵、核心准则、通用流程等内容进行阐述，最后列举数据治理面临的挑战以及相应的应对方式。推荐将要或者正在进行数据治理的读者仔细阅读这一章内容。

第 14 章主要介绍数据资产管理相关的内容，包括数据资产的现状以及当前企业可以进行的数据资产管理内容，梳理数据资产与其他概念之间的关系，同时详细介绍如何展开数据资产目录构建工作。

第五部分为数据架构实践（第 15~17 章），从实践的角度对前面的内容进行了介绍。

第 15 章主要介绍离线计算的相关实践，并以某个具体的场景为例展开介绍，包括架构设计、软件部署、模型设计、数据处理及离线计算数据应用等。

第 16 章主要介绍实时计算的相关实践，同样以某个具体的场景为例展开深入介绍，包括架构设计、软件部署、连通性配置、实时计算层等。

第 17 章主要结合笔者自身的理解以及在行业内的多年观察对数字未来进行展望，希望可以给读者带来一些启发。

由于水平有限，书中可能存在一些描述不准确或者错误的地方，恳请读者多多包涵。同时期待本书可以对读者的工作提供一些帮助。

Contents 目　录

第一部分 Part 1

架构基础

我们经常会在不同的场景下提到各种与架构相关的词语，例如企业架构、业务架构、数据架构、技术架构等。任何类型的架构本质上都是一个系统工程。因为架构的设计过程就是利用整体与局部之间的关系协调和相互配合，实现总体最优的过程。如果把从事商业行为的特定企业看成一个系统的话，那么该企业的正常运转就必须依赖组成企业的各个部分之间的相互配合，并在运转的过程中逐步迭代以达到最优效果。该运转过程所构成的体系就是企业的整体架构，即企业架构。

企业的运转有着具体的业务（商业）目的，在具体的业务过程中需要依赖不同的数据以及相关的应用系统。所以企业需要针对业务活动中的关键要素，如业务、数据及应用等进行系统化的设计，以达到整体最优，即完成企业的业务架构、数据架构及应用架构等设计过程。

本篇将站在全局视角梳理企业架构、业务架构及数据架构等架构之间的关系，并借鉴主流的企业架构或者方法论来进一步阐述不同的视角对于企业架构以及其他架构的理解，以让读者明白不同类型架构的主要作用及意义。

然而一千个读者有一千个哈姆雷特，架构亦如此。不同的业态，不同的场景下架构师或者从业者对于架构的理解都会有区别，没有最完美的架构，只有最合适的架构。

Tips **架构**是指为了优化整体结构或者功能、性能、可行性、成本和美感而对构成要素进行的有组织的设计。

[美]劳拉·塞巴斯蒂安·科尔曼

第1章 Chapter 1

企业架构概述

企业是具有一系列共同目标的组织的集合。企业架构（Enterprise Architecture，EA）则是为了有效地实现这一系列目标，去定义企业的结构和运作模式的概念蓝图，是构成企业的所有关键元素及其关系的综合描述。这里的企业架构并不是我们理解的支持企业发展的软件架构，而是企业内部业务以及IT架构的统称，如图1-1所示。

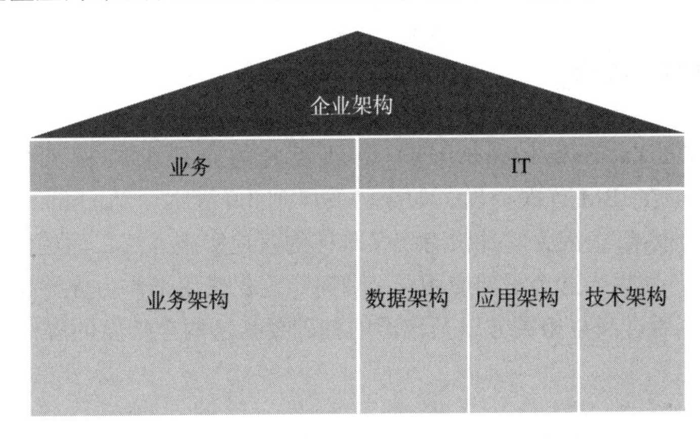

图1-1　企业架构示意图

数据架构隶属于IT范畴，是企业架构的一部分，依赖于企业日常商业（业务）活动所产生的数据。它对企业中的数据进行组织及管理，结合特定方法论及技术手段以满足企业中各组织对于数据的不同诉求。正如开篇提到的，对于数据架构，从不同的视角看会有不同的认知。本章主要从企业的视角介绍企业架构的主要构成，首先通过介绍两种主流的企业架构框架（Zachman 框架和 TOGAF）来让大家明白针对复杂的企业架构如何设计每个模块以及每个模块的关键点，然后介绍企业架构的两个核心部分——业务架构和数据架构。

期望通过本章的学习，读者可以形成对于企业架构及其组成部分的较为具象的认知，明白不同的架构在企业中的作用。

1.1 企业架构

企业架构并不是单一的理论或者技术体系，而是针对不同组织中具有体系的、普遍性的问题而提供的通用解决方案。在实践层面，企业架构并不是单一的某个具体企业流程，它可以代表企业内部的某个特定领域，是一种相对关系。

在实践中，企业架构主要由不同领域的架构构成，不同领域的架构师必须相互合作才能构建统一、完整的企业架构。这是因为当前企业内的业务需求都无法离开系统而孤立地存在，即便是一封简单的邮件都需要依赖邮件系统来完成发送。这造成了各个领域间工作的相互影响和相互依赖。

然而企业架构以及各个领域的架构都过于抽象，很难直接指导具体工作的落地，所以不同领域的架构师需要具体的框架或者方法论对上述架构进行拆解，即“架构的架构”，进而衍生出不同的框架对企业架构及其组成部分进行拆解，指导我们在具体工作中应该从什么方面入手以及需要注意什么。

1.2 Zachman 框架

Zachman 框架（Zachman Framework）是最著名的企业架构框架之一，由 John A. Zachman 于 1987 年在 IBM 首次提出，如今已发展到 3.0 版本。 Zachman 框架其实并不是我们通常理解的“框架”，因为它并没有定义具体的落地实施方法，而更像一种方法论（原文称作 Ontology）。所以当这个框架应用于企业时，它仅仅用来作为分类和组织企业的描述形式的逻辑结构，通过利益相关方以及沟通的基础要素这两个维度的解构，完成整个企业架构的理论基础。

1.2.1 Zachman 框架的维度

在创建建筑、飞机以及其他复杂的项目或者系统时，Zachman 意识到对于复杂的对象可以通过拆分利益相关方以及不同维度，使其变得更有条理。为此，Zachman 将企业架构涉及的基本要素拆分成一个 6×6 的二维矩阵，并在这个矩阵中清楚地定义了每个单元格的内容性质、语义及使用方法等。

这个矩阵由两个维度构成：利益相关方和问题的基本要素。其中，利益相关方（包括管理层、业务管理者、架构师、工程师、技术人员以及操作人员等 6 个角色）对应回答 What、How、Where、Who、When 以及 Why 这 6 个问题，进而构成整个框架的完整内容，如图 1-2 所示。

	是什么（What）	怎样做（How）	在哪里（Where）	是谁（Who）	什么时间（When）	为什么（Why）	
管理层	库存标识	过程识别	网络识别	责任认定	时间识别	动机识别	上下文范围
业务管理者	库存定义	流程定义	网络定义	责任定义	时间定义	动机定义	业务概念
架构师	库存表示	过程表示	网络表示	责任表示	时间表示	动机表示	系统逻辑
工程师	库存规格	流程规范	网络规范	责任规范	时间规范	动机规范	实施部署
技术人员	库存配置	流程配置	网络配置	责任配置	时间配置	动机配置	工作组件
操作人员	库存实例	流程实例	网络实例	责任实例	时间实例	动机实例	操作实例
	库存集	过程流	分销网络	责任分配	时间周期	动机的意图	

图 1-2　简化的 Zachman 框架

1.2.2　Zachman 框架的特点

在当今复杂的业务环境中，许多大型组织很难应对变化。困难的部分原因是组织缺乏对不同领域中复杂结构和组件的内部理解，在这些领域中，有关业务的遗留信息被锁定在特定员工或业务部门的范围内。

Zachman 框架控制业务抽象的复杂性，实现单个业务变量的隔离。当组织着手进行企业架构的设计与开发时，Zachman 框架可以确保不同的角色关注不同的重点，明确不同角色的边界。例如，面向服务架构相关的材料很有可能就放在第三行（从架构师的角度看），它们一般不会引起业务管理者的兴趣。

Zachman 框架通过从不同的角度（5W1H）进行拆分，来帮助架构师聚焦某个具体的问题，确保不会产生冗余的功能或者规划，保证整个模块的相对独立性。这一点非常重要，因为它从设计之初就减少了后续的整体维护及沟通成本等。例如电商产品模块中存在两张类似的商品维度表以及部分相同的字段，那么基于这两张表中的任何一张都可以完成功能开发，这时就会产生沟通成本，并且人员的更替或者沟通的问题都可能导致不同的功能采用不同的数据表，进而产生较高的维护成本。因为任何涉及相同字段数据的更新都会涉及多次开发流程，随着时间的流逝，这种设计带来的成本将会成倍增加。这只是两张表导致的成本增加。对于 Zachman 框架这种高度抽象的框架来说，它需要帮助架构师尽量避免冗余带来的实施或服务过程中的潜在风险。

1.2.3 Zachman 框架的使用

在具体的工作中，如何利用 Zachman 框架指导利益相关方进行思考或者工作呢？下面以 Zachman 框架中的架构师这一角色为例简单讲解一下。

架构师这个角色的业务观点主要是满足系统逻辑设计。按照框架内容来看，框架主要分为 6 个方面：组成对象及关系（What）、系统功能及输入输出（How）、业务节点及连接（Where）、系统角色及工作产品（Who）、时间及频率（When）、业务目标或者方式（Why）。根据我的理解，其中 Why 应该是业务的起点，即这件事背后的战略目标或者意义。

这样说其实还是太抽象，我们以搭建数据平台的架构师为例进行详细讲解。为解决数据孤岛问题，提高企业整体效率（Why），需要进行数据平台的构建；数据架构师拿到任务之后开始调研，然后梳理清楚企业的不同业务场景及其背后的数据实体；经过一段时间的调研及梳理之后，确定数据平台的核心实体以及实体之间的关系（What）；由于数据平台的实体分布在不同的应用系统中，所以需要对接不同的系统进行数据抽取以及其他工作（How）；由于不同的数据有着不同的生命周期且不同应用对于数据的时效不一样，所以需要设置不同的数据批处理或者同步周期（When）；随着数据平台的功能逐步完善，开始支持不同的业务系统及创新业务，需要在不同的业务环节接入数据平台的服务（Where）；同时，数据平台包含企业的绝大部分数据，需要拆分不同的权限分给不同的用户进行管理（Who）。这样不断循环迭代，整个数据平台初具规模。

但是在上述描述的过程中，你会发现 Zachman 框架存在一些问题：首先，在 How 阶段我们需要进行数据抽取，但是 Zachman 框架并不能告诉我们如何抽取以及采用什么工具抽取；其次，Zachman 框架只告诉我们应该拆分，但是没有告诉我们如何拆分，即它只提供了结果却没有提供对过程的描述。

实际上，虽然 Zachman 框架没有告诉我们构建过程的细节、架构设计的终点或者衡量标准是什么，但它在企业架构理论层面的权威性不容忽视。

1.3 TOGAF

The Open Group 于 1993 年开始应客户要求制定系统架构的标准，并在 1995 年发表 TOGAF（The Open Group Architecture Framework）。TOGAF 是一套用于开发企业架构的方

法和工具。按照 TOGAF 规范中的定义，TOGAF 是众多企业架构框架理论中的一种，它为一个企业或组织对于企业架构的接受、创建、使用与维护提供了一系列辅助方法和工具。

TOGAF 的核心部分是 ADM（Architecture Development Method，架构开发方法）。ADM 描述了如何导出满足业务需求的特定于组织的企业架构，可在多个层面指导架构师。

1.3.1　TOGAF 完善架构过程

TOGAF 基于 Zachman，对架构过程进行完整的指导，强调以商业目标作为架构的驱动力，形成一个最佳实践的存储库。TOGAF 主要由 6 个部分构成。

1）TOGAF 架构开发方法：俗称“麦田怪圈”，是 TOGAF 的关键。它是使 TOGAF 区别于 Zachman 的核心部分，主要阐述架构过程的核心内容。

2）TOGAF 架构内容框架：提供了一个详细的架构工件模型，包括交付物、交付物的工件和架构构建块。

3）TOGAF 参考模型：提供了两个参考模型，TRM（Technical Reference Model，技术参考模型）和 III-RM（Integrated Information Infrastructure Reference Model，集成信息基础设施参考模型）。

4）ADM 指引和技术：提供了应用 ADM 的一些指导（迭代、安全等）和技术（定义原则、业务场景、差距分析、迁移计划、风险管理等）。

5）企业连续统一体：企业架构专业人员和涉众的资源库，例如模型、解决方案模式以及其他可以在企业架构实现和裁减过程中用作构建块的资产。

6）TOGAF 能力框架：一套资源、指导、模板、背景信息等，帮助组织进行架构实践。

为了让大家建立更直观的认知，我按照自己的理解将上述 6 个部分整合成 ADM 侧和支持侧两大部分，如图 1-3 所示。

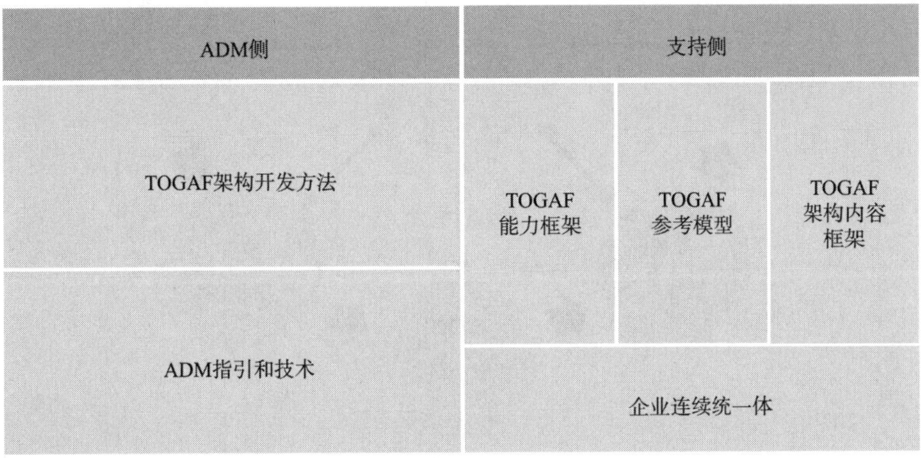

ADM侧
支持侧
TOGAF架构开发方法
TOGAF 能力框架
TOGAF 参考模型
TOGAF 架构内容框架
ADM指引和技术
企业连续统一体

图 1-3　TOGAF 组件

从本质上来说，TOGAF 为了帮助企业架构管控架构过程，提供了各种各样的工具及资源来帮助企业达成战略目标。下面我们来了解 TOGAF 框架的核心——ADM。

1.3.2 框架核心：ADM

企业架构的发展过程可以看成企业连续统一体从基础架构开始，历经通用基础架构和行业架构阶段最终达到组织特定架构的演进过程，而在此过程中指导企业开发行为的正是ADM。

ADM 对开发企业架构所需执行的各个阶段以及它们之间的关系进行了详细定义，具体包含 A ～ H 共 8 个核心阶段，如图 1-4 所示。

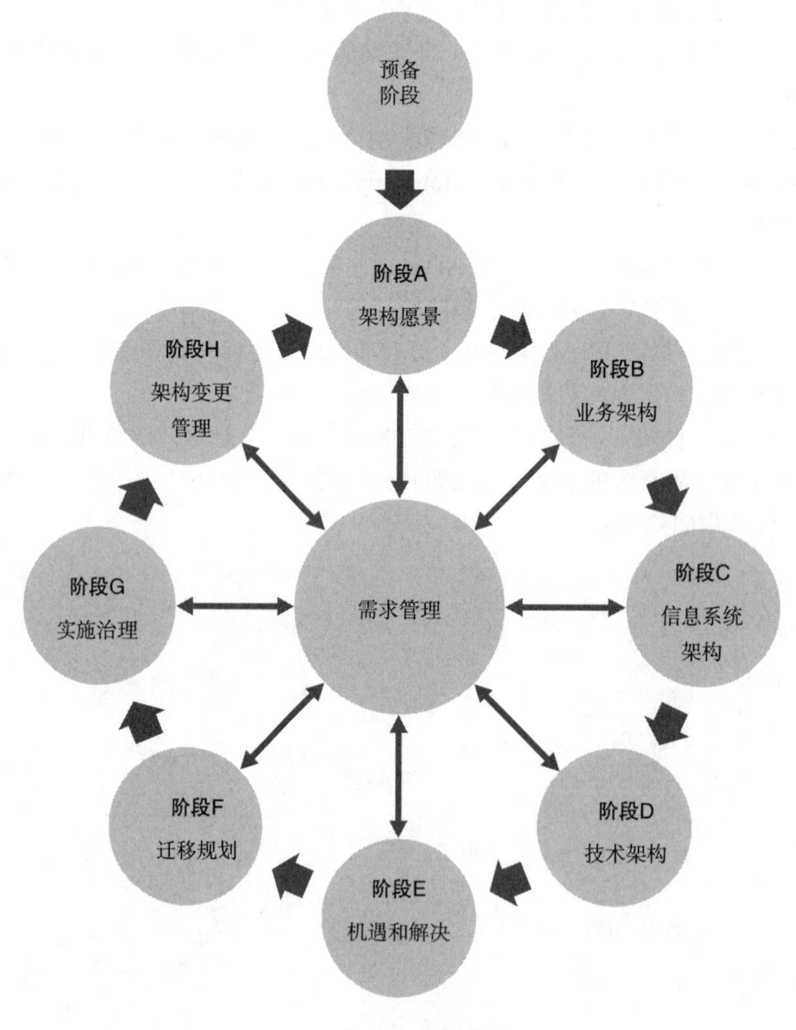

图 1-4 ADM 流程图

关于ADM流程图，有3点需要关注。一是预备阶段，该阶段的主要任务是准备企业架构的整体业务环境，取得相关高层的承诺，搭建治理框架并确定相关方法等。二是需求管理，它是TOGAF以业务为主导的思想的一种体现，因为需求的变化代表业务诉求的变化，会直接影响A～H不同阶段的工作。三是在整个流程图中，箭头的类型代表节点之间的关系，A～H的流程是单箭头，代表存在依赖关系；而双向箭头代表存在互相影响的关系，例如需求变更导致架构愿景产生变化，进而导致预备阶段的治理框架产生变化，同时可能会影响业务架构的设计。

TOGAF通过对过程的管理使企业架构在企业中实际落地，它明确地提出了业务架构的概念，进一步让企业架构更好地指导我们开展具体的架构设计及落地工作。

1.4　业务架构

业务架构是以实现企业战略为目标，规划企业整体业务能力并将其传给技术实现端的结构化企业能力分析方法。业务架构能够帮助技术人员理解、归纳业务人员的想法和目标，从而让业务人员和技术人员处于同一个语境之中。

1.4.1　业务架构的价值

在大多数企业中，企业架构往往是以IT为中心的业务规划，甚至在TOGAF中业务架构也被归为IT战略部分。但是在实际过程中，业务架构的作用是将企业业务用户与IT组织紧密地绑定在一起，为企业创造更大的价值。

例如，当业务负责人使用某个应用系统时，往往会以业务视角提出一些IT人员未关注的问题或者需求。在这个过程中，业务架构可以帮助IT人员回答某些业务人员关心的或者与系统技术边界相关的问题，例如哪些流程是次优先级的，哪些支持是可以省掉的。举一个极端的例子，业务人员要求系统之间的数据交互是实时的。IT人员按照自己的理解，可能会采用支持实时场景的组件来满足业务人员的需求。但是如果存在业务架构的话，它可以帮助IT人员理解业务场景的实时其实是5分钟以内的数据同步，那么IT人员所采用的技术手段及其成本将是完全不一样的。

业务架构也可以帮助IT人员回答另一个问题，即系统ROI。很多企业在项目立项的初期需要提交ROI分析报告，用来衡量项目的投入产出比。然而存在IT人员无法准确或者有效地提交ROI分析报告这一现象。这种现象的产生，从某种角度来看，可能是因为技术与业务需求存在一定的割裂。业务架构可以从某种程度上缓解这个问题，因为基于业务架构，不同的IT系统支持不同的业务场景，那么不同IT系统之间的边界就可以确认，不同IT系统产生的业务价值的边界也就可以确认。一个统一营销平台的业务架构示例如图1-5所示。

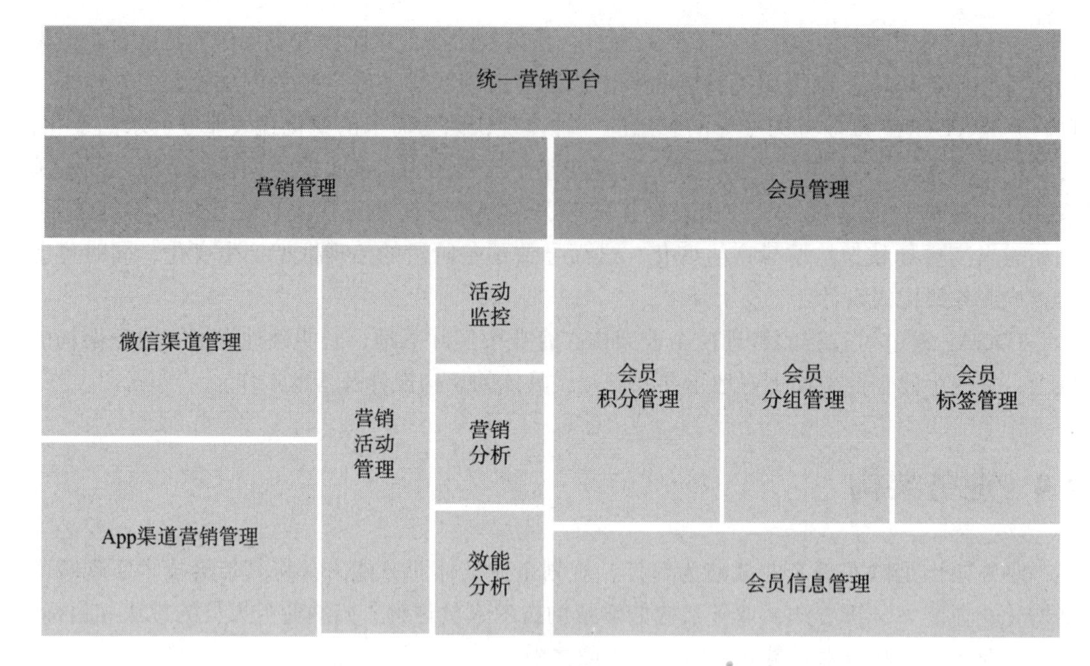

图 1-5 统一营销平台业务架构

由图 1-5 可以看出，统一营销平台主要由两部分构成，分别是营销管理模块和会员管理模块。如果使用两个独立的应用系统分别支持这两个模块，那么在具体的落地过程中应用系统就可以明确系统建设与业务之间的关联，明确系统的自身边界。

1.4.2 业务架构的关键点

业务架构主要基于企业的业务形态，将涉及的业务及业务流程按照特定主题域的维度进行拆分并重新组合，进而满足业务人员的需求，完成企业的日常运营。这代表着不同的企业有着不同的业务架构，或者说没有两个完全一样的业务架构。

以电商为例，它涉及商家端及消费者端，从消费者端发起的业务流程会涉及购买、下单、付款、物流、退货等，对应商家端的业务流程可能是上架、发货、接收退货，那么业务架构的主要作用就是衔接不同的业务环节，保证流程正常运转。业务架构本质上是现在比较火的业务中台的初始输入。

业务架构起着技术与业务的黏合剂的作用，所以在设计业务架构时就需要达成统一的语言、紧密的沟通和一致的方向这 3 个业务架构的关键点（见图 1-6），只有这样才能实现业务架构的价值。

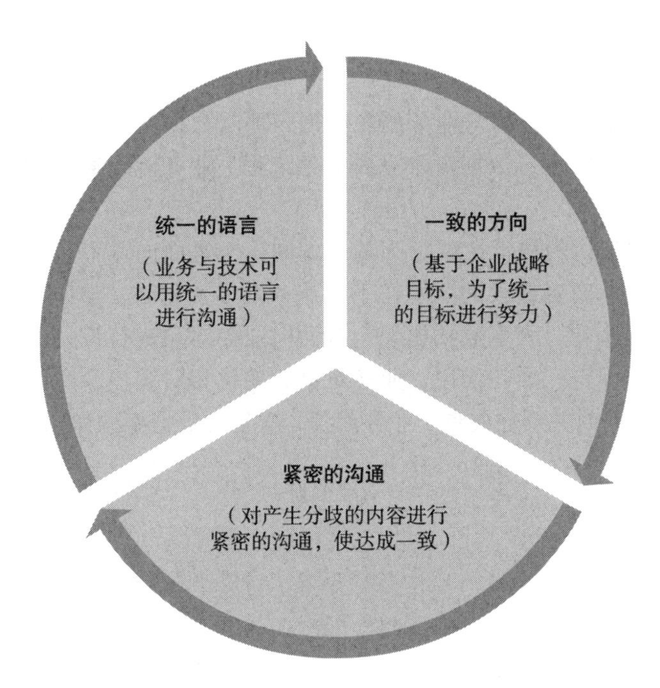

图 1-6　业务架构的关键点

1.5　数据架构

数据存在于企业的各个部门，在不同的业务流程或者系统之间流动，同时也会产生新的数据。数据流动的过程也是企业进行商业活动的过程。数据是企业资产的一部分，但很多企业在利用数据这个资产时往往会出现一些问题，究其原因，它们并未对数据进行有效的管理，导致企业无法通过既有数据准确地洞察客户、产品或者服务情况等。

按照全国金融标准化技术委员会（简称金标委）的定义，数据架构包括元数据管理、数据模型、数据分布、数据集成等；按照《华为数据之道》[⊖] 中的定义，数据架构包括数据资产目录、数据标准、数据模型、数据分布等。经过这些年的发展，总的来看，数据架构主要由四部分构成：一是资产目录，主要职责是梳理企业的数据资产；二是数据标准，制定企业数据标准并持续维护；三是数据模型，根据企业业务建立数据模型，包括概念模型、逻辑模型及物理模型等；四是数据分布，主要管控数据的分布，包括数据源及数据传输环节等。

数据架构的作用是解决企业在使用数据过程中可能产生的找数难、用数难、数据不准等问题。

⊖　本书已由机械工业出版社出版，ISBN 为 978-7-111-66704-9。　——编辑注

1.5.1 数据架构设计

前文说到，业务架构是技术与业务的黏合剂，那么数据架构就是业务流程与技术系统之间的转接器。技术系统通过数据对象完成业务流程，业务流程通过数据对象传递流程状态，彼此之间循环往复。

总的来看，数据架构的设计主要分为两个方向：一是面向业务流程进行设计，二是面向业务对象进行设计。两者最大的区别在于当业务发生变化时，整体架构的变化不同。但是从具体实践的角度来看，大多数数据架构是面向业务对象进行设计的，因为在具体的企业中，业务对象相对固定，换句话说，业务对象的变化相对缓慢，所以一般通过确定业务对象以及业务对象之间的关系完成整个业务流程。常见的数据架构如图 1-7 所示。

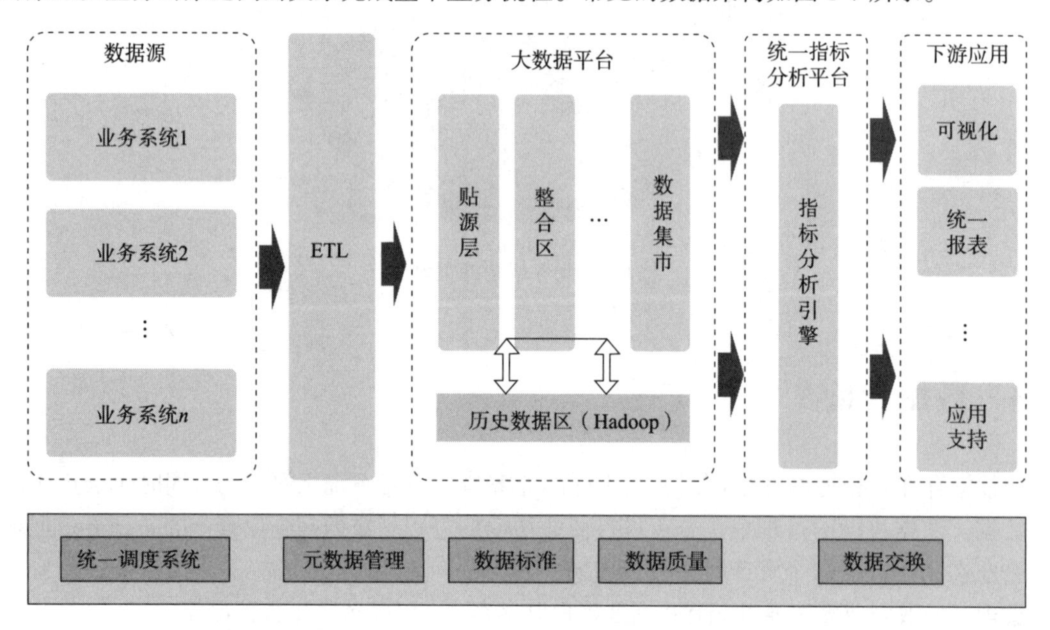

图 1-7 常见数据架构

1.5.2 数据架构核心组成

面向业务对象设计数据架构的过程必然会涉及数据模型的设计。数据模型可以使人们对业务过程有一个更加直观、全面、深入的认识，从而帮助人们更好地解决问题。数据模型是数据架构的核心组成部分，因为没有数据模型就没有数据资产及数据标准等内容。所有的数据资产及数据标准所管理的对象本质上都是数据，而数据模型是对于数据特征的抽象，它描述了系统的静态特征、动态行为和约束条件。

数据模型主要分为三类，即概念模型、逻辑模型和物理模型，其中：概念模型代表的技术手段是 E-R 图，反映现实世界的关系；逻辑模型是一组严格定义的概念的集合，精确描述系统的静态特性、动态特性和完整性约束条件，例如对象之间的关系、数据是否可以删除等；物理模型主要代表在数据库（或者持久化存储层）中存储的具体形式。

数据模型是数据架构在业务层面的重点，也是本书的一个重点，后续章节会重点介绍数据模型的方法论以及相关技术选型。

1.6　总结

综上，企业架构是一个系统性工程，在探索及实践企业架构的过程中，不同类型的概念或者架构被逐步提出，从 Zachman 框架到 TOGAF，从业务架构到数据架构。无论从方法论层面还是从具体的时间环节来看，我们都在试图通过拆分标准化的流程或者组件来满足具体的业务需求以及实现业务和技术之间的紧密联系。

数据架构是衔接业务与技术的中间层，我们应当深入地研究与剖析它，并利用合理的设计方案与技术手段解决企业在使用数据过程中遇到的各种问题。

第二部分 Part 2

数据架构基础

数据架构到底由什么构成，不同的组织、不同的视角下有着不同的解读。在本部分中，我将会根据自己的理解，结合不同机构的定义，提炼出数据架构的核心内容，供各位读者参考。

2021年12月20日，在第四届数据资产管理大会上，《数据资产管理实践白皮书（5.0版）》正式发布。该白皮书提到数字资产主要包含数据资源化及数据资产化两个环节。在该白皮书的定义中，数据资源化是以数据治理为工作重点，以提升数据质量、保障数据安全为目标，确保数据的准确性、一致性、时效性和完整性，推动数据内外部流通。数据资源化包括数据模型管理、数据标准管理、数据质量管理、主数据管理、数据安全管理、元数据管理、数据开发管理等。

几乎所有组织对数据架构的定义都会涉及数据模型、元数据、数据质量、数据标准、数据治理和数据资产这6个概念，它们是任何企业搭建数据平台必须面对的数据层面的核心管理领域，也是数据架构的核心内容。

数据模型是对现实世界特征的模拟和抽象，其本质是现实世界在应用系统上的投射。**元数据**会伴随着数据模型的创建、使用、销毁而产生、完善及销毁。**数据质量**与**数据标准**是从两个维度保证数据模型承载的数据能够更加高效稳定地供不同系统、不同层级，甚至企业内外部使用或传输。

Tips 在数据仓库时代，人们往往将元数据、数据质量及数据标准的管理统称为数据管控。

数据治理是指由于企业架构逐渐变得复杂，企业在运用数据的过程中出现这样或那样的问题，因此它想通过治理的手段提高企业数据流转的效率、降低使用过程中可能存在的风险等。**数据资产**是在数字化时代，企业通过对所拥有的数据进行资产化，提高企业的收益等。

企业的业务会发生变化。当业务发生变化，例如有新的业务产生时，业务的调整就会导致既有的数据模型的调整。这也会导致数据模型所承载的数据发生变化或者调整，即数据会随着业务迭代而迭代。在这个过程中会涉及**数据生命周期**，数据生命周期包括数据的创建、使用、归档及销毁。

企业的数据分布在不同的应用系统中，不同的系统可能使用不同的数据存储方式，不同的系统之间可能涉及不同的数据访问形式，例如离线的数据访问、实时的数据访问等。

这时就会用到**数据分布**的概念，它用来描述企业不同数据的分布情况。

上述8个概念构成数据架构的核心内容，但更多是概念层面的内容，而其落地需要依托于一定的技术架构。为此，数据架构主要可以分为两部分：一部分是承载数据架构的技术内容，另一部分是承载数据架构核心概念的解构。

上述内容构成本书的核心框架，共4部分。第一部分是数据架构基础，阐述基本概念以及相应的数据存储等；第二部分将系统地阐述企业数据流向及数据架构模型实践；第三部分将介绍数据资产管理的相关内容，其中会深入地阐述数据治理的内容；第四部分主要是对前三部分涉及的内容的实践与总结。

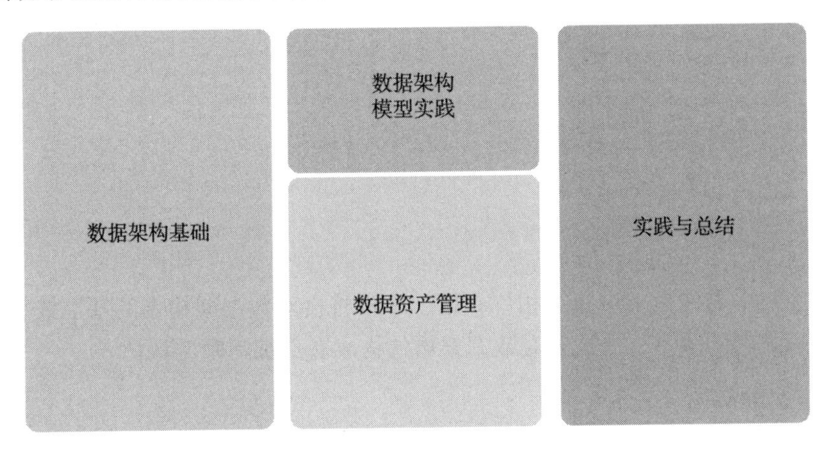

图1　本书核心框架

接下来我们学习数据架构基础的相关内容。

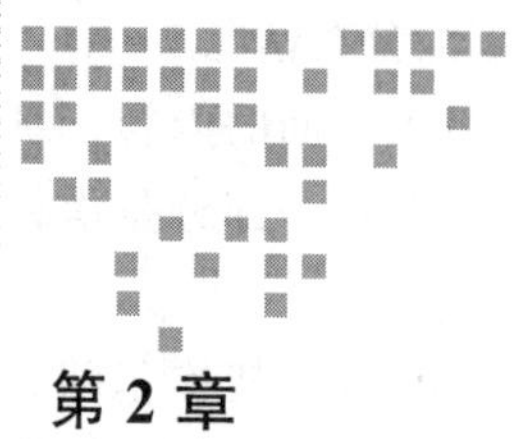

Chapter 2 第 2 章

数据架构构成

前文已经对本书的框架进行了相应介绍。本章将会对数据架构中的基本概念进行阐述，介绍不同概念之间的关系，让读者对数据架构的构成有更加清晰的认识。

2.1 数据模型

前文提到，模型是对现实世界特征的模拟和抽象。在数据库技术中，用数据模型的概念描述数据库的结构和语义，是对现实世界的数据抽象。数据模型是研究数据库技术的核心和基础，也是元数据的主要组成部分。

Tips 常见的应用系统主要分为 OLTP（联机事务处理）型和 OLAP（联机分析处理）型这两类，在本书中提到的数据模型不仅包括 OLTP 中偏业务的实时应用模型，也包括 OLAP 中偏分析的应用模型。

总的来说，数据模型主要分为 3 类：**概念模型**、**逻辑模型**和**物理模型**。

1. 概念模型

概念模型是业务视角的高层次、粗粒度的模型，用于定义核心业务概念实体以及实体之间的关键关联关系。概念模型不包含设计的细节，仅定义核心业务实体、实体之间的关联关系、相关的业务规则。概念模型不对实体的属性建模。

这是面向数据库用户的现实世界的数据模型，主要用来描述世界的概念化结构，它使数据库设计人员在设计的初始阶段能够摆脱计算机系统及数据库管理系统的具体技术问题，集中精力分析数据以及数据之间的联系等。概念模型只有转换成逻辑模型，才能在数据库管理系统中实现。

2．逻辑模型

逻辑模型是由概念模型转换而来的，它以概念模型的设计作为基础，将实体与关系映射到关系数据模型，进行细化设计；增加所需要的新的实体类，细化关联关系，包括引入新的关联关系，分解多对多的关联关系；细化实体类属性，细化业务规则的描述。

这是用户在数据库中看到的数据模型，是具体的数据库管理系统所支持的数据模型，主要有网状数据模型、层次数据模型和关系数据模型三种类型。此模型既要面向用户，又要面向系统，主要用于数据库管理系统的实现。在数据库中常用数据模型来抽象、表示与处理现实世界中的数据和信息，主要研究数据的逻辑结构。

3．物理模型

物理模型是逻辑模型在具体的 RDBMS 产品或大数据平台的实现。物理模型主要包含如下特征：在统一的标准要求下，表、字段、关系必须与逻辑模型一致，确定数据类型、精度、长度、确定约束、索引、统一数据分类编码含义及使用规则。

这是描述数据在存储介质上的组织结构的数据模型，它不但与具体的数据库管理系统有关，而且与操作系统及硬件有关。每一种逻辑模型在实现时都有与其相对应的物理模型。数据库管理系统为了保证其独立性与可移植性，将大部分物理模型的实现工作交由系统自动完成，而设计者只设计索引、聚集等特殊结构。

Tips　数据建模的方法论常见于数据仓库或者数据湖等大型数据平台的建设中，但是这并不代表应用系统不需要建模，而是因为相对于数据仓库中成百上千张数据表，应用系统的数据表总数比较小，且应用系统内部表的关系相对简单，故没有单独进行着重阐述。

总的来看，建模的过程就是业务向数据转换的过程。数据模型会产生元数据。

2.2　元数据

元数据是用来描述数据的数据，泛指描述领域概念（Domain Concept）、领域关系（Domain Role）、领域规则（Domain Rule）的数据，其最简单的定义是“描述数据的数据”。

元数据存储着关于数据的信息，为人们更方便地检索信息提供了帮助，在信息资源组织中扮演着描述、定位、搜寻角色，可以帮助数据平台解决“有哪些数据”“数据存储有多少”“数据间有什么关系”“如何找到我需要的数据”“如何使用数据”和“数据的生产进度”等问题。

从主要面向的对象来看，元数据主要分为两种类型：一种是业务元数据，主要是面向企业业务用户数据和处理规则的业务化描述、业务规则、业务术语、指标业务口径、信息分类，例如某企业定义按照区域、用户手机类型统计的用户访问量及用户消费金额等；另一种是技术元数据，主要面向企业技术用户和IT开发运维人员，包括数据结构及数据处理细节方面的技术性描述、源系统接口规范、数据仓库结构的描述、数据集市定义描述、分析数据处理过程的描述等信息，例如定义某数据表中的字段USER_ID为用户在企业的唯一ID。

2.3 数据质量

数据质量管理（Data Quality Management）是指对从计划、获取、存储、共享、维护、应用、消亡这些生命周期的所有阶段中可能引发的各类数据质量问题，进行识别、度量、监控、预警等一系列管理活动，并通过改善和提高组织的管理水平进一步提升数据质量。

数据质量检核负责对系统中的新增数据和存量数据进行标准满足度的考核评估，同时从完整性、唯一性、有效性、一致性、准确性和及时性六大维度对数据进行全方面考量。每一个维度向下又分解为具体的检核规则，对数据进行深入、细致的检核。一个常见的数据质量体系如图2-1所示。

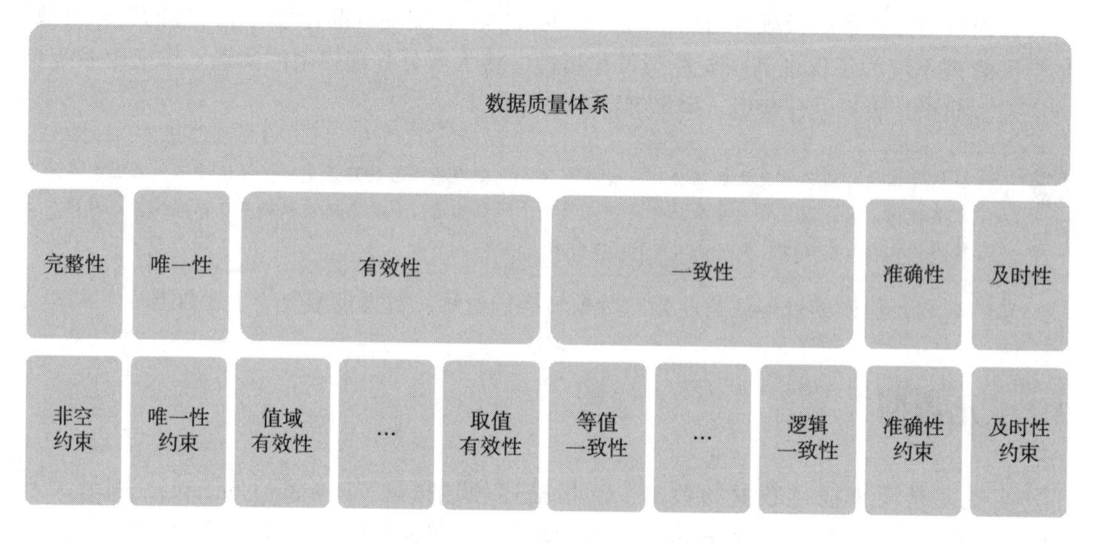

图2-1 常见的数据质量体系

每一个规则维度可能需要不同的度量方法、时机和流程，这就导致完成检核评估所需要的时间、金钱和人力资源会存在差异。数据质量的提升不是一蹴而就的，可以在清楚地了解评估每一个维度所需工作的情况下，选择当前较为迫切的检核维度和规则，从易到难、由浅入深地逐步推动数据质量的全面管理与提升。规则维度的初步评估结果是确定基线，其余评估则作为继续检测和信息改进的一部分，作为业务操作流程的一部分。

2.4　数据标准

数据标准是一套由管理制度、管控流程、技术工具共同组成的标准体系，是通过这套体系应用统一的数据定义、数据分类、记录格式和转换逻辑、编码方式等实现数据的标准化。

数据标准化是研究、制定和推广应用统一的数据分类分级、记录格式及转换逻辑、编码方式等技术标准的过程，有助于实现不同层次、不同部门信息系统间的信息共享和系统兼容。信息标准的制定需要考虑一定时期的经济、社会和科学技术发展阶段，制定的标准需要被公众认可并用法令等形式推行。此外，标准也需要被周期性修订和更新以适应新的时期或者阶段。

从数据标准的制定原则来看，它需要涵盖唯一性、稳定性、前瞻性、准确性、可执行性及低风险性。这里着重介绍一下前瞻性，它主要是指要求数据标准的设计对业务的未来发展状态具有一定的前瞻性，因为如果缺乏前瞻性，就会导致标准无法较好地落地，甚至无法落地。低风险性是指需要充分考虑业务风险和技术实施风险，保证标准的顺利执行。

从数据标准的范围来看，它不仅包括业务定义以及数据所属的业务领域，还包括原数据范畴中涉及的数据类型及数据长度等。

从数据标准的内容来看，它主要分为 6 个部分，分别是数据标准的定义、数据标准的分类、数据标准的编码规范、数据标准的命名规范、数据标准的属性规范及数据标准的应用建议。

2.5　数据治理

在数据治理的概念兴起之前，流行的是数据管控的概念。数据管控主要是指企业利用各种机制、手段等，促使企业数据可以有效支撑业务正常有序地进行并持续优化。

数据管控主要分为管控机制和管控手段。管控机制主要是指通过组织架构、政策及流程等进行管理。管控手段更多是通过技术手段对数据进行管理，主要涵盖数据质量、元数据及数据标准三个模块。

数据治理的发展依托于数据资产，数据资产依托于数据湖的兴起。因为数据湖肩负着挖掘数据价值的职责，所以数据湖需要清晰地了解当前已经存在的数据以及应用使用过程中产生的新数据。同时，由于需要使产生的数据按照当前数据湖的规则便捷地对外提供服务，因此在这个过程中数据治理的管理范畴发生了变化，不仅需要治理数据的过程，也需要管理数据的结果。

按照国际数据管理协会的解释，数据治理是对数据资产管理行使权力和控制的活动集合（规划、监控和执行），指导其他数据管理职能如何执行，在高层次上执行数据管理制度，组织为实现数据资产价值最大化所开展的一系列工作，明确数据相关方的责权，协调数据相关方达成数据利益一致，促进数据相关方采取联合数据行动。

2.6 数据资产

目前并没有对数据资产的权威定义，我们选取业界较为认可的一个定义：数据资产（Data Asset）是指由企业拥有或者控制的，能够为企业带来经济利益的，以物理或电子的方式记录的数据资源，如文件资料、电子数据等。在企业中，并非所有的数据都能构成数据资产，数据资产是能够为企业产生价值的数据资源。

数据资产管理贯穿数据采集、存储、应用和销毁的整个数据生命周期。企业管理数据资产就是对数据进行全生命周期的资产化管理，促进数据在"内增值，外增效"两方面的价值变现，同时控制数据在管理流程中的成本消耗。

数据资产概念的提出是有一定历史背景的，接下来我将与大家一起探寻数据资产的概念提出与兴起。

2.6.1 数据管理

数据管理的概念是在 20 世纪 80 年代推广数据库技术时被提出的，较数据资产的概念的提出早几十年。DMBOK1.0 将数据管理定义为规划、控制和提供数据资产，发挥数据资产的价值。DAMA 将数据管理体系分为 10 个部分，分别是数据治理、数据架构管理、数据开发、数据操作管理、数据安全管理、参考数据与主数据管理、数据仓库与商务智能管理、文档与内容管理、元数据管理和数据质量管理。

虽然 DMBOK1.0 在 20 世纪 80 年代就提出了数据治理的概念，但是当时国内比较流行的是数据管控，它包含数据质量、元数据与数据标准。数据治理的概念在国内是随着大数据技术的普及而逐步推广开来的。

2.6.2 数据仓库

数据仓库（Data Warehouse）是一个面向主题的（Subject Oriented）、集成的（Integrated）、相对稳定的（Non-Volatile）、反映历史变化（Time Variant）的数据集合，用于支持管理决策（Decision Making Support）

数据仓库作为数据管理的重要组成部分，承载着建立企业数据中心、打破企业数据孤岛、提高企业数据的利用率、实现数据共享等责任。这个时期其实没有数据资产的应用场景，因为构建企业数据资产的前提是知道企业有什么数据。但是数据仓库的应用场景是，基于业务需求对企业主数据等进行集中化管理，然后提供对外的服务。这里有一个前提，在知道自己需要什么数据的情况下对接不同的应用系统，将应用系统中的结构化数据进行ETL（数据抽取、数据转换和数据加载）处理。

这个过程基本上不会涉及非结构化数据，最多只会涉及极少的半结构化数据，例如XML 文件格式的数据。

Tips 与数据仓库同时配套的还有数据管控体系，即元数据、数据质量与数据标准。

2.6.3 数据湖

数据湖的兴起其实是由大数据及 AI 技术的发展而推动的。为什么这些技术的发展会推动数据湖的兴起呢？原因是在数据仓库时代，数据的接入处理是以结构化数据及关系型数据库为主导的。而大数据技术主要处理的是半结构化数据（如 CSV、日志、XML、JSON）、非结构化数据（如 Email、文档、PDF）及二进制数据（如图像、音频、视频）等。在此基础上，企业可以将原先业务过程中不被重视的操作数据、日志数据以及非结构化的业务数据利用起来，进一步挖掘数据的价值，例如利用访问日志量动态进行资源的缩放以提高资源利用率。

同时，随着算力的提升以及 AI 技术的兴起，企业要想利用 AI 深入挖掘数据的价值，就需要有不同的系统和尽可能原始的数据。因此，数据湖开始发展。

根据 WiKi 的定义，数据湖通常是企业中全量数据的单一存储。全量数据包括原始系统所产生的原始数据副本以及为了各类任务而产生的转换数据，各类任务包括报表、可视化、高级分析和机器学习。数据湖中的数据包括来自关系型数据库的结构化数据（行和列）、半结构化数据、非结构化数据和二进制数据。

Tips 与数据湖同时兴起的概念有数据资产和数据治理。

2.6.4 数据资产内涵

没有数据湖的数据资产是残缺的或者说不完整的，但是基于数据湖构建的数据资产也并不一定是完美的。这个关系我们一定要弄清楚。

数据资产管理的前提是弄清楚企业到底有什么类型的数据。在数据仓库时期，我们更多的是按需接入数据，不会对数据有完整的认知（更不要说那些日志数据或者操作数据）。而数据湖并不是按需接入数据，而是将企业现存的数据都接入之后进行挖掘并提供应用服务。

在数据资产化的背景下，数据资产管理是在数据管理基础上的进一步发展，可以视作数据管理的升级版。数据管理更多的是被动接入数据，然后对接入的数据进行管理，而数据资产管理更多的是在数据湖时代的主动管理，主动利用前沿技术挖掘数据的价值以实现数据资产化。

中国信息通信研究院（以下简称信通院）在《数据资产管理实践白皮书（4.0版）》中提到，数据资产管理框架包含8个管理职能和5个保障措施，如图2-2所示。管理职能是指落实数据资产管理的一系列具体行为，保障措施是为了支持管理职能而实现的一些辅助的组织架构和制度体系。

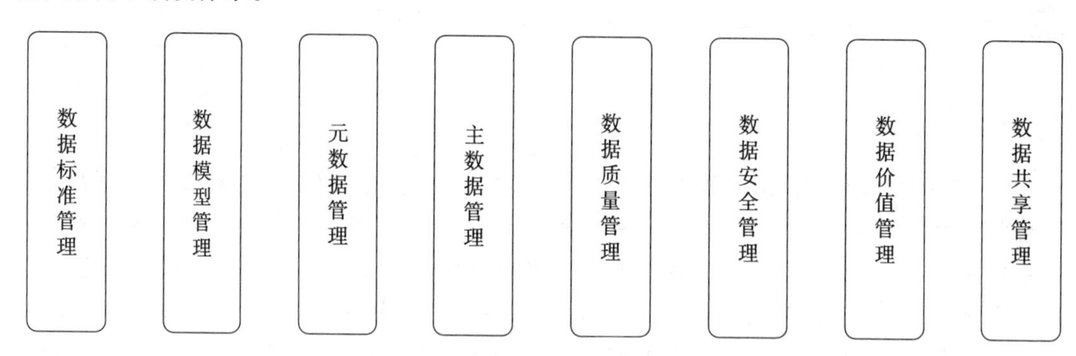

制定战略规划、完善组织架构、建立制度体系、设置审计制度、开展培训宣贯

图2-2 数据资产管理框架

Tips 这里出现的元数据管理、数据质量管理、数据标准管理及数据模型管理也是数据治理的主要内容。

2.7 数据生命周期

数据生命周期主要分为4个阶段，分别是数据创建、数据使用、数据归档与数据销毁。从字面意思就可以看出在这4个阶段中数据承担的主要角色。在进入数据生命周期之前，还有两个前置阶段，分别是业务规划阶段和应用设计阶段。

Tips 业务规划属于业务架构的内容，而业务架构是以实现企业战略为目标，构建企业整体业务能力规划，并将其传导给技术实现端。业务架构本质上是一种结构化企业业务能力分析方法。

业务规划阶段主要是业务人员进行业务规划及业务标准设计。应用设计阶段主要是利用数据模型、应用系统及数据接入等完成具体的业务场景。

数据并不是凭空产生的，而是要依托于企业具体的业务场景（即业务架构的一部分）产生。为此我们需要首先进行业务规划，然后进行应用设计与实现，在应用系统进入企业业务场景后数据才会真正产生。

不同类型的数据有着不同的作用，相同的数据在不同阶段的价值也会不同，故需要按照数据所处的不同阶段对数据执行不同的管理策略，以提高整个企业对数据及资源的利用率。

例如，当我们去某电商网站注册会员时，网站录入我们的基本信息并分配用户 ID 信息，这时进入数据创建阶段；当我们在电商网站活动一段时间后，网站统计个人的 PV 及 UV 信息，这时进入数据使用阶段；为了减少存储资源以及计算资源，企业将部分不活跃用户标记为休眠账户，并将相关信息进行分类存储，这时进入数据归档阶段；由于新的电商平台加入，用户注销企业账号，按照条款，企业需要销毁用户在平台上的相关数据，这时进入数据销毁阶段。

从上面的例子可以看到，在不同阶段数据的价值其实是不一样的，企业很难也无法按照统一的数据管理策略对相同的数据进行管理。此外，数据在不同生命周期，采取的存储方式以及对外提供的服务方式也是有区别的。

Tips 在具体的数据平台搭建过程中，识别数据所处的生命周期也是一件非常重要的事情。

2.7.1 数据创建

数据的创建其实就是数据生成的过程。在这个阶段，实际产生的数据并不只有业务系统提供服务而产生的数据，也有可能是应用系统在被调用过程中产生的访问日志，甚至是在数据使用过程中产生的临时数据，这些都属于数据创建的范畴。

但是并非所有创建的数据都能支撑企业的业务或者产生价值，这不只受限于企业对于业务的认知，也受限于可以使用的具体技术手段。例如，在大数据技术出现之前，企业对于非结构化数据价值的挖掘进展缓慢。

数据的价值往往与时间成反比，因此数据创建与数据销毁本质上是一对“孪生兄弟”。这意味着随着数据价值的降低，数据带来的收益（不一定是直接收益）逐渐低于其存储或其他成本等，数据往往会以某种方式被销毁。例如应用运行时产生的临时数据，随着应用的停止运行，这些临时数据的价值会急剧下降，进入相应的清除流程。

数据创建阶段会产生各种类型的数据，对于不同的应用和数据，需要制定不同容量、性能及稳定性的数据存储方案以满足不同的使用方式。例如，利用关系型数据库存储订单系统的订单数据，利用 NAS 存储某些数据文件，利用缓存存储数据量较小且高频访问的数据等。

2.7.2 数据使用

数据使用阶段可能是数据生命周期中的核心，也是整个数据生命周期中最复杂、最具技术含量的阶段。数据挖掘、数据可视化、数据资产等都是数据使用在不同方面的体现。

数据只有被使用才有可能支持企业的业务以及为企业提供价值。在数据被使用之前，我们需要知道当前有什么数据、这些数据代表什么业务以及有什么数据可以被谁使用。这三部分内容分别代表着元数据中的技术元数据的数据模型、业务元数据的业务含义及管理元数据的权限部分，后面会详细介绍。

同时，数据使用过程中必然会有新的数据产生。如何存储新产生的数据，如何确保企业中不同业务部门的业务口径或者标准是一致的，例如1和2可以分别代表男、女，male和female也可以分别代表男、女，这就涉及数据标准及数据质量的工作了。

当企业的业务发展到一定程度，需要构建企业的数据资产目录来了解并分析企业的业务现状时，可能涉及数据平台，如数据仓库或者数据湖等的搭建工作。搭建过程中会不可避免地涉及数据调度的工作。

随着数据平台的增加，数据的使用与维护管理变得越来越复杂，这时就需要进行数据治理，成立数据治理委员会，系统性地梳理和优化企业的组织架构，明确不同角色的职责。同时，数据治理的相关系统需要介入企业的数据流转过程以期待提供好用、高质量的数据。

2.7.3 数据归档

数据归档阶段是数据所处的中后期阶段。数据归档的目的主要有三个方面：一是降低整体的存储成本，低成本地保存对于企业有一定价值但是不需要热访问（对访问的频率和速度要求不是很高）的数据，例如用磁带备份操作系统及历史数据，同时保护这些数据记录不会被破坏；二是提高系统整体的冗余程度，以应对突发的状况；三是应对某些特定审计或者监管的要求，例如中国证券监督管理委员会（以下简称证监会）要求企业保存15年的交易记录。

数据归档涉及数据的迁移和数据的存储，同时不同的企业采取的数据归档策略是不一样的，且存储的方式也各不相同，没有统一的落地方案，需要结合具体的企业业务场景制定。数据归档是企业数据生命周期的重要组成部分，用于保证企业可以在数据因为某种原因被破坏时进行恢复。

2.7.4 数据销毁

上面提到数据价值往往与时间成反比，企业的很多数据在经过一段时间后，将无法继续为企业带来价值，没有了继续保存的意义，那么这些数据将进入数据销毁阶段。

在这个阶段，企业需要制定某些策略，对没有保留或不需要继续保存的数据进行销毁或回收。这部分数据需要从应用系统中删除，例如数据仓库中的数据接口文件或者某些日志文件等。数据销毁是一个健康的企业数据生态中必不可少的一环，它可以对企业数据系统进行“瘦身”，以保证系统继续健康有序地发展。因为从正常企业发展的角度来看，数据往往是持续增长的，数据的持续增长不仅会增加企业的数据维护成本，也会降低企业应用系统的性能。

但是数据销毁并不只是需要考虑企业本身的业务诉求，也需要考虑某些法律法规的要求。例如，上面提到证监会要求保存 15 年的交易记录，那么对于某些金融机构来说，虽然用户已经注销账户，但是还需要继续保存该用户的相关数据以满足审计的要求。

至此，数据生命周期的 4 个阶段已经介绍完毕。数据的生命周期是抽象的，而企业的数据是实实在在存在的，数据如何衔接业务与技术是接下来要介绍的内容。

2.8　数据分布

数据分布从逻辑上或者物理上代表着数据存储的具体位置，在不同的视角下，数据分布有着不同的内涵。从业务视角来看，数据分布意味着数据所在的不同业务系统；从技术视角来看，数据分布意味着数据所在的基于不同技术的存储设备或者组件；从数据的存储方式来看，数据分布可以理解为关系型数据库或者非关系型数据库；从数据的访问方式来看，数据分布可以理解为离线数据或者实时数据。

2.8.1　数据存储

关系型数据库与非关系型数据库（NoSQL）主要存在以下三方面的区别。

- 数据存储方式不同：关系型数据库为表格形式，非关系型数据库为文档或图结构。
- 扩展方式不同：关系型数据库可纵向扩展，可提高处理能力；非关系型数据库为天然分布式，通过更多的数据服务器来分担负载。
- 事务处理支持不同：关系型数据库支持事务，具有原子性且支持细粒度的控制，方便事务回滚；非关系型数据库侧重于处理大数据（现在一些非关系型数据库也逐步支持事务，但是在粒度的控制上，与关系型数据库仍有较大差距）。

关系型数据库主要以 Oracle 为代表，而非关系型数据库则包括 Elasticsearch、HBase、Hive、Impla 等。但是随着技术的发展，且大数据技术的基础就是分布式计算，部分关系型数据库厂商提出分布式数据库的概念来提高数据库整体的性能，例如 GreenPlum。

2.8.2　数据访问

从数据的时效性来看，数据访问主要是指离线数据及实时数据的访问。离线数据以及实时数据的时效性主要是由两者不同的数据处理方式决定的。

离线数据处理在数据领域往往代表批处理数据。例如在数据仓库中往往需要每天定时批处理以满足第二天的业务要求，如今天凌晨3点，需要完成昨天的ETL作业以及业务指标的计算。这些数据只要企业在第二天营业之前计算完毕即可，不要求实时统计。例如很多理财产品的实际收益往往在第二天更新。所以从访问的时效性来看，我们是无法实时看到上游系统数据的变化的。

批处理任务可以接受分钟甚至小时级别的延迟，但是并非所有的场景都可以接受批处理。例如银行转账，我们需要立刻知道是否到账，否则就可能进行投诉，所以这个过程就需要实时处理。

实时数据处理，也是最近比较火的实时计算或者流式计算等。它依赖于某些实时计算组件并且通过消息队列完成，例如Storm或者Flink利用消息中间件Kafka或者MQ（Message Queue，消息队列）等。通过实时数据处理架构，我们可以立刻看到上游系统数据的变化。

Tips 最近市面上非常流行“流批一体化”的概念，它其实就是将批处理与实时处理融合在一起提供对外的服务，该架构会在2.9.1节中介绍。

企业数据如此复杂，有什么手段可以保证数据正常有序地提供服务呢？

2.9 常见数据架构技术选型

在关系型数据库时代，整个数据平台都是以批处理为主，例如T+1。然而随着大数据技术的发展，例如Hadoop、HBase，数据平台的建设逐步向大数据平台的建设迁移；同时，随着流技术，例如Storm、Spark Streaming以及Flink的逐渐成熟，一部分前沿的公司开始探索实时的场景。目前，常见的数据架构分为两种技术类型，一种是以批处理为主的Lambda架构，另一种是以实时处理为主的Kappa架构。

2.9.1 Lambda

Lambda的设计目的在于提供一个能满足大数据系统关键特性的架构，包括高容错、低延迟、可扩展等。它整合了离线计算与实时计算，融合了不可变性、读写分离和复杂性隔离等原则，可集成Hadoop、Kafka、Spark、Storm等各类大数据组件。

Lambda主要维护两种不同类型的数据处理，兼容每日T+1的批处理以及当日的实时数据处理。一个比较典型的Lambda架构如图2-3所示。

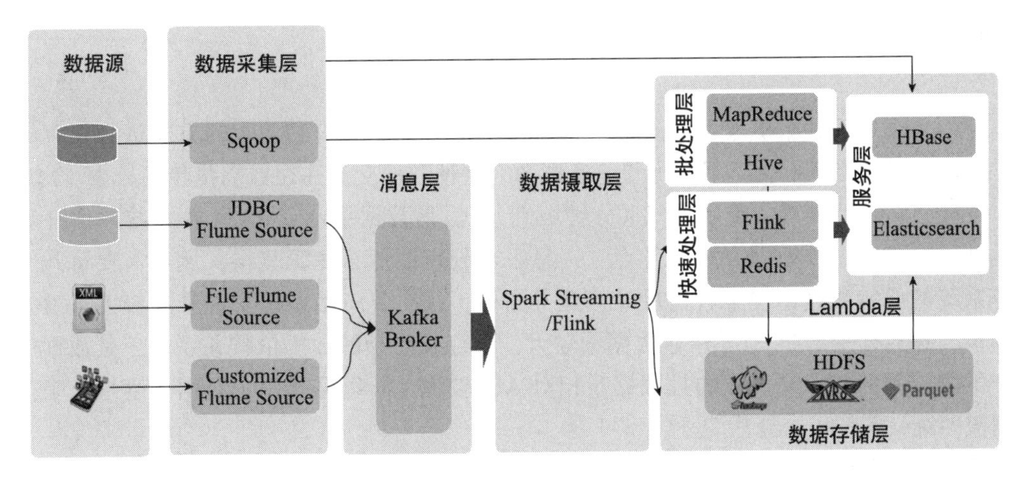

图 2-3　典型的 Lambda 架构

2.9.2　Kappa

Kappa 架构是 LinkedIn 的 Jay Kreps 结合实际经验和个人体会，在 Lambda 架构的基础上进行优化后提出的替代方案。

Lambda 架构的一个很明显的问题是需要维护两套分别运行在批处理和实时计算系统上面的代码，而且这两套代码需产出一模一样的结果。因此设计这类系统的人要面对的问题是：为什么我们不能改进流计算系统让它来处理这些问题？为什么不能让流系统来解决数据全量处理的问题？流计算天然的分布式特性注定了它的扩展性比较好，能否加大并发量来处理海量的历史数据？基于种种问题的考虑，Jay 提出了 Kappa 这种替代方案。

Kappa 架构抛弃了批处理，利用纯实时的组件，实时处理流式数据，并以实时的方式提供对外服务，如图 2-4 所示。

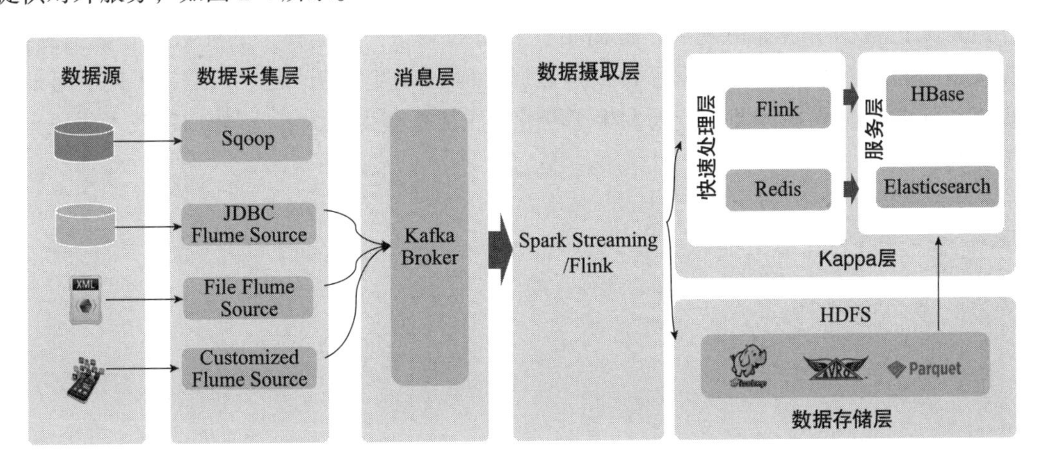

图 2-4　典型的 Kappa 架构

2.10 数据调度

应用系统之间的数据交互往往以 API（或者其他基于 TCP 协议）的方式进行交互，而 API 的背后则封装了不同应用系统的业务逻辑。这种数据交互往往数据量传输较少（MB 级别）且对于实时性具有一定的要求（分钟级别）。但是数据平台（中心）中传统的 API 无法满足这种要求，主要原因有以下几点：一是平台处理的业务逻辑复杂，例如需要将几十个业务系统的原始数据清洗聚合之后计算业务指标，这对于应用系统来说难度较大且没有扩展性；二是数据平台中 ETL 作业数据量较大，且存在复杂的数据依赖关系；三是数据中心对于下游应用的支撑是多样的且数据量相对 API 较大。所以需要一个数据调度系统来进行数据流的统一管理。

调度系统不仅负责批量作业的执行，而且是一个统一的批量作业管理平台。它通过作业之间的依赖关系以及支持不同类型的作业类型构建了企业数据依赖网，同时也决定了企业业务之间的先后顺序，所以保证调度系统的稳定性以及构建准确的作业之间的依赖关系也是调度系统应用的一大难题。

Tips 调度系统中作业的依赖关系也是元数据的重要数据来源。

2.11 总结

本章系统性地介绍数据架构在不同时期的内涵，例如在数据仓库时代，主要是以关系型数据库为主来构建企业级别的数据仓库，并利用数据管控完成整个数据中心的搭建；随着大数据技术的发展，逐步发展为以大数据技术为主来构建企业级别的数据湖，并结合数据治理形成企业的数据资产。

但是无论数据平台如何发展，提出了什么新的概念，数据模型、元数据、数据标准、数据质量等核心模块是任何数据平台也是数据架构无法绕开的话题。只是在不同的时期数据模型、元数据等模块涉及的范围发生了变化（往往是变得更大），所使用的技术手段也发生了变化。

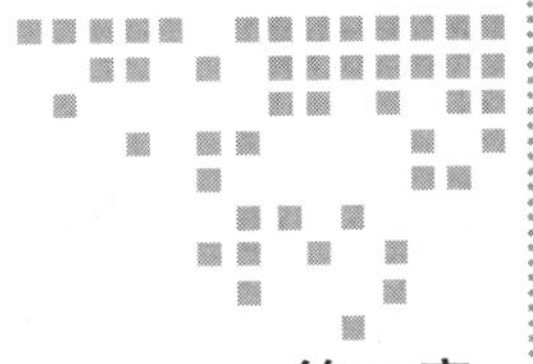

第3章 Chapter 3

数据存储

在任何企业中，数据存储都是一个关键且无法绕开的话题。企业产生的数据以什么样的形式进行存储以及应用从哪里读取数据并提供后续的服务都离不开存储的选型。不同的数据存储类型或者框架有不同的适用场景，所以技术选型是必须慎重考虑的环节，选择一个较为合适的存储框架可以避免很多问题。

此外，由于数据存储选型一旦确认，应用就会持续地产生数据并进行存储，随着时间的推移，存储的数据越来越多，如果存储选型与应用发展或者需求不匹配，那么数据存储切换带来的数据迁移成本不是每个企业都能够承担的。

在数字化时代，各式各样的数据存储框架层出不穷，例如以关系型数据库为代表的Oracle、MySQL、PostgreSQL等，以NoSQL为代表的HBase、Cassandra等，以列式存储为代表的ClickHouse等。在具体的场景中选择合适的框架是每个从业者都需要面对的挑战。

本章将从数据存储基础开始，结合数据存储发展的5个阶段——集中式数据存储阶段、分布式数据存储阶段、大数据存储阶段、特定领域存储阶段以及实时计算阶段，介绍市面上主流的数据存储框架架构，为从业者进行数据存储选型提供一些参考。

Tips 这里的数据存储并不只是指我们通常了解的磁盘之类的硬件，而是指在数据架构中数据存储所使用的软件或者系统，如各种关系型数据库或NoSQL等。

3.1 数据存储基础

进入数字化时代，企业在基础架构选型上早已经不局限于传统的 PC 服务器、刀片服务器以及小型机等，而是倾向于使用基于云服务提供的开箱即用的组件或者自建私有云等。云服务是针对底层物理硬件资源进行虚拟化，能够让用户快速构建更稳定、更安全的应用，降低开发运维的难度和整体 IT 成本。但它在提供便利的同时，也会导致整体数据存储链路、通信链路复杂度的提升，例如基于云服务器的 Kubernetes 集群构建的微服务集群。

因此在具体实践中，在定位问题时，从业者需要对底层硬件及其之间的关系有更加深刻的认知，进而选择更适合当前应用场景的架构。

3.1.1 计算机组成基础结构

计算机组成原理是计算机专业的学生必学的课程之一，但是笔者经多年观察发现，似乎很多从业者并不是很清楚计算机核心组件及其之间的关系，且无法将这些核心组件与不同的应用软件的特性建立有效的联系。例如计算机内部 L1、L2、L3 缓存的目的是什么？数据库为什么会存在锁的概念？为什么零拷贝技术（Zero-Copy）可以提高数据交互的效率？这些特性本质都依赖于当前计算机组成的架构。

冯·诺伊曼是现代计算机之父，他提出计算机应采用二进制、将程序指令存储器与数据存储器合并在一起存储，并由五个部分构成（运算器、控制器、存储器、输入设备、输出设备）。这也是冯·诺依曼体系结构的三个基本准则。其中运算器、控制器构成了 CPU 的主要功能；而内部存储器按照实际需要分为内存存储器以及磁盘；输入输出设备便是计算机相关交互设备，例如显示器、鼠标、键盘等。其中不同的组件对应不同的访问时间及容量，如表 3-1 所示。

表 3-1 不同的组件对应不同的访问时间及容量

类型	典型访问时间	典型容量
寄存器	1ns	<1KB
高速缓存	2ns	4MB
内存	10ns	512～2048MB
磁带	10ms	200～1000GB
磁盘	100s	400～800GB

1. CPU

CPU（中央处理器），是电子计算机的主要设备之一。它的主要功能是解释计算机指令以及处理计算机软件中的数据，包括处理指令、执行操作、控制时间、处理数据。CPU 是计算机中负责读取指令，对指令译码并执行指令的核心部件。它主要包括两个部分，即控制器、运算器，还包括高速缓冲存储器及实现它们之间联系的数据、控制的总线。

在计算机体系结构中，CPU 是对计算机的所有硬件资源（如存储器、输入输出单元）进行控制调配、执行通用运算的核心硬件单元，是计算机的运算和控制核心。计算机系统中所有软件层的操作最终都将通过指令集映射为 CPU 的操作。

在单核时代，CPU 都是串行执行的，不存在数据一致性问题。但是随着技术的进步，进入多核时代，为了保证指令的执行效率，不同的 CPU 可能会在同一时刻操作相同的记录，出现数据一致性的问题，进而引出锁的概念。此外，现在多核 CPU 多采用 L1、L2、L3 等多级缓存，这虽然带来性能的提升，但是也带来数据在并发情况下数据一致性的问题。CPU 多级缓存结构如图 3-1 所示。

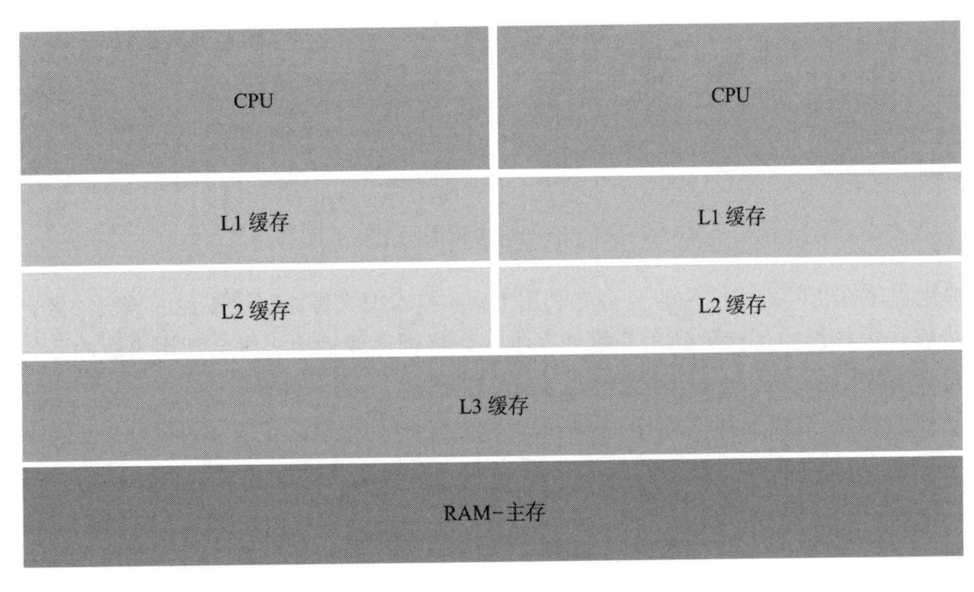

图 3-1　CPU 多级缓存结构

从图 3-1 可以看出，CPU 之间交互的便是 RAM–主存，也就是我们常说的内存。

2. 内存

内存（Memory）是计算机的重要部件之一，也称内存储器和主存储器，用于暂时存放 CPU 中的运算数据以及与硬盘等外部存储器交换的数据。它是外部存储器与 CPU 进行沟通的桥梁，计算机中的所有程序都在内存中进行，内存性能的强弱会直接影响计算机的整体性能水平。只要计算机开始运行，操作系统就会把需要运算的数据从内存调到 CPU 中进行运算，当运算完成，CPU 会将结果传送出来。

应用程序启动时，需要向操作系统申请一部分内存资源来处理应用相关数据，这部分内存空间称作用户空间；然而操作系统也需要内存资源完成自身正常的功能，这部分空间称作内核空间。访问应用时需要进行用户空间与内核空间的交互，如图 3-2 所示。

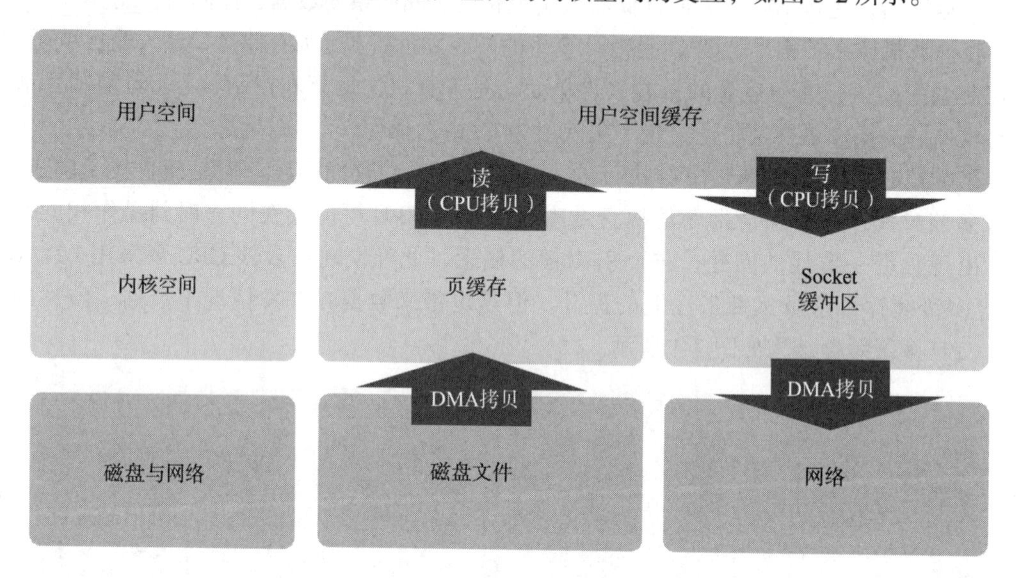

图 3-2 用户空间与内核空间交互示意图

应用程序在访问磁盘文件时，会先利用 DMA 技术把文件内容读取到内核缓冲区，然后再把内容从内核缓冲区拷贝到用户缓冲区中。如果程序要输出，则会把用户缓冲区的内容再拷贝到内核的 Socket 缓冲区中，利用 DMA 输出。

操作系统为了减少甚至完全避免操作系统与应用程序之间不必要的 CPU 拷贝，减少内存带宽的占用以及用户空间与操作系统内核空间之间的上下文切换，提出了零拷贝技术。

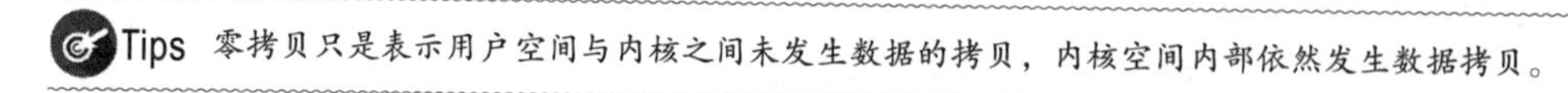

Tips 零拷贝只是表示用户空间与内核之间未发生数据的拷贝，内核空间内部依然发生数据拷贝。

3. 磁盘

磁盘是计算机主要的存储介质，可以持久化存储数据。早期计算机使用的磁盘是软磁盘（简称软盘），现今常用的磁盘是硬磁盘（Hard Disk，简称硬盘）。硬盘又分为现在的机械硬盘与性能更好的固态硬盘。

磁盘存储的价格其实与数据模型的发展有一定的关系。例如在数据存储价格较为昂贵的时代，IT 从业者考虑的是如何在满足应用需求的前提下尽量减少数据的冗余。这个时候范式建模（现在不理解也没关系，后续会详细介绍）相对比较流行，因为范式建模可以消除数据冗余，减少数据存储的空间。随着存储价格逐步降低，维度建模逐步流行，它可以通过一定的数据冗余提高查询的效率。

Tips 任何技术或者方法论的流行如果离开其所在的时代背景或者技术限制都是缺乏意义的。

CPU、内存以及磁盘构成计算机组成的基础。对于数据存储来说，它基于计算机资源并且结合具体的应用程序提供相应的服务，必然也会延伸出一些核心的概念。

3.1.2 数据存储核心概念

总的来看，数据存储的核心概念有3个，分别是事务、索引以及锁。事务可以实现操作的并发执行，索引可以提高数据的查询效率，锁可以提高数据的一致性。

1. 事务

事务就是一个对数据库操作的序列，是一个不可分割的工作单位，要么这个序列里面的操作全部执行，要么全部不执行。事务包含ACID特性，即原子性（Atomicity）、一致性（Consistency）、隔离性（Isolation）及持久性（Durability）。

- 原子性：事务中的所有操作作为一个整体像原子一样不可分割，要么全部成功，要么全部失败。需要注意的是，原子性的特点是指数据库操作层面的，而非所在服务器层面的。
- 一致性：事务的执行结果必须使数据库从一个一致性状态到另一个一致性状态。
- 隔离性：并发执行的事务不会相互影响，并发执行对数据库的影响和串行执行时一样。在数据库中通常存在四种不同的隔离，分别是读未提交（read-uncommitted）、不可重复读（read-committed）、可重复读（repeatable-read）及串行化（serializable）。事务隔离性是由数据库层面与CPU进行交互的策略不同导致的。
- 持久性：事务一旦提交，它对数据库的更新就是持久的。任何事务或系统故障都不会导致数据丢失。

2. 索引

索引是定义在表（Table）基础之上，快速定位所需记录而无须检查所有记录的一种辅助存储结构，它由一系列存储在磁盘上的索引项组成。索引与数据表一样，是需要存储空间的，并且索引的更新是依赖于被索引的数据表的字段的，所以在实际使用过程中索引的新增或者删除需要与业务场景进行结合。

数据库的索引类似于图书的索引。图书的索引允许用户不必翻阅完整本书就能迅速地找到所需要的信息。在数据库中，索引也允许程序迅速地找到表中的数据，而不必扫描整个数据表。在关系型数据库中，常见的索引是采用 B+ 树的方式进行构建的。

从逻辑上来看索引主要分为主键索引、唯一索引、组合索引以及全文索引。主键索引表示该字段不为空且唯一，在数据库中一个表如果没有主键，则数据库会默认创建一个主键。唯一索引表示该字段值唯一，但是可以为空。组合索引表示这个索引的索引列可以有多个，但是在使用时存在最左前缀原则，即以最左边的索引列为起点，任何连续的索引都能匹配上。全文索引是一种特殊类型的，基于标记的功能性索引，利用创建倒排索引满足对于文档的检索。

3．锁

锁是保证数据库数据一致性的基石。总的来看，锁分为悲观锁（Pessimistic Lock）和乐观锁（Optimistic Lock）两种形式。悲观锁实际上使用的是"先取锁再访问"的保守策略，为数据处理的安全提供了保证。乐观锁并不会使用数据库提供的锁机制。一般，实现乐观锁的方式就是记录数据版本。锁分类详情如图 3-3 所示，图中基本涵盖了主流数据库里面涉及的锁类型。

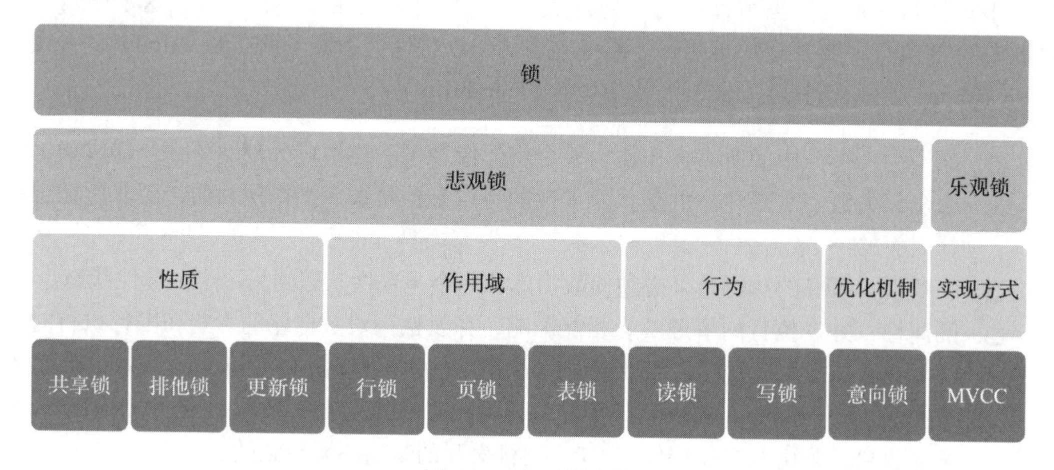

图 3-3 锁分类详情

（1）悲观锁

悲观锁（又名"悲观并发控制"，Pessimistic Concurrency Control，缩写为"PCC"）是一种并发控制的方法。它可以阻止一个事务以影响其他用户的方式来修改数据。

悲观锁主要用于数据争用激烈的环境，以及发生并发冲突时使用锁保护数据的成本要低于回滚事务的成本的环境中。按照不同的分类方式，可以将悲观锁分为多种类型。

1）按性质来分，可将悲观锁分为共享锁、排他锁以及更新锁。

共享（S）锁允许并发事务读取一个资源。资源上存在共享锁时，任何其他事务都不能修改数据。一旦已经读取数据，则立即释放资源上的共享锁，除非将事务隔离级别设置为可重复读或更高级别，或者在事务生存周期内用锁定提示保留共享锁。

排他（X）锁可以防止并发事务对资源进行访问，其他事务不能读取或修改排他锁锁定的数据。

更新（U）锁用于可更新的资源中，防止当多个会话在读取、锁定以及随后可能进行的资源更新时发生常见形式的死锁。从共享锁到排他锁的转换必须等待一段时间，这是因为一个事务的排他锁与其他事务的共享锁不兼容，发生锁等待。当第二个事务试图获取排他锁以进行更新时，由于两个事务都要转换为排他锁，并且每个事务都需要等待另一个事务释放共享锁，因此发生死锁。

2）按作用域来分，可将悲观锁分为行锁、表锁以及页锁。

行锁仅对指定的记录进行加锁，这样其他进程还是可以对同一个表中的其他记录进行操作。行锁开销大，加锁慢；会出现死锁；锁定粒度最小，发生锁冲突的概率最低，并发度也最高。

表锁对整张表加锁，在锁定期间，其他进程无法对该表进行写操作；如果你是写锁，则其他进程也不允许进行读操作；表锁开销小，加锁快；不会出现死锁；锁定粒度大，发生锁冲突的概率最高，并发度最低。

页锁介于行锁以及表锁之间，一次锁定相邻的一组记录。页锁的开销和加锁时间界于表锁和行锁之间；会出现死锁；锁定粒度界于表锁和行锁之间，并发度一般。

3）按锁的行为来分，可将悲观锁分为读锁、意向锁以及写锁。

读锁，即共享锁（S 锁），若事务 T 对数据对象 A 加上 S 锁，则事务 T 可以读 A 但不能修改 A，其他事务只能再对 A 加 S 锁，而不能加 X 锁，直到 T 释放 A 上的 S 锁。这保证了其他事务可以读 A，但在 T 释放 A 上的 S 锁之前不能对 A 做任何修改。

意向锁解决表锁与之前可能存在的行锁冲突，避免为了判断表是否存在行锁而去扫描全表的系统消耗。

写锁又称排他锁（X 锁）。若事务 T 对数据对象 A 加上 X 锁，则事务 T 可以读 A 也可以修改 A，其他事务不能再对 A 加任何锁，直到 T 释放 A 上的锁。这保证了其他事务在 T 释放 A 上的锁之前不能再读取和修改 A。

Tips 意向锁是表锁，而非行锁；意向锁与读写锁构成了 S、X、IS、IX 四种类型的锁。

（2）乐观锁

乐观锁假设数据一般情况下不会造成冲突，所以只会在数据进行更新的时候，正式对数据冲突与否进行检测，如果数据冲突了，则返回用户错误的信息，让用户决定如何处理。

3.1.3 OLTP 与 OLAP 场景

从数据处理的角度来看，日常应用主要可以分为两大类：一是以实时事务为主的 OLTP（On-Line Transaction Processing，联机事务处理）型应用，例如电商的购物数据、银行的交易数据等；二是以分析为主的OLAP(On-Line Analytical Processing，联机分析处理）型应用，其中最为典型的就是数据仓库、数据中心等大型系统，通过抽取并整合不同源系统的数据之后进行分析以及后续的可视化分析等。

OLTP型的应用系统往往是OLAP型系统的数据源。OLTP侧重于写，适合处理较小的事务，且对于并发具有较高的要求。OLAP则侧重于读而写相对较少，它的业务逻辑相对复杂，读取的数据量较多，并且涉及较多聚合函数的处理。因为在OLAP系统中读相对写较多，所以在某种程度上数据一致性的要求往往显得不是那么重要，这也是NoSQL可以发展的前提。

在OLAP中，数据分析的结果往往依赖数据同步工具推送到下游中，近些年也出现了以数据API的形式提供对外的数据源服务（例如数据中台）。OLAP型的应用系统中往往存在很多数据指标，这些指标是经过复杂的运算而得出（往往是基于不同数据表进行关联并聚合）的。在传统的关系型数据库中，数据是以行为单位读取的，而数据聚合中往往只需要部分列值，为了减少整个查询过程中的资源消耗（例如磁盘I/O，内存消耗、网络I/O等），很多列式存储数据库应运而生，例如HBase、ClickHouse等。

随着企业业务的发展，一些OLTP型系统被要求支持具有分析型特征的业务需求。例如在某些2C营销场景中，实时统计不同渠道最近一段时间（不固定）的消费金额以动态调整相应的营销策略。在这种类型的系统设计过程中需要考虑数据源的对接（如果需要的数据不在该系统中）、数据聚合粒度的设计（实时统计对于资源的要求）、数据存储架构的设计、应用架构的设计等。

在介绍了数据存储相关基础知识之后，我们从整个数据存储的发展阶段来介绍整个数据存储技术的发展。

3.2 集中式数据库

集中式数据库是我们在日常工作使用最多的数据库，它采用的是Shared Everything（完全共享）的架构，数据库共享CPU、内存以及磁盘等资源，并行处理能力相对较差。

与Shared Everything对应的是Shared Nothing架构，即节点之间不共享CPU、内存以及磁盘等资源，往往运用于分布式数据库中。

3.2.1 常见关系型数据库

集中式数据库系统是由一个处理器（分配若干个CPU)、与它相关联的数据存储设备（利用内存、磁盘等存储介质）以及其他外围设备（例如网卡）组成的，它被物理地定义到单个位置（分配到具体的某一台机器上）。数据库提供数据处理能力，支持用户利用终端连接该数据库，并且在终端进行操作。由于所有数据仅存储在单个位置，因此更易于访问和协调数据。

在集中数据库流行的时期，以 Oracle、DB2 为代表的数据库占据着主流数据库的市场，从数据的存储特点来看，此时数据库的数据存储文件都是基于单体的服务器（例如小型机、一体机以及 PC 服务器）的磁盘或者文件系统；从事务层面来看，以上数据库基本上都是支持事务的数据库，利用 Redo 以及 Undo 机制、Checkpoint 机制等来保证事务的一致性；从扩展性来看，数据库无法进行横向扩展，数据库的性能依赖所在服务器的整体资源限制。

这个时期，OLTP 型应用或者 OLAP 型数据仓库等系统都是基于集中式数据库（例如 Oracle）构建的。集中式数据库以其较强的性能以及稳定性，总体上满足不同场景的需求。

3.2.2 分库分表

虽然商业数据库性能较高，但使用成本也较高（使用以及运维成本，Oracle 是按照核数收费）。随着互联网的发展，以 MySQL 以及 PostgreSQL 为代表的开源数据库逐渐被互联网公司广泛使用（并且被某些国内大厂修改之后作为云服务的基础）。DB-Engines 提供的数据库排名如图 3-4 所示。

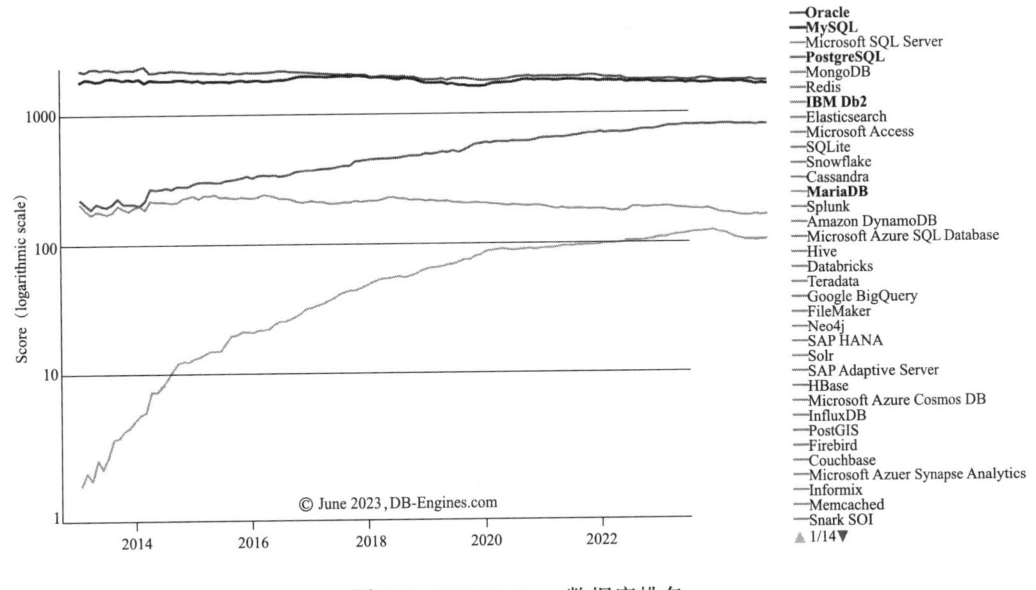

图 3-4 DB-Engines 数据库排名

开源数据库虽然不需要商业授权，但是整体的性能比商业数据库差。为了满足业务的需求，数据库需要进行分库分表，一些分库分表组件应运而生，其中比较出名的是 Mycat。

Mycat 是目前最流行的基于 Java 语言编写的数据库中间件，它的核心功能是分库分表，支持读写分离和分库分表，而且比较易用，对原有的应用系统侵入比较小，系统改造比较易于实现。它将客户端处理的 SQL 按照一定的规则分配到不同的数据库节点上。Mycat 分库分表原理图如图 3-5 所示。

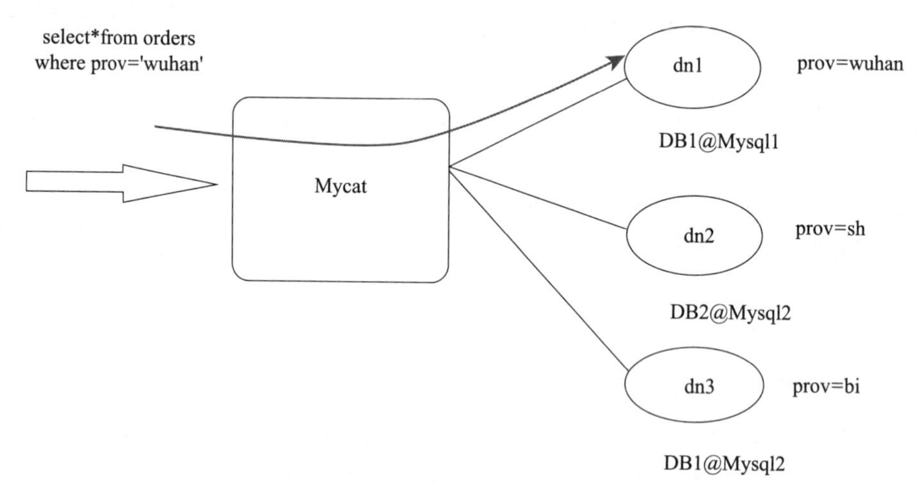

图 3-5 Mycat 分库分表原理图

总的来看，传统关系型数据库的分库分表往往都是利用数据库中间件作为路由层将数据转发到具体的数据库节点，然后再通过数据库中间件处理后将结果返回到具体的客户端。

3.3 分布式数据库

随着业务的持续发展以及数据量的增加，独立于数据库体系之外的分库分表中间件由于自身限制，无法满足部分业务场景，因此分布式数据库应运而生。

3.3.1 大规模并行处理技术

大规模并行处理（Massively Parallel Processing，MPP），是指在集群中的每个节点都有独立的存储、内存以及 CPU 资源并且采取 Master-Slave 架构。集群中 Slave 阶段负责存储具体的业务数据，并且数据是按照一定的业务规则（例如在建表的时候按照某业务 ID 的 Hash 值）分布到不同的节点中。集群节点之间通过网络进行连接，协同工作，完成具体的数据请求。在具体的应用请求中，Master 节点主要存储权限、数据位置等元数据信息；Slave 节点通过访问本地资源并处理相关请求后统一汇总到 Master 节点，再返回到客户端中。常见的 Master-Slave 架构如图 3-6 所示。

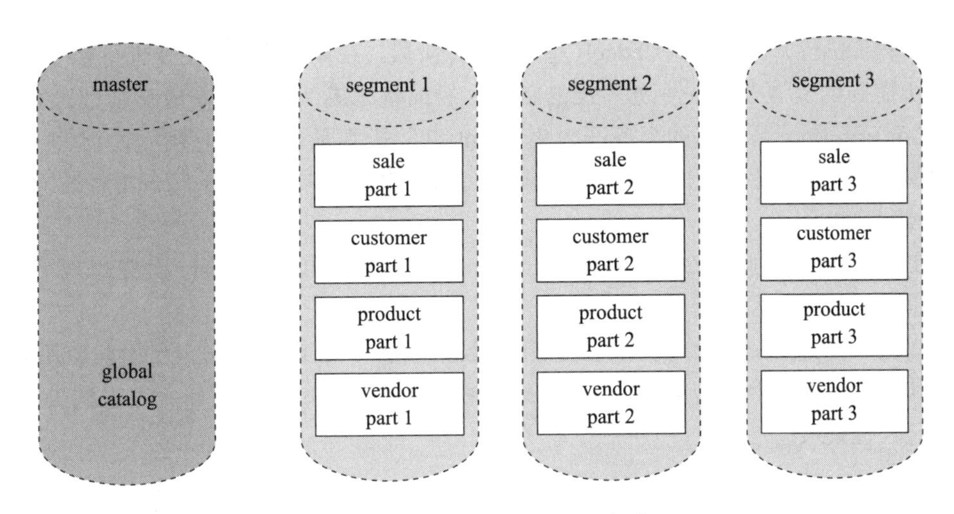

图 3-6 常见的 Master-Slave 架构

MPP 技术是一种无共享（Shared Nothing）的分布式架构，而基于 MPP 架构的数据库，例如 Greenplum，则具有较高的性能、可用性以及扩展性等。在 OLAP 的场景中，基于 MPP 架构的分布式数据库可以支持例如数据仓库、BI 系统等多种应用场景。

3.3.2 分布式事务

基于 MPP 架构构建的数据库，即分布式数据库。分布式数据库依旧属于关系型数据库范畴，不是 NoSQL，所以它支持事务级 ACID 特性。由于分布式系统中涉及不同节点的通信，会产生网络的延迟或者异常等特殊情况，因此，分布式系统往往采用两阶段提交（Two-Phase Commit，2PC）、补偿事务、本地消息表、MQ 事务消息这 4 种方式保证事务特性。

1. 两阶段提交

两阶段提交主要分为两个阶段，即准备阶段和运行阶段，并通过引入一个协调者来发起整个过程。在准备阶段，协调者通过向参与者发送请求，确认参与者事务（这里指参与者本地的事务）是否执行成功，参与者返回执行结果。在这个过程中该分布式事务的参与者都将等待最后一个参与者返回的事务执行结果（注意是执行结果，此时本地事务未提交），当全部返回之后再进入下一个阶段。在执行阶段，如果参与者都执行成功，则协调者通知让参与者提交事务，否则每个参与者回滚事务。

大多数分布式数据库采用的就是 2PC 来保证分布式事务的一致性。

2. 补偿事务

补偿事务即常说的 TCC 机制，它主要分为三个阶段，即 Try（业务检查）阶段、

Confirm（确认执行）阶段以及 Cancel（业务取消）阶段。在 Try 阶段，主要进行相应的检查，以确保所需要的资源及相关业务系统的状态已经准备完成，一旦检查成功则进入 Confirm 阶段；Confirm 阶段是具体的事务的提交；Cancel 阶段则是最后的补偿阶段，用来处理在 Try 阶段出现异常情况导致整体执行失败而进行的操作，它采取与 Try 阶段相反的操作，保证事务顺利回滚。

在 TCC 机制中，假设 Confirm 以及 Cancel 阶段是不会出现错误的，如果出现异常则需要引入重试机制或者人工介入。

2PC 与 TCC 的区别是，前者主要应用在数据库层，而 TCC 机制主要面向应用处理场景。这代表着 TCC 需要应用开发人员在应用测试实现相应的业务逻辑，很明显 TCC 对于应用的侵入性较强。

3. 本地消息表

本地消息表其实是一种设计思想，它最初是由 eBay 提出的。这个机制主要分为三个部分，消息生产者、消息层、消息消费者。这三个部分保证分布式事务的一致性。

在一个分布式事务中，首先，消息生产者将业务数据以及该业务数据对应的消息状态写入消息层中，消息生产者需要保证这个消息一定会被写到消息层中；消息层负责存储对应的业务数据以及消息状态；然后消息消费者通过定时读取消息中的业务数据完成业务逻辑并更新消息状态。

消息层可以是消息中间件也可以是日志文件或者数据表。但是它的本质是将数据预先缓存之后再消费以达到事务的一致性。在后续的文章中我们可以看到类似的实现机制，即 WAL（Write Ahead Log，预写式日志）。

4. MQ 事务消息

MQ 事务消息是本地消费表的一种具体实现形式，它通过引入支持事务的第三方消息队列中间件来保证事务的一致性。MQ 事务消息主要分为三个部分，消息生产者、支持事务的消息集群、消息消费者。

消息生产者通过与消息集群进行 2 次通信（类似 2PC）以确认消息生产者本地事务状态与消息发送到消息集群的状态是一致的；消息消费者通过读取消息集群的数据，也采用类似 2PC 的方式保证事务的一致性。

MQ 事务消息取消了对于本地数据库事务的依赖，但是由于实现难度较大且主流的消息队列中间件并不支持事务，因此应用面较小。

无论是集中式数据库还是分布式数据库，它们都对存储的稳定性具有一定的要求，随着技术的发展，基于通用硬件构建的大数据存储技术应运而生。

3.4 大数据存储

进入大数据阶段就意味着进入 NoSQL 阶段，更多的是面向 OLAP 场景，即数据仓库、BI 应用等。

大数据技术的发展并不是偶然的，它的背后是对于成本的考量。前文提到的集中式数据库或者基于 MPP 架构的分布数据库往往采用的都是性能稳定但价格较为昂贵的小型机、一体机或者 PC 服务器等，扩展性相对较差；而大数据计算框架可以基于价格低廉的普通的硬件服务器构建，并且理论上支持无限扩展以支撑应用服务。

在大数据领域中最有名的就是 Hadoop 生态，总体来看，它主要由三部分构成：底层文件存储系统 HDFS（Hadoop Distributed File System，Hadoop 分布式文件系统）、资源调度计算框架 Yarn（Yet Another Resource Negotiator，又一个资源协调者）以及基于 HDFS 与 Yarn 的上层应用组件，例如 HBase、Hive 等。一个典型的基于 Hadoop 的应用如图 3-7 所示。

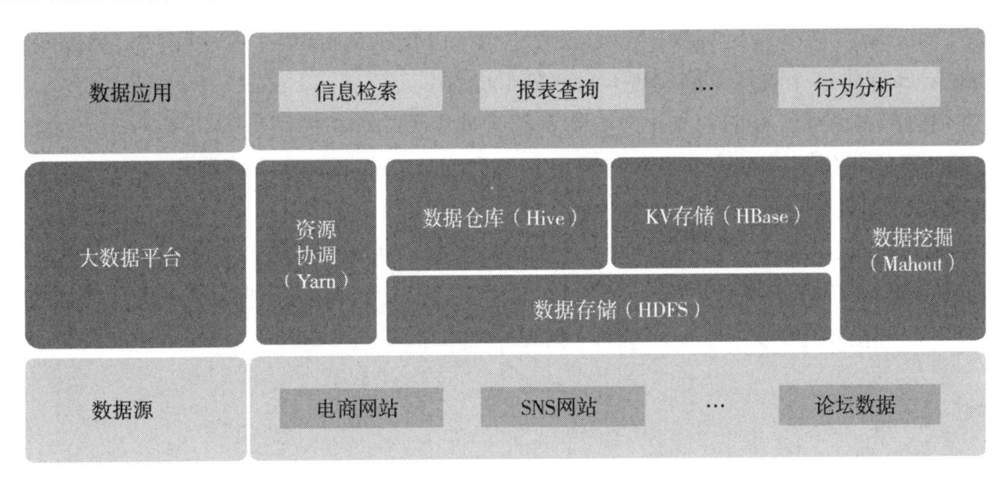

图 3-7　一个典型的 Hadoop 应用

3.4.1 HDFS

HDFS 被设计成适合运行在通用硬件（Commodity Hardware）上的分布式文件系统。它和现有的分布式文件系统有很多共同点，例如典型的 Master-Slave 架构（这里不准备展开介绍），也有不同点，HDFS 是一个具有高度容错性的系统，适合部署在廉价的机器上。关于 HDFS 这里主要想说两点，默认副本数的设置以及机架感知（Rack Awareness）。

HDFS 默认副本数是 3，这是因为 Hadoop 有着高度的容错性，从数据冗余以及分布的角度来看，需要在同一机房不同机柜以及跨数据中心进行数据存储以保证数据最大可用。因此，为了达到上述目的，数据块需要至少存放在同一机房的不同机架（2 份）以及跨数据中心的某一机架（1份）中，共3份数据。

机架感知的目的是在计算中尽量让不同节点之间的通信能够发生在同一个机架之内，而不是跨机架，进而减少分布式计算中数据在不同的网络之间的传输，减少网络带宽资源的消耗。例如当集群发生数据读取的时候，客户端按照由近到远的优先次序决定哪个数据节点向客户端发送数据，因为在分布式框架中，网络I/O已经成为主要的性能瓶颈。

只有深刻理解了这两点，才能理解为什么Hadoop有着高度的容错性。高度容错性是Hadoop可以在通用硬件上运行的基础。

3.4.2 Yarn

Yarn是继Common、HDFS、MapReduce之后Hadoop的又一个子项目，它是在MapReduceV2中提出的。

在Hadoop1.0中，JobTracker由资源管理器（由TaskScheduler模块实现）和作业控制（由JobTracker中多个模块共同实现）两部分组成。

在Hadoop1.0中，JobTracker没有将资源管理相关功能与应用程序相关功能拆分开，逐渐成为集群的瓶颈，进而导致集群出现可扩展性变差、资源利用率下降以及多框架支持不足等多方面的问题。

在MapReduceV2中，Yarn负责管理MapReduce中的资源（内存、CPU等）并且将其打包成Container。这样可以使MapReduce专注于它擅长的数据处理任务，而不需要考虑资源调度。这种松耦合的架构方式实现了Hadoop整体框架的灵活性。

3.4.3 Hive

Hive是基于Hadoop的数据仓库基础构架，它利用简单的SQL语句（简称HQL）来查询、分析存储在HDFS中的数据，并把SQL语句转换成MapReduce程序来进行数据的处理。

Hive与传统的关系型数据库的主要区别体现在以下几点。

1）存储的位置，Hive的数据存储在HDFS或者HBase中，而后者的数据一般存储在裸设备或者本地的文件系统中，由于Hive是基于HDFS构建的，那么依赖HDFS的容错特性，Hive中的数据表天然具有冗余的特点。

2）数据库更新，Hive是不支持更新的，一般是一次写入多次读写（这部分从Hive 0.14之后开始支持事务操作，但是约束比较多），但是由于Hive是基于HDFS作为底层存储的，而HDFS的读写不支持事务特性，因此Hive的事务支持必然需要拆分数据文件以及日志文件才能支持事务的特性。

3）执行 SQL 的延迟，Hive 的延迟相对较高，因为每次执行都需要将 SQL 语句解析成 MapReduce 程序。

4）数据的规模上，Hive 一般是 TB 级别，而后者规模相对较小。

5）可扩展性上，Hive 支持 UDF、UDAF、UDTF，后者相对来说可扩展性较差。

3.4.4　HBase

HBase（Hadoop Database）是一个高可靠性、高性能、面向列、可伸缩的分布式存储系统。它底层的文件系统使用 HDFS，使用 ZooKeeper 来管理集群的 HMaster 和各 RegionServer 之间的通信，监控各 RegionServer 的状态，存储各 Region 的入口地址等。

1. 特点

HBase 是 Key-Value 形式的数据库（类比 Java 中的 Map）。既然是数据库那肯定就有表，HBase 中的表大概有以下几个特点。

1）大：一个表可以有上亿行，上百万列（列多时，插入变慢）。

2）面向列：面向列（族）的存储和权限控制，列（族）独立检索。

3）稀疏：对于空（null）的列，并不占用存储空间，因此，表可以设计得非常稀疏。

4）每个单元格中的数据可以有多个版本，默认情况下版本号自动分配，是单元格插入时的时间戳。

5）HBase 中的数据都是字节，没有类型定义具体的数据对象（因为系统需要适应不同类型的数据格式和数据源，不能预先严格定义模式）。

这里需要注意的是，HBase 也是基于 HDFS，所以也具有默认 3 个副本、数据冗余的特点。此外 HBase 也是利用 WAL 的特点来保证数据读写的一致性。

2. 存储

HBase 采用列式存储方式进行数据的存储。传统的关系型数据库主要是采用行式存储的方式进行数据的存储，数据读取的特点是按照行的粒度从磁盘上读取数据记录，然后根据实际需要的字段数据进行处理，如果表的字段数量较多，但是需要处理的字段较少（特别是聚合场景），由于行式存储的底层原理，仍然需要以行（全字段）的方式进行数据的查询。在这个过程中，应用程序所产生的磁盘 I/O、内存要求以及网络 I/O 等都会造成一定的浪费；而列式存储的数据读取方式主要是按照列的粒度进行数据的读取，这种按需读取的方式减少了应用程序在数据查询时所产生的磁盘 I/O、内存要求以及网络 I/O。

此外，由于相同类型的数据被统一存储，因此在数据压缩的过程中压缩算法的选用以及效率将会进一步加强，这也进一步降低了分布式计算中对于资源的要求。

列式存储的方式更适合 OLAP 型的应用场景，因为这类场景具有数据量较大以及查询字段较少（往往都是聚合类函数）的特点。例如最近比较火的 ClickHouse 也是使用列式存储的方式进行数据的存储。

3.4.5 Spark 及 Spark Streaming

Spark 由 Twitter 公司开发并开源，解决了海量数据流式分析的问题。Spark 首先将数据导入 Spark 集群，然后通过基于内存的管理方式对数据进行快速扫描，通过迭代算法实现全局 I/O 操作的最小化，达到提升整体处理性能的目的。这与 Hadoop 从“计算”找“数据”的实现思路是类似的，通常适用于一次写入多次查询分析的场景。

Spark Streaming 是基于 Spark 的一个流式计算框架，它针对实时数据进行处理和控制，并可以将计算之后的结果写入 HDFS。它与当下比较火的实时计算框架 Flink 类似，但是二者在本质上是有区别的，因为 Spark Streaming 是基于微批量（Micro-Batch）的方式进行数据处理，而非一行一行地进行数据处理。

3.5 特定领域存储

随着技术的发展，满足某些特定领域的存储组件逐步被大家使用，例如低并发大规模数据分析场景的 ClickHouse、搜索领域的 Elasticsearch 以及实现 Exactly-Once 的实时计算框架 Flink，这些组件满足了我们某些特定场景的查询需求，例如利用 ClickHouse 可以在企业中进行灵活报表的构建、利用 Elasticsearch 可以快速搭建企业搜索引擎以及利用 Flink 可以搭建企业实时计算应用等。

接下来我们将逐一介绍上述组件。

3.5.1 ClickHouse

从名字上就可以知道，ClickHouse（Click Stream，Data WareHouse）主要是从 OLAP 场景需求出发的，是基于 MergeTree 存储对数据进行列式存储，同时按向量进行处理从而提高对于 CPU 的利用率，数据压缩空间大，对于磁盘 I/O 的资源要求降低，单查询吞吐量高（每台服务器每秒最多数十亿行）。

它主要由 7 种类型的 MergeTree 组成，具体的信息如图 3-8 所示。

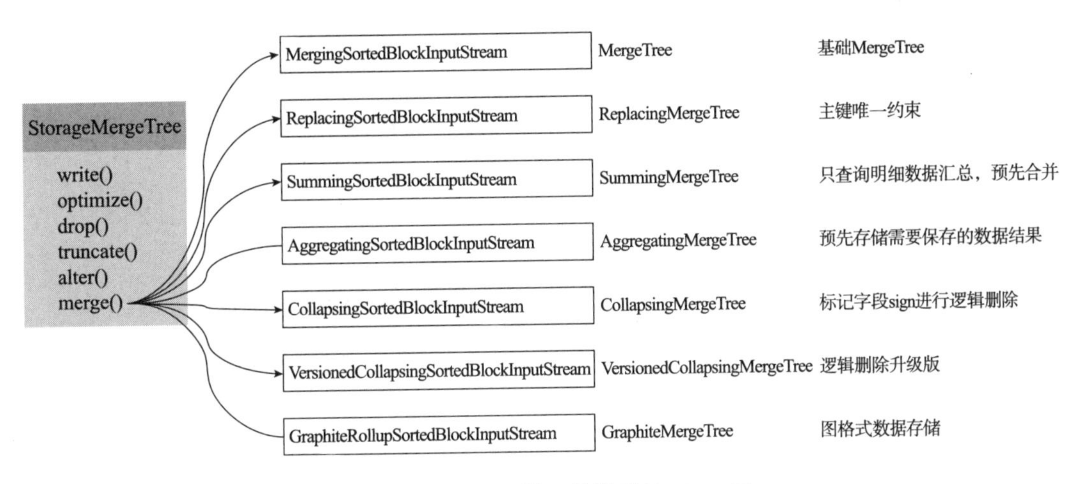

图 3-8 ClickHouse 的 7 种类型的 MergeTree

同时为了保证数据的冗余，ClickHouse 提供了 Replicated 机制，构成了 14 种 MergeTree 的变种，满足日常应用的需求。对应的 14 种存储引擎如图 3-9 所示。

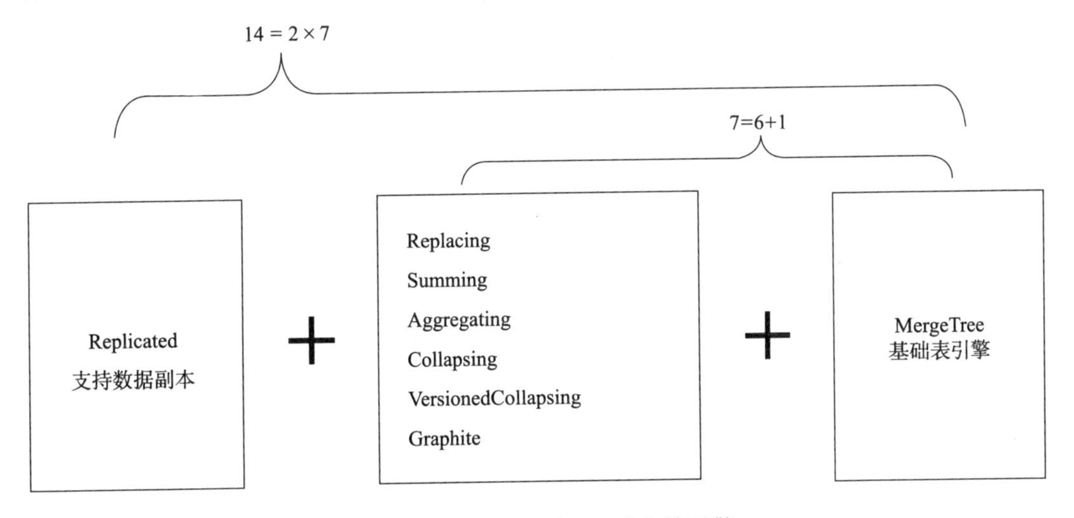

图 3-9 ClickHouse 的 14 种存储引擎

此外，由于 ClickHouse 是以自下而上的方式进行开发的，因此它也提供如下几种基于行、基于组件连接以及基于特殊应用场景的存储引擎，如图 3-10 所示。

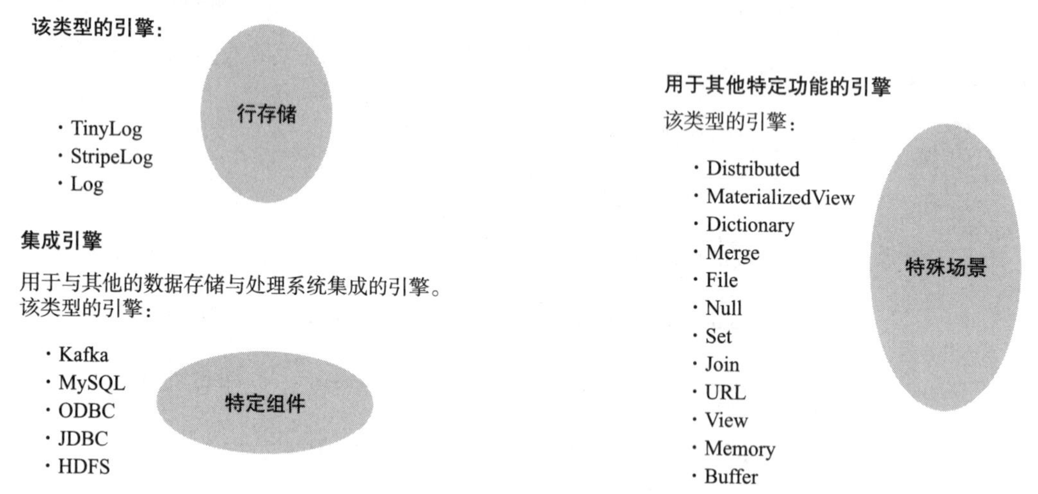

图 3-10　ClickHouse 的其他存储引擎

由于 ClickHouse 官方建议 QPS 值在 100 左右，因此它并不支持高并发。此外它的跨节点的 JOIN 连接性能较差（分布式系统中普遍存在的问题），不支持事务。这些潜在的问题是我们在使用 ClickHouse 时需要考虑的。

3.5.2 Elasticsearch

Elasticsearch（下文简称 ES）是一个基于 Lucene 的搜索服务器。它提供了一个分布式多用户能力的全文搜索引擎，是一种流行的企业级搜索引擎，可以协助企业快速实现分布式搜索。

ES 从逻辑结构来看主要由三部分构成，依次是索引（Index）、类型（Type）以及文档（Document），分别对应传统关系型数据库中的数据库（Database）、数据表（Table）以及行（Row）。然而 Document 主要存储的数据类型并不是类似传统关系型数据库中的结构化数据，而是一种 JSON 形式的半结构化数据。在 ES 中数据会被创建倒排索引，用以提高数据整体查询的效率。

由于 ES 主要是提供搜索的功能，它内部默认嵌套分词器（tokenizer），利用分词器对所存储的数据进行分词处理。分词器可以根据具体的需求进行自定义，例如国内通过整合中文分词器 IK 满足对于中文检索的需求。

3.6　实时计算阶段

实时计算其实与数据存储并没有直接的联系。但是随着企业业务的发展，对于实时的要求愈发迫切，支持实时计算的组件逐步替代了传统的数据存储，融入具体的业务场景中。这里最具有代表性的就是 Flink。

Flink 是最近比较流行的实时计算框架的核心组成部分，是一个针对流数据和批数据的分布式处理引擎，主要代码由 Java 实现，部分代码由 Scala 实现。它既可以处理有界的批量数据集，又可以处理无界的实时数据集，例如实时产生的消息日志数据。

Flink 内部存在多种机制以保障应用的稳定性，例如多种 State 保存机制、分布式快照技术、多种时间语义及多种计算时间窗口等。在 Flink 框架中，数据真正实现了以一次一个事件的方式被处理，即 Excatly-once。此外，Flink 的灵活时间语义、多种时间窗口结合水印处理延迟数据等技术也满足了不同类型的应用需求。

由于 Flink 主要是实时计算，那么必然涉及生产者、消费者以及消息中间件等部分。当生产者与消费者对于消费的速率不匹配时就会产生一些异常。例如，生产者产生速度较快，无法及时消费，导致消息的积压，从下游逐步向上游传导，简称反压。

同时由于 Flink 处理的是实时数据流，当整个实时计算的集群进行重启或者数据计算逻辑发生变化时，就会涉及整个集群数据的初始化以及任务的重新执行等。Flink 提供了多种类型的重启策略，例如固定延迟重启策略、故障率重启策略、没有重启策略、后背重启策略等 4 种不同的重启策略，以满足实时作业的要求。

由于 Flink 的兴起，企业数据仓库产生两种主流的框架：流批一体化（Lambda 架构）以及纯实时架构（Kappa 架构）。二者的主要区别在于是否保留离线计算层（即 Batch 层），在后续的内容中会进行详细的介绍，这里不再展开。

3.7　总结

本章介绍了数据存储基础概念，并按照数据存储的种类分别进行讲解，使大家对于数据架构的常用组件及原理有了一个较为全面的认识。其实从抽象的角度来看，不同组件按照一定的逻辑组合构成了整体框架，支持了不同类型的应用场景，例如传统关系型数据库的应用主要基于传统的关系型数据库等构建而成、大数据的数据仓库主要基于 Hadoop+Hive 等构建而成。然而数据在不同的系统或者平台之间的流动并不是自发进行的，需要一个核心的推动器即调度系统，第 4 章将进行详细的介绍。

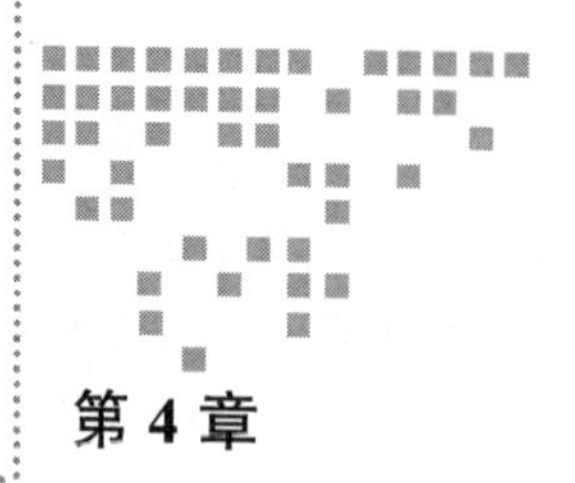

Chapter 4 第4章

数据调度与消息传输

基于数据存储技术，企业按照不同数据的特点或者类型进行持久化存储。然而企业业务决策往往需要整合多个业务系统之间的数据，所以企业开始逐步建设数据平台类的系统以满足业务的需求。这个过程就涉及不同系统之间的数据流动，即我们通常说的ETL。数据抽取（Extract），从数据来源端进行抽取；数据转换（Transform），按照业务逻辑进行加工转换，生成目标结果；加载（Load），将结果数据加载至既定的数据模型端。ETL负责将异构数据源的数据、文件等集中到数据平台并进行处理后输出。这些不同的ETL作业按照指定的规则（例如时间、依赖关系等）执行进而构成企业的调度系统。

企业调度系统构成企业数据流转的核心链路，它承载着不同数据源、不同系统、不同数据表甚至不同字段在技术层面的依赖关系。随着企业调度系统的逐步发展，ETL作业之间的依赖关系变得更加复杂，同样数据依赖关系也变得异常复杂。

本章将针对主流的调度工具进行横向对比，分析不同数据调度平台的优缺点，让读者在构建企业调度系统时有较为清晰的认知。同时选取一些当下较为流行的调度平台Airflow以及数据转换工具DataX进行较为深入的剖析，使读者明白其优势与劣势。此外，由于随着企业业务的发展，实时计算的场景逐渐增多，本章也将针对被广泛运用的消息中间件Kafka进行深入介绍，以帮助读者了解高并发的原理。

4.1 通用技术选型

从抽象的角度来看，企业调度系统管理的主要是在具体的时间下执行的某个ETL作业。从时间以及ETL作业这两个维度来看，企业调度系统必须包含对于时间以及ETL作业的管理，分别对应市面上的调度平台以及 ETL 作业平台。

从是否商业化的角度来看，调度平台可以分为商业化的调度平台以及开源的调度平台；从调度平台的集成度来看，调度平台可以分为集成 ETL 作业开发功能的调度平台以及纯调度平台（即只管理调度作业之间的关系）；从 ETL 作业平台的友好程度来看，调度平台可以分为提供可视化组件的 ETL 作业开发平台以及基于配置文件或者代码的后台 ETL 作业平台。主流调度软件分布示意图如图 4-1 所示。

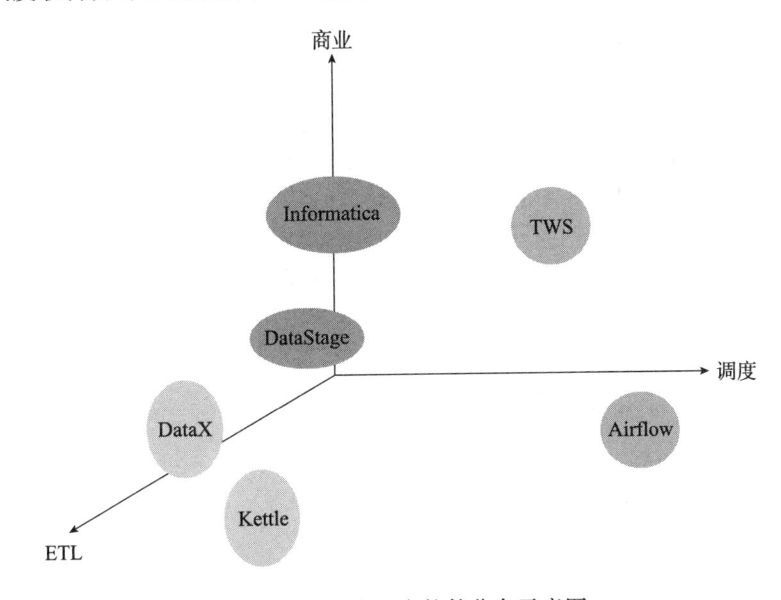

图 4-1　主流调度软件分布示意图

从图 4-1 可以看出，商业化代表软件 DataStage 以及 Informatica 既可以提供调度功能，也可以提供 ETL 作业开发的功能，而 Kettle 作为纯 ETL 开发工具并不具备调度功能（其只有非常基础的调度，忽略不计），它往往与一些调度工具一起构建企业调度系统，例如 Jenkins。

Kettle 最早是一个开源的 ETL 工具，全称为 KDE Extraction，Transportation，Transformation and Loading Environment。在 2006 年，Pentaho 公司收购了 Kettle 项目，从此，Kettle 成为企业级数据集成及商业智能套件 Pentaho 的主要组成部分。Kettle 也被重命名为 Pentaho Data Integration。Kettle 是基于 Java 编写的 ETL 工具，具有跨平台的能力（因为部署 JDK 就可以运行），扩展性相对较好。

DataStage 以及 Informatica 是专业化的商用 ETL 工具，前者属于 IBM 旗下产品，部署时间较长；后者是 Informatica 公司的产品，需要安装服务端以及客户端。总体来看，二者相对 Kettle 来说依然较为复杂。此外，在数据量较大的情况下，Informatica 与 DataStage 的处理速度比较快，也比较稳定。Kettle 的处理速度相对较慢。DataStage 的操作界面如图 4-2 所示。

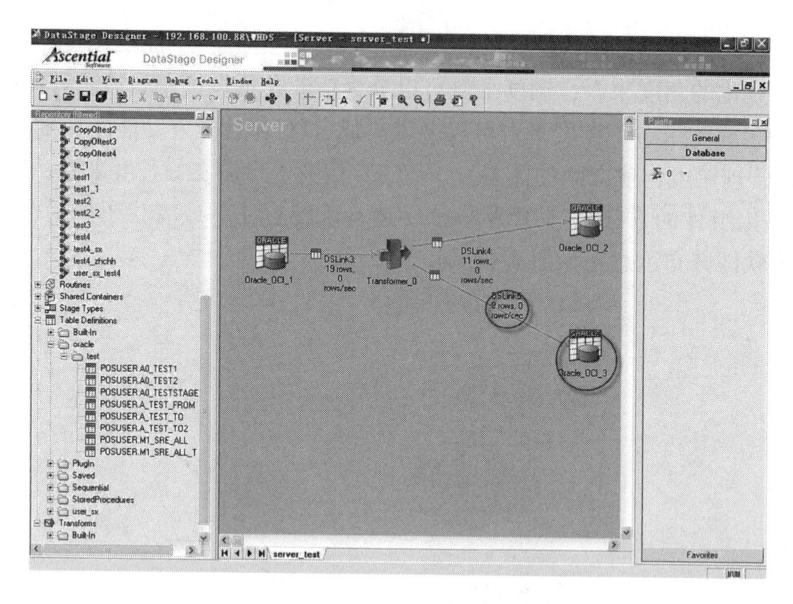

图 4-2 DataStage 的操作界面

但是随着互联网技术的持续发展，开源软件逐步走进视野之中，各种开源调度以及ETL 产品应运而生。例如，基于 Python 的调度平台 Airflow，支持异构数据库快速同步的工具 DataX，都逐步被一些技术相对雄厚的公司进行使用。

4.2 Airflow 调度平台

Airflow 是 Airbnb 的 Workflow 开源项目，2016 年 3 月进入 Apache Software Foundation 孵化，2019 年 1 月正式成为其顶级项目。Airflow 是由 Python 编写的任务管理、调度、监控工作流平台。

按照官网说法，Airflow 是一个编排、调度和监控工作流的平台。Airflow 将 Workflow 编排为任务组成的 DAG，调度器在一组 Worker 上按照指定的依赖关系执行任务。同时，Airflow 提供了丰富的命令行工具和简单易用的用户界面以便用户查看和操作，同时提供了监控和报警系统。

4.2.1 Airflow 基础概念

正如之前所提到的，一个调度平台具有几个核心要素：调度时间规则、调度作业依赖关系。由于不同作业可以按照某种规则归为一类，那么基于作业的粒度往往会抽象出类似组的逻辑概念，即该组下面的作业被调度的时间相同，但是执行的具体时间由组内部不同作业的依赖关系确定。

同时，由于 Airflow 是一个纯调度系统，不提供具体的数据抽取逻辑，因此需要适配不同的作业类型，以满足不同的数据抽取场景。

在 Airflow 中主要有任务（Task），操作单元（Operator），DAG（Directed Acyclic Graph，有向无环图）、触发规则（Trigger Rule）这四种基础概念。

1）任务是 Airflow 中最小的执行单元，包含了具体的 ETL 作业。

2）操作单元是 Airflow 的 DAG 封装执行逻辑的基本单元。每个任务都需要包含一个操作单元，通过对其扩展或者自定义，可以使 Airflow 调度不同类型的 ETL 作业。例如执行一个命令行的命令，需要使用 BashOperator；而基于 EmailOperator 则可以创建一个邮件发送的任务。当然，除去这些默认的操作单元以外，Airflow 还可以自定义操作器。

3）DAG 可以将所有需要运行的任务按照依赖关系组织起来，描述的是所有任务执行的顺序，包含构成了系统中调度任务之间的依赖关系。

> **Tips**　Airflow 中并没有直接提供 DAG 之间的执行依赖关系，所以往往需要在被依赖的 DAG 设置一个标志位，然后在依赖的 DAG 内设置一个作业轮询改状态位。

4）触发规则是 Airflow 中每个具体的 DAG 执行的规则，它主要通过配置 Crontab 来配置每个具体的任务执行，单个任务的执行无法直接配置，如果想配置具体某个任务的执行时间，则只能单独实现调度逻辑。

由于每个 DAG 都会在触发规则（或者手动触发）下执行，因此每个具体的任务执行会形成具体的任务实例（Task Instance），用来记录任务每一次具体的执行状态以及结果，例如 running（运行中）、success（成功）、failed（失败）、skipped（跳过）、up for retry（当前任务执行失败并准备重试）等。具体的 DAG 执行界面以及状态如图 4-3 所示。

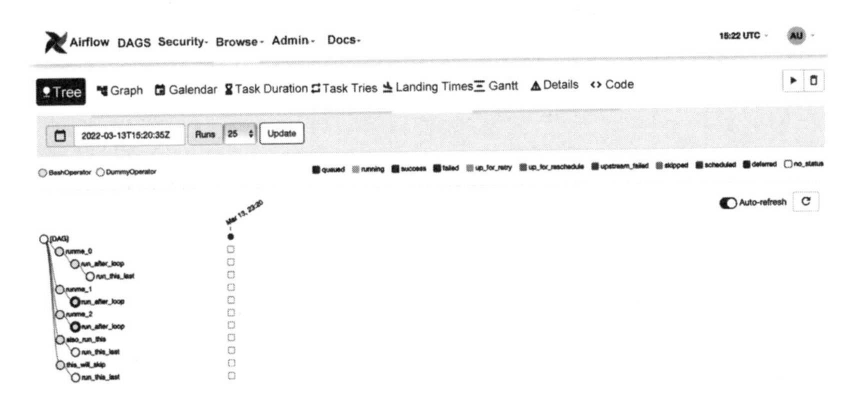

图 4-3　具体的 DAG 执行界面以及状态

在介绍完 Airflow 的基础概念之后，我们来看一下 Airflow 架构。

4.2.2 Airflow 架构

Airflow 作为开源的调度框架，不仅支持单机部署、分布式部署，而且提供横向扩展的能力来保证调度任务可以及时地执行。在 4.2.1 节，我们从业务的角度介绍了 Airflow 中一些基础的概念。现在我们从技术的角度来描述下 Airflow 的核心组件。

在 Airflow 中，主要存在如下 5 种不同类型的组件，分别是调度器（Scheduler）、执行器（Executor）、DAG 目录（Dag Directory）、Web 服务器（Webserver）以及元数据（Metadata）库。

1）调度器，主要处理触发规则（Trigger Rule）以及被调度的工作流（Workflow）之间的关系，它的背后有一个子进程每隔一分钟监控 DAG 目录下的文件以及触发（Trigger）信息，一旦当前存在任务或者 DAG 满足执行依赖的情况，调度器会触发任务实例。它是 Airflow 启动后一直运行的服务。

2）执行器，主要负责执行任务实例，即调度器产生任务实例，然后执行器负责执行具体的任务实例。需要注意的是，Airflow 同一时刻只有一个执行器可以存在。而执行器主要有两种执行模式，第一种是本地（locally）模式，存在于调度器中；第二种是远程（remote）模式，通过 Worker 池实现，这部分我们在后续会详细介绍。

3）DAG 目录，主要存放与 DAG 相关的关键路径，用于被调度器或者执行器扫描。

4）Web 服务器，提供一个 Web 界面，方便用户查看、触发或者调试相关 DAG 以及任务等。

5）元数据库，主要是存放调度器、执行器以及 Web 网站的状态数据，Airflow 默认安装时采用 SQLite 作为元数据库，但是在实际生产环境种一般采用关系型数据库作为元数据库，例如 MySQL 以及 PostgresSQL 等。

Airflow 通用架构图如图 4-4 所示。

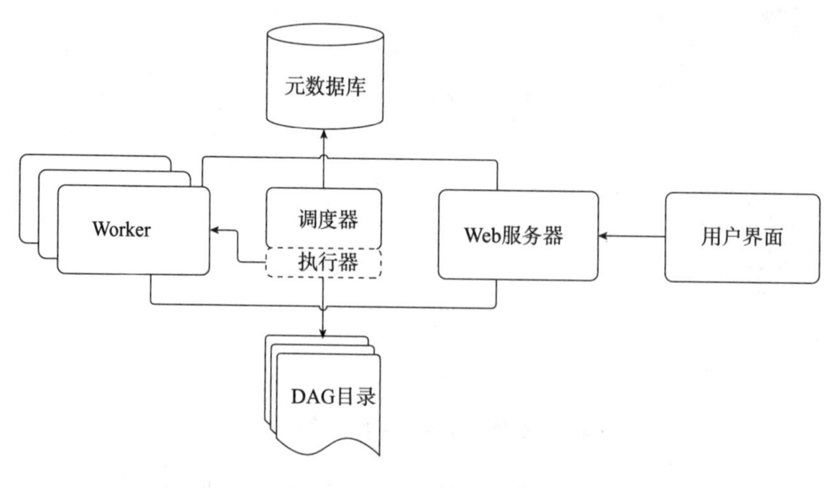

图 4-4 Airflow 通用架构图

在介绍完技术层面的基础架构后，下面介绍在单机模式以及分布式模式下部署 Airflow 的区别。

1. 单机部署

在单机模式的情况下，执行器在调度器进程内部负责具体的任务执行，这个时候执行器主要以本地模式运行。在这种模式下，执行器主要分为 3 种不同的类型：Debug 执行器、本地执行器以及顺序执行器。

其中 Airflow 默认使用的是顺序执行器，这是因为 Airflow 安装时默认采用 SQLite 作为元数据库，此时这种执行器一次只能执行一个任务实例。在实际使用中，一般会替换背后的元数据库，采用本地执行器，这个时候 Airflow 就可以并发执行任务实例了。

2. 分布式部署

当整个系统 DAG 或者 Task 相对较多的时候，企业往往会采用分布式模式部署 Airflow。这个过程中 Airflow 将会采用远程模式进行任务的执行。同时为了保证任务执行状态的一致性，Airflow 引入了消息中间件来同步状态。

对于远程模式，Airflow 提供 4 种不同类型的执行器，分别是：Celery 执行器、CeleryKubernete 执行器、Dask 执行器、Kubernetes 执行器。从这 4 种不同的执行器中可以看出，CeleryKubernetes 执行器以及 Kubernetes 执行器主要用于容器环境中。

在大多数分布式部署中采用的是 Celery 执行器，这种执行器需要启动一个 Celery 的后台进程，该进程主要依赖 RabbitMQ 或者 Redis 等具有消息队列功能的软件。在这种部署方式下，调度器产生的任务执行信息会首先推送到 Celery 中，然后由后台的 Worker（执行器）通过消息队列进行执行。

4.2.3 Airflow 与其他调度平台对比

Airflow 作为一款开源的基于 Python 的纯调度框架，它并未提供任何数据抽取能力，只基于配置的调度规则执行具体的 ETL 作业，然而 Airflow 本身基于单点 Scheduler（无论是单机部署还是分布式部署）架构，Scheduler 可能成为瓶颈。

其次由于 Airflow 中作业的依赖关系是在 DAG 中通过函数之间的调用关系定义完成的，如果前期没有维护好依赖作业，随着调度作业逐步增多并且依赖关系更加复杂，会给后期梳理调度以及数据表之间的依赖关系带来巨大的不便。这部分是使用部署 Airflow 前期就需要考虑的问题。

接下来主要从所有者、社区成熟度、高可用复杂度、高可用框架依赖、调度框架、调度作业执行、作业依赖配置等方面对市面上的调度框架进行对比，如表 4-1 所示。

表 4-1 不同类型调度平台对比

	Airflow	Azkaban	Oozie
所有者	Apache	LinkedIn	Apache
社区成熟度	高	一般	较高
高可用复杂度	复杂	简单	简单
高可用框架依赖	消息中间件 +DB	DB	DB
调度框架	Cron	Cron	Cron
调度作业执行	Push	Push	轮询
作业依赖配置	Python	DSL	XML

作为一款开箱即用的调度框架，Airflow 提供了较为完善的调度功能，但是它并未提供数据抽取的能力。接下来介绍一款开源的数据抽取工具。

4.3 DataX 数据同步工具

DataX 是阿里开源的一个异构数据源离线同步工具，是阿里巴巴集团内广泛使用的离线数据同步工具 / 平台。DataX 实现了包括 MySQL、Oracle、SQLServer、PostgreSQL、HDFS、Hive、ADS、HBase、TableStore(OTS)、MaxCompute(ODPS)、Hologres、DRDS 等各种异构数据源之间高效的数据同步功能。

4.3.1 DataX 基础概念

任何一款数据同步工具都主要分为两个部分：数据抽取和数据同步。也就是说，连接源系统按照某种规则抽取数据，并暂时性地存储到数据缓冲区中，之后通过网络将数据同步到指定的目标源。为了提高整体数据抽取的效率，一般抽取工具都会提供并发的配置（抽取或者同步时）。

DataX 作为一款异构数据源的同步工具，满足多种类型的数据库类型同步，同时可以灵活调整以满足数据类型的扩展以及抽取作业的配置的需求。

在数据抽取的任务中，主要存在如下 3 个概念，分别是作业（Job）、任务（Task）以及任务组（Task Group）。

1）作业，是 DataX 的一个数据同步作业，即一个数据源某个具体的数据表同步到目标源则称为一个作业。例如将 MySQL 中的某数据表同步到 Hive 中则称为一个作业。

2）任务，是 DataX 的最小可执行单位，即一个数据同步作业按照拆分策略可以拆分成多个任务，提高数据同步的并发能力，进而提高数据同步的效率。

3）任务组，是将任务按照一定规则组装起来，并按照一定并发数量统一执行其内部的任务，系统默认的并发数是 5。

Tips　这样设计的原因是任务的粒度太细、并发高，但是后台进程管理成本较高，而作业的粒度较粗、并发较低，后台管理成本较低。故通过任务组进行折中。

当某一个作业执行时，DataX 内部存在监控对应的任务组执行状态的进程，当所有的任务组任务执行完成后，作业成功退出。DataX 官方提供的不同组件之间的关系图如图 4-5 所示。

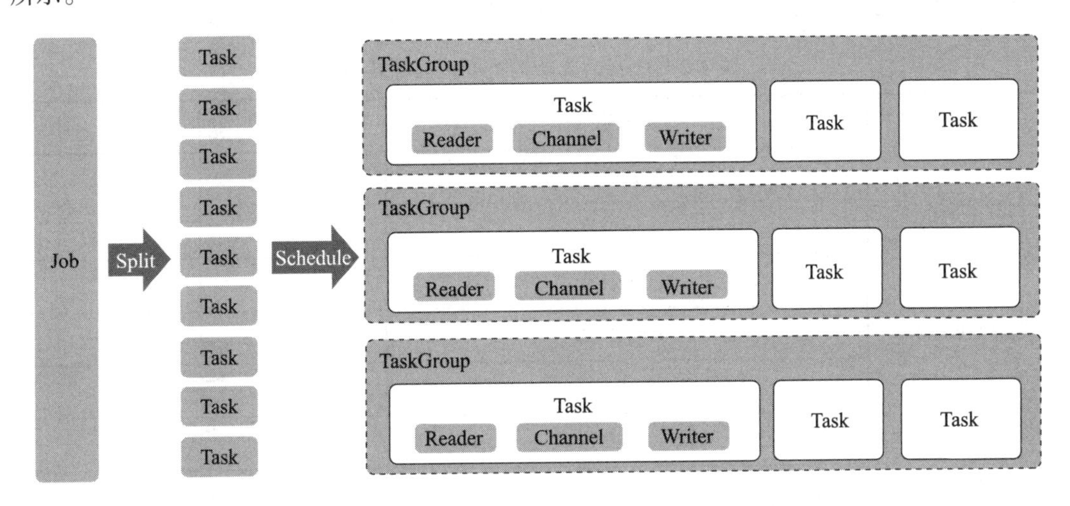

图 4-5　DataX 组件关系图

介绍完 DataX 的基础概念之后，我们来看一下 DataX 是如何进行数据同步的。

4.3.2　DataX 数据同步

DataX 作为离线数据同步框架，采用 Framework + Plugin 架构构建。它将数据源读取和写入抽象为读 / 写插件，纳入整个同步框架中。而 Framework 负责管理读插件与写插件之间的通信渠道（Channel）。

读插件为数据采集模块，负责采集数据源的数据，将数据发送给 Framework；写插件为数据写入模块，负责不断从 Framework（通信渠道）取数据，并将数据写入目的端；Framework 用于连接读插件和写插件，作为两者的数据传输通道，并处理缓冲、流控、并发、数据转换等核心技术问题。

这三者之间的关系如图 4-6 表示。

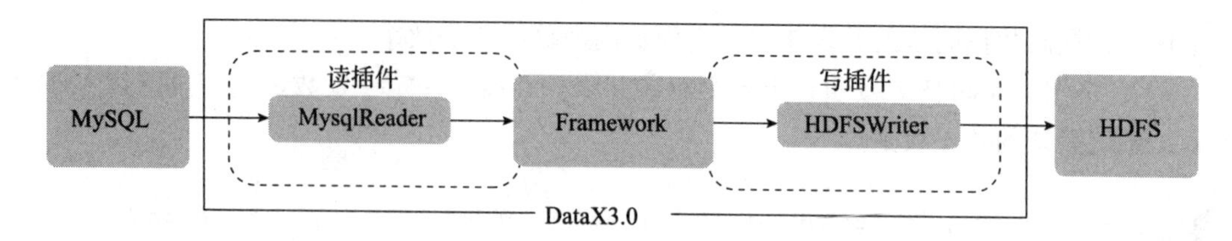

图 4-6 读插件、写插件以及 Framework 的关系

基于这样的设计，通过拓展读插件或者写插件就可以实现不同数据源的数据同步。截至最新的 DataX3.0 版本，DataX 已经支持主流的关系型数据库的读写，例如 MySQL、PostgreSQL、Oracle 等，同时支持 HBase 等 NoSQL 以及 TxtFile 等无结构化数据，如表 4-2 所示。

表 4-2 DataX 支持的主要数据源展示

类型	数据源	读	写
关系型数据库	MySQL	√	√
	Oracle	√	√
	SQLServer	√	√
	PostgreSQL	√	√
	DRDS	√	√
	达梦	√	√
	通用 RDBMS(支持所有关系型数据库)	√	√
NoSQL	OTS	√	√
	Hbase0.94&Hbase1.1	√	√
	MongoDB	√	√
	Hive	√	√
无结构化数据	TxtFile	√	√
	FTP	√	√
	HDFS	√	√
	Elasticsearch		√

此外，基于这种插件式的配置，DataX 从逻辑上将不同类型的数据源进行解耦，将复杂的、网状的同步链路变成星型数据链路，DataX 则作为中间传输载体负责连接各种数据源。当需要接入一个新的数据源的时候，只需要将此数据源对接到 DataX，便能跟已有的数据源做到无缝数据同步，如图 4-7 所示。

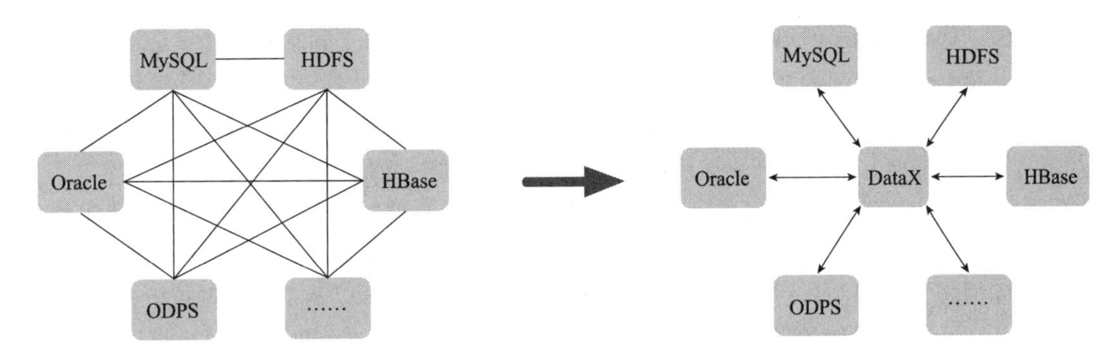

图 4-7　基于 DataX 的数据传输链路

在数据传输过程中很容易出现某个任务执行失败的场景，DataX 内部提供了线程级别的重试机制，可针对失败的任务进行重试。

然而 DataX 本身并没有提供分布式部署的功能，如果想实现 DataX 的分布式抽取的功能，需要利用第三方组件，例如 HAProxy。

4.3.3　DataX 优化

通过上面内容的介绍，我们了解到一个作业是通过读插件抽取源系统数据，缓存到内存中，再通过通信渠道，并利用写插件完成数据向目标端的写入。在这个过程中涉及如下几个因素：

1）源端可以承受的并发上限，以及源端与 DataX 所在的网络环境。

2）DataX 配置的并发抽取的源端的性能以及 DataX 将抽取的数据同步到目标端的性能。

3）由于读插件与写插件之间的数据交换主要是通过通信渠道进行维护，那么通信渠道的并发度也是影响传输效率的因素。

在一个 DataX 作业同步中，上述几个组件之间的关系图如图 4-8 所示。

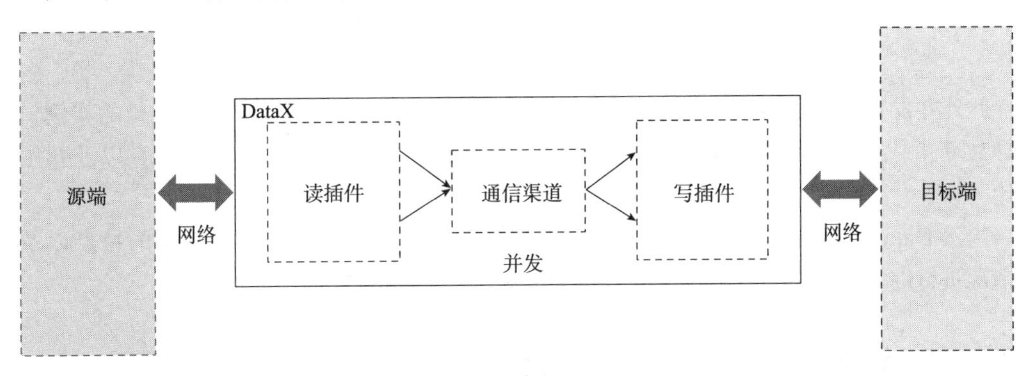

图 4-8　DataX 同步中组件的关系图

因此，优化 DataX 的策略是在源端以及目标端性能可以承受的基础上，尽量提高传输的效率以及 DataX 内部的并发度。

从网络层面来说，将源端、DataX 服务以及目标端放在同一个网络环境中，并且采用万兆网卡进行通信，将会提高数据传输的效率，减少数据传输的延迟。

从 DataX 内部来说，通信渠道作为读 / 写数据转换通道，可以从两个方面进行优化，一是提升每个通信渠道的传输速度，二是优化通信渠道的并发度。前者在配置文件中可以根据实际情况进行限制；后者通过配置全局限速（或 Records）以及单通信渠道限速（或者 Records）进行间接设置（全局限速 / 单通信渠道限速 = 通信渠道个数），同时也可以直接配置通信渠道个数，对应的具体参数如表 4-3 所示。

表 4-3 DataX Channel 配置关键参数

序号	名称	参数
1	通信渠道并发数	job.setting.speed.channel
2	全局配置通信渠道的byte限速	job.setting.speed.byte
3	单通信渠道的byte限速	core.transport.channel.speed.byte
4	全局配置通信渠道的record限速	job.setting.speed.record
5	单通信渠道的record限速	core.transport.channel.speed.record

需要注意的是，如果 Reader 端的 Channel 并发数生效，那么 Writer 端的并发数默认就是 Reader 端的 Channel 的个数。

Tips 上面 5 个参数可以计算出来 3 个值，分别是 BPS（Byte 限速的比值），TPS（Record 限速的比值）以及设置的 Channel 值，这三者的优先级为 BPS 与 TPS 大于设置的 Channel 值；如果 BPS 与 TPS 都设置则取二者中的最小值，如果任意设置一个则取该值；如果都未设置则取设置的 Channel 值。这里有一个前提就是该表需要配置 splitPK 且不为 null。

此外并发数量增加意味着需要更多的内存空间，DataX 是通过反射生成记录的实例，这会导致新生代内存开销增加以及触发 GC，因此 JVM 中需要增加可用堆的内存以及新生代占比。

当然 DataX 的优化远不止这些，但是任何优化都是基于 DataX 本身架构的特点以及实际情况进行综合考虑的。

4.3.4 DataX 与其他数据同步工具对比

数据同步工具是任何数据平台都不可或缺的一个角色。DataX 作为一款优秀的数据同步工具，提供了高性能的异构数据同步能力以及容错机制，但是从使用的友好度来看，它更多是一个后端运行的数据同步工具，且未提供较为友好的后台配置界面。截至目前，存在一个开源项目 DataX-Web，它基于 DataX 提供界面配置功能，可以满足一定的作业及调度配置功能。

开源的数据同步工具较多，除 DataX 以外相对比较流行的工具还有 Kettle（现被称为 Pentaho Data Integration）以及 Sqoop 等。这三者在侧重点以及开发作业上有着较大的区别。

Kettle 作为老牌的国外开源 ETL 工具，是用 Java 编写的，有着跨平台运行的能力。它采用 C/S 框架进行 ETL 作业的开发，即提供图形化的界面以及组件构建数据同步作业，当然它也提供较为简单的数据量同步的并发控制。

Sqoop 主要是用于大数据生态与关系型数据库之间的同步工具，例如将 Oracle 数据同步到 HDFS 中、将 Hive 数据同步到 MySQL 中等。它还针对 Hadoop 相关组件的数据同步进行针对性的优化，提高此种场景下的数据同步能力。

针对上述工具的特点，下面主要从所属社区 / 公司、软件架构类型、软件友好度、软件灵活性、数据同步效率、增量同步以及适用场景等方面对工具进行对比，为数据工具选型提供参考。数据同步工具对比详情如表 4-4 所示。

表 4-4　数据同步工具对比详情

对比内容	数据同步工具		
	DataX	**Kettle**	**Sqoop**
所属社区 / 公司	阿里	Pentaho	Apache
软件架构类型	纯后端	C/S	B/S
软件友好度	中	高	中
软件灵活性	高	中	中
数据同步效率	高	低	中
增量同步	不支持	支持	支持
适用场景	异构数据库同步	复杂的数据转换	Hadoop 生态内数据同步

无论是 DataX 还是上一节介绍的 Airflow，这些组件都是离线场景下企业数据平台所需要的组件：前者提供数据同步能力，后者提供作业调度能力。然而随着企业应用的发展，企业对于实时场景的诉求逐步增加。对于实时计算场景，任何架构都无法绕开消息中间件，在接下来的章节中，我们将介绍一款高并发的消息中间件——Kafka，期望可以通过它让读者掌握高并发的原理。

4.4 Kafka 消息中间件

Apache Kafka 是一种分布式的、基于发布 / 订阅的消息系统，由 Scala 语言编写而成。它具有快速、可扩展、可持久化的特点。Kafka 最初由 LinkedIn 开发，并于 2011 年年初开源，2012 年 10 月从 Apache 孵化器毕业，成为 Apache 基金会的顶级项目。

Kafka 作为一款优秀的消息中间件，具有近乎实时的消息处理能力。它虽然基于磁盘进行消息的存储，但是基于顺序读写的方式访问磁盘，实现了数据最优的读写；此外它还对消息进行批量压缩，降低了高并发情况下的数据量，提高了网络传输的效率；Kafka 同样支持消息分区，实现分区内部的消息顺序传输（跨分区不能保证），进一步提高了并发的能力。

由于以上特性，Kafka 被广泛用于各种高并发、实时的应用场景中，例如日志收集、大数据实时计算等。

4.4.1 Kafka 基础概念

Kafka 作为非常流行的消息中间件，与市面上主流的消息中间件产品具有很多类似的概念，了解这些概念能够帮助我们更好地理解 Kafka 的设计思想，也能够帮助我们理解其他类似的消息中间件产品。

总的来看，任何消息中间件从逻辑上主要分为 3 个角色，分别是生产者（Producer）、数据传输以及消费者（Consumer）。特定的生产者产生的消息经过特定的通道（Topic）传输到指定的消费者中，并且在这个过程中尽可能地保证消息传输的时序性。

Kafka 需要部署在具体的服务器上（物理主机或者云服务器），当启动该服务器上部署的 Kafka 服务之后，从逻辑上来看这台服务器就构成了一个 Broker，即接收生产者推送过来的消息，并按照某种规则推送到某个消费者中。如果这个 Kafka 是集群，那么就存在多个 Broker，这个时候 Broker 也要处理集群内其他 Broker 的请求。

生产者在消息队列中的主要作用就是生产消息，并按照特定的规则推送到具体的 Topic 中；消费者主要负责订阅该 Topic 中的消息，然后进行消费；在 Kafka 中多个消费者可以构成一个消费者组（Consumer Group），一个消费者只能属于一个消费者组，同时一个消费者群只能订阅一个 Topic，但是一个 Topic 可以被多个消费者组订阅。

Topic 可以理解为消息的集合，一个或者多个生产者可以往同一个 Topic 推送消息，同理，一个 Topic 也可以被多个消费者同时消费。然而 Topic 作为 Kafka 中核心的概念之一，它主要是由多个分区（Partition）构成的，每个分区之间的消息是不重复的，并且 Kafka 只能保证同一个分区内部消息的时序性，即不同分区之间的消息并不存在统一的时序性，换句话说，局部有序而非全局有序。

分区具有跨 Broker 的特性，即同一个 Topic 下的不同分区可以属于不同的 Broker。分区是 Kafka 实现并行处理能力的基础，即可以通过增加 Broker 提高整个 Kafka 集群的并发能力。同时每个分区都存在多个副本，来保证 Kafka 的高可用。

4.4.2　Kafka 架构概述

基于上述内容，一个典型的 Kafka 架构如图 4-9 所示，可以看到每个分区中都存在多个副本。由于存在多个副本就会涉及副本之间的数据同步的问题，因此 Kafka 引入日志（Log）的概念。一个分区对应一个 Log，一个 Log 由多个段（Segment）构成，段对应的是磁盘上的数据文件以及索引文件。Kafka 按照顺序读写的方式对 Segment 进行读写，并限制其大小。

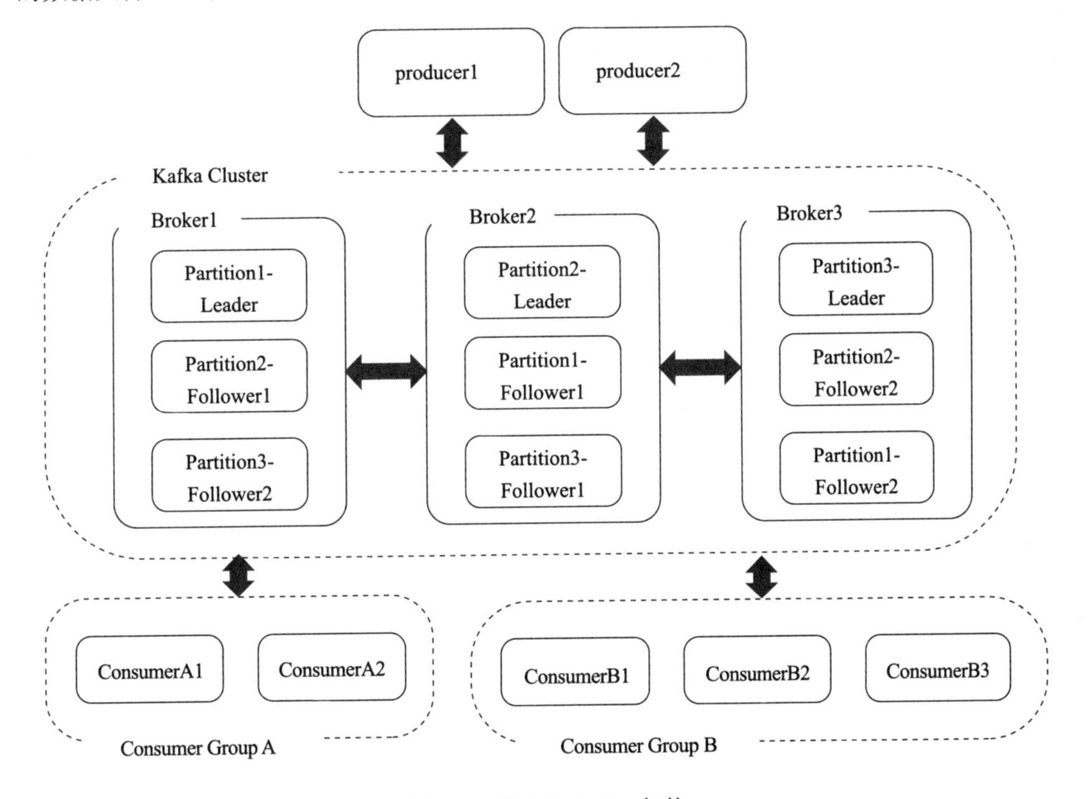

图 4-9　典型的 Kafka 架构

同时，在集群环境中，需要引入一个新的组件 ZooKeeper 来存储 Kafka 元数据信息，例如消费者消费状态、消费者组的管理等。但是考虑到 ZooKeeper 存在一定的单点故障，在最新的 Kafka 版本中已逐步弱化该作用。

4.4.3 Kafka 高性能原理

Kafka 作为高并发消息中间件的代表，探究背后的原理可以帮助我们更加清楚地了解 Kafka 的特性，它在设计层面、消息存储以及传输过程中的优化是其达到高性能的根本原因。

1．采用 NIO 模式

传统的 IO 都是阻塞的 I/O 模型，即在读写的过程中，线程是无法完成其他事情的，进而导致一些资源的浪费。而在 Java NIO（Non-blocking I/O）中，一个线程从某通道发送请求读取或者写入数据时，如果暂时无数据可读或者无通道可以写入，那么它不会继续等待，而会进行其他任务，直到数据可以继续读取或者写入为止。

这里涉及一个问题，线程如何知道之前的数据可以继续读取。为了避免频繁的轮询状态，NIO 采用 React 模式，即以事件驱动的方式去通知线程，并且通知的方式是非阻塞行为。具体的 NIO 模型如图 4-10 所示。

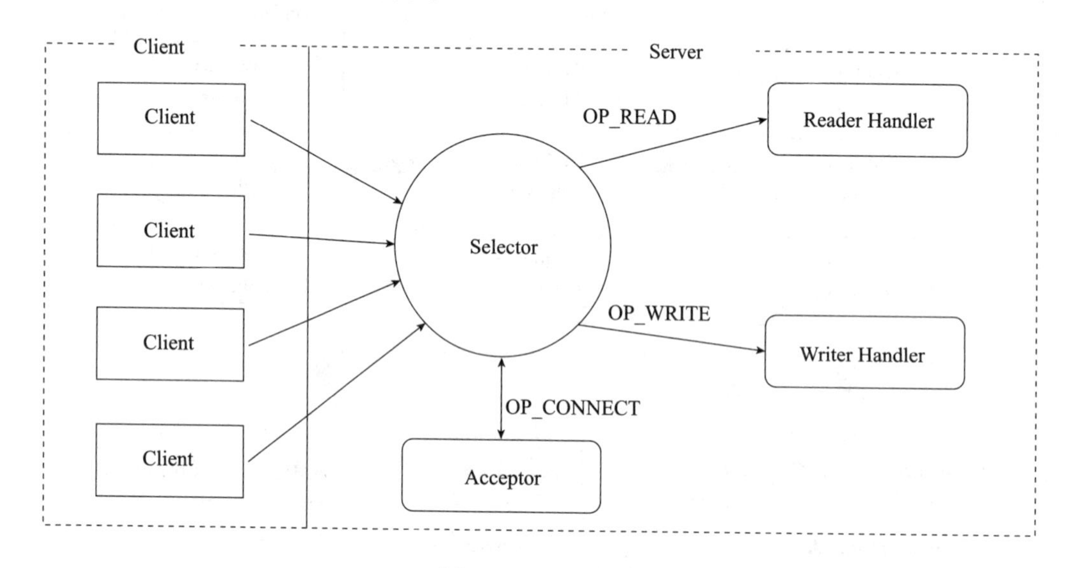

图 4-10 NIO 模型

Kafka 不仅采用了 NIO 模型，还进行了部分优化，它将读、写请求对应的线程操作都变成多线程操作，因为在单线程操作的情况下，线程阻塞将会导致读或写的请求都无法满足高并发的要求。同时，为了将内部的业务逻辑与网络读写的逻辑进行拆分设计，Kafka 内部构建了一个消息队列（Message Queue）用以将业务与网络解耦，从而实现最大的并发。

此外，为了避免单点的 Selector 造成时间分发过程中的单点障碍导致性能瓶颈，Kafka 也将 Selector 进行了扩展，从而使整个 Kafka 具有接受高并发的数据分发能力，如图 4-11 所示。

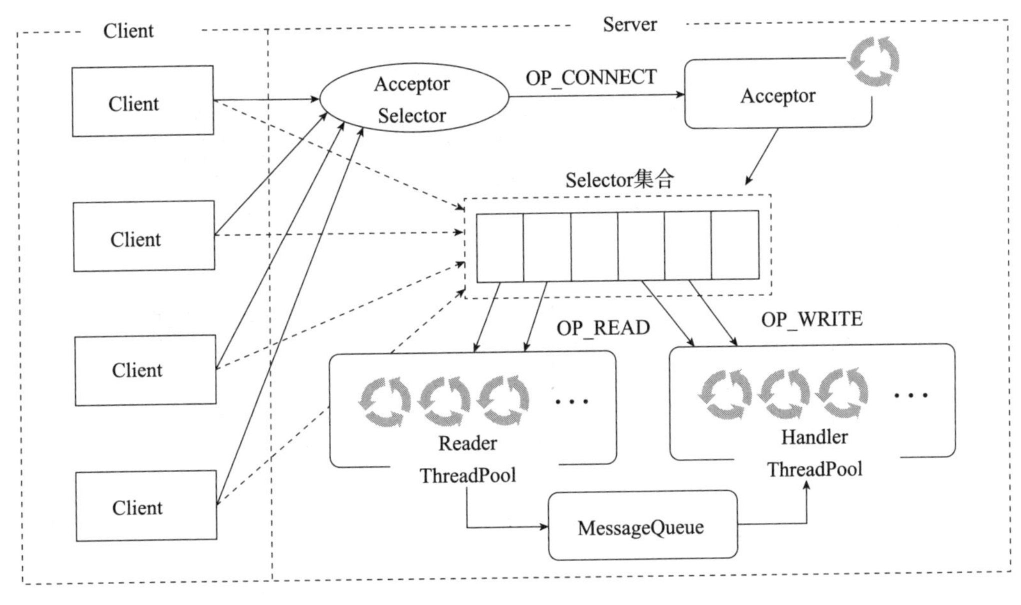

图 4-11　Kafka 内部 NIO 模型

2. 优化日志存储

网络层面的设计使 Kafka 有了高并发的基础，但是作为一个消息中间件必然涉及消息的读写，所以 Kafka 内部也针对这部分进行了一定的优化。

传统的磁盘写入主要分为两大类：随机写和顺序写。两者的主要区别在于寻址所需花费的时间不同。根据 Kafka 官网的说法，寻道时间大概在 10ms 左右，这个时间在高并发下情况带来的性能损耗还是较大的。同时前文也已经提到，Kafka 每个通道下面存在多个分区，并且每个分区下面对应的日志段都是以顺序写的方式写入日志。为了提高文件读取的效率，Kafka 为每个日志段文件都创建了一个索引文件，当 Kafka 有消息数据产生进入分区中，日志段将会写入消息以及更新索引文件。

3. 减少数据交互

如果按照传统逻辑，Kafka 从磁盘中将数据读出然后通过网络传输到消费端的整体流程如图 4-12 所示。

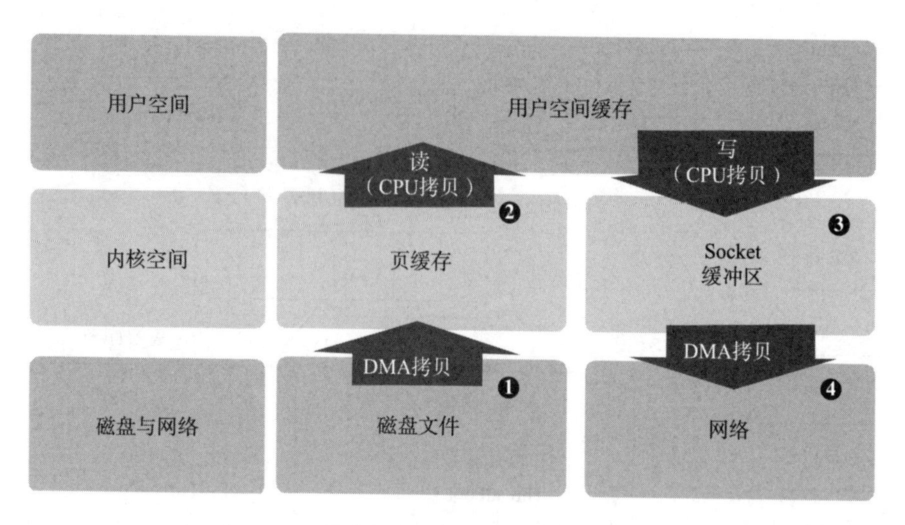

图 4-12 传统数据文件读取与网络传输方式

一个简单的数据发送操作，共发生了 4 次用户空间与内核空间的上下文切换以及 4 次数据拷贝，这些不必要的损耗将会影响高并发系统的数据传输的效率，所以要想提高文件传输的性能，就需要减少用户空间与内核空间的上下文切换和内存拷贝的次数。

这里就得提到零拷贝技术（3.1.1 节已有相关介绍，这里不再展开），该技术可以极大地减少无谓的数据复制操作，同时减少上下文切换导致的时间损耗。Kafka 内部通过该技术，将磁盘的数据复制到页缓存后，在内核空间中完成数据的传输。假设当前有 100 个消费者需要读取同一条消息，采用传统的数据读取方式时需要复制 400 次（4×100），而采用零拷贝技术时只需要复制 101（1+100）次，复制次数缩减到原先的四分之一，同时减少了不必要的上下文切换操作。零拷贝技术的逻辑示意图如图 4-13 所示。

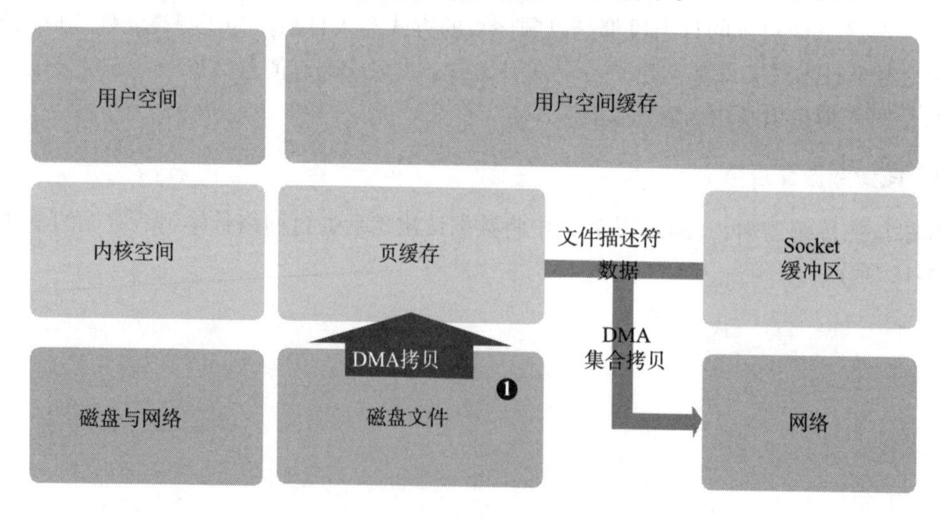

图 4-13 零拷贝技术的逻辑示意图

4. 构建时间轮

Kafka 将消息发出，等待消费端处理完之后才会返回结果，同时对于部分存在超时参数的请求，如果超过指定时间消息还未处理完成，则 Kafka 需要发送消息给客户端通知它消息消费超时。针对上述场景，Kafka 内部需要维护一些延迟的消息队列去定时处理这部分消息，维护消息的状态。

在 Java 内部存在两种比较常见的延迟队列，分别是 Timer 以及 DelayedQueue，这两种队列的消息存储操作的时间复杂度是 $O(n\log(n))$，这种时间复杂度在高并发的情况下是不能满足性能的要求的，所以 Kafka 内部实现了时间轮（TimingWheel）算法，将定时任务的数据存储的复杂度降低到 $O(1)$。

Kafka 内部实现的时间轮算法叫作基于 Hash 的层级时间轮算法（Hashed and Hierarchical），它主要由两部分构成，使用数组实现的环形队列以及环形双向链表。其中环形队列用于存储定时任务，而环形双向链表用于存储具体的可以被执行的定时任务。通过这两种巧妙的设计，Kafka 将时间复杂度降低到 $O(1)$，满足了高并发情况下的定时任务的存储要求。

4.4.4 Kafka 与其他中间件对比

从上面的章节可以了解到 Kafka 的高并发能力是从网络、存储以及消息传输等各个环节都进行优化才达到的。但是上面的这些信息并不是 Kafka 作为一款优秀的消息中间件的全部，例如消息的副本机制、日志管理、延迟处理等都是它较为核心的部分，由于篇幅限制，本章主要从高性能的角度去阐述 Kafka 所做的优化。

接下来我们针对市面上常用的消息中间件进行对比，如表 4-5 所示。

表 4-5 不同消息中间件对比

	Kafka	RabbitMQ	ActiveMQ	RocketMQ
所属社区	Apache	Apache	Apache	Alibaba
开发语言	Scala	ErLang	Java	Java
支持协议	自定义	AMQP	AMQP、STOMP 等	自定义
持久化方式	文件	内存、文件	内存、文件、DB	文件
事务支持	否	否	是	是
消息失败重试	否	是	是	是
消息写入性能	非常高	高	高	高
集群管理	ZooKeeper	独立	独立	Nameserver

4.5 总结

从类型来看，企业数据平台主要分为离线计算以及实时计算两大类，二者主要的区别在于企业业务对时效性的要求。离线计算往往出现在企业BI报表以及数据仓库等批处理作业中，而实时计算主要是对一些时效性较高的应用场景进行处理，例如实时数据报表以及监控等。

离线计算架构需要数据调度平台（例如Airflow）以及数据同步工具（例如DataX），二者负责完成不同系统之间的数据流转以及转换等工作。

Tips 注意数据同步工具并非数据处理工具，这两者有着较大的区别，前者是将源系统的数据同步到目标系统中，而后者更多是在数据库内部的处理逻辑。

实时计算架构的数据往往是以消息的方式存在，而非一般的数据表（当然最终会落地为数据表），数据的传输需要引入消息队列（例如Kafka）来满足不同组件之间的消息传递要求。

当前纯实时计算的架构被称作Kappa架构，而同时存在离线计算以及实时计算的架构被称作Lambda架构。在接下来的章节中我们将更加详细地解析这两种不同的架构。

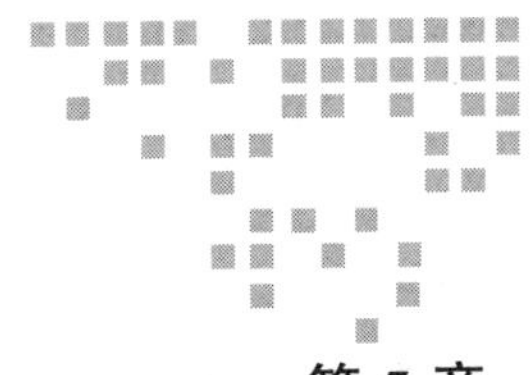

第 5 章 Chapter 5

Lambda 架构与 Kappa 架构

事实上，企业对于数字化的诉求一直都相当迫切，始终想进一步挖掘企业不同类型、不同性质的数据价值，支持企业的运营决策。随着大数据、实时计算技术逐步成熟，企业真正实现从技术上将数据整合在一起，按照某种架构来构建企业内部的数据平台（系统），提升企业内部数据基础设施能力，达到数据赋能业务的目的。

然而数据平台的搭建并不是一朝一夕就可以完成的，市面上主流的数据架构并不一定适合企业的实际情况，需要遵循企业自身的特点去搭建企业的数据平台。在这个过程中，企业内部的数字化转型团队只有对不同的技术架构、技术形态等进行深入的理解以及研究，进而结合企业具体的业务形态，才有可能完成这个浩大的工程。

本章从数据平台架构演进的角度去观察不同企业在不同阶段数据平台的特点，然后深入分析两种当前主流的数据平台架构（Lambda 以及 Kappa），为读者在企业中构建数据平台提供参考。

5.1 架构演进

任何企业的日常运营都需要用到多个系统来支撑业务，当企业业务人员需要多个系统的数据进行决策的时候，就需要依赖业务系统数据的集中化管理。1990 年，Bill Inmon 提出数据仓库的概念，基于数据仓库理论中定义的数据存储架构并结合数据建模理论，可以整合不同 OLTP 系统中累积的大量数据，并构建企业商业智能（BI），以帮助决策者拟定角色或快速应对外在环境变动。

20世纪90年代，以Oracle、DB2、Teradata为代表的关系型数据库占数据库的主导地位，但随着Google在2003年发布了关于分布式文件系统的论文“Google File System”，自此拉开了以Hadoop为首的大数据时代。经过近10年左右的发展，实时计算组件逐步成熟，关于数据架构的发展也逐步进入另外一个阶段。

然而，从数据仓库概念提出到现在，数据架构发生了一系列变化，主要可以分为如下5个：传统数据仓库架构、传统大数据架构、流式计算架构、Lambda架构以及Kappa架构。接下来我们针对这5个架构的特点进行详细阐述。

5.1.1 传统数据仓库架构

前面第2章已经介绍过，数据仓库是一个面向主题的、集成的、相对稳定的、反映历史变化的数据集合，用于支持管理决策。它帮助企业打破数据孤岛，提高企业数据利用率，实现数据共享。总的来说，数据仓库的主要目的是协助企业进行支持管理决策，这也是经常提及的BI系统的核心功能。

从数据仓库的核心构成来看它主要分为两部分，从技术层面来看为数据仓库所采用的数据存储技术；从业务层面来看为构成数据仓库的数据模型。而传统数据仓库中的“传统”主要针对的是数据仓库所采用的数据存储技术，与后面的大数据技术区分开。

如本节概述中所提到的内容，这一时期的数据仓库存储的主要是基于传统技术的关系型数据，而非基于后面的大数据技术；数据源都是结构化数据而非大数据时代的半结构化或者非结构化数据；数据抽取的方式都是基于定时批处理的ETL作业等。此时数据仓库提供的数据应用服务主要是偏重数据分析的应用场景，并且数据仓库与下游平台的系统交互往往都是基于结构化数据的方式进行交互（例如数据文件），基本上不存在API层面的交互。

这个时期的数据仓库架构主要包含如下几部分：数据调度平台、数据管控平台以及数据分发平台。其中调度平台以及管控平台在之前的章节都有提及，这里不再赘述，而数据分发平台主要是对数据仓库需要推送给下游的数据文件进行集中化管理，减少数据仓库平台的压力，并且方便对于数据的追踪加密或者定制化管理等。传统数据仓库的典型架构如图5-1所示。

后面的架构迭代主要是从技术上驱动数据仓库的架构迭代发展，例如拓展数据源种类、提供多样化的数据服务方式以及提升数据时效性。然而需要注意的是，无论技术如何迭代，数据仓库的业务层面的特点，即构成数据仓库的数据模型的方式以及特点并未随着技术的发展而发生较大变化。

> Tips 现在的数据架构慢慢从数据思维发展成应用思维，这种变化的原因是早期的数据仓库从业人员都是ETL人员，并不会使用高级语言进行开发，而随着大数据逐步发展，需要使用高级语言进行开发，应用人员逐步增加导致系统的发展以及设计越发偏向应用。

此外也存在一些基于分布式架构构建的数据仓库，例如分布式数据库 Greenplum 也是传统数据仓库架构中一款比较流行的应用。

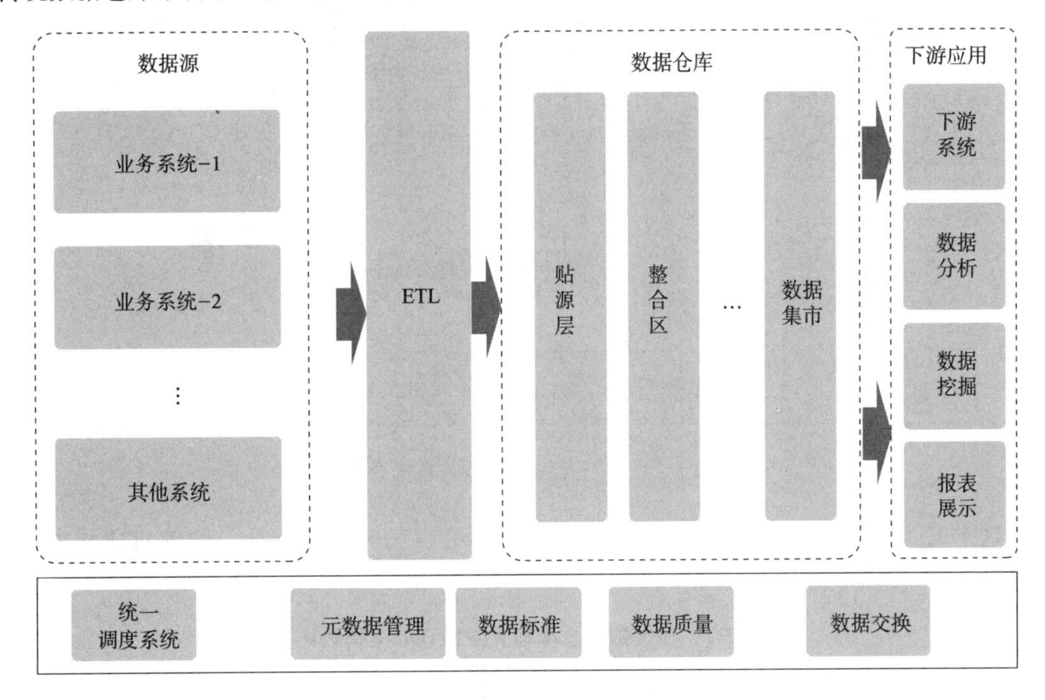

图 5-1　传统数据仓库的典型架构

5.1.2　传统大数据架构

Google 在 2003 ～ 2006 年期间的三篇论文 “Google File System” “MapReduce” 以及 “BigTable” 拉开大数据架构的热潮。

这一时期的数据仓库主要是基于大数据架构建立的，例如采用 HDFS、Hive、HBase、Pig、Sqoop 等组件搭建而成。说到这里可能有读者会有疑问，为什么依然称作传统的大数据架构呢？这里的传统并不是代表技术层面的传统，因为已经采用了大数据技术，而是代表该时期的数据仓库的目的依然主要是服务企业数据决策，即 BI 决策。

从好的方面来看，技术层面的更替极大地扩展了企业可以利用的数据范围，例如以前无法使用的半结构化数据以及非结构化数据都基于 MapReduce 技术可以被企业利用起来，数据范围更广，数据类型变得更加多样化；从不好的方面来看，由于采用完全不同于传统数据仓库的技术组件，企业如果想采用大数据架构搭建数据仓库，基本上都需要重建数据仓库，重新开发相关的业务逻辑等。基于大数据架构的数据仓库如图 5-2 所示。

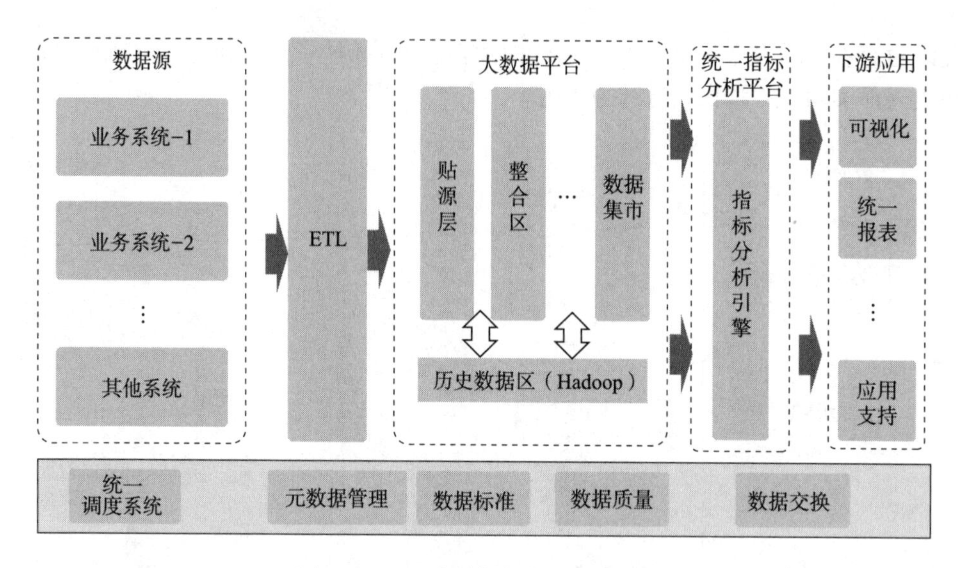

图 5-2 基于大数据架构的数据仓库

这个时期数据仓库的相关主要模块以及开发语言已经发生变化，详细对比如表 5-1 所示。

表 5-1 传统数据仓库与大数据仓库架构对比

	传统数据仓库	大数据仓库
数据抽取工具	DataStage、Informatica、Kettle等	Sqoop
数据调度平台	Crontab、Airflow或者自研平台	Oozie、Azkaban、Airflow等
数据开发语言	Perl等脚本语言	Pig Latin、Python、Java等
数据存储	Oracle、DB2、Teradata等关系型数据	HDFS、Hive、HBase、Spark等非关系型数据库
报表工具	领导驾驶舱等自研报表工具	Tableau、FineBI等报表工具

从表 5-1 可以看到，大数据架构下的技能要求与传统数据仓库从业人员的要求相比已经发生较大的改变。传统的脚本语言已经有向高级语言发展的趋势，使用的工具也发生了较大的变化，例如从关系型数据库到 HBase 等非关系型数据库，应用开发人员已经深度介入到具体的数据架构中，应用开发人员对于数据架构的影响会在本书的第四部分进行分析。

大数据组件不仅提供支持传统数据批处理的组件，同样提供部分流式计算的组件以满足一些实时场景。

5.1.3 流式计算架构

无论是传统数据仓库架构还是大数据架构，主要都依赖于数据批处理来满足企业数据需求，然而随着部分支持流式计算的组件出现，例如 Flume、Kafka、Storm、Spark Streaming 等，流式计算架构应运而生。至此大数据相关组件不仅支持离线的数据处理场景，也同时支持实时的数据处理场景。

相比传统大数据架构，流式计算架构完全去除了 ETL 作业而采用消息的方式进行数据传输。当实时数据接入系统后，按照既定的时间窗口，例如每 10 s、每 5 min 进行数据处理，处理完成之后将数据的结果再次推送到消息队列中，让下游的消费者进行后续的操作。

这样做的好处与坏处都相当明显。从好处来看，数据处理的效率非常高，只要上游有数据产生，那么按照既定的逻辑处理后的数据在非常低的延迟就可以被下游应用消费；从坏处来看，由于实时数据只能按照时间窗口进行数据处理，因此无法满足针对历史数据进行处理的需求。此外在流式计算架构中，如果系统的指标或者逻辑发生修改，数据需要从消息源头重新进行计算。

基于上述的现状，流式计算架构应用于一些非核心的场景中，例如日志告警、资源监控等。这些数据对于历史数据的依赖不高且指标相对固定，不会频繁变化。常见的流式计算架构如图 5-3 所示。

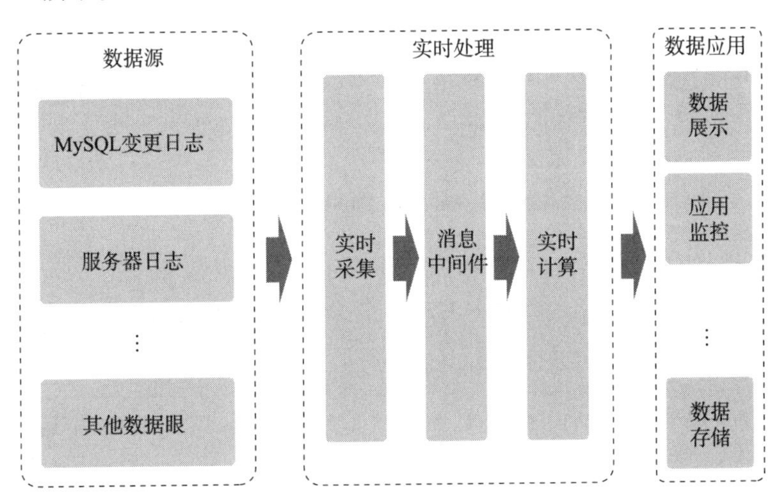

图 5-3 常见的流式计算架构

传统数据仓库架构、大数据架构或者流式计算架构都是属于数据仓库范畴的架构应用，并未进入数据湖阶段，接下来的架构主要是基于数据湖阶段而进行展开的。

5.1.4 Lambda 架构

Lambda 作为希腊语中的第十一个字母，代号为 λ。Lambda 架构主要是为数据湖而生的，在 Tomcy John 的“Data Lake for Enterprises”一书中详细阐述了如何利用 Lambda 架构去构建企业数据湖。

Lambda架构中主要存在两条核心的数据处理链路：第一条为离线数据处理，即我们常说的批处理；第二条为实时数据处理，依照流式架构满足数据的实时型需求，进行数据增量的计算。离线的数据架构保证数据最终的一致性。换句话说，因为批处理往往采用的是 T+N 的模式，在 T 日，实时层提供 T 日的数据应用，离线层提供历史数据的查询功能；当 T 日结束后，离线层与实时层的数据进行同步，保证数据最终的一致性。常见的Lambda架构如图5-4所示。

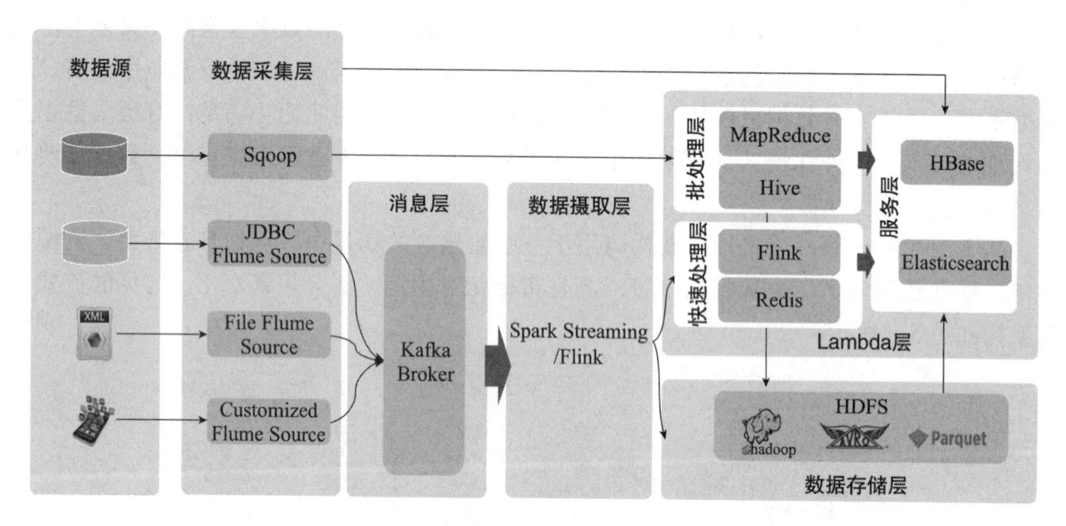

图5-4 常见的Lambda架构

Lambda架构是完全基于Hadoop相关组件构建的（按照Wiki百科的定义），这也是在传统的数据仓库架构中，利用一些数据ETL组件或者非大数据组件构建的离线处理层以及实时层并不能称为Lambda架构的原因。

Tips 传统数据架构中离线层采用Informatica，实时计算层采用RabbitMQ或者ActiveMQ，两者一起构建并不能称为Lambda架构。

虽然Lambda架构是基于大数据架构构建的，但是它包含的离线层、背后的数据模型依然与传统数据仓库的数据模型类似，并没有本质上的区别。

5.1.5 Kappa架构

Kappa作为希腊语中的第十个字母，代号为κ。正如Lambda架构是为数据湖而生一样，Kappa架构也是数据湖的另外一种架构方式。Kappa在Lambda的基础上进行了优化，将实时部分和流部分进行了合并，将数据通道以消息队列替代在Lambda中的离线层，将实时层进行拓展，以满足企业对于数据的实时性要求。

5.1.3节中提到的流式计算架构与这里的Kappa架构从技术层面上看并没有本质的区

别，但是流式计算架构是作为数据仓库的补充，而 Kappa 架构是作为数据湖的架构，定位发生大的变化。在数据湖中，历史数据进行了存储，当需要进行离线分析或者再次计算的时候，则将数据湖的数据再次经过消息队列重播一次则可。常见的 Kappa 架构如图 5-5 所示。

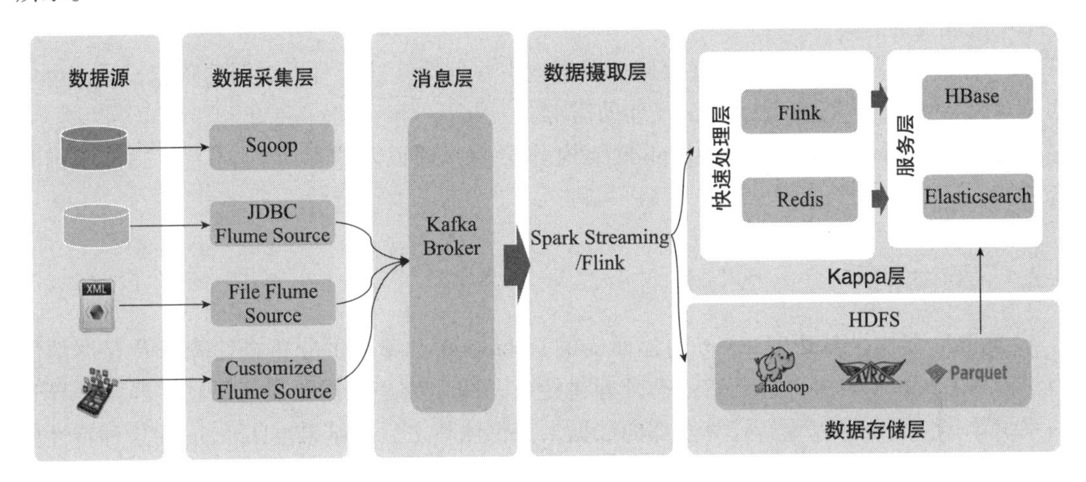

图 5-5 常见的 Kappa 架构

从架构层面来看，Kappa 架构清晰、简单。它移除了 Lambda 架构中的离线层部分，以数据重播的方式，实现系统对于历史数据的支持。但在 Kappa 架构中，需要考虑实施的复杂度，以及对于历史数据重播的支持。

上面提到 Lambda 架构中包含的离线部分与传统数据仓库的数据模型类似，但是 Kappa 架构中已经不包含传统的数据建模的体系框架，并且实时架构中模型层的建设思路已经不同于传统数据仓库的建设思路，同时这个阶段更多的是由应用开发人员主导整个数据架构的搭建，这些现象都是底层技术发生变化所带来的。

数据湖的建设对于企业的意义毋庸置疑，为此接下来我们将着重讨论 Lambda 架构与 Kappa 架构的组成，深入地了解架构的异同点，加深读者对这两种架构的理解。

5.2 Lambda 架构详解

作为数据湖的核心架构，Lambda 架构主要是提供一种通用的数据湖搭建模式，即利用该模式可以实现历史数据以及实时数据的应用需求。Lambda 架构按照不同的应用场景分配到不同的模块（层级）中。

> Tips 为什么叫作 Lambda 架构，据说 λ 这个字母有三个突出的地方，从上到下，从左到右分别代表着批量、服务以及快速。

Nathan Marz 在 " Big Data : Principles and best practice of scalable realtime data systems" 一书中阐述了 Lambda 架构的三个基本原则，分别是：

1）容错原则，在 Lambda 架构中系统的稳定性不受硬件、软件以及人为操作的影响。

2）不可变数据原则，数据应该是按照源系统的原始数据格式进行存储，并且这些数据是不可被改变的。

3）重新计算原则，数据始终存储在数据湖中并且始终处于可以访问的状态，系统可以通过对原始数据进行重新计算以满足新的需求。

接下来我们再深入了解下 Lambda 架构分层的原理以及它是如何与上述三个原则契合的。

5.2.1 架构解析

Lambda 架构是基于 Hadoop 构建而成的，Hadoop 本身提供分布式计算以及存储的能力，使得 Lambda 架构自身天然就携带容错能力，即无论是数据错误还是硬件异常等导致的系统异常，系统可以重新计算全部的数据来获得休整之后的结果。Hadoop 的这种特性使 Lambda 架构满足上述提到的容错原则以及重新计算原则。

这些支持重新计算的数据是如何来的呢？按照数据湖设计的思想，需按照数据的原始格式存储到数据湖中。为此各个源系统数据都按照原始格式被数据湖进行集中化管理，这些数据就是支持重新计算原则的基础数据。这种数据存储的形式也构成了数据湖的不可变数据原则。

总的来看，Lambda 架构的核心模块主要包括离线处理层、实时计算层以及服务层。服务层基于应用的场景，按照数据需求整合批处理以及实时计算层里面的数据，然后提供对外的数据服务。Lambda 架构核心模块如图 5-6 所示。

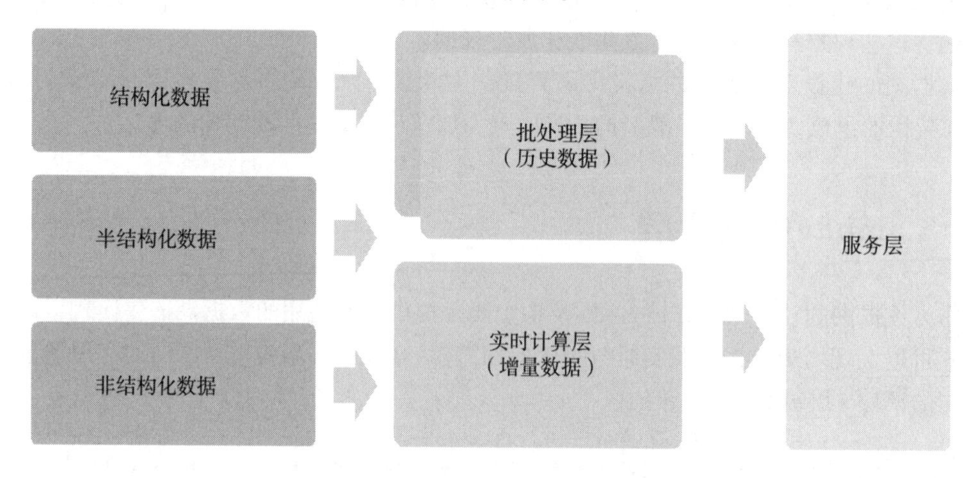

图 5-6 Lambda 架构核心模块

1. 批处理层

从业务层面来看，批处理层的主要作用与传统的数据仓库或者大数据架构的数据仓库的数据模型并没有本质的区别。它主要是利用数据仓库中的分层思想，对数据进行持久化存储；之后利用批处理的引擎进行数据计算（基于MapReduce的ETL作业）并将数据存入指定的数据模型中，由数据模型按照指定的业务逻辑生成最终的业务数据供后续的服务层使用。

例如某零售品牌旗下有近100个小程序并已经进行数据埋点，业务人员想通过某些指标来了解小程序的运营情况。例如，每个小程序每天的访问量、用户每日平均访问次数、电商小程序的页面的转换率（被查看的商品用户数与最终购买用户数比值）等。

在批处理层，数据流首先会被持久化地保存到批处理数据仓库中，积累一段时间后，再使用批处理引擎来进行计算。这个时间可以是一小时、一天，也可以是一个月。处理结果最后会导入一个可供应用系统在线查询的数据库上。批处理层中的批处理数据仓库可以是HDFS、Amazon S3或其他数据仓库，批处理引擎可以是MapReduce或Spark。

假如电商平台的数据分析部门想查看全网某天哪些商品的购买次数最多，可以使用批处理引擎对该天数据进行计算。如果用户行为日志数据量非常大，那么在日志上进行一个非常简单的计算可能就需要几个小时。批处理引擎一般会定时启动，对前一天或前几个小时的数据进行处理，并将结果输出到一个数据库中。与用户行为日志动辄几个小时的处理时间相比，直接查询一个在线数据库只需要几毫秒。这里计算购买次数最多商品的例子相对简单，在实际的业务场景中，一般需要做更复杂的统计分析和机器学习计算，耗时相对较长，比如构建用户画像时，根据用户年龄和性别等基础信息分析某类用户最有可能购买哪类商品。

批处理层能保证数据结果的准确性，而且即使程序失败，直接重启即可。此外，批处理引擎的扩展性一般比较好，即使数据量增多，也可以通过增加节点数量来横向扩展。

2. 实时计算层

很明显，假如整个系统只有一个批处理层，会导致用户必须等待很久才能获取计算结果，一般有几个小时的延迟；电商数据分析部门只能查看前一天的统计分析结果，无法获取当前的结果，这对于实时决策来说有一个巨大的时间鸿沟，很可能导致管理者错过最佳决策时间。因此，在批处理层的基础上，Lambda架构增加了一个流处理层，用户行为日志会同时流入流处理层，由流处理引擎生成预处理结果，并导入一个数据库中。这样分析人员就可以查看前一个小时或前几分钟的数据结果，大大增加了整个系统的实时性。但数据流存在时间乱序等问题，使用早期的流处理引擎，只能得到一个近似准确的计算结果，相当于牺牲了一定的准确性来换取实时性。

由于流处理引擎有一些缺点，在准确性、扩展性和容错性上无法直接取代批处理层，只能给用户提供一个近似结果，并不能提供一个一致、准确的结果。因此Lambda架构中出现了批处理和流处理并存的现象。

3．服务层

在线服务层直接面向用户的特定请求，需要将来自批处理层的准确但有延迟的预处理结果和来自流处理层的实时但不够准确的预处理结果做融合。在融合过程中，需要不断将批处理层的数据覆盖流处理层生成的较老的数据。很多数据分析工具在数据融合上下了不少功夫，如 Apache Druid。也可以用延迟极低的数据库存储来自批处理层和流处理层的预处理结果，在应用程序中人为对预处理结果进行融合。存储预处理结果的数据库可能是关系型数据库 MySQL，也可能是键值（Key-Value）数据库 Redis 或 HBase。

5.2.2 核心组件

Lambda 架构主要分为批处理层以及实时计算层，从技术层面来看，它采用的应用组件也需要满足批处理层以及实时计算层的需求。本节不会深入组件的技术细节进行介绍，而是主要介绍涉及的技术组件。图 5-7 展示了一种典型的 Lambda 架构应用层级，主要由 5 个层级构成，分别是数据获取层、消息层、数据摄取层、批处理层以及实时计算层。其中属于批处理的是数据获取层、批处理层；属于实时计算的主要是消息层、数据摄取层以及实时计算层。

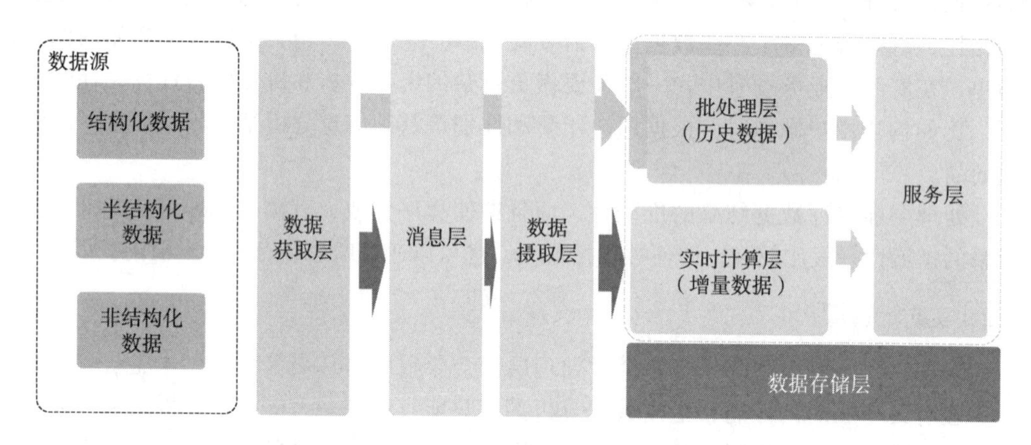

图 5-7 Lambda 架构应用层级

在上面的内容中我们提到，数据湖需要支持结构化数据、半结构化数据以及非结构化数据等的集中化存储，即数据存储层，之前提到 Lambda 架构是基于大数据架构的，所以 Lambda 架构的数据存储层主要是基于 Hadoop 架构进行数据存储，即 HDFS。

1．批处理

批处理主要是针对离线的数据场景，它主要是利用技术组件将结构化数据、半结构数据或者非结构化数据抽取到数据存储中，并利用数据调度等ETL技术完成历史数据的批处理工作。Lamda批处理的主要层级如图5-8所示。

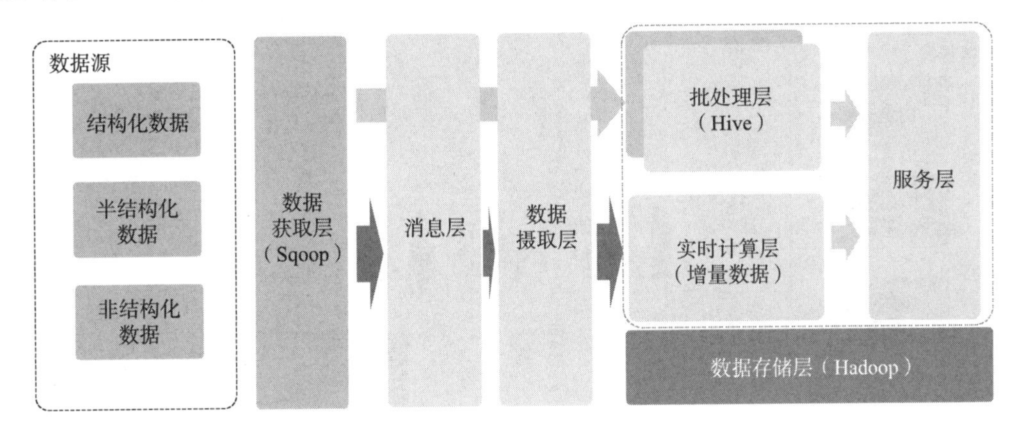

图5-8　Lambda批处理的主要层级

（1）Sqoop & MapReduce

在批处理层中，数据获取层主要是将关系型数据库中的海量数据同步到数据存储层中，Apache Sqoop一般作为主要的技术框架，主要用于关系型数据库、传统数据仓库、NoSQL与Hadoop之间的传输数据。它可以让不同的数据库轻松地与Hadoop生态系统继承在一起，包括但不限于Apache Oozie、Apache Hbase、Apache Hive等。

由于Sqoop无法直接对半结构化数据以及非结构数据进行数据处理，因此，系统开发人员会使用MapReduce对这类数据进行处理，将文件进行格式化处理后，存储到Hadoop体系中进行数据运算。

（2）Apache Hive

在批处理层中，数据是按照聚合程度（或建模）分层存储的，Apache Hive作为数据存储的技术框架，负责存储批处理过程中的数据结果。Hive利用Hadoop底层的分布式计算框架，可处理大量数据的预计算结果。可以通过处理所有的历史数据（利用Sqoop或MapReduce等方式汇集而来）来实现数据的准确性。

由于Apache Hive利用Hadoop的计算框架，因此基于它的实时查询性能较低，往往在实际使用过程中，会将它产生的最终计算结果通过特定的方式同步到关系型数据库或者缓存中以支持数据的实时查询。

Tips　基于Apache Hive的数据建模方法论与传统的数据仓库并没有本质的区别。

2. 实时计算

实时计算主要针对实时或者低延迟等场景，主要是基于流式数据进行计算，故相关技术组件需要满足低延迟、高并发、可扩展以及可靠性等特点以保证数据可以准确、及时地被处理。在 Lambda 架构中，实时计算的主要层级如图 5-9 所示。

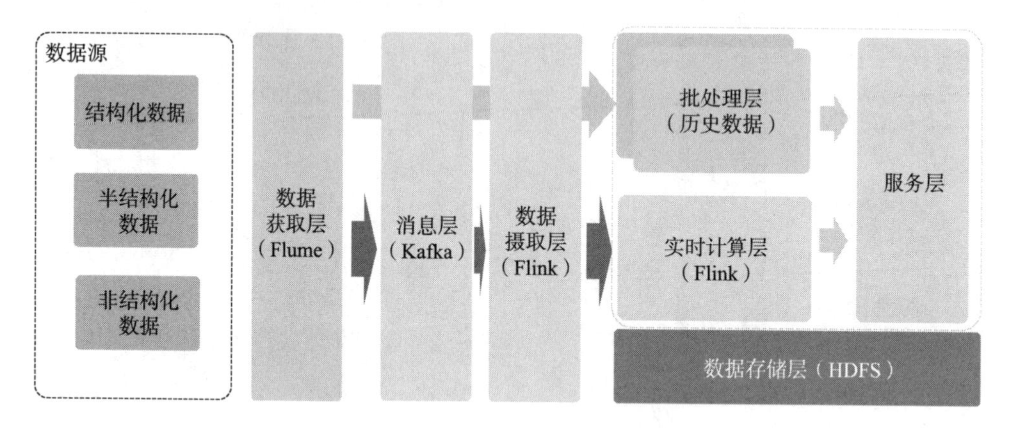

图 5-9 Lambda 实时计算的主要层级

（1）Apache Flume

在实时计算中，需要实时或者低延迟地从数据源将数据发送到 Hadoop 系统中，以便进行后续的分析，利用 Apache Flume 这一实时组件可以从各种数据源收集和聚合日志数据写入 Hadoop 中。后续 Flume 经过重构，能够兼容不同的数据源以及数据目的地的存储类型，同时在设计的过程中考虑可插拔性以及可扩展性。

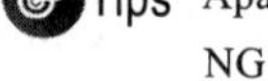 Apache Flume 主要分为 OG 以及 NG 这 2 个版本，前者代表 Old Generation，主要是指 1.0 之前的版本；NG 代表 New Generation，代表后续的版本。

（2）Apache Kafka

Apache Kafka 在第 4 章已经进行了较为详细的介绍，在实时计算中 Kafka 作为消息中间件，实现应用与数据解耦的目的。同时 Apache Flume 中获取的流式数据会以生产者的角色将数据写入消息队列中。基于消息中间件（Kafka），数据流进入数据摄取层。数据摄取层进行多目标分发：一条直接写入 Hadoop 中，存储到数据存储层；一条在数据摄取层进行必要的计算（聚合）生成特定的业务数据。

（3）Apache Flink / Apache Spark

在实时计算场景中，数据摄取层需要消费消息层传递过来的消息完成所需要的数据转换或者聚合等操作（类比实时的 ETL），并将从消息中获取需要的数据后传递到 Lambda 层中（批处理层或者实时计算层），所以数据摄取层所生成的数据格式需要能够无缝地与下游进行对接，同时保证数据消费的速率以避免由于数据消费积压而产生延迟的可能性。

Apache Flink 作为一款开源分布式流式处理框架，能够满足各类应用的高吞吐、高可用、精准的数据处理要求。它支持精准的一次性处理，且对于延迟抵达的数据或者乱序的数据仍然能够提供精准的处理结果，因此是构建 Lambda 架构中数据摄取层的优先选项。

而 Apache Spark 是以微批量方式处理数据。微批量方式在处理实时数据时会存在瓶颈，带来一定的延迟。所以在对实时计算要求较高的场景中，建议采用 Apache Flink 而非 Apache Spark。

5.2.3　数据流向

在介绍完 Lambda 架构中主要的层级以及相关的技术选型后，我们将讨论 Lambda 架构中数据流向的特点。前文图 5-9 所示的架构图很容易让我们产生数据是从一个层级流入下一个层级并应用的错觉。实际上整个 Lambda 架构的数据流是异常复杂的。我们举一个简单的场景，针对最近一周消费次数超过 3 次且最近 1 小时登录网站超过 5 次的用户实时推送优惠券。

这里涉及两个方面的数据：第一个方面是最近一周消费次数超过 3 次。这部分是利用 Sqoop 从订单系统抽取数据到数据获取层，然后按照周聚合之后得到对应的用户群体；第二个方面是订单数据实时抽取（Apache Flume）到 Kafka 中，然后接入 Apache Flink 中进行计算。但是数据摄取层的计算往往并不是按照小时的时间窗口，在具体的应用场景中，数据粒度可能是分钟（即按照分钟对用户进行聚合）。假设这里按照 5min 的粒度进行聚合，那么每 5min 就会有一个数据切片存储到数据存储层中。

假设此时有另外一个场景，为最近 5min 登录次数超过 10 次的用户发送另外一种优惠信息。这里就会涉及数据复用的场景，对于数据摄取层来说，不可能每次都从数据存储层加载数据，那么就会重新写入消息层中供后续其他应用进行消费。为此 Lambda 中的数据流如图 5-10 所示。

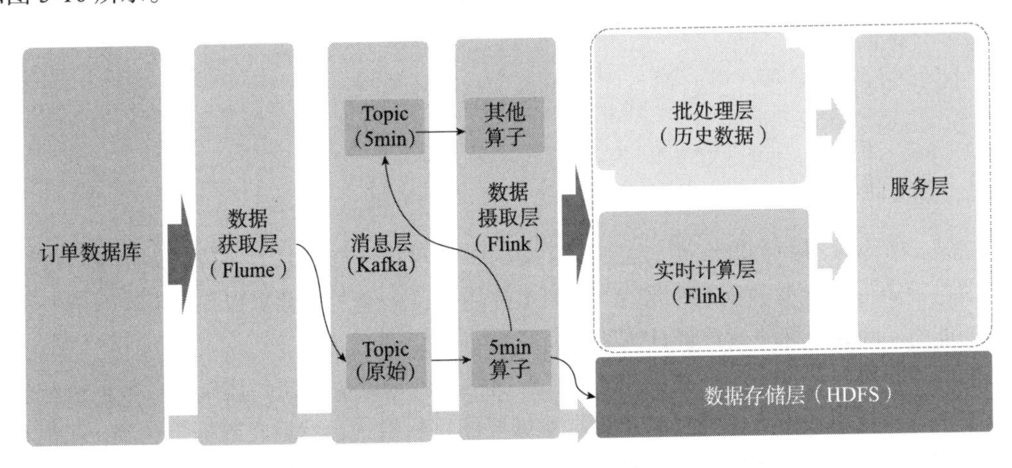

图 5-10　Lambda 中的数据流

在 Lambda 体系中关于数据的复用涉及消息层以及数据存储层的规划，这部分需要根据实际情况进行设计以保证整体数据流的可维护性。

5.3 Kappa 架构详解

Kappa 架构在 Lambda 架构的基础上去掉批处理层之后，以纯实时计算组件构建整个技术架构，Kappa 架构的核心思想是通过改进流计算系统来解决数据全量处理的问题，使得实时计算和批处理过程使用同一套代码。

从技术的角度来看，Kappa 架构更加简洁，它不会出现 5.2.3 节提到的批处理层与实时计算层的数据聚合；从业务的角度来看，它减少了 Lambda 架构中批处理层与实时计算层相同逻辑的开发任务（利用不同语言）。但是有得就有舍，接下来我们详细了解下 Kappa 架构相关的细节。Kappa 架构数据流向图如图 5-11 所示。

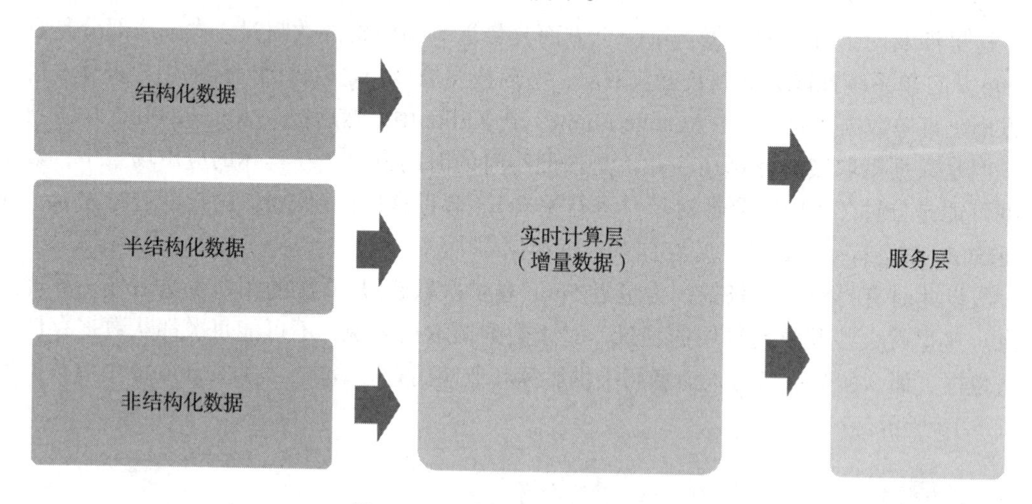

图 5-11 Kappa 架构数据流向图

5.3.1 架构解析

Kappa 架构采用的关键组件与 Lambda 架构中的实时计算层基本一致。利用 Kafka 或者其他消息中间件，获得数据永久保存（多日）的能力，存储历史数据以保证系统具有数据重计算的能力（例如指标修改或者计算错误时）。

针对正常的业务流程，Kafka 实时地将数据推送到数据摄取层，该层会对数据进行简单的数据清理或者将数据处理成实时计算层所需要的目标格式，然后将数据推送到（往往利用消息中间件或者一些基于内存的存储）实时计算层进行最终结果的计算，待计算完成后再将数据推送到服务层，提供对外的数据服务。Kappa 架构层级图如图 5-12 所示。

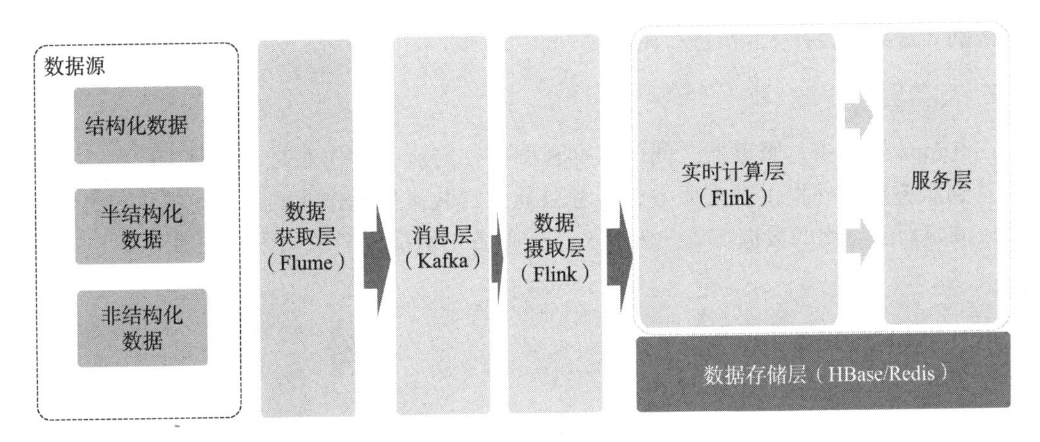

图 5-12 Kappa 架构层级图

与 Lambda 架构相比，Kappa 架构非常清晰、简单，只需要维护一套应用逻辑即可满足应用的需求，避免了 Lambda 架构中批处理层与实时计算层可能存在的数据一致性的问题。当系统需要进行数据重新计算（例如某些业务指标发生变更导致）时，Kappa 架构可以利用消息队列中存储的消息，重新计算相关指标以解决数据的重计算问题。

1. 实时计算层

实时计算层是 Kappa 架构的核心层，它不仅承担历史数据初始化的工作，同时负责保障数据的实时性以及提升数据的准确性。但是由于只有单一的数据处理层（没有批处理层），因此会产生一些 Lambda 架构中不存在的挑战。

首先，在 Kappa 架构中，数据都是以流式的方式被整个系统所处理。那么系统必须保证同一数据源或者不同数据源之间产生的消息（数据）的时序性，即如果被实时计算层所处理的消息并没有按照消息产生的顺序进入系统，那么实时计算层所处理的结果的准确性将无法得到保证。

同时，在 Kappa 架构中数据的重新计算依赖原始的数据保存的周期，所以在单纯涉及数据重新计算或者指标修改的情况下，整个实时计算系统的性能（依靠消息中间件的存储周期）压力是巨大的，而在 Lambda 架构中只需要批处理层进行数据的重新初始化即可保证数据的准确性。

此外，在实际的应用中，必然会涉及不同数据之间的关联以计算某种指标，这在 Lambda 架构中可能并不是一个大问题，因为每天可以通过 T+1 批处理完成数据的修正，但是在纯流式计算的场景中，尤其在涉及不同流之间的数据进行关联或者依赖处理的情况下，不同数据流的时效性就变得异常重要且很容易在实际开发过程中被忽略。

最后，在 Lambda 架构中，实时计算层相对轻量（因为存在批处理层对历史数据进行计算以及处理）。然而在 Kappa 架构中，实时计算层承担较重的数据计算以及存储的职责。当然在 Kappa 架构中，实时计算层也会涉及一定的数据建模，但是与传统的数据建模有着较大的区别。这部分会在 5.4 节进行阐述。

2. 服务层

在 Kappa 架构中，服务器之间的数据视图往往与流处理作业是一一对应的关系，这里可以看到服务层对外提供数据服务，服务层通过封装流处理作业的结构，提供对外的数据视图以满足后续应用的数据需求。为此 Kappa 服务层数据流向图如图 5-13 所示。

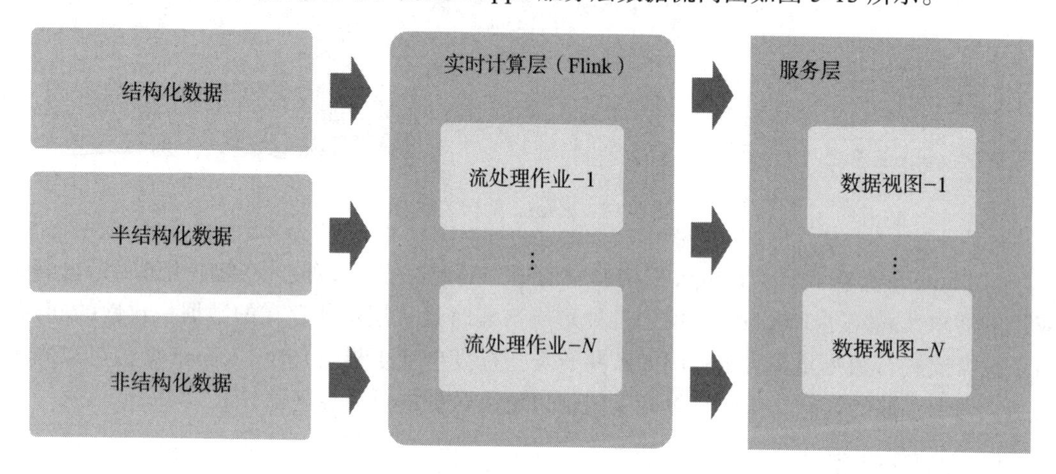

图 5-13　Kappa 服务层数据流向图

这里我们可以清楚地看到，当实时计算层流处理作业的业务逻辑发生变更时，对于实时计算层来说，主要涉及两部分工作：

- 新的流处理作业对接服务层。
- 旧的流处理作业的关闭。

服务层也涉及两部分工作：

- 旧的数据视图下线。
- 新的数据视图提供对外服务。

这个新旧切换的时间点是新的数据处理作业的消息已经追赶到旧的数据流处理作业时。在实际操作过程中为了满足这个条件，主要有两种方式：一是加大新流作业的处理效率，二是暂停旧的流处理作业。实际运用中，可以根据情况采取其中的一种或者两种。

同时在新的数据流的计算过程中，如果涉及数据流之间的关联或者交叉计算，处理方式可能会更加复杂，一般来说有两种方式：

- 将相关的数据流作业都进行数据的重新计算。

❑ 将数据流批处理的中间结果进行存储（这需要预先设计）。

其中第二种方式是大多数应用采取的方式，但是这种方式往往需要额外的数据存储以及设计，这里暂不进行深入的探讨。

5.3.2 核心组件

在 Lambda 架构中，我们已经对实时计算层中涉及的绝大部分组件进行了介绍，例如数据收集以及整合组件 Apache Flume、高性能消息中间件 Kafka、流式计算框架 Flink 或者 Spark 以及在本章开头进行介绍的 Hadoop 相关存储组件。随着技术的发展，部分支持高速查询的数据存储组件也进入大众的视野，这些组件可以满足某些特定的业务场景需求。

1. ClickHouse

ClickHouse 是俄罗斯的 Yandex 于 2016 年开源的列式存储数据库（DBMS），使用 C++ 语言编写，主要用于在线分析处理查询（OLAP）。它基于列示存储引擎（MergeTree 及其变种）提供较高的压缩率以及高性能的数据查询，能够使用 SQL 查询进行实时分析。ClickHouse MergeTree 存储引擎列表如图 5-14 所示。

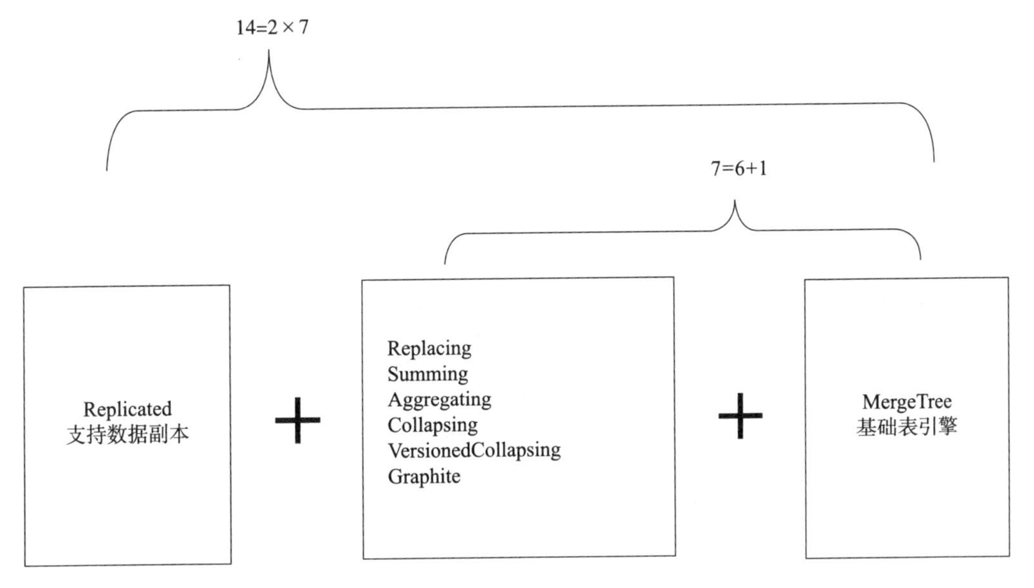

图 5-14　ClickHouse MergeTree 存储引擎列表

同时 ClickHouse 也提供了多种满足特定应用场景的存储引擎，如图 5-15 所示。

图 5-15 ClickHouse 也提供了多种其他存储引擎

这里我们可以看到集成引擎中存在 Kafka，那么实时计算层可以通过 ClickHouse 提供类似关系型数据库的查询。

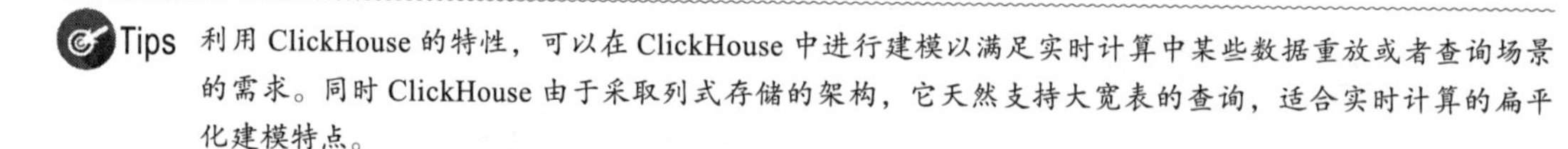
Tips 利用 ClickHouse 的特性，可以在 ClickHouse 中进行建模以满足实时计算中某些数据重放或者查询场景的需求。同时 ClickHouse 由于采取列式存储的架构，它天然支持大宽表的查询，适合实时计算的扁平化建模特点。

2. Elasticsearch

Elasticsearch 是一个分布式、高扩展、高实时的搜索与数据分析引擎。它将数据以 JSON 格式进行存储，并提供高性能的数据查询能力。在实时计算层中经常涉及中间计算的数据保存，利用 Elastcsearch 可以进行持久化存储并提供后续数据查询或者搜索服务。同时 Elasticsearch 以 JSON 的方式存储数据，在实际运算中可以相对方便地提供数据反序列化服务。此外通过 Elasticsearch 的数据存储特点，结合时间戳的命名方式可以高速地命中指定时间内的数据结果。

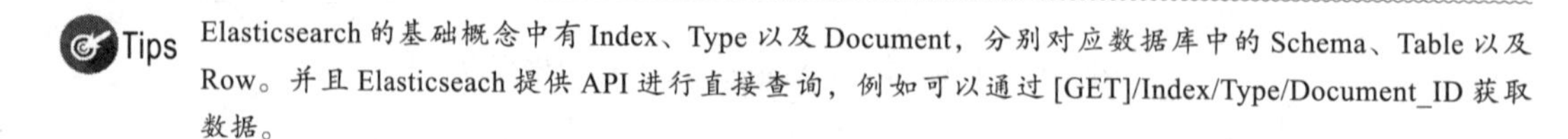
Tips Elasticsearch 的基础概念中有 Index、Type 以及 Document，分别对应数据库中的 Schema、Table 以及 Row。并且 Elasticseach 提供 API 进行直接查询，例如可以通过 [GET]/Index/Type/Document_ID 获取数据。

当然除了上述两种组件以外还有各种类型的数据查询组件或者数据存储组件，但是万变不离其宗，我们需要根据具体的应用场景以及特点选择合适的组件以满足具体的应用需求。

5.3.3　数据流向

Kappa 架构中没有批处理层，所以它的数据流向比 Lambda 架构简洁。然而从具体的内部细节来看，Kappa 架构的数据流向更加复杂且更加难以维护。Kappa 架构数据流向图如图 5-16 所示。

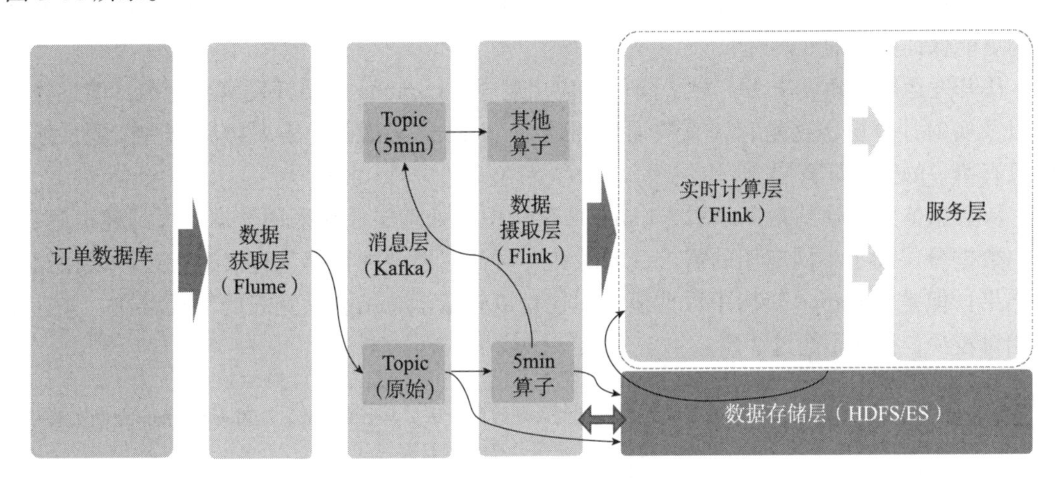

图 5-16　Kappa 架构数据流向

在 Kappa 架构中，数据需要经过消息层后，进入数据摄取层或者实时计算层进行处理，同时原始数据流保存到数据存储层以保证数据的完整性。将中间结果保存后，并分配到下个 Topic 中进行运算（如果存在）。同时当其他流处理作业需要利用历史数据进行运算时，将会涉及与数据存储层的交互以获取历史的计算结果。

这只是一个相对简单的应用场景，在实际场景中可能会涉及数据流之间的交叉运算、关联运算以及基于历史数据处理等需求。此外，这种场景并没有考虑异常情况下数据流之间的依赖关系导致的系统稳定性问题。

所以单纯的应用架构的精简并不能带来实际工作的精简，但是在特定的场景中 Kappa 架构依然可以发挥巨大的价值。接下来我们来对比一下 Lambda 架构与 Kappa 架构的异同点以及试用场景。

5.4　Lambda 与 Kappa 对比

通过上面的介绍，我们对于 Lambda 架构以及 Kappa 架构应该已经有了较为详细的认知。

从整体架构的角度来看，Lambda 架构通过整合批处理（基于数据仓库理论）以及实时计算数据的及时性的特点，构建一套相对稳定的数据架构，它可以利用批处理层快速满足数据指标变更导致的数据重新运算的需求；同时实时计算层相对较轻，实时计算付出的成本相对较低。

Kappa 架构通过精简 Lambda 架构中的批处理层，降低了在 Lambda 架构中离线数据与实时数据整合的复杂度；同时由于整体采用实时计算的架构，数据的及时性以及准确性相对较高；此外，由于缺少批处理层，因此 Kappa 架构不需要像 Lambda 架构那样，将离线计算的数据与实时计算的结果进行对比以保证数据的准确性（当然换个角度来看，Lambda 架构更能保证数据的准确性）。

从开发运维的角度来看，对于同一套应用逻辑，Lambda 需要开发两套脚本，即批处理层以及实时计算层，这是它一直被诟病的地方。Kappa 架构则不需要担心这种问题，因为它只有单一的实时计算层。

从数据体系搭建的角度来看，Lambda 架构中批处理层往往采用数据仓库的建模思路，利用数据分层满足不同应用的需求，同时在实时计算层中往往都是直接进行运算并存储数据结果；但是在 Kappa 架构中数据模型往往是以轻量汇总结合大宽表的形式存在，并且层级相对较少，往往不超过 3 层。

Tips 关于 Lambda 架构与 Kappa 架构在数据模型设计的区别往往不会被提及，原因是 Lambda 架构主要是数据开发人员主导，而在 Kappa 架构主要是应用开发人员主导。

从数据时效性的角度来看，同时随着数据量的增加，Lambda 架构中批处理的压力也相应增加，能否及时以及准确地完成整个系统的数据运算也是潜在的风险；当然这对于 Kappa 架构来说，潜在风险往往体现在能否及时处理大量的数据处理。

综上所示，我们将两种架构的异同点进行总结，如表 5-2 所示。

表 5-2 Lambda 与 Kappa

	Lambda	Kappa
架构复杂度	高，同时具有批处理层以及实时计算层	中，仅有实时计算层
系统稳定性	高，可以利用批处理保证数据准确性	中，严重依赖于消息中间件以及实时计算层
数据变更影响度	低，批处理层可以单独处理	高，需要进行消息重新计算并切换数据视图
数据整合复杂度	高，需要整合批处理以及实时计算结果	低，仅需要处理实时计算结果
数据流向复杂度	中，相对清晰且简单	高，纯应用层维护，利用消息中间件进行处理
数据模型复杂度	高，以数据仓库建模理论为主	中，较低数据层级+大宽表为主
系统实时性	高，实时处理	高，实时处理
系统整体资源	高，同时包括批处理以及实时计算	低，仅需要处理实时计算
开发复杂度	高，需要开发两套逻辑（不同开发技能）	低，仅需要开发实时计算逻辑
运维成本	中，需要同时维护批处理层以及实时计算层	低，仅需要维护实时计算层

既然 Lambda 架构与 Kappa 架构各有特点，那么是否存在一种应用体系（架构）将 Lambda 架构的稳定性与 Kappa 架构的开发简单性较为完美地整合在一起呢？接下来我们将简单介绍一种较为流行的概念——流批一体化。

5.5　流批一体化

流批一体化的技术理念最早提出于 2015 年，它的初衷是让开发人员能够用同一套接口实现大数据的流计算和批处理，即将 Lambda 架构中的批处理层通过应用接口的方式，而非传统 ETL 的方式完成数据批处理的结果；同时该接口也可以被实时计算层直接使用，无须重新改动。流批一体化架构图如图 5-17 所示。

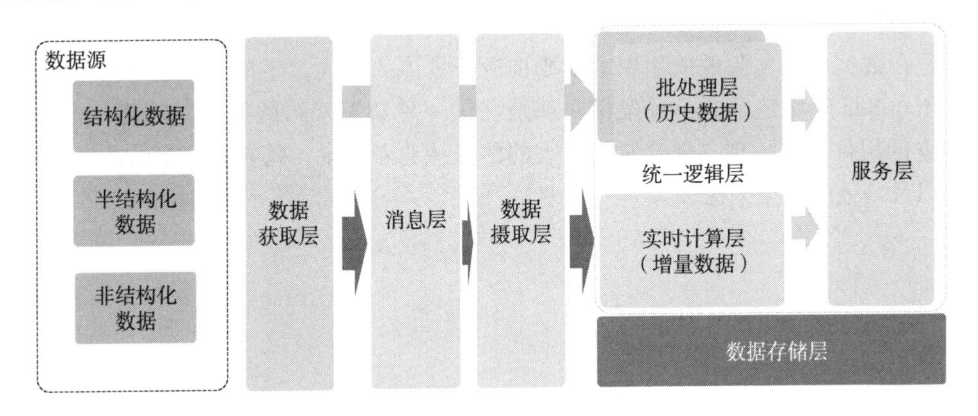

图 5-17　流批一体化架构图

由于批处理与实时计算层共用一套代码，所以数据处理过程与结果的一致性就不需要进行校验，完美地解决了 Lambda 架构中需要额外开发 ETL 作业进行离线数据的处理以及批处理与实时数据层口径不同导致的数据不一致问题。

此外对于后续的开发以及运维人员来说，仅需要开发或者维护一套逻辑，整体的工作量将会极大减少。

看到这里，读者想必已经被该种架构的优点深深地吸引，然而虽然不同的大数据框架如 Spark、Flink 等都陆续提出了自己的解决方案，但是目前很少看到较为成功的流批一体化的理论真正落地的案例。可以从数据体系现状以及技术要求两个方面来分析流批一体化架构。

从数据体系现状来看，大多数企业可能刚达到传统的大数据架构（刚经历一轮传统数据仓库迁移），企业自身业务也不需要那么多实时的应用场景（通过流式计算架构也已经满足），如果升级到流批一体化架构，整体 ROI 相对较低。

从技术要求来看，流批一体化的发起方往往都是大型的互联网公司，这些公司具有极强的应用开发能力以及基于开源组件的深度定制化能力，那么就具有很强的开发以及运维能力。但是对于大多数非互联网企业来说，它们往往不具备此种能力。

这也是为什么流批一体化架构从理论层面这么完美，但是具体落地却鲜有案例的原因。但是我们相信随着技术的发展，该种架构可能成为非互联网公司的数据架构的选项之一。

5.6 总结

一个企业的数据中心（仓库）生命周期往往是5年左右，有的企业甚至更长。那么对于任何一种数据架构的评估或者应用都必须非常慎重，因为这将会直接影响未来数年的企业数据应用。所以在构建企业数据架构时一定要考虑企业自身的业务特点以及当前的资源包括未来的规划。

但是在数据架构实际的应用中，不要拘泥于具体的形式，要具体问题具体分析，因为无论是Lambda架构还是Kappa架构，都是提供一种数据架构的思路。随着技术的发展，更多优秀的组件将会出现，那么对于广大的数据从业者来说，就有着更多的选择去构建更加稳定以及高效的数据架构。

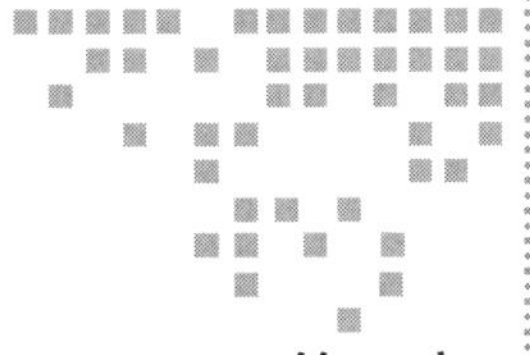

第 6 章 Chapter 6

辅助类应用体系介绍

上一章对构建企业数据架构的方法论以及对应的核心组件进行了详细介绍，利用这些核心组件可以按照企业应用场景构建相应的数据平台。然而企业数据平台涉及不同类型且种类繁多的组件，例如服务器、数据存储、应用软件、数据流服务以及应用服务等。随着数据平台的逐步发展，不同组件或者不同应用之间的依赖关系越来越复杂，如果某一个环节出现问题，可能导致下游出现数据延迟、数据异常甚至影响业务正常运转的情况。

除了核心组件，企业数据平台的运行也会涉及各类组件或者服务的监控以及管理，从资源的管理到权限的分配，从性能监控到异常的预警等，这些辅助类的组件无一不是企业数据平台正常运行的保证。

本章将从资源管理、资源及组件监控、应用监控以及日志监控四个层面，介绍主流的解决方案，以保证企业数据平台的稳定运行。类似的解决方案很多，且每个企业的实际情况各不相同，故选择组件时需要考虑自身的特点。

6.1 资源管理

随着企业数据平台不断发展，服务器或者应用资源逐步增加。对于这些资源的使用涉及整个企业的 IT 成员，例如应用开发人员、数据开发人员以及运维人员等。不同技术背景的人员在不同的服务器或者应用资源中操作，可能会给整个平台的稳定性带来较大的潜在风险。例如应用开发人员误登录生产环境进行误操作，导致生产应用异常等。

当企业出现人员变动时，涉及服务器或者应用权限的撤销或者授权，对于运维团队来说，负责的权限管理日趋烦琐且很难进行标准化管理，进而无法更充分地保证系统安全。

此外，对于一些特定的资源需要制定专门的访问、审计的策略，甚至需要对于某些操作进行禁止，如果单纯依赖传统的运维管理方式将会面临复杂且重复的操作，并且无法灵活地更新审计策略以满足企业的应用要求。

故大多数企业会采用堡垒机的方式对企业的服务器等资源进行管理，以提供登录管理、账号管理、身份认证、访问授权以及操作审计等功能。

6.1.1 开源堡垒机 JumpServer

堡垒机的商业版本其实有很多，例如以云厂商阿里云或腾讯云为代表的堡垒机；或者以传统的数据安全厂商齐治科技、绿盟为代表的堡垒机等。然而对于绝大多数中小型企业来说，服务器资源或者需要管理的应用资源相对较少，在满足企业需求的基础上，开源产品是一个性价比比较高的选择。

JumpServer 是全球首款开源的堡垒机，使用 GNU GPL v3.0 开源协议，是符合 4A 规范的运维安全审计系统。它以 Python / Django 为主进行开发，遵循 Web 2.0 规范；采用 Web Terminal 方案进行资源管理；支持分布式架构，支持多机房跨区域部署，支持横向扩展，无资产数量及并发限制；提供了认证、授权、审计、自动化运维等功能，基本上能满足大多数企业资源管理需求。

Tips JumpServer 现在提供开源版与企业版两种类型，本文主要介绍的是开源版本，对应的 GitHub 地址为 https://github.com/jumpserver/jumpserver。

接下来我们将介绍 JumpServer 的部署与负载均衡、核心概念以及最佳实践等相关内容。

6.1.2 部署与负载均衡

JumpServer 提供 6 种部署方式，分别是一键部署、手动部署、离线部署、Kubernetes 部署、源码部署以及 Allinone（容器化），其中离线部署要求处理器版本为 amd64 或者 arm64。它对操作系统版本的要求为 Linux 且内核版本大于或等于 4.0。JumpServer 的部署方式如图 6-1 所示，详情请查看链接：https://docs.jumpserver.org/zh/master/install/setup_by_fast。

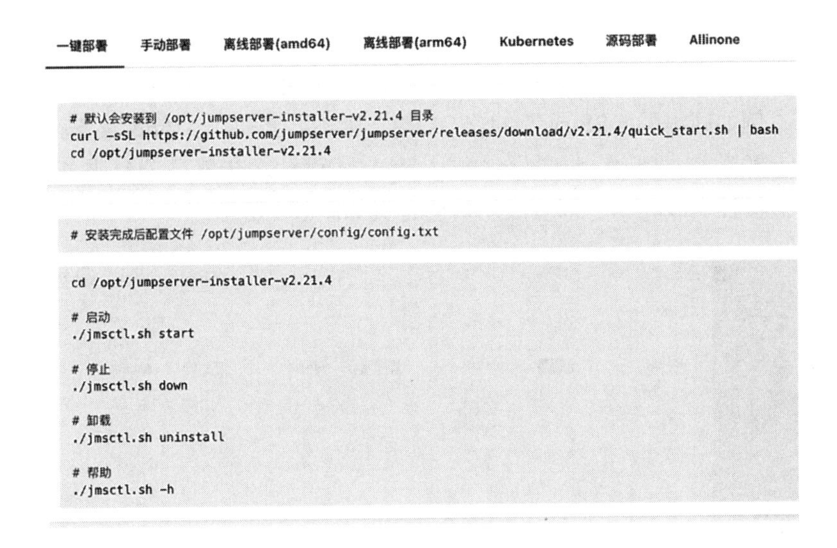

一键部署　手动部署　离线部署(amd64)　离线部署(arm64)　Kubernetes　源码部署　Allinone

```
# 默认会安装到 /opt/jumpserver-installer-v2.21.4 目录
curl -sSL https://github.com/jumpserver/jumpserver/releases/download/v2.21.4/quick_start.sh | bash
cd /opt/jumpserver-installer-v2.21.4
```

```
# 安装完成后配置文件 /opt/jumpserver/config/config.txt
```

```
cd /opt/jumpserver-installer-v2.21.4

# 启动
./jmsctl.sh start

# 停止
./jmsctl.sh down

# 卸载
./jmsctl.sh uninstall

# 帮助
./jmsctl.sh -h
```

图 6-1　JumpServer 的部署方式

Tips　Allinone 这种部署方式仅在测试环境中快速部署验证功能时使用，在生产环境中请使用标准部署方式（Allinone 以外的部署方式）。

除了单实例的部署架构外，它也提供负载均衡的部署方式，主要思路是利用 HAProxy+共享数据的方式，通过新增 HAProxy 服务中的 JumpServer 节点，让不同 JumpServer 节点将 Core 持久化目录挂载到 NFS，同时不同节点连接同一个 MySQL 以及 Redis 服务，来保证 JumpServer 服务中的数据一致性。JumpServer 负载均衡部署架构图如图 6-2 所示。

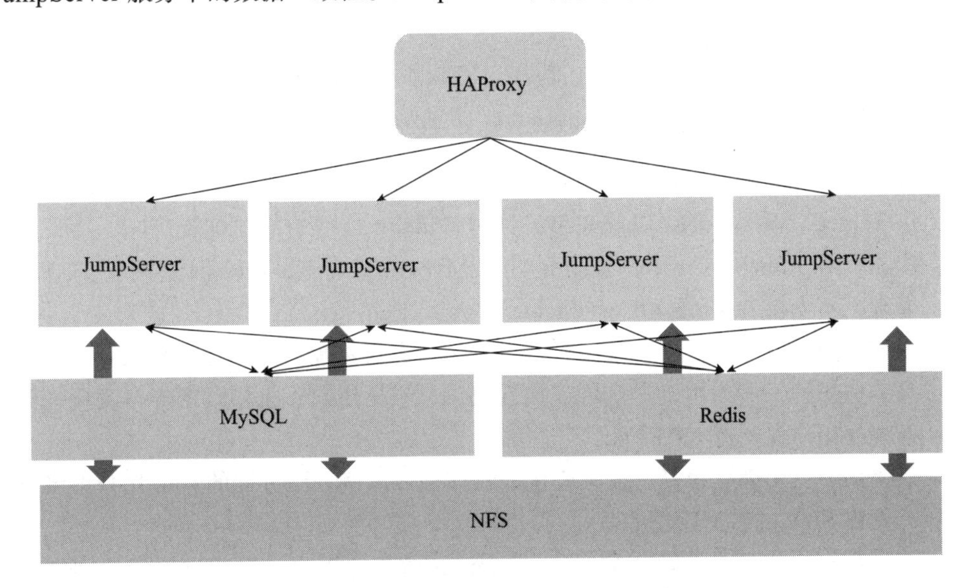

图 6-2　JumpServer 负载均衡部署架构图

JumpServer 官网建议使用 Minio 服务来确保数据的完整性，这个服务主要是利用本地搭建 NFS 以及 MySQL 等数据存储软件，来保证数据的完整性。如果选择购买云服务器厂商的相关服务，例如阿里的 OSS 或者 MySQL 等，则不需要使用 Minio 服务。

JumpServer 负载均衡部署相对复杂的原因是它从设计之初就是单台服务架构，所以需要额外的组件去保证负载均衡。部署成功后的首页如图 6-3 所示。

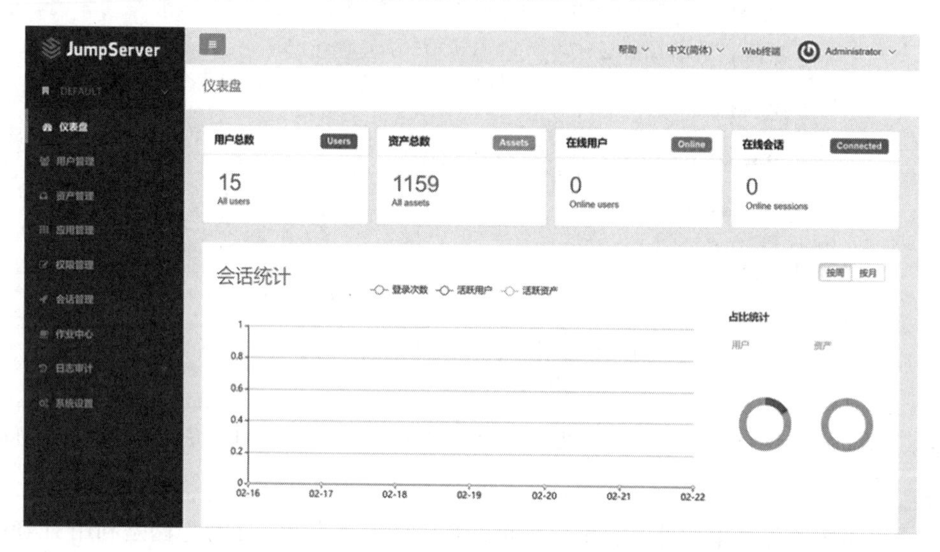

图 6-3 JumpServer 部署完成后的首页

6.1.3 核心概念

JumpServer 中的核心概念是资产、应用、特权用户、系统用户以及 JumpServer 登录用户，了解了这些概念基本就能明白 JumpServer 的主要工作原理。

- 资产：主要是通过远程方式可以登录的服务器（Window、Mac 或者 Linux 等），提供 Telnet、SSH、VNC 以及 RDP（针对 Windows）等方式添加资产。
- 应用：在 JumpServer 中，主要是针对 MySQL 或者 Kubernetes 这两种类型的应用管理，不支持 PostgreSQL、Oracle 等其他数据库。
- 特权用户：主要是用来对系统资产以及用户进行管理，并不是用来供登录资产或者具体应用的。例如用于资产可连接性测试、推送用户、批量改密等自动化任务。此外特权用户仅支持 SSH 协议。
- 系统用户：用来登录资产或者应用的具体用户。例如服务器的 root 用户或者可以执行具体 SQL 的数据库用户等。
- 登录用户：主要是指可以登录 JumpServer 后台的用户，它通过授权规则绑定资产以及系统用户，进而实现用户可以登录不同资产或者应用的目的。

所以在管理资产以及应用方面，往往建议使用同一命名规则进行管理，如 [类型][业务][服务器名称]，对应 [Dev][CRM][调度服务器 001]；在管理系统用户方面也建议通过一定的命名规则进行管理，如 [类型][业务][用户类型]，对应 [Dev][CRM][调度服务器 001 测试用户]。

此外也可以通过设置不同的登录用户角色，拆分开发组、测试组以及运维组进行统一管理，这里不做详细描述，可以参考官方文档 https://docs.jumpserver.org/zh/master。

6.1.4　最佳实践

通过上面的描述我们可以清楚地看到，JumpServer 对于数据库类型的支持（应用）相对薄弱，无法支持不同类型数据库的统一登录或者管理。为此一般我们建议通过统一跳板机的方式进行登录管理，详细步骤如下：

1）申请一台堡垒机 J1（建议为 Windows 服务器，部署需要的数据库的客户端或者其他软件）。

2）将堡垒机 J1 添加到 JumpServer 资产中，并配置不同登录类型的系统用户，需要注意的是，系统用户最好区分管理员权限以及普通用户权限，按照权限创建用户。

3）如果需要区分测试环境和生产环境，则添加不同的堡垒机，并配置防火墙或者登录权限。

这样就可以通过堡垒机的实现对于不同类型数据库的登录支持。

此外，JumpServer 提供命令过滤的功能，即对于某些带有风险的字符串，例如 rm 进行监控并将相关告警推送给 JumpServer 的特权用户，进而保证整体资产的安全。

总的来说，JumpServer 对于用户的权限管理、审计功能、安全认证都有着不错的支持。特别是随着云服务器的普及，跨云服务器或者应用逐渐增加，利用 JumpServer 可以极大减少运维工程师的工作量，并降低企业管理相关的整体风险。

6.2　资源及组件监控

此外，随着企业服务器以及应用的数量和应用所需的各种中间件逐渐增多，单纯的监控（每日运维工程师的巡检）已经无法保证及时发现异常。为此我们希望监控系统可以主动且及时地进行告警，对重要的或者需要被关注的指标进行预警，提醒相关人员及时处理。

通过上述描述，一个相对完整的监控体系至少需要满足以下三个特点：①对服务器、数据库等应用的通用监控；② 将监控信息以可视化的界面展示；③按照特定指标进行告警的功能。随着 Kubernetes 的逐步推广，它对应的监控系统 Prometheus 逐步流行起来，并且它通过 Grafana 又拓展了可视化功能，完全满足企业对监控体系的要求。

6.2.1 开源监控系统 Prometheus

Prometheus 是一套开源的系统监控框架，由一位 Google 前员工在 2012 年创建，并于 2015 年正式发布。2016 年，Prometheus 正式加入云原生计算基金会（Cloud Native Computing Foundation，CNCF），成为受欢迎度仅次于 Kubernetes 的项目。2017 年底 Prometheus 发布了基于全新存储层的 2.0 版本，截至现在已经更新到 2.35.0 版本。

Prometheus 是古希腊神话中泰坦一族的神明之一，他反抗宙斯将火种带到人间，恰好 Prometheus 监控体系对应的图标也是一个火种。

传统监控系统的主要监控方式都是在被监控的服务器或者应用上部署相应的 Agent 组件，然后由 Agent 定时收集数据并推送（Push）到 Server 端，进行数据处理、展示、告警等操作。但 Prometheus 并没有采用这种方式，它在服务器（应用）部署了一种称作 Exporter 的组件，该组件暴露 HTTP 接口，然后 Prometheus 对应的 Server 会通过轮询的方式，从这些 Exporter 组件拉取（Pull）数据进行后续的操作。截至目前，社区支持的 Exporter 组件类型如表 6-1 所示，基本上满足了大多数监控场景。

表 6-1 社区支持的 Exporter 组件类型

范围	常用 Exporter 组件
数据库	MySQL Exporter、Redis Exporter、MongoDB Exporter、MSSQL Exporter等
硬件	Apcupsd Exporter、IoT Edison Exporter、IPMI Exporter、Node Exporter等
消息队列	Beanstalkd Exporter、Kafka Exporter、NSQ Exporter、RabbitMQ Exporter等
存储	Ceph Exporter、Gluster Exporter、HDFS Exporter、ScaleIO Exporter等
HTTP服务	Apache Exporter、HAProxy Exporter、Nginx Exporter等
API服务	AWS ECS Exporter、Docker Cloud Exporter、Docker Hub Exporter、GitHub Exporter等
日志	Fluentd Exporter、 Grok Exporter等
监控系统	Collectd Exporter、Graphite Exporter、InfluxDB Exporter、Nagios Exporter、SNMP Exporter等
其他	Blockbox Exporter、JIRA Exporter、Jenkins Exporter、Confluence Exporter等

Prometheus 中主要存在 4 个核心组件（概念），分别是 Exporter、Prometheus Server、AlertManager、PushGateway。它们的作用介绍如下。

- Exporter：主要负责监控数据的采集，并将 HTTP 接口暴露给 Prometheus Server。

它主要分为社区提供的标准 Exporter 组件以及用户自定义的 Exporters 组件，用于满足系统、中间件或者业务数据等监控的需求。

- Prometheus Server：主要负责监控数据的收集（通过 Exporters）、存储以及处理等，并且提供 PromQL 以便对数据进行汇总。
- AlertManager：主要负责按照既定的规则生成告警通知，并提供多种告警方式，例如提供邮件、Webhook 等告警方式。但需要注意的是，AlertManager 本身是一个独立的组件，而不是 Prometheus 的一部分。
- PushGateway：主要作为一个消息中转站，是 Prometheus 的内置组件。例如，当 Prometheus Server 与被监控的组件不在同一个网段时，Prometheus Server 将无法直接监控相关数据，这个时候被监控的组件可以将数据推送到 PushGateway，然后 Prometheus Server 会定时从 PushGateway 拉取数据，进而实现监控的目的。

图 6-4 是一个典型的 Prometheus 架构图，我们可以清楚地看到不同组件之间的关系。

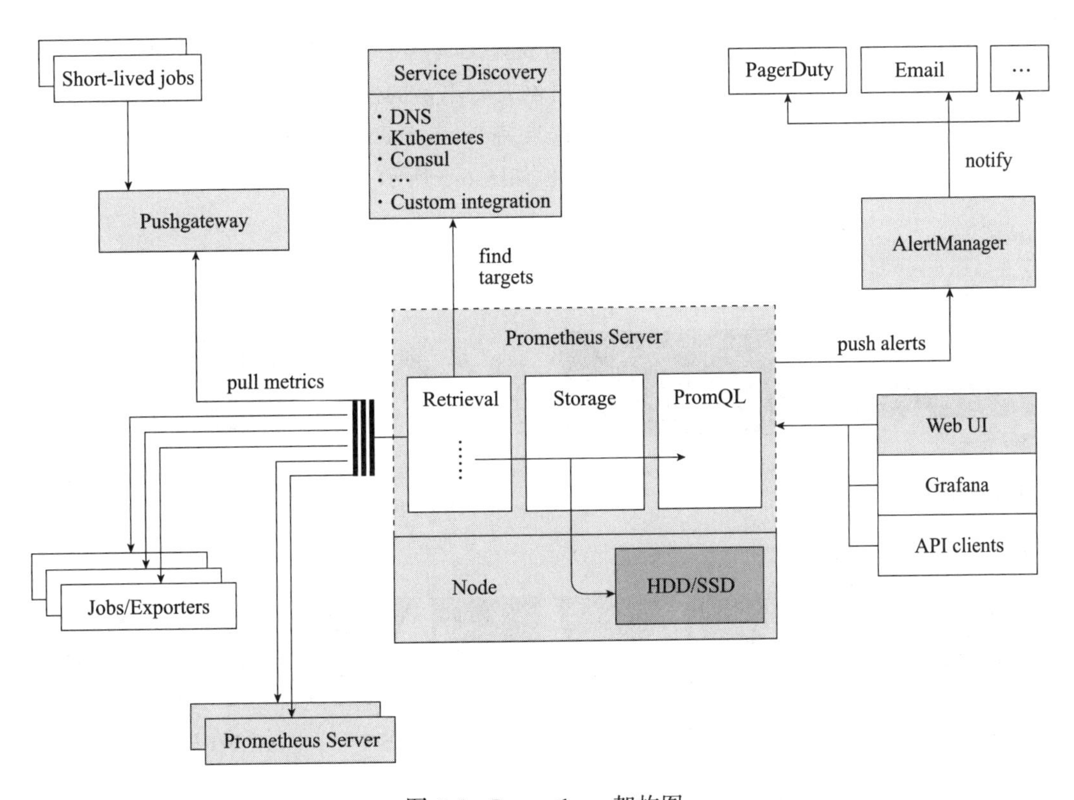

图 6-4　Prometheus 架构图

Prometheus Server 拉取不同 Exporter 、PushGateway 收集的数据；然后利用内置的数据库以及 PromQL 生成告警信息，并推送到 AlertManager 组件；再由 AlertManager 按照既

定的规则进行不同方式的告警。

细心的读者会发现架构图的右侧有 Web UI，其实 Prometheus 自身是提供 Web UI 的，但是它提供的 UI 相对简单，无法提供丰富的可视化组件以满足企业监控的需求，所以 Prometheus 官网也建议使用 Grafana 作为其标配的 Web UI，也就是接下来我们要介绍的内容。

6.2.2 可视化系统 Grafana

Grafana 是一款采用 Go 语言编写的开源应用，分为社区版本和企业版本两种类型。截至本书写作时，它的最新版本为 8.5.x。Grafana 是一个跨平台的开源的度量分析和可视化工具，可以将采集的数据进行可视化展示或提供相应的告警通知。

> **Tips** Grafana 现分为 OSS 版本和 Enterprise 版本，其中前者为社区开源版本，后者为企业版本，包含一些未开源功能，例如数据源插件。此外企业版本提供一些培训以及 7×24 支持服务。

Prometheus 将 Grafana 作为官方建议的可视化工具的主要原因是 Grafana 具有灵活的数据展示方式及丰富的仪表盘插件。Grafana 官网有着丰富的模板，通过简单的步骤就可以将这些模板引入 Grafana 中进行展示。Grafana 支持 Prometheus 的模板数量多达 2957 个，其中 Grafana 官网关于 Prometheus 的可视化模板如图 6-5 所示。

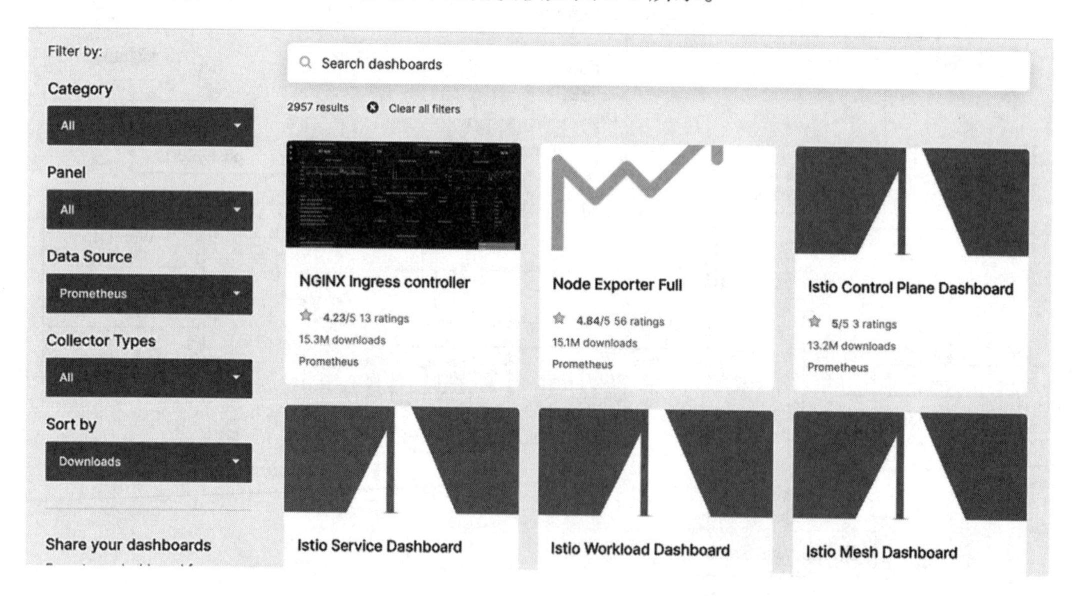

图 6-5 Grafana 官网关于 Prometheus 的可视化模板

此外，Grafana 接入 Prometheus 的步骤也非常简单，在界面中仅需要三步即可完成，选择数据源“Import”→“Prometheus”→“填入具体的模板 ID”，即可完成 Prometheus 监控组件的数据可视化展示（利用 Exporter 对数据的监控）。Grafana 接入 Prometheus 数据源的步骤如图 6-6 所示。

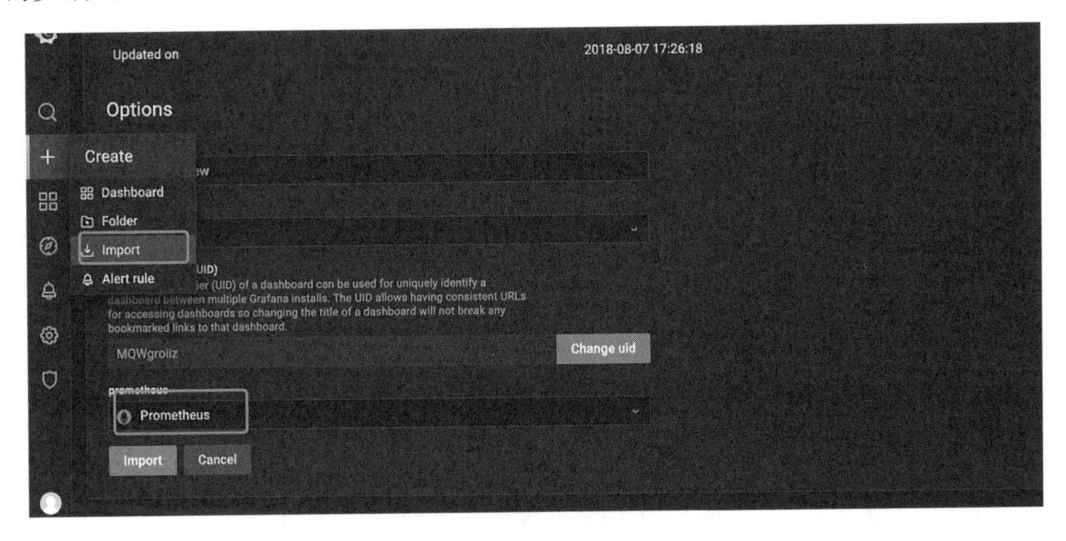

图 6-6 Grafana 接入 Prometheus 数据源

既然 Grafana 主要是一个数据可视化工具，通过接入不同的数据源进行可视化后展现给具体的用户或角色查看，那么我们主要需要了解 3 个基本概念，分别是数据源（DataSource）、面板（Pannel）、仪表盘（Dashboard），详细介绍如下。

- 数据源：用来做可视化展示的数据源，当前 Grafana 支持近 20 种不同类型的数据源，例如云平台 AWS CloudWatch、Azure Monitor、Google Cloud Monitoring，传统关系型数据库 MySQL、PostgreSQL 等，当然也支持 Prometheus，详细内容可以查看 Grafana 官网（https://grafana.com/docs/grafana/latest/datasources/）。
- 面板：展示的最小组件，一个面板即一个可视化图表，接触过 ECharts 的读者可以把一个图形理解为一个面板。一个面板最多只能对应一个数据源。当前 Grafana 主要内置 6 种类型的面板，分别是 Graph（普通数据图表，类似 ECharts）、Singlestat、Heatmap、Dashlist、Table 以及 Text。其中 Singlestat 返回的结果为单个值，而 Dashlist 以及 Text 则与数据源无关，支持用户自定义配置。Heatmap 返回的结果为统计数据分配情况，现已经支持 Prometheus。其中面板可以由用户新增并且可以制作默认面板供不同的仪表盘使用。

- 仪表盘：主要用来展示不同数据源的监控结果。仪表盘主要由不同的面板构成，并且可以由不同类型的数据源组成的面板构成。面板在仪表盘中可以自由拖曳以满足自定义的要求。上述提到的模板 ID 导入的过程，其实就是将远程的仪表盘配置文件下载到本地的过程。所以很明显仪表盘是可以导出以及导入的。

除此之外，Grafana 还提供相对完善的权限管理体系，权限主要分为三类：服务管理员权限（Grafana server administrator permission）、组织级别权限（Organization permission）以及仪表盘级别管理权限（Dashboard and folder permission）。

Grafana 中内置一个默认的服务管理员权限，它具有管理 Grafana 的所有权限，例如管理用户以及权限、创建以及管理组织，升级到企业版本等；组织级别权限，可以对标我们日常理解的系统角色（即包含某些权限的集合），且任何用户都必须隶属于一个或者多个组织；仪表盘级别管理权限则是赋给某用户一个具体的 Dashboard 权限，例如管理、修改以及查看等。关于权限更加详细的介绍可以参考链接：https://grafana.com/docs/grafana/latest/administration/manage-users-and-permissions/about-users-and-permissions。

基于 Prometheus 以及 Grafana，我们可以完成对不同组件的性能的监控并进行灵活的可视化展示。但对于一个监控体系来说，我们期望某些指标出现异常时它可以主动告警并通知相关人员。虽然 Grafana 自身也提供类似监控告警的功能，但是有一定局限性，一般需要基于 AlertManager 与 Prometheus 整合之后完成告警。

6.2.3 告警模块 AlertManager

一个完整系统包括监控数据的收集、展示以及告警。Prometheus 负责监控数据的收集以及存储，Grafana 负责数据的可视化，AlertManager 则负责对达到预警阈值的结果进行多种方式的预警。在整个监控链路中，Prometheus 始终是 Grafana 以及 AlertManager 的数据提供方。

AlertManager 可以处理多种类型的客户端应用的告警，它提供去重（Deduplicating）、分组（Grouping）以及路由（Routing）等功能将告警通过特定的方式，例如邮件、Webhook 等通知告警的接收方（Receiver）。此外它还提供静默（Silencing）以及抑制（Inhibition）功能来提高告警的有效性。其中静默主要是指不对接收到的告警信息进行处理，例如临时屏蔽某种类型的告警，避免出现海量告警导致重要告警被忽略。抑制功能主要是指隔绝由系统一个问题而引起的后续问题的告警，例如某个服务器异常，那么部署在该服务器上的应用大概率都会出现异常，这些应用短期、频繁的告警其实并无太大意义，而抑制功能可以隔绝这些应用后续的告警。

为实现上述功能，AlertManager 采用如下内部组件架构图，如图 6-7 所示。

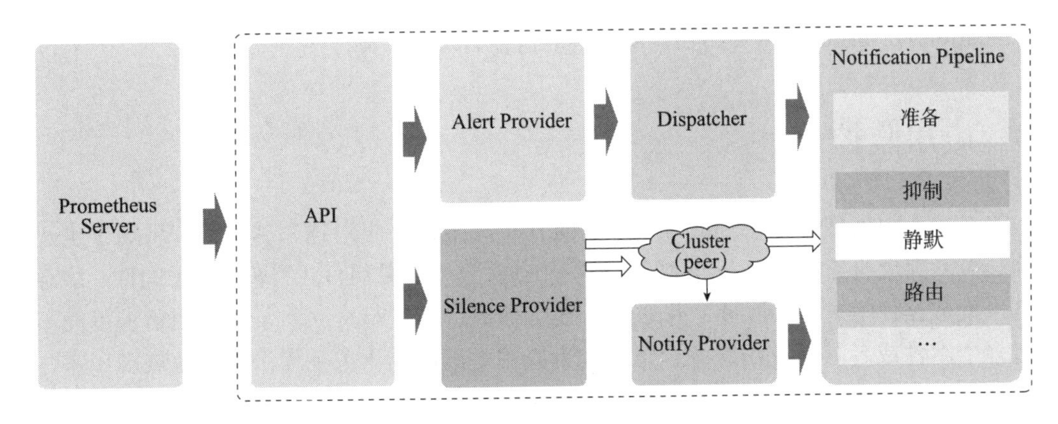

图 6-7　AlertManager 内部组件架构图

AlertManager 主要包含 6 个主要功能组件，分别是 API、Alert Provider、Silence Provider、Dispatcher、Notify Provider 以及 Notification Pipeline。其中主要的功能以及作用如下。

- API：主要负责接收外部的告警数据，作为 AlertManager 内部的数据源，Prometheus Server 的数据主要是通过 Prometheus 配置告警规则并推送到 API 组件。
- Alert Provider：主要负责存储接收到的 API 的数据，供后面的 Dispatcher 组件进行调用。
- Silence Provider：AlertManager 中提供静默功能的核心组件，它负责存储 API 层提供的告警信息，并进行后期的去重逻辑处理。
- Dispatcher：通过订阅的方式从 Alert Provider 获取告警信息，并根据配置的路由数将告警路由到不同的分组中，以实现告警的分组管理。
- Notify Provider：Alert Provider 以及 Silence Provider 组件的下游，也是完成具体通知功能的组件。Slience Provider 通过 Peer 方式与集群中其他节点进行通信，判断告警消息是否已经发送，可避免告警信息重复发送。

AlertManager 基于内部的组件与 Promethues 完成整个告警链路，包括告警消息的产生、处理以及发送。

6.2.4　小结

至此，我们基本可以完成对于企业资源权限的集中化管理，例如主机、中间件、数据库等；同时利用监控体系完成对于企业相应资源的监控，实时（准实时）监控企业相关组件的运行状态，捕获异常场景，并通知相关人员处理等。然而企业必然存在各种各样的应用以保证业务稳定、持续地进行，但是一旦基于企业不同组件的应用出现异常，需要跨组件定位问题时，为了更加准确地定位异常，就需要用到应用层面的全链路监控，即 APM

(Application Performance Manager，应用性能监控管理）工具。

6.3 应用监控

随着技术的发展，基于 Spring Cloud 的分布式架构的应用越来越多，应用场景也逐渐增加。为了满足业务的需求，当前的各种应用往往基于各种组件（例如消息中间件、缓存中间件以及数据库等）提供服务，并通过 API 与外部应用进行交互。一个应用请求可能需要经过多个组件或者其他应用服务，组件或者应用之间的调用关系无法清晰地展现出来，使得一个简单的应用异常定位可能变得极其复杂，这对于具有较为复杂的数据调用的企业是无法承担的后果。故 APM 应运而生。

通过 APM 工具，我们可以快速定位异常请求中具体的瓶颈（数据库连接超时、应用处理缓慢），协助定位原因，进而提供快速解决问题的思路以及方向，极大提高企业运维的能力。

6.3.1 应用链路监控 Pinpoint

Pinpoint 是一个典型的 APM 工具，它可以跟踪大型分布式系统内部应用之间、应用与组件之间的内部通信的概览图。Pinpoint 的监控粒度可以达到代码级别，即可以监控不同应用之间函数级别的调用关系；同时对于代码具有无侵入性，无须修改代码即可完成监控；对于整体性能的影响在 3% 左右，可提供近乎实时的监控能力。Pinpoint 的首页如图 6-8 所示。

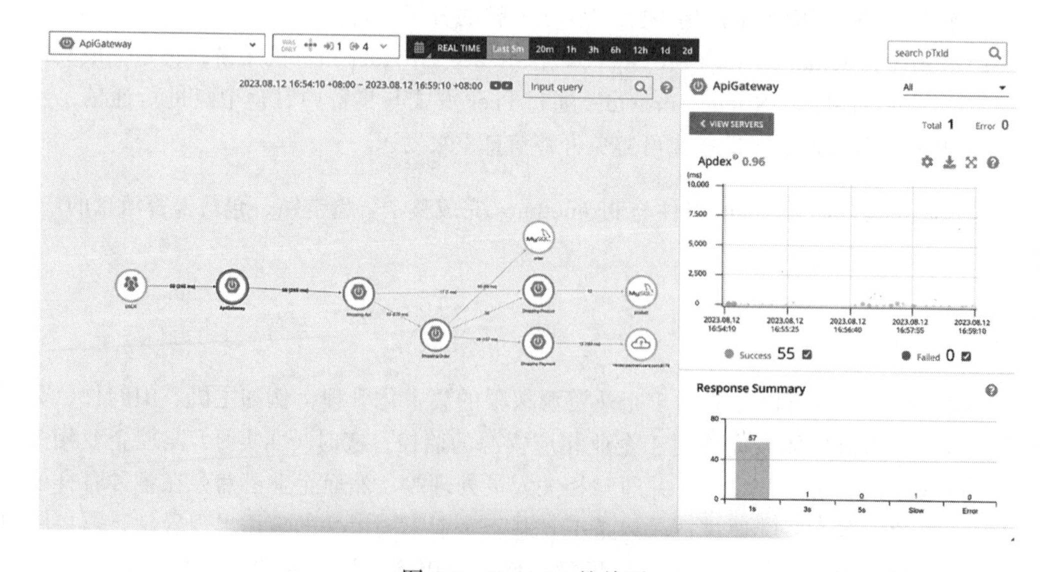

图 6-8 Pinpoint 的首页

6.3.2　原理与组件介绍

从单个应用部署的角度来看，Pinpoint 的部署相对复杂，主要分为 4 个部分：应用服务数据收集模块（Pinpoint Agent）、应用数据收集与转换模块（Pinpoint Collector）、数据存储组件（HBase）以及数据展示模块（Pinpoint Web UI）。Pinpoint 应用架构图如图 6-9 所示。

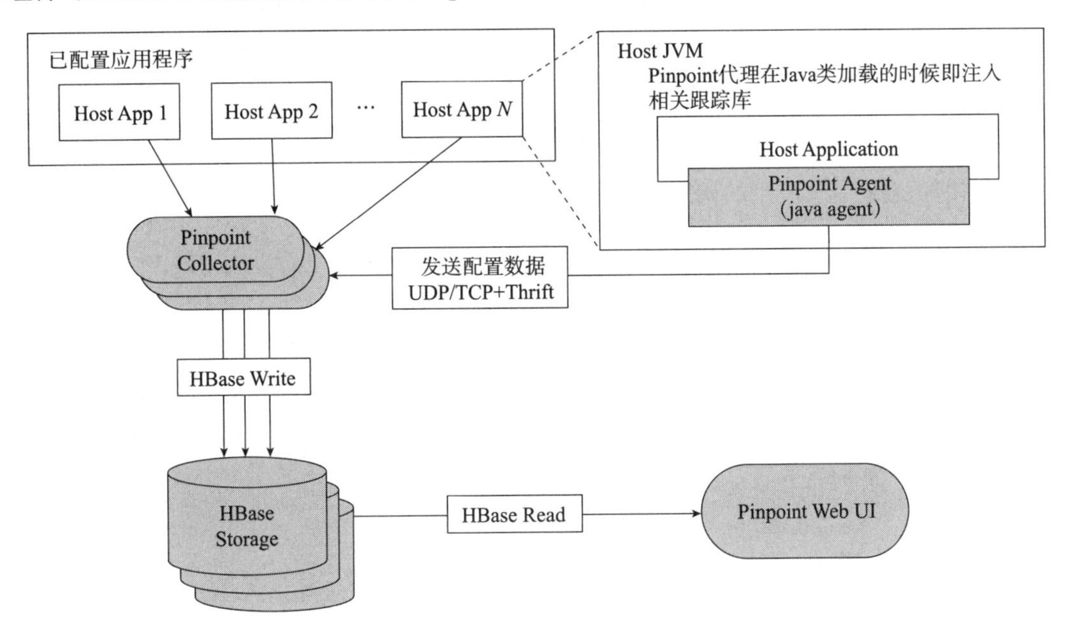

图 6-9　Pinpoint 应用架构图

基于上述架构图，下面更加详细地介绍不同组件的原理以及交互方式。

- Pinpoint Agent：利用动态探针技术来实现无侵入式的调用链采集。它基于 JVM 的 Java Agent 机制来实现核心功能，通过在应用加载 Class 之前修改的字节码，在 Class 的内部添加链路采集逻辑，来实现链路采集功能。

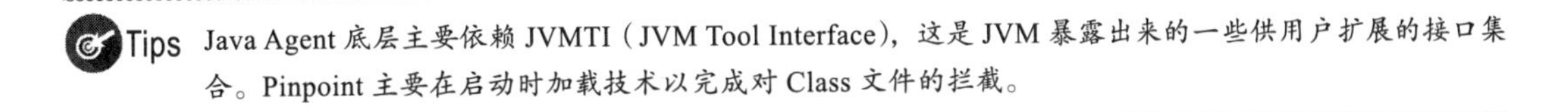

Tips　Java Agent 底层主要依赖 JVMTI（JVM Tool Interface），这是 JVM 暴露出来的一些供用户扩展的接口集合。Pinpoint 主要在启动时加载技术以完成对 Class 文件的拦截。

- Pinpoint Collector：主要负责收集以及处理不同 Pinpoint 收集的数据，并将结果推送到相应的存储（HBase）中。在之前更早的版本里，Pinpoint Collector 以及接下来要介绍的 Pinpoint Web 都是基于 war 包实现的，而现在的版本都是基于 Jar 的可执行文件，不需要额外的 Web 容器，直接通过命令行即可提供服务。
- HBase：Pinpoint 使用的数据存储并不是传统的关系型数据库，而是基于列式存储的 HBase，这对于使用 Pinpoint 的用户来说，由于 HBase 是基于 Hadoop 的，因此在生产环境使用 HBase 时需要部署一套 Hadoop 环境来提供服务。同时 HBase 基于 ZooKeeper 提供注册中心的服务，这个额外的组件也是需要相应部署的。

- Pinpoint Web UI：用来展示存储在 HBase 的数据。它的展示页面主要提供 4 种类型的展示信息，分别是分布式调用组件的服务关系图、实时的活动线程图表、请求与响应的散点图以及具体应用的调用关系图。在前面图 6-8 所示的 Pinpoint 首页中可以看到服务拓扑图、实时的活动线程图表以及请求与响应的散点图的具体展现形式。

对于大多数用户来说，通过选择监控的时间段，选中 Pinpoint Web UI 上的请求与响应的散点图即可看到具体应用的调用关系图，如图 6-10 所示。

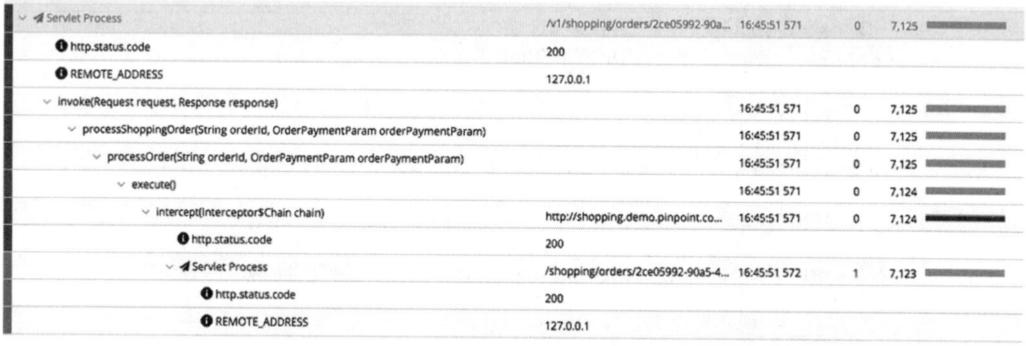

Servlet Process	/v1/shopping/orders/2ce05992-90a...	16:45:51 571	0	7,125
http.status.code	200			
REMOTE_ADDRESS	127.0.0.1			
invoke(Request request, Response response)		16:45:51 571	0	7,125
processShoppingOrder(String orderId, OrderPaymentParam orderPaymentParam)		16:45:51 571	0	7,125
processOrder(String orderId, OrderPaymentParam orderPaymentParam)		16:45:51 571	0	7,125
execute()		16:45:51 571	0	7,124
intercept(Interceptor$Chain chain)	http://shopping.demo.pinpoint.co...	16:45:51 571	0	7,124
http.status.code	200			
Servlet Process	/shopping/orders/2ce05992-90a5-4...	16:45:51 572	1	7,123
http.status.code	200			
REMOTE_ADDRESS	127.0.0.1			

图 6-10 Pinpoint 应用的调用关系图

当应用启动时添加 Pinpoint Agent 参数，即可在界面上监控到应用组件之间的调用关系。然而在实际使用 Pinpoint 的过程中经常会出现一些应用请求未被监控等问题，这些问题的产生往往是由在部署应用时忽略了某些参数而导致的。

6.3.3 最佳实践

通过上述介绍，我们大体可以了解到 Pinpoint 的工作原理：Pinpoint Agent 收集到数据后，传输给 Pinpoint Collector 中并存储到 HBase，由 Pinpoint Web UI 基于 HBase 的数据进行可视化展示。上述流程中有几个关键问题需要注意，分别是数据采集、数据传输、数据存储和数据展示。

1. 数据采集

应用监控主要可能存在两方面的问题：高可用场景下如何监控存储在同一应用的多个实例；被监控应用数据丢失的问题，即只能查看到部分请求的数据。

（1）高可用场景下如何监控同一应用的多个实例

如下是一个典型的Pinpoint监控应用的启动命令，被监控的应用名称为：MyDemoApplication.jar。

```
$ java -jar -javaagent:pinpoint-agent-2.2.1/pinpoint-bootstrap.jar  ①
 -Dpinpoint.agentId=test-agent-1  ②
 -Dpinpoint.applicationName=DemoApp  ③
MyDemoApplication.jar
```

①中的javaagent参数引用的pinpoint-agent是相对路径，这要求MyDemoApplication.jar与pinpoint-agent-2.2.1在同一个目录下，否则建议使用绝对路径，对应的形式为：-javaagent:/**PATH**/pinpoint-agent-2.2.1/pinpoint-bootstrap.jar。

②中的pinpoint.agentId可以理解为标识符，需要全局唯一，标识具体的pinpoint-agent的应用ID。

③中的pinpoint.applicationName代表被监控的应用名称，也是在Pinpoint Web首页展示的应用名称。所以，对于高可用场景下同一应用存在多个实例的情况，建议：**pinpoint.applicationName一样，但是pinpoint.agentId不统一。**

（2）被监控应用数据采集丢失的问题

利用Pinpoint采集应用数据时存在一个采集率的概念，即每100个请求采集多少条数据发送到Pinpoint Collector。这是一个Agent端的参数，即需要在Pinpoint Agent端进行配置，其对应的位置为pinpoint-agent-2.2.1/pinpoint.config。

```
profiler.sampling.enable=true  ①
profiler.sampling.rate=N  ②
```

其中①中的profiler.sampling.enable为系统是否采样的开关，默认为True；②中的参数profiler.sampling.rate代表系统采集率，即*N*个事务（请求）Agent会跟踪一条记录。*N*的取值为1～100，1代表每个请求都会被采集，100代表100个请求才会采集1个。这个值的设置会直接决定应用的采集率，如果*N*不是1，则系统不会采集应用的所有请求数据。

对于刚上线或者相对不太稳定的系统，从定位问题的角度来看，*N*可以设置相对小点（5～20）。对于相对稳定的系统，*N*可以酌情设置大点（30～60）。因为数据的采集需要占用网络以及数据存储的资源，具体的参数值需要根据应用的特点以及TPS进行确认。

2. 数据传输

Pinpoint为保证数据的正常传输，需要确保整个网络链路畅通，故Pinpoint提供了网络测试脚本，通过执行脚本即可了解整个链路的畅通性。

```
$cd pinpoint-agent-2.2.1-SNAPSHOT/script
$sh networktest.sh
```

查看具体结果，全部为Success则表示链路畅通：

```
UDP-STAT:// localhost
    => 127.0.0.1:9995 [SUCCESS]
    => 0:0:0:0:0:0:0:1:9995 [SUCCESS]
UDP-SPAN:// localhost
    => 127.0.0.1:9996 [SUCCESS]
    => 0:0:0:0:0:0:0:1:9996 [SUCCESS]
TCP:// localhost
    => 127.0.0.1:9994 [SUCCESS]
    => 0:0:0:0:0:0:0:1:9994 [SUCCESS]
```

3. 数据存储

PinPoint 是利用 HBase 进行数据存储，默认存储数据 1 年之后自动删除（TTL Expire Default 1 Year）。理论上 HBase 的存储空间可以通过新增 Region 进行拓展。但是在实际情况中可能存在各种各样的原因需要对一些应用进行清理，此时可以利用 Pinpoint Web 提供的 admin 功能进行删除。

- 删除指定应用数据

```
http:/Pinpoint_Web_URL/admin/removeApplicationName.pinpoint?applicationName=$APP
LICATION_NAME&password=$PASSWORD
```

- 删除指定 Agent 数据

```
http:/Pinpoint_Web_URL/admin/removeAgentId.pinpoint?applicationName=$APPLICATI
ON_NAME&agentId=$AGENT_ID&password=$PASSWORD
```

其中 $PASSWORD 为 Pinpoint Collector 中配置的 collector.admin.password 值。

4. 数据展示

Pinpoint Web 负责页面展示，提供实时监控功能，可以实时查看应用请求分布以及统计数量。我们在使用 Pinpoint 时需要注意的是，Pinpoint Web 的散点图以及请求统计的时间粒度是不一样的，前者的展示粒度是秒，而后者是分钟，这会导致查询指定时间段的散点图与统计的总数不匹配的情况。

例如查询 11:00:00—11:10:45 这段时间的请求情况，散点图查询的实际周期为 11:00:00—11:10:45，但是统计查询的实际周期为 11:00:00—11:10:59，多了 14s 左右的时间。理论上最大偏差也是 59s 左右。

6.3.4 小结

利用 Pinpoint 实现对于服务链路的监控，当某个应用出现问题时，可以迅速协助定位到具体出现问题的位置（函数），这无疑可以节省大量的时间。但是当想要更加深入定位问题的原因时，往往需要日志的支持，这个时候就需要一个日志中心，将散布在不同服务之间的应用日志进行集中化收集并展示，即接下来要介绍的 ELK 集中化日志解决方案。

6.4　日志监控

任何组件或者服务的运行都会产生日志，企业内部系统的运行也会产生各种各样的日志。传统的查看日志的方式往往是登录服务器后查看。但是一旦服务器数量或者组件等数量级远超人工可以查看的程度，传统查看日志的方式将不再适用。因为应用数量繁多且分布在不同的服务器中，应用之间的调用关系成复杂的网状，并且由于高可用或者负载均衡的技术，不同请求会经过不同的应用。虽然可以使用 APM 工具辅助进行初步的过滤，但是日志查询仍然是一个繁琐且复杂的工作。那么关于日志的归档、查看、搜索就变得更加重要，构建一套集中式日志系统，可以进一步提高问题定位的效率。这里介绍一种日志收集与展示的解决方案——ELK（Elasticsearch + Logstash + Kibana）。

6.4.1　ELK

ELK 由 Elasticsearch、Logstash 以及 Kibana 这三个组件构成，作用分别是日志存储、日志收集以及日志展示。

Tips　如果按照日志流顺序应该是 LEK，可能因为方案是由 Elastic 公司主导的，所以 E 的顺序在第一位。

Logstash 从名字上就可以看出，主要负责日志的收集工作，当然也包括日志的分析以及过滤工作。Logstash 是一种 C/S 架构的应用组件，需要在客户端安装相应的组件（与 Pinpoint 类似，不过 Pinpoint Agent 是伴随应用注入的，而 Logstash 是一个单独的服务），服务端负责将不同节点的数据收集整合之后存储到 Elasticsearch（下文简称 ES）中。

ES 负责日志数据的存储工作，它提供灵活的数据查询功能，并支持文本搜索（因为它内嵌了文本分词器，可以进行文本搜索）。ES 的数据存储的主要格式为 JSON，属于半结构化数据恰好匹配日志的数据类型。

Kibana 是一个日志可视化展示工具，可以很方便地将日志数据转换为图表，提供可视化数据支持。

关于上述三者的部署以及介绍，相关内容极其繁多，这里不再进行更加详细的描述。接下来主要从架构的角度来介绍 ELK 架构的变更以及新的组件——Filebeat。

6.4.2　直连式日志收集架构

将 Logstash 部署到应用端，然后通过服务端数据写入 ES，并接入 Kibana 之后即可完成整体的日志监控链路。这种实现方案的主要好处是 Logstash 通过 HTTP 的方式直接写入 ES 中，不需要额外的处理。ELK 直连架构如图 6-11 所示。

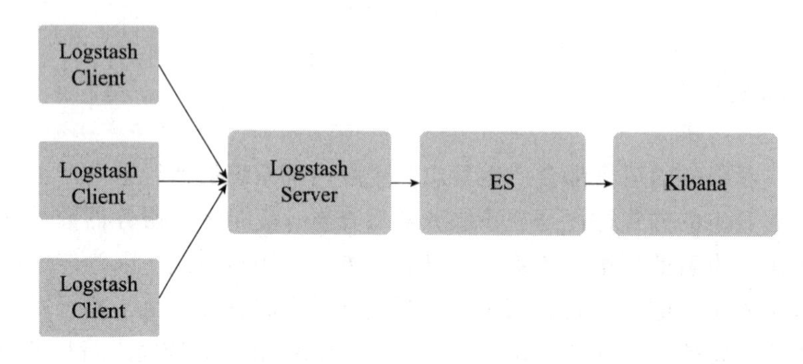

图 6-11 ELK 直连架构

此外，日志收集过程中需要对部分日志进行过滤，但是 Logstash 的日志过滤基本上都是在应用端完成，这会导致应用端的资源消耗，当日志并发量较大的时候，可能会影响应用端的性能。同时由于 Logstash 通过直连的方式与 ES 通信，因此并发量较大的时候也会导致 ES 出现问题。

Logstash 是基于 JRuby 语言编写的，需要运行在 JIVM 环境中。

为了保障整体日志收集整体稳定性，我们需要从两个方面入手：一是降低应用端日志性能的消耗；二是降低整体日志传输的并发，即削峰。利用新的应用组件 Filebeat 以及消息中间件，构建新的架构则可以解决上述问题。

6.4.3 高并发日志收集架构

Logstash 与 Filebeat 都具有日志收集功能，不过相比基于 Java 开发的 Logstash，Filebeat 是基于 Go 语言开发的，更加轻量，且占用资源更少，但是 Logstash 具有日志过滤功能，可以根据要求过滤部分日志数据。所以结合两者的长处 Filebeat 被用作日志收集的前置的角色被新增到架构中，而 Logstash 作为后续的日志处理。

Filebeat 的前身是 Logstash-forward。为了降低 Logstash 的资源消耗，它的作者 Jordan Sissel 利用 Go 语言开发了 Logstash-forward 项目，加入 Elastic 公司后，Logstash-forward 项目开发工作被并入 Filebeat 项目组。

虽然 Filebeat 可以降低日志收集过程中的资源消耗，但是当日志量较大时，系统整体并发较高，仍会影响整体架构的稳定性。所以支持高并发的消息中间件 Kafka（其他中间件也可以）被引入架构中。Filebeat 作为日志收集的前置应用并不与 Logstash 直接通信，而是将数据写入消息中间件，由 Logstash 直接读取 Kafka 中的数据进行消费，然后写入 ES 中进行后续的存储以及展示。

ELK 升级版架构如图 6-12 所示，其中不同组件可以按照需求进行分布式或者高可用部署，不在架构图中体现。

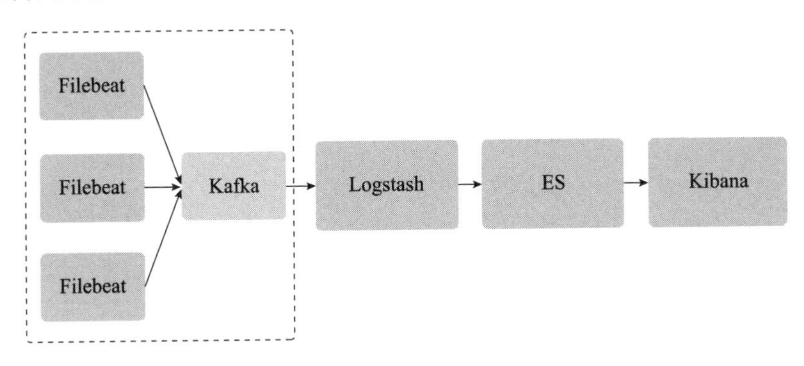

图 6-12　ELK 升级版架构（高并发）

基于该架构基本可以保证企业级别的日志监控体系在高并发下仍然具有较高的稳定性，然而更稳定的背后是更多的运维或者维护工作，这依赖于企业当前资源以及应用的具体情况。没有一步到位的架构，同样也没有最好的架构，只有更适合企业的架构。

6.5　总结

通过本章的内容，我们理论上已经可以构建一套完整的企业数据架构的辅助体系，从资源管理、资源与组件监控、应用监控以及日志监控这四个方面保障企业资源的权限安全、资源与组件的稳定性、应用异常快速定位以及日志集中化管理，使得企业应用稳定的运行。

结合第 4 章和第 5 章的内容，从技术层面来看，一套完整数据架构的企业技术框架已经初见雏形。然而企业数据架构的意义远不止于此，在接下来的章节里面，让我们一起丰富框架的内容，真正构建一个完整的企业数据体系。

第三部分 Part 3

数据架构模型实践

在前面的内容中，我们从技术以及数据层面介绍企业数据架构的内涵，并从数据流、技术架构以及辅助组件等多个方面系统地阐述了企业数据架构落地的技术组件以及相应的框架。

然而对于一个企业来说，单纯依赖技术架构并不能构建一个完整的企业数据架构。因为技术只是实现数据架构的载体，数据架构的内涵需要填充到技术架构中才能构建成一个完整的企业数据平台。此外技术一直迭代升级，各种概念此起彼伏，而企业数据架构的内涵并不会随着技术的迭代升级而发生更大的变化，有时候它的地位反而更加凸显。

企业数据架构的内涵主要以数据模型、元数据、数据标准、数据质量以及数据分布和集成为基础，在大数据时代逐步衍生出数据资产（目录）、数据治理等课题。企业数据平台就是基于上述内容衍生出了企业整体的数据架构。

本部分将深入解析数据架构模型实践，从企业数据区开始解剖企业数据架构，进而衍生出数据架构中的模型实践，帮助读者更加深入地了解企业数据建模。

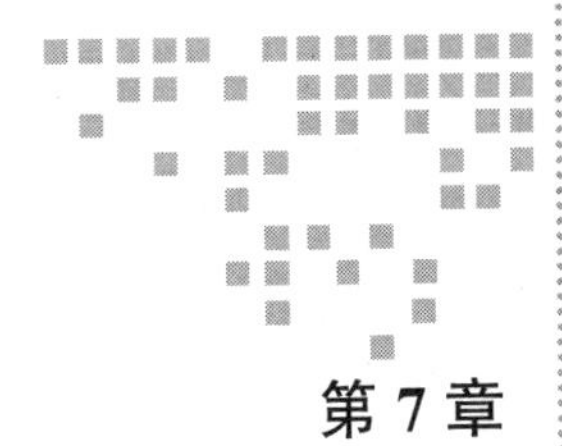

第 7 章 Chapter 7

企业数据区与数据流向

不同的企业可能有不同的业务形态以及不同的应用系统。不同类型的数据在不同的系统之间流转，满足企业运营的需求，同时构建一幅复杂的企业数据流向图。虽然不同企业的数据流向有着不同的形态，然而透过现象看本质，从企业数据特点来看，绝大多数企业的数据区可以分为四种类型，分别是操作型数据区、集成型数据区、分析型数据区以及历史数据区。不同的数据区有着不同的作用以及特点，这四个数据区之间的数据流转构建出完整的企业数据流向。

在上述四类数据区中，集成型数据区是数据架构的核心，因为它主要承载着企业数据中心的角色，用于打破企业数据孤岛，提炼企业数据共性，桥接不同企业系统之间的数据流转。本章将会对数据集成区的组成进行讲解，讲述该区域内部数据流转的特点，同时介绍其背后的方法论。

期望通过本章的学习，读者对企业数据架构的内涵以及核心有更深刻的理解，为后续的学习打下基础。

7.1 数据区概述

数据仓库萌发在 20 世纪 80 年代中后期，在此之前企业的应用系统主要是以支持企业具体业务运营为主，例如对于一家零售公司，它可能主要具有订单系统、客户系统以及库存系统等。这些应用系统在支持企业运营的过程中逐渐产生大量的应用数据，并分散存储在不同的位置，彼此之间数据并未共享，我们将这种类型的系统称作操作型系统，它的底层数据被称作“操作型数据区”，也是后来我们经常提到的“系统烟囱化”“数据 / 信息孤岛”

的主要源头。

随着企业业务的逐步发展，单纯的操作型系统已经无法满足企业的业务需求。这是由于企业积累了大量业务相关数据，这些数据反映了企业的业务特点以及运营状态，然而由于数据分散在不同的应用系统中，缺乏集中的存储，因此不能直接为企业利用，为业务运营和决策分析提供数据支持。

进入20世纪90年代初期，William H.Inmon在他的著作*Building the Data Warehouse*中提出了“数据仓库”的概念。数据仓库是从原始的分散的应用系统抽取而来的，不同于传统的操作型系统，它是面向主题而进行组织的，其中主题是指在构建数据仓库时，代表企业业务运营中的核心领域的对象，例如银行里面的产品、协议等。数据仓库将企业数据集中化存储并处理，构成企业的“集成型数据区”，满足后续企业的BI分析、智能决策等数据需求。

现在大多数企业都具有统一的报表平台（无论自建还是采购），这部分数据是数据集成区加工处理之后的结果，支持企业相关的分析是数据的主要作用。此外，对于一些金融行业的企业来说，面对监管的要求，企业需要定期地进行监管报送或者风险管理等，这部分主要涉及企业的“分析型数据区”。这部分数据的特点是需要按照应用主题对集成型数据区的数据进行汇总加工、数据挖掘以及可视化展示等。

这里的应用主题并不是特指企业内部的业务上的应用，也包括一些监管报送的要求，例如银行的1104、客户风险、EAST等。

从数据运用场景来看，企业的数据区主要分为上述的3类，即操作型数据区、集成型数据区以及分析型数据区。然而不同数据区都有固有的生命周期及时效性，考虑到这3类数据区会产生各种各样的历史数据，所以企业会构建“历史数据区”来存储上述3类数据区的历史数据，以满足企业历史数据的查询以及可能存在的数据审计的需求。

至此，我们可以简单地构建这4类数据区之间的数据流向关系图，操作型数据区作为数据源，将数据发送到集成型数据区，数据经过处理后流向分析型数据区，同时这3类数据区的数据均可流向历史数据区，如图7-1所示。

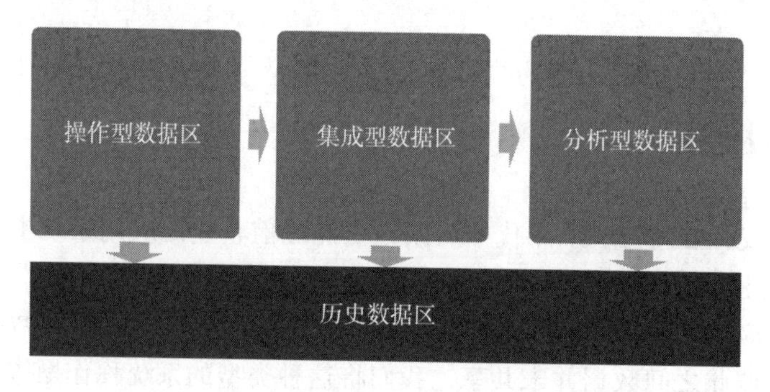

图7-1 4类数据区之间的数据流向关系图

接下来我们针对这 4 类数据区的构成以及它们之间的相互关系进行更加详细的介绍。

7.2 数据区详解

前面提到，不同的数据区可以满足企业不同场景下的业务需求，下面分别详细介绍它们各自的特点。

7.2.1 操作型数据区

操作型数据区主要是由以 OLTP 为主的操作型系统构成的，用于满足企业各个环节业务的正常运营需求。它与我们日常的生活最为相关。例如当我们登录购物网站的时候，购物下单的系统就是一个典型的操作型系统；再如我们去银行柜台或者使用网银办理相关业务的系统。操作型数据区内的系统构成企业核心业务流程，并且大多数都与用户直接交互，并且需要实时响应。

由于这个区域的系统主要是以关系型数据库为主，因此对于系统的及时性有着较高的要求。它直接关系着操作者（很可能是企业的用户或者潜在用户）的使用体验。试想一下，如果用户付款的时候需要等待 10s 以上才能完成，大概率会让人抓狂。

此外，操作型数据区的数据流向是相对混乱且无序的状态，因为这个区域中的应用系统地位相对平等，系统之间很难有统一的数据接口规范或者报文格式，这就造成系统间的数据调用或者数据交互相对多样性，形成该区域所特有的网状的点对点交互的特点。如图 7-2 所示，这是一个典型的电商系统调用关系图。

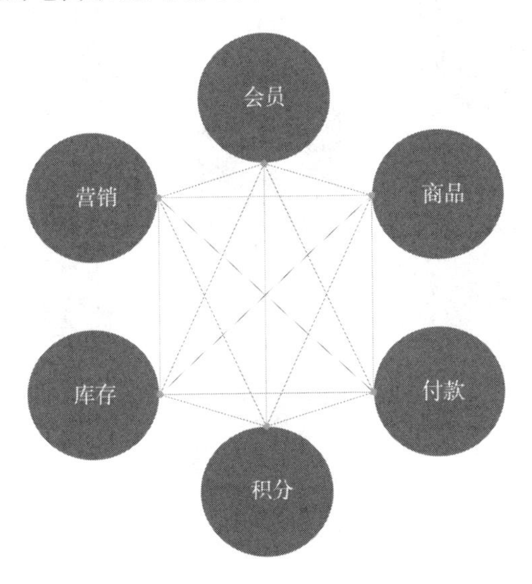

图 7-2 一个典型的电商系统调用关系图（简化图）

系统之间点对点的交互实现了应用之间快速的通信，对于其他应用系统影响较少。应用系统的建设往往受业务需求驱动。总的来看，操作型数据区的系统缺少对数据（功能）层面共性的提炼，导致不同应用之间存在数据（功能）层面的冗余，例如营销活动需要使用商品数据，会单独存储或者维护商品相关信息，积分功能需要对不同商品进行积分编排，也需要存储或者维护商品相关的信息，导致资源浪费，以及数据在不同系统之间的不完备性。例如某个类型的商品上 / 下架时，未及时通知到营销系统，可能会导致不可销售的商品流入营销体系中，造成严重的商业问题。

为了避免类似的问题出现，提炼不同系统之间数据需求的共性，我们将不同系统的核心数据归集，构建出企业的集成型数据区。

7.2.2 集成型数据区

集成型数据区本质上是企业随着业务逐步发展的必然产物，企业自上而下，从实际的业务出发，提炼不同系统之间的数据共性，构建集成的数据区域，从而减少不同系统之间无序或难以管理的数据链路关系。如图 7-3 所示，这是一个典型的以集成型数据区为中心的跨系统数据交互关系图。

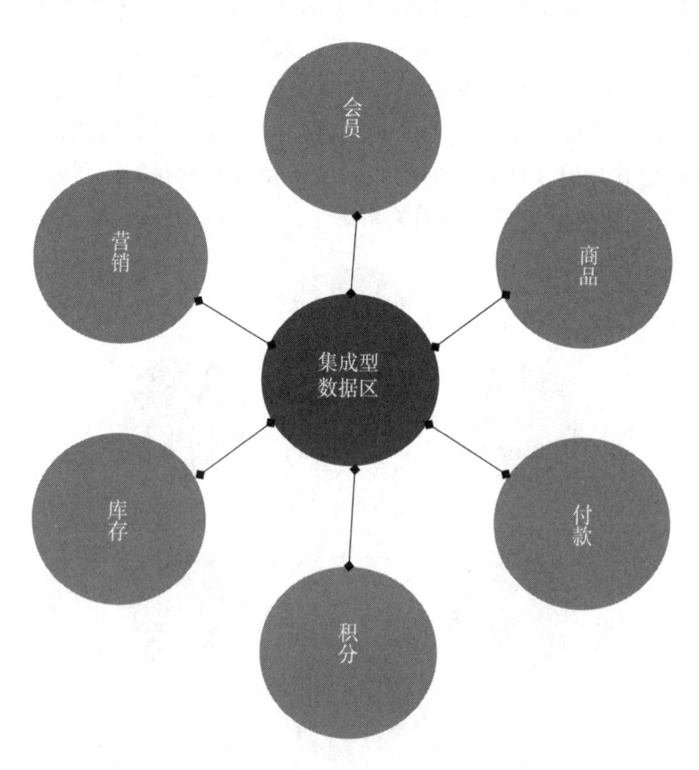

图 7-3 以集成型数据区为中心的跨系统数据交互关系

集成型数据区将不同的应用系统作为数据源，抽取相关数据并进行集中处理等。不同的应用系统由于自身的应用特点，可能存在针对相同业务含义，有着不同的定义的情况。例如 A 系统将男女的枚举值定义为 1、2，B 系统则定义为 Male、Female，那么集成型数据区就需要统一数据口径，消除不同数据源之间的不一致性，以保证企业级别的数据一致性信息。

与操作型数据区不同，数据进入集成型数据区之后，一般来说都会在数据生命周期内被长期地保留下来，并主要以查询为主，不会涉及数据的修改或者删除，相对稳定。数据按照它的特点进行定时的更新（ETL）以满足下游的数据需求。

因此集成型数据区往往包含历史信息，记录企业从集成区构建完成到不同阶段的信息。通过这些信息，我们可以对企业的发展以及未来进行一定的分析或者预测，进而支持后续的 BI 应用或者数据挖掘等。

将上面的内容总结下来，集成型数据区的特点就是面向主题的（Subject-oriented）、集成的（Integrated）、相对稳定的（Non-volatile）、反映历史变化的（Time-variant）数据集合，用于支持管理决策（Decision-making Support），这其实也是数据仓库之父 William H. Inmon 在 *Building the Data Warehouse* 一书中关于数据仓库的定义。

这里并没有直接将数据仓库等同于集成型数据区。因为在不同的阶段或者时代，集成型数据区的构成会发生变化。正如在 5.1 节提到的从传统的数据仓库到传统的大数据仓库架构，以及 Lambda 或者 Kappa 架构等变化的核心所发生的区域都是集成型数据区。

集成型数据区承载企业数据流转以及运用的核心，特别是进入大数据时代，企业的数据以 TB 或者 PB 级别进行产生或者存储，那么集成型数据区的建设必然是一项繁杂浩大的工程。但是令人惊喜的是，虽然在集成不同源系统的数据时所采用的技术发生了变化，但是集成型数据区最核心的部分——数据分层以及数据建模背后的方法论并没有发生很大的改变，这是本部分的核心内容之一，也是企业数据架构的核心之一。

数据集成之后的主要目标是提高企业对于数据的利用率，而分析型数据区是集成型数据区的重要运用之一。

7.2.3　分析型数据区

分析型数据区主要是利用集成型数据区的汇总数据，按照不同的应用（业务）主题对数据进行更高粒度的汇总加工、挖掘以及可视化等。最典型的应用一般为统一报表平台、管理驾驶舱、数据决策支持平台以及相关的监管报送平台等。

从数据属性的角度来看，分析型数据区的数据往往都是汇总、聚合类数据，用以满足企业的分析类需求。在这个区域内的数据往往都是以反范式类型数据模型为主、以星型结构、宽表等形式存储为主。

从数据流向的角度来看，分析型数据区的数据来自集成型数据区，而集成区域必然有一份逻辑层级或者区域负责此类数据的生成，并通过数据传输或者分发工具将数据提供给分析型数据区。

从数据存储的角度来看，分析型数据区属于分析型应用管理系统，它主要包括两种类型的数据：一种是来自集成区的分析类数据；另一种是支持应用管理系统运行的相关元数据信息，例如权限等。这两部分数据可以采用统一的数据库进行存储，也可以分别采用不同的数据库进行存储，例如前者利用偏分析型的数据库进行存储，后者利用传统的关系型数据库进行存储。数据权限与数据源的映射在应用层面进行管理。分析型数据区应用的数据流向关系如图 7-4 所示。

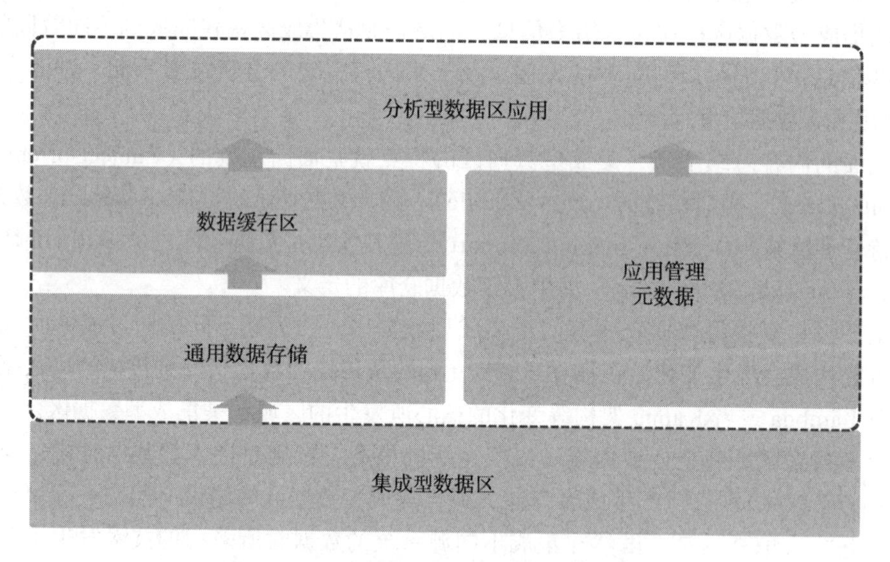

图 7-4 分析型数据区应用的数据流向关系

面向不同应用特点的开源软件层出不穷，此类平台的技术选项相当多，例如对聚合天然友好的列式存储 ClickHouse 或者分析型数据库 GreenPlum 都在不同的应用场景下起着很重要的作用。

Tips 在分析型数据区不同组件的引入可能会带来更多的数据同步工作量，并且也需要考虑数据一致性的问题。

7.2.4 历史数据区

在之前的内容中我们提到，企业的数据是有一定生命周期的，有些数据可能对于当前企业的业务运营或者应用需求已经没有直接的价值，但由于一些监管或者审计的要求无法被直接物理删除，那么就需要对这些数据进行归档存储，这也是历史数据区的由来。

该区域的数据存储涉及两个关键点：数据生命周期规范的制定，因为数据生命周期决定什么数据在什么时间点进入该区域以及什么时候真正被物理删除；不同类型数据的存储方式，即不同类型的数据采用什么样的方式进行存储。

Tips　这里要区分应用系统的备份与历史数据区的数据归档，前者是应用层面的数据冗余，与数据生命周期本身并无关系，是一种技术手段。

同时三种不同类型的数据区域，由于其不同的数据特点往往采用的历史数据备份的方式也不尽相同。但是，从数据的类型来看总体可以分为两种不同的方式。

- 对于结构化数据，可以通过历史拉链算法存储到关系型数据库（或者类似的支持结构化数据查询的数据库）的数据存储中。
- 对于半结构或者结构化数据，可以通过类似磁盘（例如基于HDFS的数据存储）的方式进行存储，同时构建该文件的索引以及相关信息，并存储到关系型数据库中进行查询。

历史数据区主要承担上述三个区域的数据归档保存的角色，为用户提供历史数据查询的功能，例如历史交易明细数据查询等。因此为了支持更快的查询速度，历史数据区对于数据的索引能力有着更高的要求。同时由于该区域主要的应用场景是查询，并不会涉及数据的修改等操作，所以历史数据区可以基于不同的存储技术或者数据特点进行合理的压缩存储。

7.3　企业数据流向

任何企业的数据流向都相当复杂，如果直接深入细节，往往会让自身迷失在复杂的关系中。通过对数据区域的了解，我们对于企业数据架构的层次有了更加清晰的认识，明白了不同数据区域的特点以及宏观上的数据流向关系，接下来让我们深入了解不同区域中的数据流向，描绘更加细致的企业数据流向图。

7.3.1　操作型数据区数据流向

操作型数据区主要是针对OLTP型系统的数据存储，由于是实时的应用系统，为了满足其业务流程，它需要在特定时间提供最新的、不同功能或者流程之间的数据。为此不同应用系统需要构建相对及时的数据调用关系。然而由于应用系统建设及迭代具有先后顺序，导致在OLTP型系统中的数据之间的调用并非完全是基于消息中间件或者API等实时的形式进行交互，因此最终操作型数据区应用系统的数据流向关系如图7-5所示。

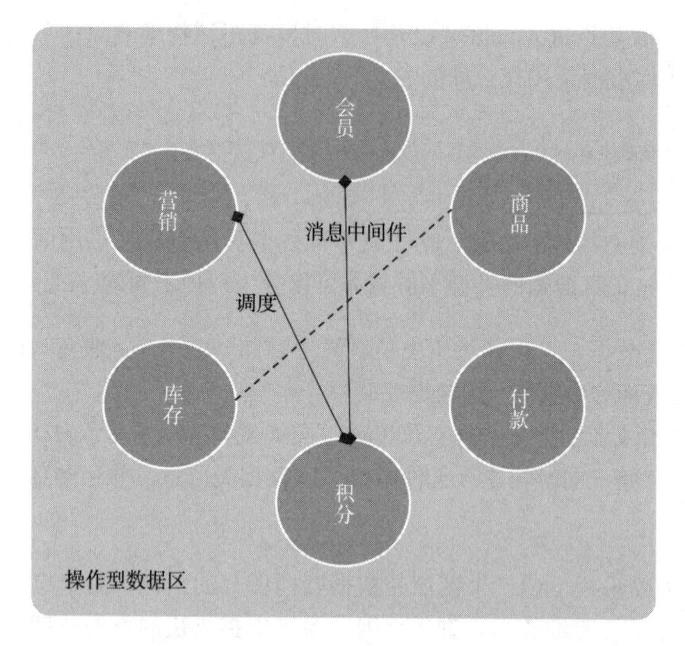

图 7-5 操作型数据区应用系统的数据流向关系

随着企业应用的发展，操作型系统之间也存在实时层面的数据共享关系。这种数据共享技术并不是基于传统的数据调度，而是利用消息中间件或者实时的数据抽取技术以 API 的形式提供标准的统一数据服务。这部分内容在数据湖（数据中台）时代逐步被替代，本质上数据湖上的数据服务雏形也与后面的数据治理内容具有一定的关联性。这部分将在后面的内容进行介绍。

7.3.2 集成型数据区数据流向

前面已经提到集成型数据区的数据来源于不同的应用系统，不同的应用系统具有不同的数据特点（例如应用模型设计、维度信息等）。对于集成型数据区，我们需要解决两个问题。

- 数据维度规范，将不同应用系统之间的维度信息规范化，类似统一度量衡的操作，即对不同系统中关于相同事物的维度描述进行企业级别的统一，以满足后续应用需求。
- 数据区域隔离，集成型数据区主要负责从不同应用系统（操作型数据区）抽取数据后进行集中化管理的操作。基于集成型数据区的应用，大多数是以数据查询为主，不进行数据更新的操作。由于企业业务的进行，操作型数据区的数据实时发生变化，因此对于集成型数据区来说，需要通过设计相应的逻辑层来隔离源系统数据更新带来的影响。

同时由于集成型数据区是面向主题的，并且支撑分析型数据区的数据需求，因此对于集成型数据区来说，需要将不同数据源的数据规范化后进行各种类型的统计以及聚合等操作，按照不同的粒度计算各种指标。

不同的分析型系统有着不同的数据粒度要求，例如有的需要按照月度进行汇总、有的需要按照季度或者年度进行汇总，那么从计算效率以及资源复用的角度来看，集成型数据区可以计算出月粒度的指标，然后支撑不同的分析型系统（如将数据按季度、年度进行一定的汇总操作）。

集成型数据区整合不同数据源数据，用来满足各种下游数据需求，也需要相应的逻辑层进行数据的隔离，来满足下游应用系统数据的扩展性以及个性化需求。

为此我们可以勾勒出集成型数据区的数据流向关系，如图 7-6 所示。

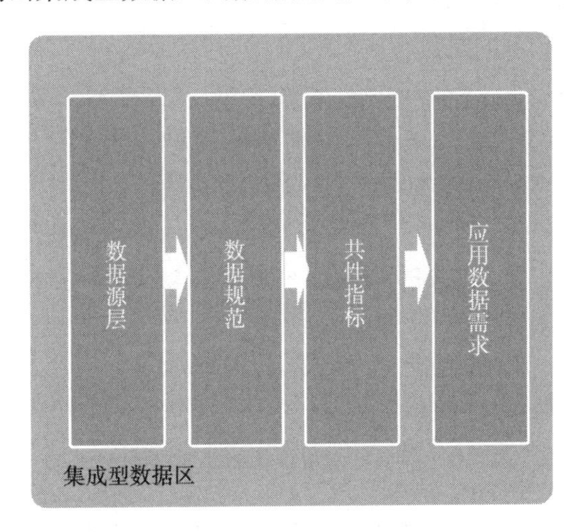

图 7-6　集成型数据区的数据流向关系

图 7-6 只是从功能上对集成型数据区进行拆分以及命名，在实际的集成型数据区中每个层级都有专有的名称，在接下来的内容会介绍。

7.3.3　分析型数据区数据流向

分析型数据区内部的数据流向相对简单，因为它主要是对集成型数据区数据的运用。分析型数据区的系统不同于一般的操作型系统，主要是偏分析的应用型系统。并且在不同的分析型数据区的应用往往不会出现类似操作型数据区内部应用系统之间的数据依赖关系。

不过，因为涉及数据的跨区流动，即从集成型数据区到分析型数据区，对于分析型数据区的应用来说，在应用的层面依然会创建对应的接口表来存放集成型数据区推送或者抽取的数据。

通过将接口表的数据进行一定的处理后加载到具体的应用表中，让应用系统进行调用。

这样做的目的是隔离应用系统的数据风险，例如因上游应用的数据及时性或者准确性变化而导致接口表数据错误，如果应用系统直接使用则会导致业务风险。例如接口表某日出现指标异常，数据需要重新计算，如果直接使用接口表会涉及数据全部清除的问题，进而导致分析系统出现某个阶段不可用的问题。但是利用业务表则可以将这部分指标进行屏蔽，换句话说，业务表可以阻隔该风险。总的来看，分析型数据区内部数据流向关系如图 7-7 所示。

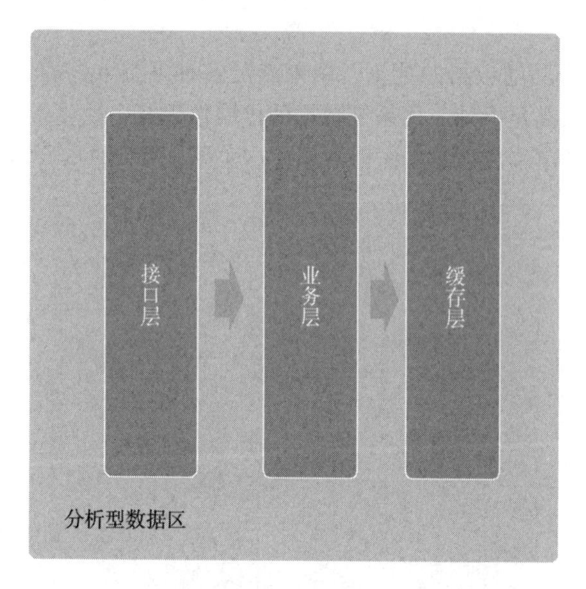

图 7-7 分析型数据区内部数据流向关系

同时上面也提到，现阶段存在某些企业要求应用系统性能提升的情况，因此各种缓存中间件被运用到该区域中。不同中间件的引入也会导致数据层级的变化。

有些读者可能会有疑问，为什么不直接将接口表数据同步到缓存中呢？这主要是因为缓存往往是利用内存进行数据的存储，对于企业来说成本相对较大，且缓存带来的数据持久化可能存在一定问题。

7.3.4 历史数据区数据流向

历史数据区主要是针对不同区域的数据进行归档并提供查询等功能，用来满足审计或者历史查询等需求。这里需要注意的是不同的企业对数据归档的要求可能不同。

不同区域的数据达到数据生命周期之后按照不同的数据类型进行归档，存储到历史数据区。这个区域复杂的并不是数据归档的技术，而是数据归档之后的管理工作。因为该区域接收不同区域、不同类型的数据并且需要提供查询功能，所以最终形成的历史数据区的数据流向关系如图 7-8 所示。

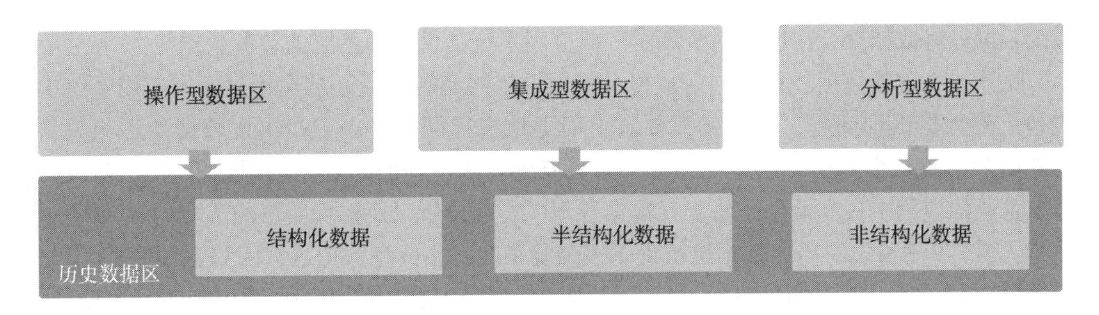

图 7-8　历史数据区的数据流向关系

进入大数据时代后，基于普通硬件的 HDFS 成为该区域相对简单的应用，例如将结构化数据存储到 HDFS 并在 Hive 上映射相关数据表；同时将非结构化数据存储到 HDFS 或者 HBase 中，并将数据等关键要素存储到关系型数据库中，提供查询功能。

7.4　企业数据分层

企业数据分层是由组成企业不同数据区域的内部层级构成的，我们将上述不同区域内部的层级聚合在一起大体可以构建出一幅企业级别的数据层级关系图，如图 7-9 所示。

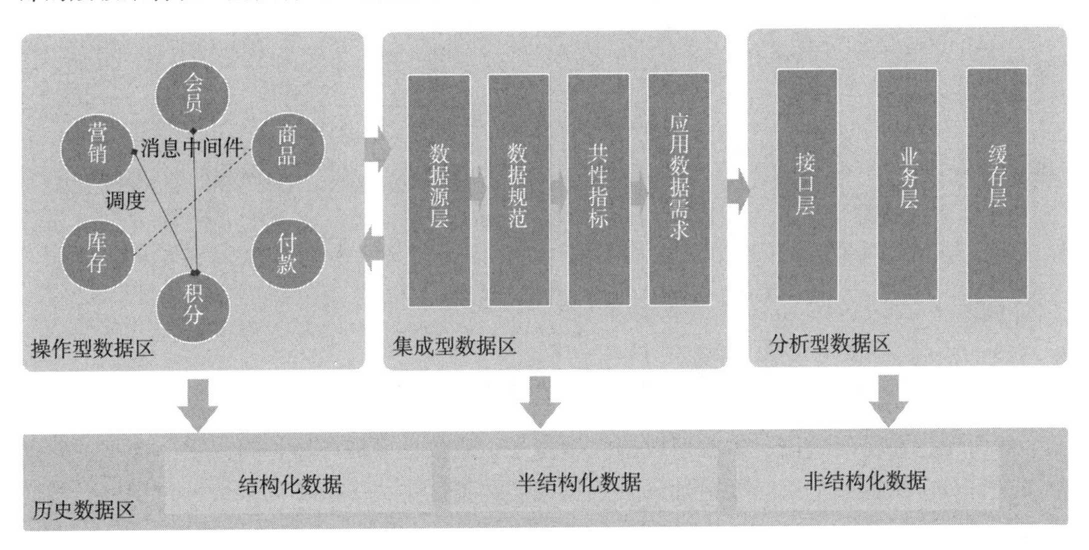

图 7-9　企业级别的数据层级关系图

从图 7-9 可以看出操作型数据区属于企业数据流向的最前端（左上方），提供后续区域的数据处理以及运用。然而需要注意的是，在操作型数据区与集成型数据区之间数据的流动是相互的，因为集成型数据区可以将不同系统的数据整合后提供给操作型数据区的应用系统，例如将数据聚合在应用系统展示、向应用系统提供其他系统的业务数据等。

此外，上游的数据经过不同区域以及不同层级的流转之后，被运用到不同应用系统中。假如上游数据出现问题，那么就需要自上而下地进行问题排查，找出该数据的影响关系；此外如果下游某个数据指标出现异常，就需要查看该指标的来源，溯源到上游系统，这部分在企业的应用中极其常见，属于元数据管理中影响分析以及血缘关系的范畴。

从图 7-9 中可以看出，数据层级最多也最复杂的是集成型数据区，因为它抽取整个企业的关键应用系统，并在内部进行复杂的数据转换以及聚合等操作。上面提到的元数据管理的工作也主要集中在该数据区。

之前的章节提到企业数据架构的发展历史，在传统数据仓库时代，企业主要利用这种非事实的方式来进行企业数据集中化的管理，工作主要集中在集成型数据区，偏重分析型应用；进入大数据时代，Lambda 架构的一个额外职能是提炼共享的实时数据服务，用来满足不同应用系统之间的实时数据需求，它可以嵌入到操作型数据区，参与该区域内部的数据交互，如图 7-10 中操作型数据区域中心位置的 Hub 区域。

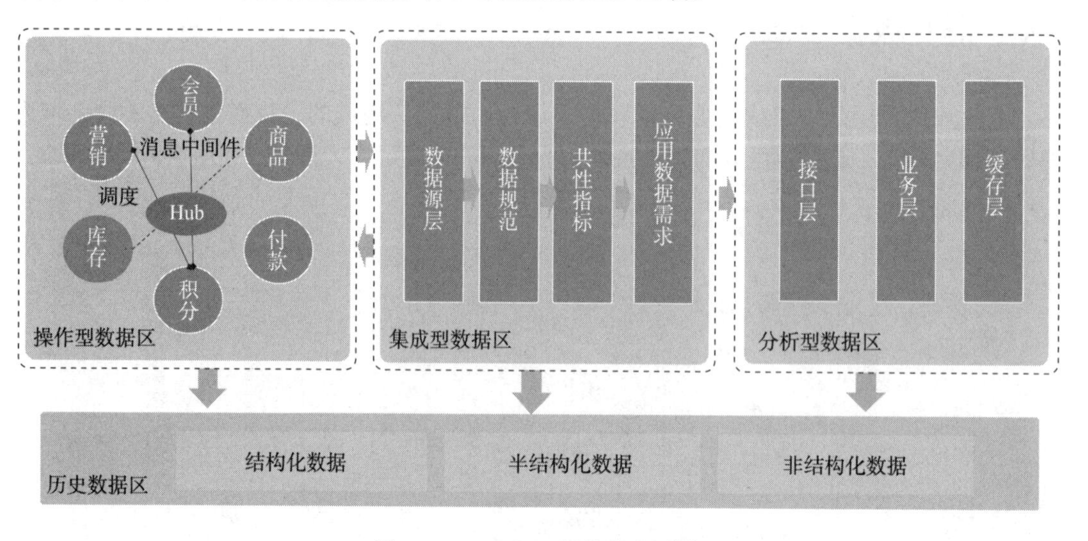

图 7-10 Lambda 架构能力区域

然而无论在任何阶段，集成型数据区始终是企业数据区域中数据量最多、数据关系最复杂的部分。为此我们有必要更加深入到集成型数据区中，了解不同层级的作用以及核心原理。

7.5 企业集成型数据区层级

对于 OLTP 型应用系统来说，数据量从某种程度上影响了系统整体的响应速度。为此，企业需要进行数据清理等操作，以保证数据系统整体的数据量。然而对于集成型数据区来说，它是存放企业不同应用系统及历史数据的区域，区域内的数据往往会随着时间的流逝而逐渐增加。

同时从集成区数据维护以及管理的角度来看，往往要保证数据源的松耦合，为此源系统的一张数据表通常会对应一个数据抽取作业（调度作业）。然而一个企业源系统存在几千张以上的数据表，这可能对应几千个数据抽取作业。这还不包括后续针对这部分数据的处理！笔者曾负责过一个小型的数据仓库的迁移工作，其中涉及 500+ 调度、1000+ 张数据表、36 个源系统、300+ 个指标以及支持 100+ 个微信小程序等。

所以系统必须按照不同的应用主题以及一定的数据层级进行拆分，来保证整个体系正常地运行下去。

为此笔者将主流的集成型数据区的分层思路总结如下，即分为数据缓冲层、数据贴源层、标准模型层、整合模型层以及数据集市层共 5 个层级，每个层级承担着不同的角色，如图 7-11 所示。

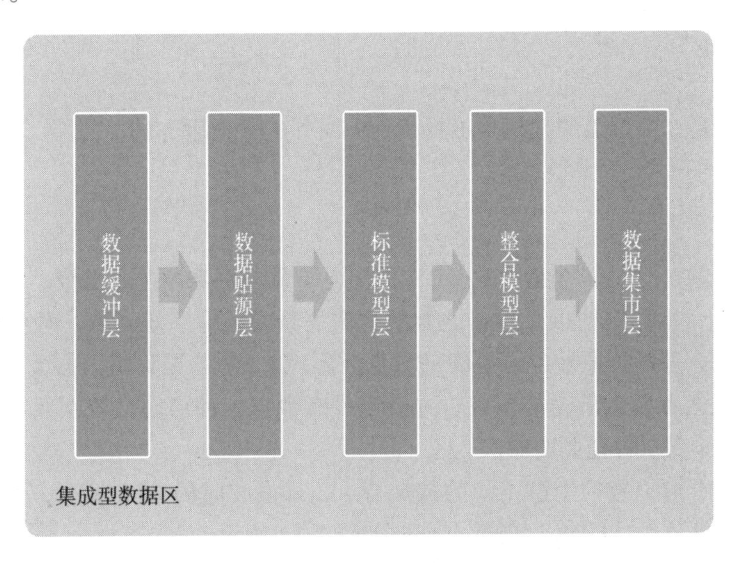

图 7-11 集成型数据区模型层级

读者需要明白的是上述分层思路并不是固定的，在实际应用中，需要按照企业的数据特点以及应用的实际需求情况进行合理的设计。不过无论怎么设计，核心思路总是类似的。

7.5.1 数据缓冲层

数据缓冲层是一个可选的数据层，它的主要目的是提供集成区的数据缓存作用，用于满足该区域的数据加载和转换的需求。数据缓冲层本身并不进行任何的数据转换。该层的数据结构与原系统结构一致，根据数据源的特点可以进行增量或者全量的存储。

该层的数据存储时间相对较短，并不是永久存储，例如保留7天左右的数据。这样做的目的是，当集成型数据区的数据出现异常后，可以基于该数据层级进行抽取，避免直接影响业务系统的运行。数据缓冲层的数据流向如图7-12所示。

Tips 因为对于部分企业来说，工作时间是不可以对应用系统的数据库进行抽取的，为此涉及通过该层级来避免工作时间进行数据抽取的问题。

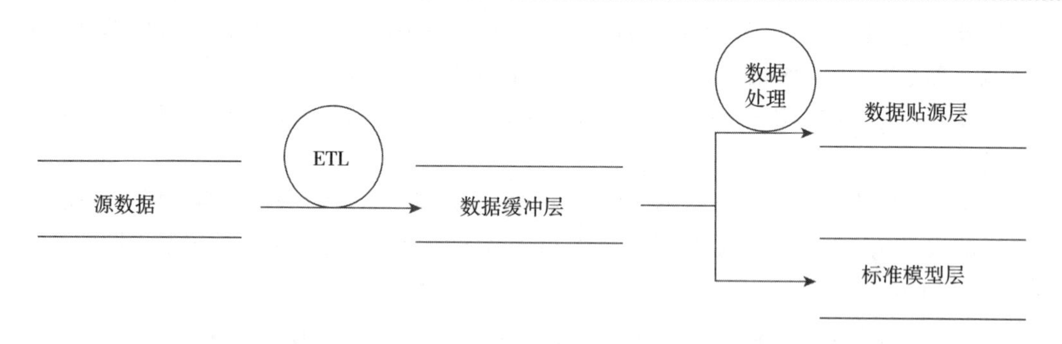

图7-12 数据缓冲层的数据流向

需要注意的是这个层级的数据是不提供任何对外的数据服务的。

7.5.2 数据贴源层

数据贴源层就是我们非常熟悉的ODS层，是一个必须要存在的层级。它存放业务系统直接抽取的数据，数据结构以及数据之间的逻辑关系都与原系统一致。数据贴源层的数据特点是尽量保持业务数据原貌。该层级的数据并不像7.5.1节提到的数据缓冲层那样只保留一段时期，而是会保留到历史数据区。并且当没有数据缓冲层时，该层级直接与业务系统进行对接（这也是大多数企业的做法）。

该层级的数据可以按照上游不同的数据特点，开发相应的ETL算法，例如历史拉链算法或者增量抽取算法等。ODS层的数据流向如图7-13所示。

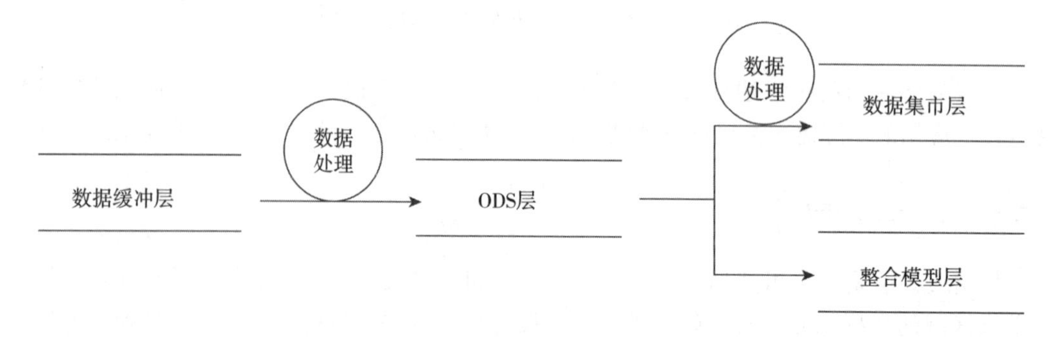

图7-13 ODS层的数据流向

在 ODS 层是不做任何数据的聚合操作的，尽量保持数据的原貌，当然如果需要进行一些数据非空处理，也是允许的。同时这部分数据是可以提供对外的访问或者运用的，但是需要注意的是，这些对外的服务往往出现在数据集成区搭建的前期，在后期会逐步迁移到后面的数据集市层。

7.5.3　标准模型层

标准模型层是将不同源系统的数据进行标准化转换，解决不同源系统由于应用设计特点而带来的数据差异问题。这是一个必须存在的过程，否则会给后面的数据转换过程以及数据使用带来很多的歧义而影响数据准确性。

这个层级是将 ODS 层的数据进行映射处理，需要单独地撰写映射逻辑，同时集成型数据区内部需要针对不同的维度构建不同应用系统的统一映射数据表来保证此环节的完成，同时当应用系统中新增维度信息或者发生修改时，这部分内容都需要进行同步或者改造。标准模型层的数据流向如图 7-14 所示。

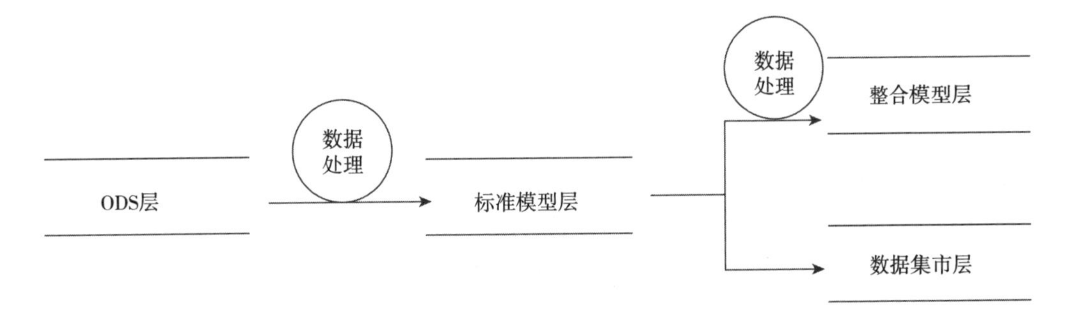

图 7-14　标准模型层的数据流向

上面提到这个过程是必要的，但是该层级是否需要单独构建则可以根据具体的场景进行确认。针对规模较小的企业，可以在 ODS 层中补充这部分逻辑，然而这部分可能需要带来一定性能的损失，即减缓这个数据抽取的过程以后可能会影响后续的数据维护操作。

7.5.4　整合模型层

整合模型层是集成型数据区中最核心也最复杂的一个层级。如果集成型数据区是企业数据架构的核心，那么整合模型层就是集成型数据区的核心，也就是企业数据架构核心的核心。

整合模型层的主要作用是进行数据整合，将业务对象标准化、代码标准化以及数据定义标准化。这个层级需要按照企业的主题进行分类管理，即按照企业主题进行建模，用以支持企业后续的数据应用；同时该层级需要提供统一的业务口径，避免后续数据集市层的重复加工，影响模型的灵活性（这部分考察对于建模粒度的把握程度），进而提供相对稳定，与业务扩展同步的数据模型。

这个层级的数据来源为标准模型层（如果没有标准模型层，则直接来源于ODS层），经过整合模型层加工处理的数据会导入数据集市层中。整合模型层的数据流向如图7-15所示。

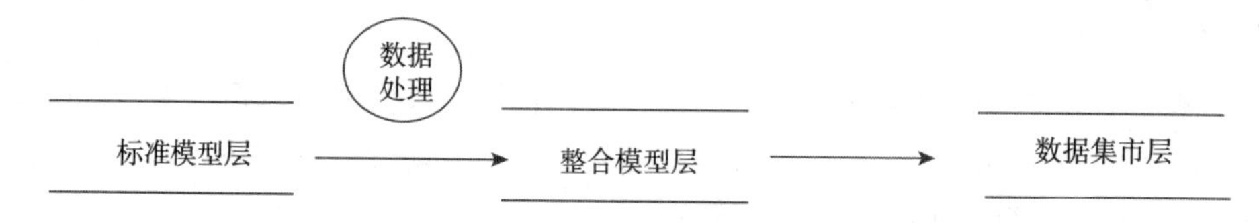

图7-15 整合模型层的数据流向

整合模型层的好坏直接影响集成型数据区的好坏，需要设计者对于业务、应用以及数据模型设计有着非常深刻的认知，一旦出现问题，将直接影响数据集市层以及后续的应用。该层级的设计方法论会在后续的内容中介绍。

7.5.5 数据集市层

数据集市层可以理解为在集成型数据区中偏向应用的一个数据层级，它基本上由所需要支撑的下游应用系统的数据需求驱动，且基于数据集市层所支持的应用相互独立。它的特点是数据需求相对专业，例如监管报送的相关数据，同时数据定义需要进行标准化处理。可以看出这个层级相对灵活，如果无法基于整合模型层提炼出数据共性，那么这个数据层级的管理将会变得极其混乱，甚至影响整个平台的性能。

该层数据来源为ODS层、整合模型层，最终各个集市对应的用户从该层获取自身需要的数据。数据集市层的数据流向如图7-16所示。

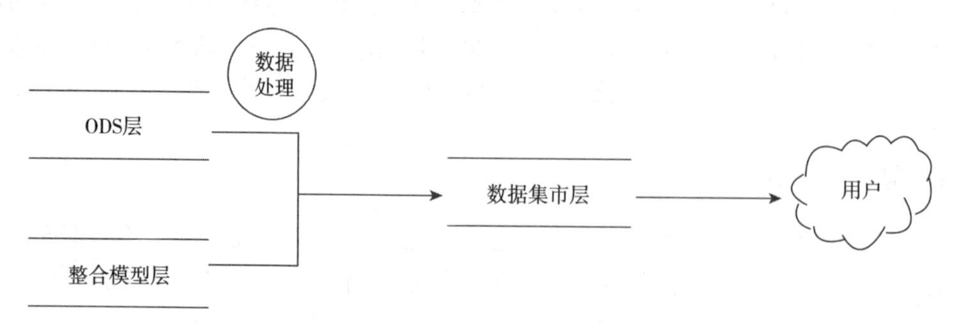

图7-16 数据集市层的数据流向

数据集市层的数据提供频率可以按照应用需求进行灵活调整，并且需要支持重跑机制，以保证当该层级的数据出现异常时数据的准确性。

通过对于不同层级的描述，我们对于集成型数据区的内部分层有了更加深入的了解，这部分内容主要是针对大多数非互联网企业，针对互联网内企业的数据集成区域略微一些区别，让我们进行一些对比。

7.6　互联网公司的集成型数据区分层特点

互联网公司的集成型数据区往往分为 4 个层级，名称与定义如下。

- ODS 层，按照业务源系统进行数据抽取，隔离后续层级对于业务系统的影响，往往都是正增量进行数据抽取，保留的时间由业务的特点决定。
- 数据明细（DWD）层，依赖 ODS 层作为数据源且数据粒度与其保持一致，在这个层级中，可能会将不同数据源的相同主题的数据进行简单的汇集，进而提高数据的可用性。
- 中间数据（DWM）层，这部分会基于 DWD 层的数据按照主题进行轻度汇总，提炼共性指标，尽量减少后续计算加工的复杂度，提高整体效率。
- 数据服务（DWS）层，主要针对具体的业务进行更高粒度的数据汇总，构建字段较多的大宽表，满足后续的 OLAP 以及数据挖掘等需求。在这个层级数据表的整体数量较少，但是数据表的宽度较大，往往后续应用可以直接将层级提供过的数据进行缓存以提高应用查询效率。

从上面的描述可以发现，互联网公司的数据建模与传统企业的数据建模具有一定的相似性，但也有一些不相同的地方。不同层级的不同类型集成型数据区的对比如表 7-1 所示。

表 7-1　不同层级的不同类型集成型数据区的对比

	传统集成型数据区	互联网集成型数据区
数据缓冲层	可选，主要用于减少对于应用系统工作时间的影响	无
数据贴源层	有，保存历史，与业务源系统一致	有，保存历史，与业务源系统保持一致，但是会按照数据主题对不同元源系统进行整合
标准模型层	有，保存历史，进行全局的标准化处理	无，在ODS层会完成部分工作
整合模型层	有，业务主题标准化，需要建模，非常复杂	有，仅仅进行轻度的数据汇总，减少数据集市层的重复计算
数据集市层	有，按照应用需求建设	有，按照应用需求建设，倾向大宽表

通过上述对比可以看到，不同的企业类型基于具体的业务需求对于层级的功能进行不同的拆分。例如在传统企业中，在标准模型层中完成数据清洗以及标准化的工作，但是在互联网公司中，可能在 ODS 层完成这些内容。造成这部分区别的原因主要是企业的业务特

点不同。模型的设计并没有绝对的好坏，重点是基于企业的业务特点进行设计以更好地满足业务的需求。

7.7 总结

本章通过介绍企业的数据区域，进而深入到不同区域的数据流向然后勾勒出企业整体的数据流向以及层级关系，从非技术的层面让读者对于企业数据架构组成有更深入的认识。

正如7.5节提到的，集成型数据区的搭建无论在传统数据仓库时代还是大数据时代都具有核心的位置，而作为其核心的整合模型层的建设更是直接影响整个数据平台的性能，为此在接下来的内容里面，我们将针对企业数据架构核心部分进行更加深入的讲解。

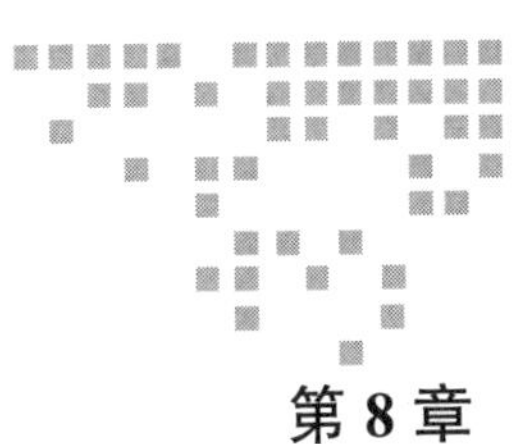

第 8 章 Chapter 8

数据模型架构详解

建设企业数据平台的目的就是按照一定的方法论、步骤，针对不同系统中的数据构建不同的数据层级以满足企业的业务需求。这离不开数据模型。一个典型的企业数据模型架构如图 8-1 所示。

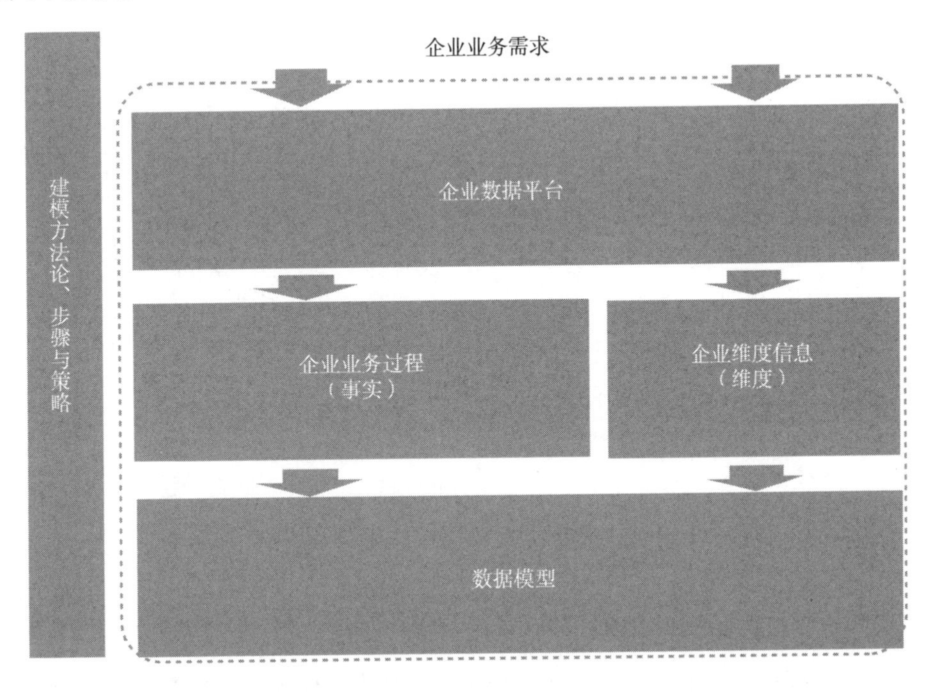

图 8-1　企业数据模型架构

基于企业业务需求，依照建模步骤完成概念模型到物理模型的转变，将业务需求转换成数据模型。在建模过程中基于不同数据建模的方法论，逐步拆解企业业务过程并构建企业数据平台中的事实信息及维度信息，最终构建成企业数据平台中的数据模型层。

8.1 为什么要建模

在谈论为什么要建模之前，我们首先需要明白什么是建模。本章介绍的建模主要是指数据建模，将企业在业务过程中产生的数据进行抽象管理，确定数据涉及的范围（其实就是业务范围），并按照一定的形式对数据进行组织，最终转变成数据库中的各种数据表，进而构建实体与实体的关系。

举个例子来说，客户在商业银行的存款行为（业务过程）涉及人（实体）到指定的银行（实体）将一定数量的金钱存入自己的银行卡（实体）中。对于这个过程的建模就涉及客户、银行及银行卡这三个实体。不同的客户在同一家银行有不同的银行卡，不同的银行卡有不同的级别及权益；同时，一个客户在不同银行可以对不同的银行卡进行存取款操作。将这个业务过程按照一系列的原则进行设计和组织之后变成数据库中不同实体关系的过程即数据建模的过程，该过程将形成如图 8-2 所示的实体之间的关系。

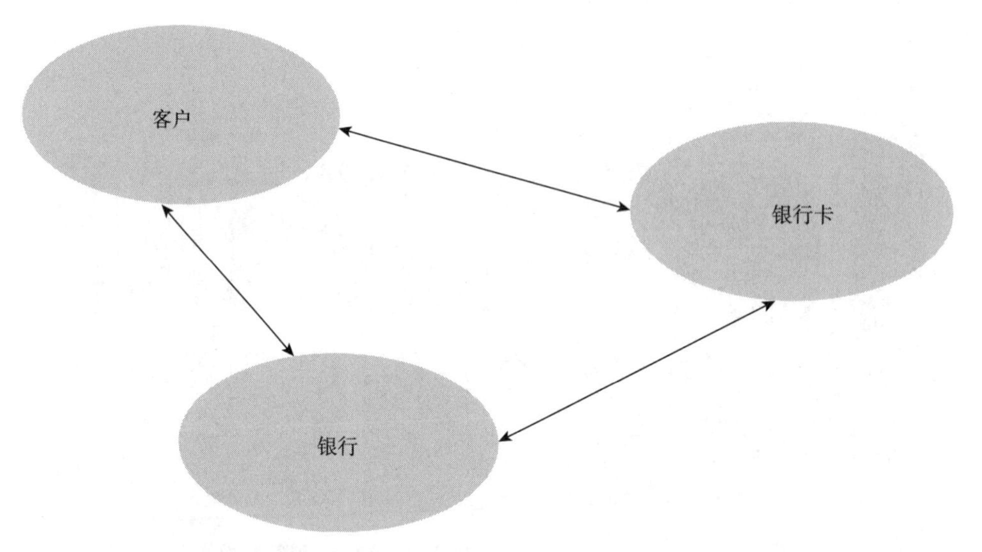

图 8-2 存款过程中主要涉及的三个实体之间的关系图

> Tips 当然，真正的建模并非如此粗略，这里只是做一个简单的概述，在后面的章节中会有更加详细的介绍。

在解释了建模的基本概念之后，接下来阐述为什么要建模。在数学上有一个常用的证明方法叫作反证法，借鉴其思路，我们可以简单想象如果不建模会发生什么事情，如果这个后果不可接受，那么我们就必须建模。

如果不进行数据建模的话，那么不同源系统中的数据表都会按照原始的格式被抽入数据平台中并提供后续的应用。从当前企业的业务系统（源系统）来看，平均每个系统可能有超过 100 张数据表，甚至更多（笔者曾见过一个应用系统有 1000 张数据表！）。那么将企业的不同应用系统的数据表直接抽入数据平台中，可能会有成千上万的数据表。如果某个实体存在于多个应用系统的数据表中，那么涉及该实体的应用每次都需要忍受先对不同系统的不同标准（这部分大都需要在代码逻辑层面进行处理）进行联合查询，并且任何应用系统的标准发生变化，这个联合查询就是无效的！（这还没有考虑源系统数据质量问题带来的额外逻辑处理。）这种沉重的代价可能没有任何企业可以承受。因此，我们必须进行数据建模。

通过数据建模，将数据有序地组织并存储起来，才能为更上层的应用提供高效、灵活的数据支持。总的来看，数据建模主要可以带来以下 4 个方面的直接好处。

- 健壮水平：前文介绍过企业数据的区域及分层，数据建模可以实现应用与源系统的解耦，进而降低源系统变更对于应用的影响。举个例子，有 100 个应用依赖某个源系统，当这个源系统发生变化的时候，可能就需要对 100 个应用进行修改。但是通过数据建模实现统一的数据出口标准后，只要数据模型的处理逻辑按照源系统的变更进行调整，即可实现所有应用的兼容。改动的工作量大幅度减少（这里还没有考虑潜在的测试、运维工作量以及带来的风险），并且应用的连续性也得到保证，即数据建模能隔离上游可能带来的风险。
- 数据质量：不同源系统可能是由不同的厂商或者开发人员开发的，在系统开发过程中，对于相同主体的属性，开发人员可能采用不同的标准。例如关于性别的枚举值，有的系统可能是 0、1，有的可能是 1、2，甚至是 A、B。如果应用直接使用不同源系统的数据，可能会因为定义的不同（数据标准）而导致业务上的困扰。数据建模可以实现业务与数据标准的统一，保证数据质量。后面提到的数据治理的几个核心落脚点中也有数据建模。
- 成本消耗：在通过数据建模实现了数据隔离及数据质量提升后，可以针对公共数据进行共享处理，即提供公共数据接口或者服务等。例如，当某个应用系统需要企业会员信息，而另一个应用系统需要对接会员数据时，二者之间可以使用该共享数据，甚至可以实现两个应用系统关于会员信息的交互，无须进行任何转换。当然成本消耗是由上游应用（上游应用是一种相对概念，数据流的下一层级都可以看成应用）的种类及数量决定的，它决定了公共数据接口或者服务需要的计算资源及存储资源。
- 响应速度：数据建模可以按照应用的需求，生成所需要的模型来快速地支撑应用系统。比较典型的就是在 BI 类型的系统中，通过创建宽表形式（反范式反维度建模）

的结果表来直接提供 BI 报表中的图表展示。这样做不仅可以避免复杂的应用数据处理过程，也可以极大地提高系统的响应速度。当然从根本逻辑上来说，这是一种利用空间（宽表）换取时间（响应速度提升）的操作。

从上述内容可以看到，对于企业来说，数据建模是一种必然选择。但是在建模的时候，要考虑建模的策略，即什么数据、在什么层级、按照什么策略建模。

8.2 建模策略

在探讨完数据建模的必要性之后，下一步需要考虑建模涉及的具体范围及实施方法。第 7 章在介绍集成型数据区的数据层级时，将其总结为如图 8-3 所示的数据模型层级。

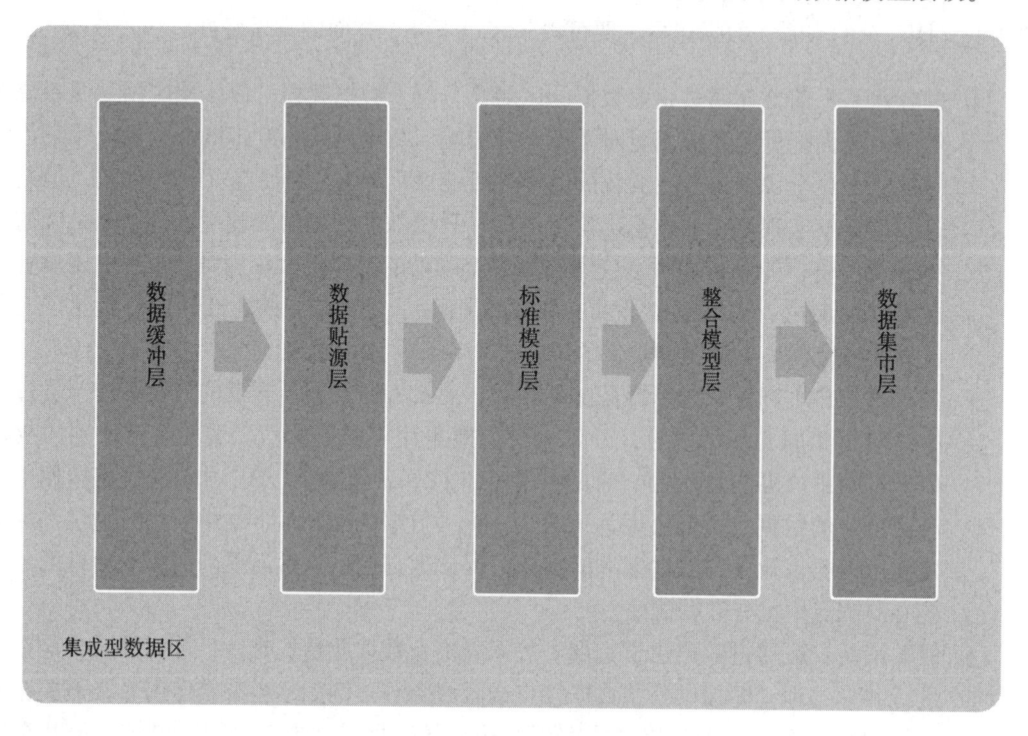

图 8-3 集成型数据区的数据模型层级

为了保证企业数据可以准确地反映业务过程以及高效地满足业务需求，每个层级的建模策略及侧重点各不相同，接下来我们分别从建模原则、建模方式及模型特点等维度阐述不同数据模型层级的建模策略。

8.2.1 数据缓冲层建模策略

数据缓冲层是一个可选层级，如果在集成型数据区中构建该层级的话，那么该层级是对接企业不同源系统的第一个数据层级。

根据变化频率，数据主要分为两种类型：一类是每天都可能产生或者变化的数据，例如银行客户的转账操作会导致其账户余额发生变化，并产生多条转账数据；另一类是相对稳定或者变化相对缓慢的数据，例如转账客户的性别或者住址信息，性别信息基本不会发生变化，而客户的年龄会随着时间的流逝缓慢变化（一年更新一次）。前者被称作事实类数据，后者被称作维度类数据。

企业在集成型数据区中构建该层级时，需要按照业务需求对接不同源系统的数据，对事实表进行增量抽取，对维度表进行全量抽取，同时需要保证数据结构与源系统的数据结构一致，这里的数据是暂存到该层级中的。

数据缓冲层的建模原则为按照业务需求进行数据的抽取操作，建模方式与源系统一致，模型特点为短期存储、可选、不对数据进行任何处理。

Tips 在企业中存在这样一种场景，事实表的历史数据会出于各种各样的原因被修正，此时可能需要指定区间或者结合其他标识进行数据抽取。

8.2.2 数据贴源层建模策略

前文提到，数据贴源层是集成型数据区的必要层级。在这个层级里，按照源系统的数据结构将数据抽取进来并长期存储，保留历史数据。集成型数据区各层级的数据处理都依赖该层级。

为了保证数据抽取的效率，在抽取过程中往往不会对数据进行任何处理（有的会进行一些简单的非空处理），即抽取的数据与源系统的数据保持一致，直接进入该层级。针对事实表，往往采取增量插入或者更新的操作；针对维度表，可能会采取全量插入或者删除的操作。针对数据量较大的维度表，基于后续的业务需求可能会考虑采用拉链的存储方式。

Tips 对于维度表往往采用全量存储的方式，但是在每日一份全量数据与保持最新的维度数据之间选择时，大多数企业会选择后者，因为前者会占用巨大的存储空间并影响性能。但是这样会导致系统失去对于历史维度的追踪，故拉链表应运而生。

数据贴源层的建模原则为按照业务需求进行数据的抽取操作，建模结构与源系统结构一致；模型特点为存储历史数据、必选、根据需求进行一些非空处理等。同时该层级需要保证数据回溯不会影响既有的数据准确性。

8.2.3 标准模型层建模策略

从名字就可以看出，标准模型层主要完成数据标准化的操作，即统一度量衡，将不同源系统中描述同一事物的属性信息进行统一。例如营销系统关于性别的维度为 male（男性）、female（女性）及 unknow（未知），会员系统为男、女及未知，将它们全部统一为 1（男）、2（女）、3（未知）。在这个层级里往往会出现大量的关联及转换操作，即不同数据贴源层的数据表与统一的维度表进行关联然后保存。

这个层级在集成型数据区里是一个可选层级，构建或者不构建该层级的好处都相当的明显：如果构建该层级，则在后续的数据处理中可以直接进行运算而不需要额外的关联转换操作，但需要额外的数据存储及处理；如果不构建该层级，可以减少额外的 ETL 作业的开发及相关数据的存储等，但需要在数据贴源层构建数据转换操作，牺牲数据处理的效率（因为需要跨系统进行处理或者基于数据缓冲层进行处理后关联到数据贴源层）或者在后续处理中进行维度表的关联。

> Tips 这里涉及统一维度表的更新问题。统一维度表的第一个版本往往都是从源系统调研并且基于数据贴源层清洗出来的，后续的维度更新则依赖数据质量平台监控该层级是否存在维度为空或者异常的情况，并根据监控结果及时补充维度信息。

标准模型层的建模原则为对需要维度标准化的数据表进行处理，建模结构与源系统结构一致；模型特点为可选层级、存储历史数据、按照统一维度进行标准化处理、统一度量衡。

8.2.4 整合模型层建模策略

整合模型层主要起着承上启下的作用，它负责按照一定的业务主题对上一层级的数据进行划分及聚合处理。从当前整体数据平台的应用趋势来看，往往是业务需求反向构建该层级的模型，即在建模过程中考虑业务过程涉及的相关数据表，并依托建模的方法论（例如维度建模或者范式建模）构建共享指标。这个层级也是一般共享指标系统的核心数据来源。

整合模型层会随着业务需求的变化而进行逐步迭代或者拓展，但是对于具体的企业来说，主题确定后往往不会发生很大的变化。这个过程主要是针对维度进行拓展以满足相应的业务需求。

> Tips 主题域主要是在企业的业务过程中按照核心主题进行拆分及构建的，例如银行的客户主体、机构、产品、协议等。

整合模型层的建模原则为基于企业业务过程涉及的主题构建相关数据模型；建模方式

为按照企业主题域进行拆分并基于主题结合业务特点进行建模；模型特点为必选层级，这是构建企业共享指标的基础，这个层级的粒度直接影响企业数据平台的拓展性以及数据集市层的灵活性。

8.2.5　数据集市层建模策略

数据集市层是集成型数据区中最贴合应用需求的一个数据层级，它往往依照下游应用的业务需求进行数据模型的构建。在这个层级里面建模策略往往是违反范式的或者数据冗余的，这样做的目的主要是满足下游的应用实际情况或者具体业务需求。

在实际的数据处理中，该层级的数据往往是对于来源于整合模型层的数据以及维度信息，进行关联查询并进一步聚合之后生成的结果。当整合模型层的内容无法满足数据集市层的数据需求时，数据集市层可能会利用标准模型层，甚至数据贴源层的数据进行跨层级的数据聚合，当然这样做对于资源的需求是很大的，并且也侧面反映整合模型层的设计具有一定的拓展空间。

数据集市层的建模原则为基于下游应用的数据需求，以业务需求驱动模型建设；建模方式为按照下游业务数据需求进行模型的设计；模型特点为必选层级，反范式或者进行一定的数据冗余以满足应用需求，并且当前往往是以大宽表的形式进行创建的。

在了解整体的建模策略，明白每个数据层级的建模重点之后，接下来我们介绍建模的具体实施步骤，以业务驱动建模。

8.3　建模三步走

从上面的描述中可以看到，建模本质上是将企业业务过程转换成数据模型以及模型之间的关系。这个过程并不是一蹴而就的，而是随着企业业务或者需求变化而逐步迭代和优化的。

建模的过程也是从业务视角逐步转换成技术视角的过程。这个过程主要分为三个阶段：

1）以业务需求为主导的概念模型阶段，用于统一业务人员和技术人员的认知。

2）将概念模型实体化的逻辑模型阶段，用于细化概念模型中的主题及其相互之间的关系。

3）将逻辑模型实例化的物理模型阶段，用于实现集成型数据区的数据存储设计。

基于上述三点，总的来看，建模主要是指从概念模型、逻辑模型到物理模型，逐步实现从业务到数据库物理结构的转换。数据建模步骤如图 8-4 所示。

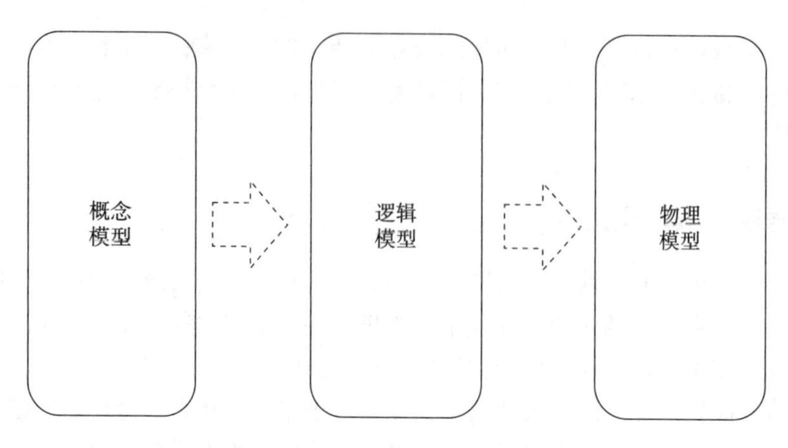

图 8-4 数据建模步骤

接下来我们以营销体系分析场景为例来逐步介绍。

8.3.1 第一步：概念模型

在会员营销体系中，从业务过程来看，主要涉及三个核心的业务对象，分别是会员、营销渠道和营销活动。那么要构建概念模型，就是针对三个业务对象划分主题域，构建粗粒度的业务对象关系。对于营销体系来说，不同会员可以在不同渠道参与不同的营销活动，或者会员也可以在不同渠道参与相同的营销活动。因此可以构建如图 8-5 所示的营销活动核心主题域的概念模型。

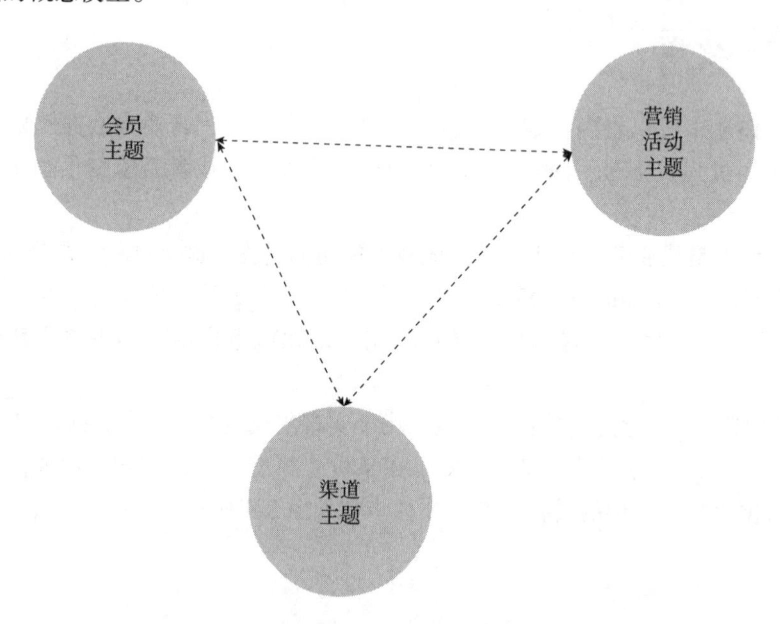

图 8-5 营销活动核心主题域的概念模型

概念模型是站在业务视角的粗粒度的数据模型，它不会考虑具体的业务对象的细节，仅仅表述具体的业务过程中业务对象的关系。当然在实际的过程中，概念模型的粒度可以按照具体的企业参与人员的情况进行一定程度的细化。

8.3.2　第二步：逻辑模型

逻辑模型是对概念模型的进一步细化，结合具体的业务过程，进一步构建主题中涉及的实体、实体的属性以及实体与实体之间的关系。这个过程需要结合具体的业务需求、业务定义、业务分类及业务规则进行设计。

例如在会员营销体系中，我们需要按日评估不同渠道、不同性别及不同类型营销活动的整体效果。那么结合具体的业务目标可以简单细化营销活动的逻辑模型，如图 8-6 所示。

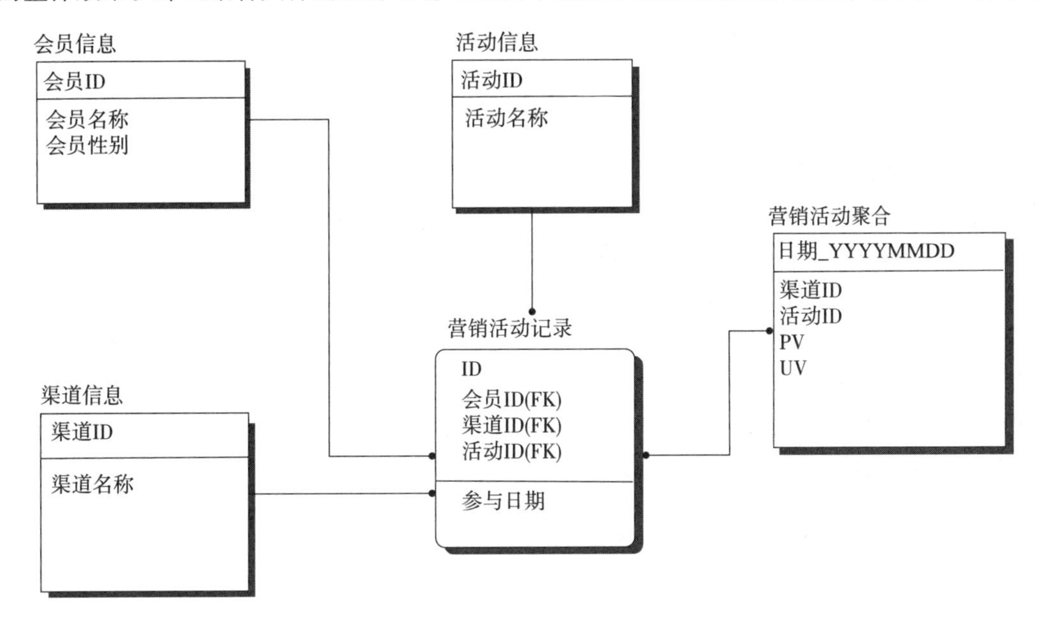

图 8-6　营销活动的逻辑模型

从图 8-6 中可以看出，会员、渠道及活动三者之间的关系是通过“营销活动记录”表统一起来的，并利用“营销活动聚合”表满足业务对于营销效果的评估需求。

逻辑模型主要通过业务需求及业务过程完成概念模型到逻辑模型的转换。那么在这个过程中业务需求及业务过程就变得非常重要，它将直接影响到逻辑模型的细化程度与复杂度。举个例子，当需要评估不同区域的会员针对不同渠道以及不同营销活动的效果，并且整体粒度需要支持到小时的级别时，逻辑模型就需要考虑针对区域信息及聚合粒度进行优化，优化后的营销活动的逻辑模型可能如图 8-7 所示。

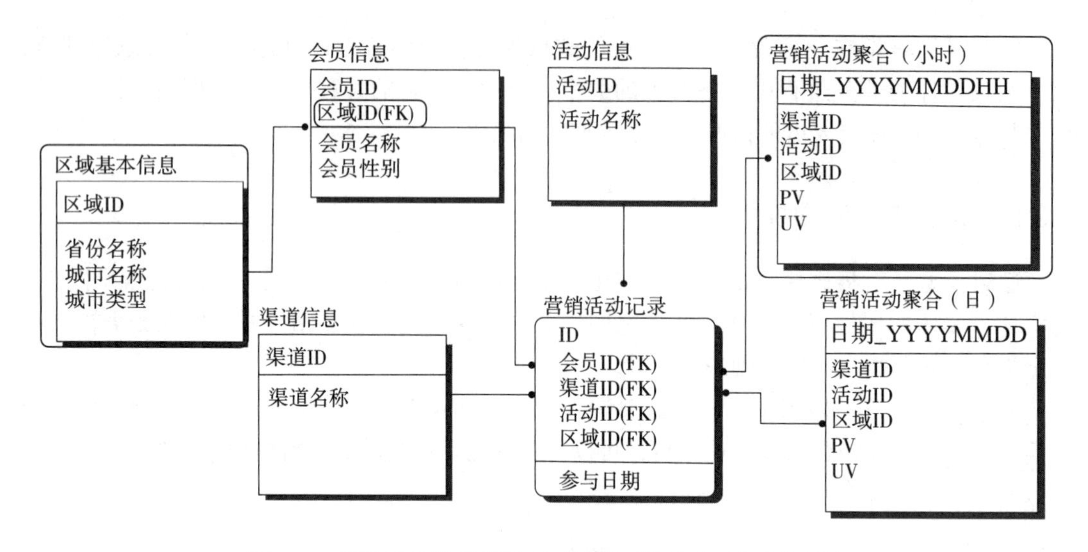

图 8-7 营销活动的逻辑模型（新增区域及小时级别评估）

在上述逻辑模型中，因为需要针对区域进行评估，所以“会员信息”表就需要相应增加区域的属性，并新增“区域基本信息”表与“会员信息”表的关联关系；同时，因为需要针对小时级别进行评估，而既有的按日统计无法满足业务的需求，所以必须新增营销活动小时级别的逻辑模型“营销活动聚合（小时）表”。其实在实际过程中，根据不同的企业业务特点，小时级别的数据可以直接汇总为日、周、月等聚合数据。但是在本案例中，小时级别的 UV 或者 PV 无法累加变成日级别的数值，因为一个会员一天 24 小时都参加，那么小时级别（0—24 点）与日级别的 PV/UV 都是 1，如果按照小时直接累加将会得到日级别的 PV/UV 都是 24，与实际情况相差甚远。

> Tips 在本案例中，为展示效果，直接将明细数据与聚合数据一起展示，但是这并不代表它们的数据模型层都是相同的。

从上面的例子可以看出，通过逻辑模型，我们完成了从业务到技术的转换过程。接下来主要将逻辑模型落地成数据存储中具体的表、字段信息、约束信息等，即构建物理模型。

8.3.3 第三步：物理模型

从字面上来看，物理模型是由物理和模型两部分构成的，物理代表模型需要依赖于具体实施该系统的硬件环境及软件环境，例如，是云服务器还是物理主机，是关系型数据库还是非关系型数据库，以及不同数据库支持的语法特点等。这里需要考虑对数据分析速度的影响、数据量及性能等因素，这个阶段将会直接影响到后续具体的应用。

如果基于 MySQL 构建对应的物理模型，需要基于 MySQL 的数据库特点进行设计，例如存储引擎、表字符集、字段字符集及字段类型等。同时需要设计具体的数据表的命名规则等。

Tips　千万不要小看设计工作，前期良好的规范可以节省后期巨大的工作量。

对 8.3.2 节的逻辑模型进行转换，可能得到如图 8-8 所示的会员营销体系物理模型。

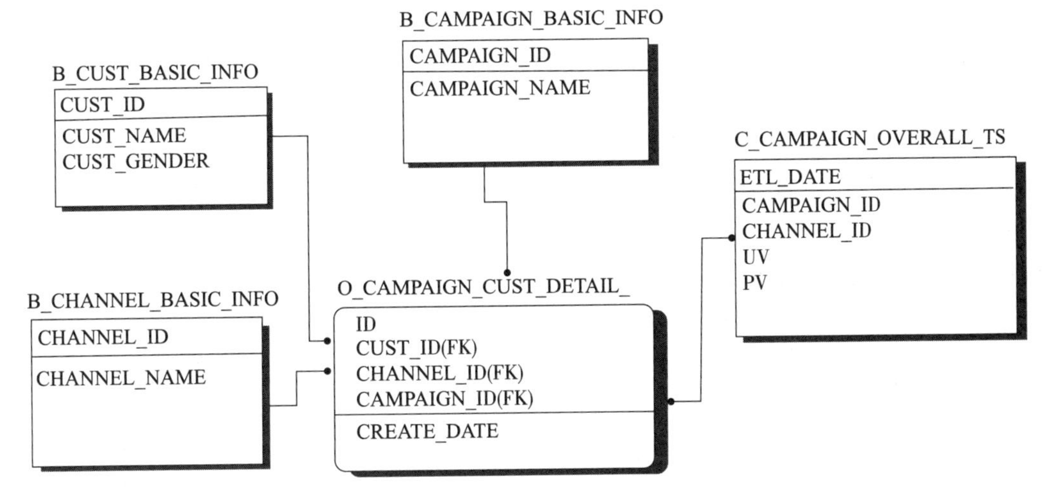

图 8-8　会员营销体系物理模型

后续通过 Erwin 或者 PowerDesign 即可生成具体的 DDL 语句并在数据库中执行。这里需要注意的是，在实际的过程中，并不是所有的物理模型都可以由逻辑模型直接翻译而来，即物理模型可能需要基于实际的业务场景与逻辑模型生成。例如，某业务场景是一个全球级别的营销活动，每天都会创建很多数据量在十万、百万级别的营销活动，这使得“营销活动基本信息”表可能会有百万条数据，则基于不同区域、不同渠道、不同类型的“营销活动聚合”表可能存在百亿甚至更高级别的数据量。为了保证聚合展示时有较高的响应速度，可以将活动名称（本来是“基本信息”表中的属性信息）加入“营销活动聚合”表中，减少关联查询进而提高性能，当然也可以将“营销活动聚合”表中的数据按照日期拆分为不同的分区表来进一步提高性能。

为此在具体的物理模型设计中，一定要根据实际的情况选取合理的建模方式，如反范式建模方法等，以提高模型的性能。毕竟没有人想系统刚上线就被业务人员投诉系统太慢。

8.4　建模方法论

上文提到在物理模型的落地过程中可以采取合理的策略以提高系统性能，当然也需要考虑业务的扩展性与灵活性，针对这个层面的内容，主要有两种建模方法论来描述整个过程，即范式建模和维度建模。

在介绍这上述两种建模方法论之前，我们需要首先了解什么是范式。

8.4.1 范式的概念

在介绍范式之前，我们首先要了解范式（Normal Form, NF）的概念是什么时候提出的以及当时的背景是什么，只有这样，我们才能更好地明白范式的意义，以及过去与现在范式的区别和联系。

数据仓库的概念在1980年第一次出现，在1985年开始发展。当时Bill Inmon帮助某银行搭建数据仓库以支持其决策支持系统（Decision Support System，DDS）。之后从1990年到2000年，数据仓库的概念在数据存储、数据查询及数据连接上得到扩充。而Bill Inmon彼时采用的建模思想就是范式。

范式的主要目的是消除数据冗余，而数据冗余带来的额外成本就是数据存储。在那个时期，存储的价格相当昂贵，从成本的角度考虑，需要减少数据冗余，这是范式建模出现的历史背景。

范式是符合某一种级别的关系模式的集合，表示一个关系内部各属性之间的联系的合理化程度。它描述的是数据库表设计中字段或者表结构设计的级别，主要分为第一范式（1NF）、第二范式（2NF）、第三范式（3NF）、博伊斯—科德范式（BCNF）、第四范式（4NF）及第五范式（5NF）这六种。但是对于日常使用而言，重点了解前三种范式即可。

1．第一范式

按照定义，第一范式要求关系中的属性不可再分，也就是说，在数据库表中实体的属性含义不可包含多个值或者有重复的属性，即列值具有原子性，每一列都不可以再分。例如在上述的物理模型中，会员信息表存在一个列字段为“号码”，如果“号码”列中存在手机号码及座机号码，则它就不符合第一范式，需要进行拆分。拆分前的会员信息表如图8-9所示。

会员号	号码
张三	13×××××××××
李四	021-××××××××

图8-9 会员信息表（第一范式前）

进行第一范式化之后，会员信息表的表结构如图8-10所示。

会员号	手机号码	电话号码
张三	13×××××××××	—
李四	—	021-××××××××

图 8-10　会员信息表（第一范式后）

2. 第二范式

第二范式是在满足第一范式的基础上，去除非主属性对码（可以理解为主键）的部分函数依赖。从数据库层面理解就是，任何数据表只存在一个主键，并且非联合主键。上面提到的活动信息表就符合第二范式。如果上述活动信息表依赖区域及线下门店信息，则可以设计如图 8-11 所示的信息表。

门店 ID	区域 ID	门店名称	区域名称	活动名称
A	City1	NameOfA	NameOfCity1	NameOfCampaignA
B	City2	NameOfB	NameOfCity2	NameOfCampaignB

图 8-11　不符合第二范式的表结构

但是上述设计中，“区域名称”依赖“区域 ID”、“门店名称”依赖“门店 ID”，存在部分依赖关系，故需要拆解这些关系以符合第二范式，如图 8-12 所示。

活动ID	区域ID	门店ID	活动名称
CampaignA	City1	A	NameOfCampaignA
CampaignA	City2	B	NameOfCampaignB

区域ID	区域名称	门店ID	门店名称
City1	NameOfCity1	A	NameOfA
City2	NameOfCity2	B	NameOfB

图 8-12　符合第二范式的表结构

通过拆分区域信息表、门店信息表及活动信息表来避免表设计中的部分依赖，从而达到第二范式。可以发现，这个过程消除了活动信息表关于“区域名称”及“门店名称”的冗余存储。

3．第三范式

第一范式约束的是字段信息，第二范式约束的是主键与非主键之间的依赖关系，第三范式约束的则是非主键字段之间的依赖关系。按照定义，第三范式为非主关键字不能依赖其他非主关键字，即非主关键字之间不能有函数（传递）依赖关系。我们继续举个例子，在上述活动中，会员注册需要填写推荐注册的工作人员，为此后台设计了如图 8-13 所示的数据表。

会员号（PK）	手机号码	电话号码	推荐员工	注册门店
张三	13×××××××××	—	推荐人 A	门店 A
李四	—	021-××××××××	推荐人 B	门店 B

图 8-13　符合第二范式但不符合第三范式的表结构

在上述表格中，“会员号（PK)”依赖“推荐员工”，但同时“推荐员工”隶属于“注册门店”，这导致数据库表中存在非主键的依赖关系，即非主键“推荐员工”依赖“注册门店”，因此需要进行改造，改造后的表结构如图 8-14 所示。

推荐员工	注册门店
推荐人A	门店A
推荐人B	门店B

会员号（PK）	手机号码	电话号码	推荐员工
张三	13×××××××××	—	推荐人A
李四	—	021-××××××××	推荐人B

图 8-14　符合第三范式的表结构

综上所述，第三范式在第二范式的基础上又进一步消除了冗余。其实单纯从定义上记忆这三个范式较为晦涩，从实际场景来看它们就是对于字段、主键字段及非主键字段的限制。

介绍完第一范式、第二范式及第三范式之后，接下来我们介绍基于范式的建模思路，即范式建模。

8.4.2　范式建模

从上面介绍的范式的作用就可以明白，范式建模主要是以消除数据冗余的方式进行企业数据平台的搭建。它将从不同源系统抽取到的数据按照第三范式的思路存储在企业级数据平台中，然后对外提供数据应用服务，例如 BI 应用等。符合范式建模的数据与应用关系如图 8-15 所示。

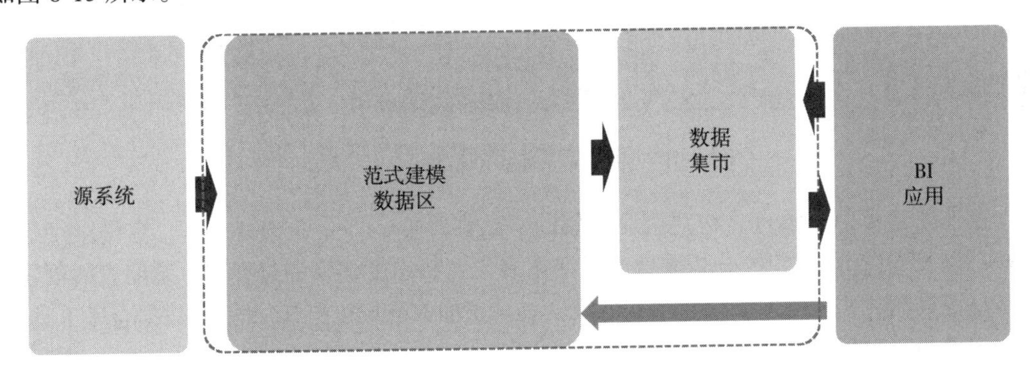

图 8-15　符合范式建模的数据与应用关系

范式建模往往是以源系统数据为主而非以业务过程为主（因为它只需要保证数据范式化），将源系统的数据进行范式化，处理之后汇入数据集市层，由数据集市层提供对于 BI 应用的数据支持。正如上面提到的，在数据集市层，数据是反范式进行建模后存储的。

BI 应用会影响数据集市层的内部层级，也会对范式建模数据区域的模型产生影响，例如当 BI 应用展示的区域发生变化，需要新增行政区级别的分析时，那么与区域相关的数据表都需要修改，影响范围较广。

如果以范式建模来构建企业数据平台，那么需要将源系统数据完全范式化。此外，为了保证建模的可扩展性，需要对企业的业务以及源系统数据有非常全面的了解之后，设计相关的数据模型。这往往会导致整体实施周期相对较长（因为源系统建模往往是反范式的，必须全部进行规范化存储，数据表的数量将会成倍增加），因此总体来看，范式建模对于数据人员的要求也相对较高。

因此，另一种建模方法论——维度建模逐步流行起来。

8.4.3 维度建模

维度建模是 Kimball 提出的一种建模方法论，不同于范式建模是以数据驱动建模，维度建模更多是面向业务过程进行建模，从分析决策的需求出发构建模型，为分析需求服务。选择具体的业务过程及粒度，基于粒度进行维度的设计与属性确认，选取确定的事实数据表，然后构建企业数据平台，形成如图 8-16 所示的符合维度建模的数据与应用关系。

图 8-16 符合维度建模的数据与应用关系

在维度建模中，重点是构建企业级别的一致性维度，即企业内部共享，它是维度建模的核心以及支持 BI 应用的分析维度的灵活拓展。而在维度建模的过程中，维度表的创建往往是反范式的，并且倾向于构建很宽的维度表。正如 Kimball 和 Ross 在《数据仓库工具箱：维度建模的完全指南》一书中提到的：

“维度表应该在物理上保持平面的特点。规范化或者雪花维度制约了跨属性的浏览操作……通过规范化维度表节省下的磁盘空间一般都小于整个设计结构所需磁盘总量的 1%。因此，理应有意地牺牲这点维度表空间来换取高性能与易使用方面的优点。”

从上面的描述可以看出，Kimball 是面向业务建模的拥趸，他主要考虑牺牲一定的存储性能来换取易用性。事实上也是如此，如果想获取某一个类型的全局维度，对于范式建模来说，需要关联非常多的数据表。

对这两种建模思路有了一定的了解之后，让我们对比下它们的异同点。

8.4.4 范式建模与维度建模对比

Inmon 的范式建模与 Kimball 的维度建模的目的都是构建企业数据平台，然而从建模的思路来看二者有着本质的区别：范式建模主要是以自上而下的逻辑（数据流的方向），以企业数据的状态进行规范化存储，以满足业务的需求；而维度建模是以自下而上的方式，即从业务需求出发构建企业级别的统一维度，继而构建企业数据平台。

这种顶层思路的区别导致不同数据平台的建设侧重点不同，[如前者侧重数据转换（ETL），后者可能侧重统一维度梳理]，以及企业数据平台中出现不同的模型特点。综上所述，两种不同建模方式的区别如表 8-1 所示。

表 8-1　范式建模与维度建模的区别

类型	范式建模	维度建模
建模思路（数据流）	自上而下	自下而上
模型特点	数据驱动	需求驱动
建模对象	企业数据	业务过程
模型建设重点	数据清洗及规范化	维度确定及事实表设计
数据特点	符合第三范式	以事实与维度为主
数据集市	独立物理存储	逻辑概念，按照主题划分
实施周期	相对较长	长度一般

由于维度建模以业务需求为出发点且用户理解起来相对容易，所以企业一般选择以维度建模为主，以范式建模为辅，共同完成企业数据平台的建设工作。

8.5　常见模型概述

不同的建模方法论让数据模型呈现出不同的特点，不同的数据模型特点意味着使用这些数据时需要采用不同的方法，而只有了解了这些特点我们才能更好地使用数据模型。总的来看，基于上述建模方法论，主要有 3 种典型的模型结构，分别是基于范式建模的雪花模型、基于维度建模的星型模型及星座模型。按照从简单到复杂的顺序，下面分别介绍星型模型、雪花模型和星座模型。

8.5.1　星型模型

星型模型主要是用一张事实表对应多张维度表，完成整个业务过程，即以事实表数据为中心，拓展事实表的维度信息或者维度表的属性信息来完成模型的构建。构建之后，星型模型中维度与事实表的关系如图 8-17 所示。

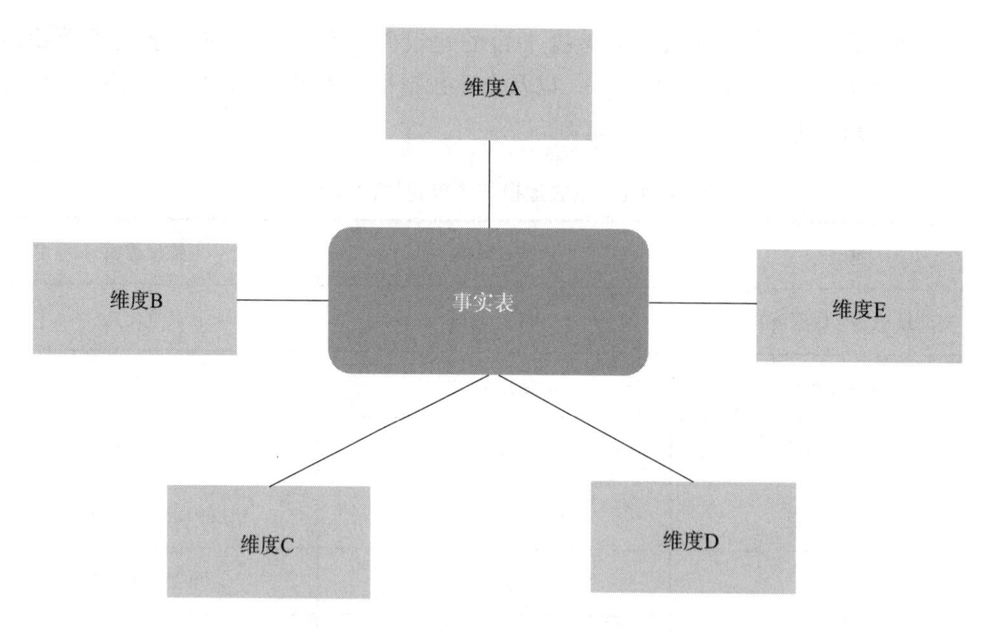

图 8-17 星型模型中维度与事实表的关系

维度建模过程就是通过扩充维度的信息来满足企业多样化的业务需求，这里的维度信息其实是反范式的。例如针对区域的维度来说，区域信息表的表结构可能如表 8-2 所示。

表 8-2 区域信息表的表结构

区域信息表	示例
区域 ID	REGION001
国家名称	中国
省份名称	安徽
城市名称	合肥
行政区域	省会
区域级别	地级市

很明显这是不满足第三范式的（因为非主键之间存在依赖，如省份名称依赖国家名称），这也是星型模型与雪花模型的区别之一。

8.5.2　雪花模型

雪花模型中各数据模型整体呈现雪花的形状，因而得名。雪花模型是基于范式的思路，依照第三范式消除数据冗余。它对星型模型中的维度表进行了层次化，将模型中较大的维度表逐步拆解成较小的维度表，这些被拆解的维度表不会直接关联到事实表，而会被关联到主维度表。雪花模型中维度与事实表的关系如图 8-18 所示。

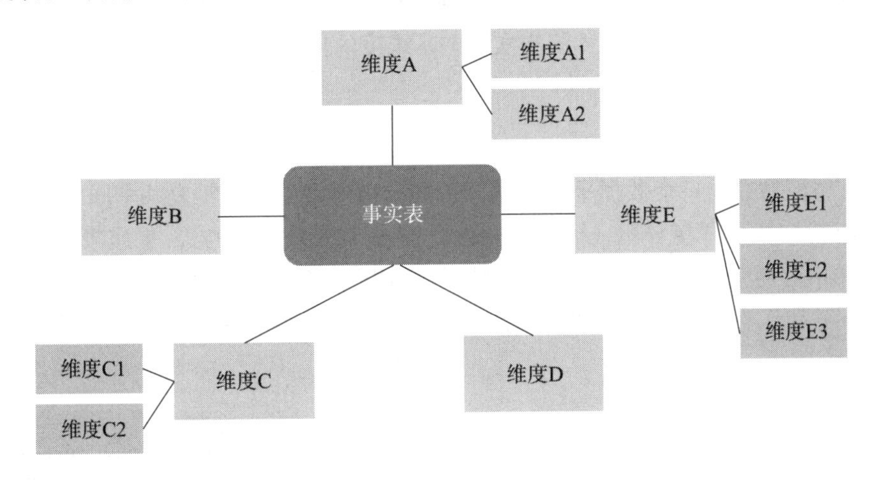

图 8-18　雪花模型中维度与事实表的关系

现在主流的说法是雪花模型是对星型模型的一种补充，但是从数据模型的方法论的角度来看，其实两者并没有直接的关联，星型模型适用的维度表与雪花模型所创建的维度表有着极大的区别。如果对 8.5.1 节中的区域信息表进行范式化，将其改造为雪花模型，则改造后的数据表结构如图 8-19 所示。

图 8-19　雪花模型的数据表结构

从图 8-19 所示的表结构可以看出，维度表的数量变多了，虽然消除了数据冗余，但是需要维护的数据表增多了。这也是雪花模型不是主流数据平台模型的原因，它会带来更多的维护工作。

Tips 雪花模型对于应用系统前端展示中条件过滤的支持非常好，直接读取该表就可以完成条件的筛选。

但无论怎么看，上述两种模型有一个共同特点，即不同的事实表并没有共享维度信息。而在实际的业务场景中可能存在不同事实表共享维度的情况，此时就需要用到星座模型了。

8.5.3 星座模型

多个星型模型在同一个数据平台相遇，不同星型模型中的事实表共享同一个维度信息，组合在一起就构成了星座模型（毕竟星座就是由多个星星构成的）。星座模型是数据平台建模中一种相对复杂的模型，因为在这种场景中往往会出现多种类型的事实表（因为有多个业务过程）与不同维度具有依赖关系的情况。典型的星座模型中维度与事实表的关系如图 8-20 所示。

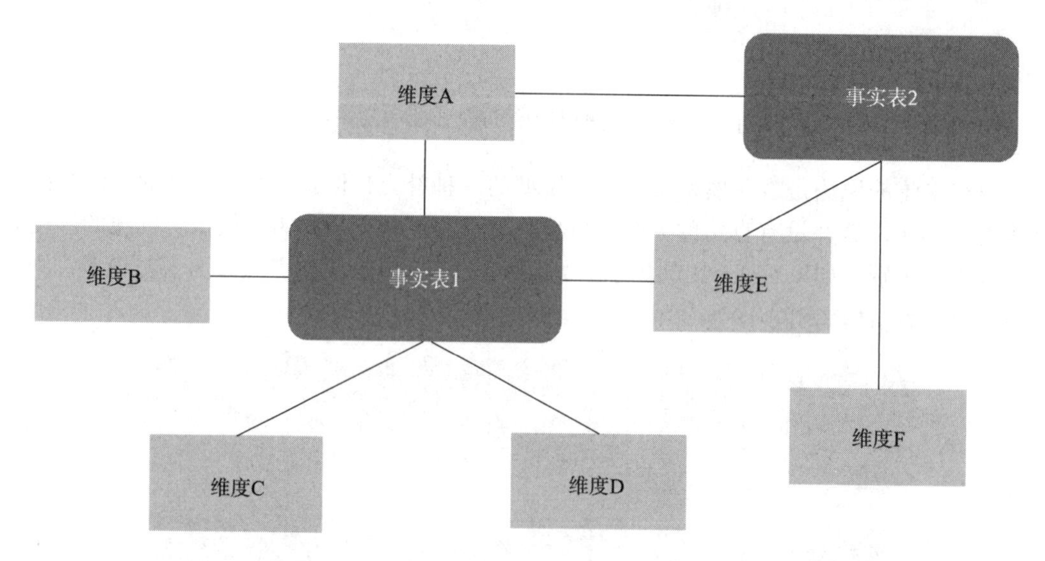

图 8-20 典型的星座模型中维度与事实表的关系

从图 8-20 中可以看出，事实表 1 与事实表 2 共享维度 A 和维度 E 的信息。如果拆开来看，事实表 1 与事实表 2 的维度关系本质上就是由两个星型模型构成的。

从上面的介绍可以看出，星座模型是由多个星型模型构成的。所以从本质上来说，模型的基础就是星型模型及雪花模型。我们将这两种模型进行对比，得到表 8-3。

表 8-3　星型模型与雪花模型的对比

类型	星型模型	雪花模型
模型思路	维度建模	范式建模
单表维度信息	多	少
维度拓展性	中	高
数据冗余度	高	低
用户查询	单表查询	多维度关联
业务友好度	高	低

可以看出，星型模型因为以业务驱动且维护相对简单，所以逐步成为数据平台建模中的主流模型。然而对于任何一个数据平台内部的不同数据层级来说，建模的方式往往都不会只有一种。

8.6　数据层级与数据模型的关系

数据平台由不同的数据层级构成，不同的数据层级有着不同的数据模型，数据模型在不同的数据层级中呈现不同的形态。需要注意的是，从数据层级的功能划分上来看，不同的层级往往会出现一种或者多种数据模型。

数据缓冲层和数据贴源层的数据结构基本与源系统的数据结构保持一致。由于源系统往往都是 OLTP 型的应用系统，因此这两个层级的数据模型往往是以雪花模型为主的，即呈现范式化的特点。

在标准模型层中，需要将数据贴源层的数据进行标准化处理，统一维度信息。在这个层级中，必然会出现相对较多的维度信息，用于标准化源系统的相关事实表，以完成数据的标准化操作。从这个过程来看，维度的占比逐步增多，呈现星型模型的结构，然而由于不同的事实表可能会共享同一维度信息，故星座模型也会在这个层级出现。此外，针对部分源系统的维度信息的范式化处理相对简单，因此在这个层级中也可能会出现雪花模型。

在整合模型层中，需要基于业务过程构建共享的数据层级，用来满足企业的数据分析需求，并兼顾一定的拓展性。在这个过程中，往往基于标准模型层的事实表数据来计算某一粒度的聚合类数据，然后按照维度信息与该层级的事实表进行关联，以满足后续层级的数据需求。在这个层级中往往以星型模型为主。

在数据集市层中，往往以业务需求为主，所以这个层级的数据模型相对灵活，并没有呈现明显的模型特点，即数据呈现反星型模型、反范式的特点，通过整合模型层的事实表与维度信息的关联关系构建结果表，用来满足后续的应用需求。

综上所述，我们可以构建一个简单的数据层级与数据模型的关系图，来指导我们进行数据层级的设计工作，如图 8-21 所示。

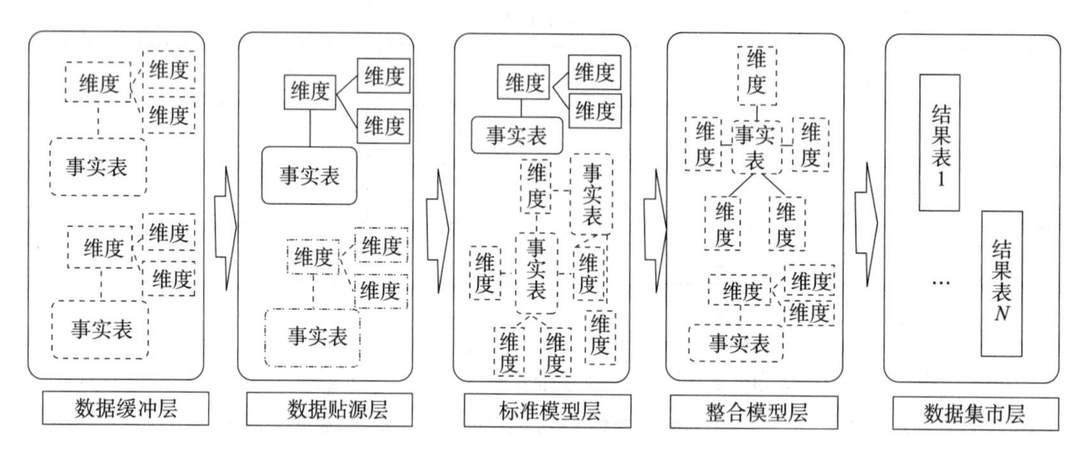

图 8-21 数据层级与数据模型的关系图

但是需要注意的是，不同的企业数据呈现出不同的数据特点，而数据层级的设计与企业的业务需求紧密联系，故在具体的数据建模过程中，我们需要按照企业的数据特点进行设计，而非教条式地生搬硬套。

8.7 总结

通过对数据建模架构的讲解，我们对于企业数据平台建模策略、建模过程及建模方法论都有了具体的了解。但是知道这些内容依然不能帮助我们进行最终的设计，因为在具体建模过程中事实表及维度的选择才是数据建模的核心。接下来，让我们深入解析事实表及维度的类型，真正了解数据模型中事实表及维度的设计工作。

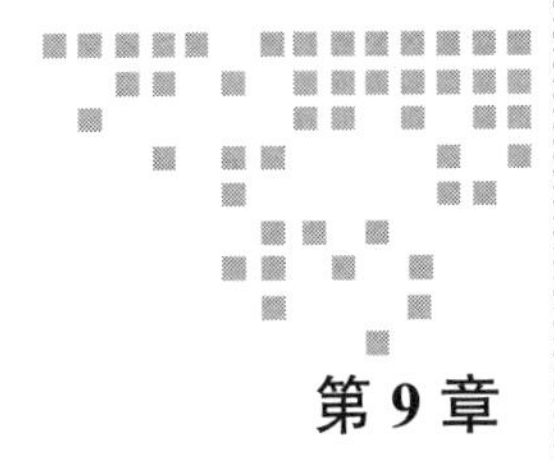

第 9 章 Chapter 9

维度建模解析

第 8 章对数据平台中数据建模的流程、方法论，以及不同数据层级的特点进行了详细介绍。从内容上来看，数据模型主要由不同的建模方法论下创建的事实表以及维度表构成。正如同一小区中的同一户型有着不同的硬装或者软装的风格一样，虽然都是事实表或者维度表，不同的建模方法论有着不同的形式。

从当前主流的建模方法论来看，维度建模已经逐步占主导地位，主要原因是它面向业务主题建模，以具体的业务为出发点，更容易让用户理解并接受。此外维度建模的落地周期相对较短，整体效率相对较高。

接下来我们将从维度建模的两个核心概念开始（维度与事实），介绍维度建模的目标以及局限；继而阐述维度建模如何通过总线结构保证模型的可扩展性；接着深入解析维度并引出不同的维度类型，例如缓慢变化维度及其处理方式；之后深入解析事实表并引出不同类型的事实表，例如单事务型事实表和多事务型事实表等。

9.1 维度建模概述

前文提到，在维度建模中数据模型主要呈现两种不同的形式，一种是星型模型，另外一种是星座模型。前者是相对简单的业务所对应的建模形态，后者是多个事实表共享维度所体现的特殊形态，由多个星型模型组合而成，如图 9-1 所示。

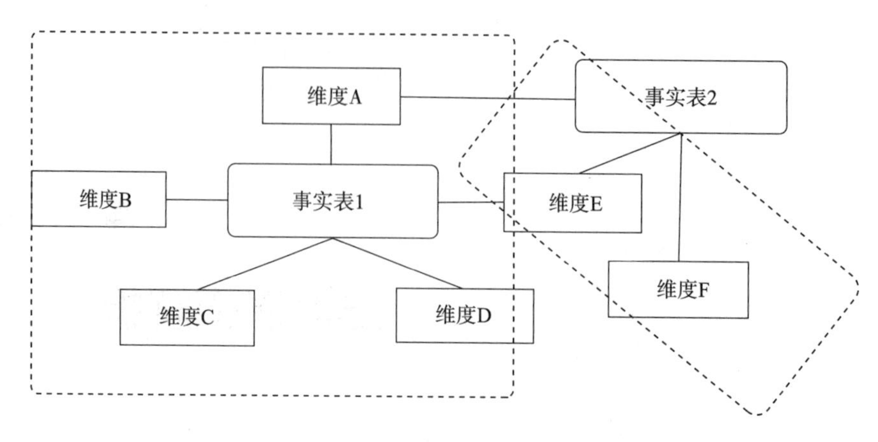

图 9-1 包含两个星型模型的星座模型

对于维度建模来说，它是一种自上而下的建模方式，即从业务需求出发，衍生出数据需求，之后拆分维度以及事实进行建模。从具体的建模过程来看，从业务到数据的映射过程涉及业务过程（或企业的业务活动）的定义，以及业务过程中具体的属性的定义，用来满足具体的业务需求。

9.1.1 维度与事实

其实维度与事实并不是由 Kimball 第一次提出的，它们最初是在 20 世纪 60 年代 General Mill（通用磨坊）与 Dartmouth（达特茅斯）大学主持的一个联合研究计划中提出的，后续由 Nielsen 以及 IRI 描述并推广而逐步流行起来。

在维度建模中，主要拆分 4 个概念去描述业务过程，分别是度量、维度、维度属性以及派生指标，定义如下。

- 度量：某一个具体业务过程中不可再分的指标，例如用户下单购买过程中付款的金额，具有明确的具体业务含义。
- 维度：可以理解为业务过程中的一系列属性，例如什么区域的用户、使用什么品牌手机的用户、购买什么类型的产品。该属性的集合构成具体的维度，也称作实体对象。维度作为度量所在的具体环境，通过维度与度量结合完成具体的业务过程。同时维度也是后续业务可以分析的具体的角度。
- 维度属性：可以是具体某一列维度中的属性值，例如会员维度包括会员性别、会员常驻区域、会员注册地、会员级别等。
- 派生指标：派生指标是相对于度量中不可再分的指标而言的，因为度量是具体的业务过程，派生指标则是按照不同维度对于度量的聚合或者统计而得出来的结果。例如对用户下单这个业务过程按照时间维度以及会员维度进行聚合，则可以查看不同日期不同级别会员的付款指标。该指标即派生指标。

Tips　任何业务过程都可以按照 5W1H 的维度进行拆分，即 Who 在 When 以及 Where 在 How 下进行 What。例如某一会员今天早上 8 点在某旗舰店中利用微信支付的方式购买了一本书。注意 Why 属于分析的范畴，需要基于业务过程进行探究。

不同的事实与维度在不同的度量或者维度属性下，构成企业的数据域，反映企业不同的业务过程，满足企业的不同业务需求，是维度建模的目标。

9.1.2　维度建模目标

在谈论维度建模的目标之前我们首先要知道维度建模提出的背景。Kimball 期望通过维度建模实现以分析视角构建模型，最终构建的数据模型主要为相关的分析场景服务；期望通过维度建模以业务为驱动构建数据模型，提供简单的、业务用户易于理解的数据模型，并且具有性能上的优势，进而构建企业级别的数据平台。

如果对上面的一句话进行抽象以及总结就是，维度建模是以满足业务需求为出发点。正如《数据仓库工具箱：维度建模的完全指南》中提到的，OLTP 型的系统的用户推动着轮子转动，而数据仓库（平台）观察轮子的运转。维度建模则是保证用户可以在各种维度观察轮子运转的关键所在。

按照书中的说法，基于维度建模，企业数据平台分别从数据的易用性、一致性、拓展性、安全性这 4 个方面支持用户决策、获取业务人员的认可，最终实现成功。本章主要包含易用性、一致性、拓展性以及如何支持用户决策的相关内容，简单总结如下：

1）数据是容易存取的，即用户（特别是业务用户）能够非常容易地理解数据的含义，并且可以方便地进行各种探索，在相对较短的时间内得到反馈。

2）数据具有一致性，即平台内部的数据是可信的、高质量的。业务含义相同的度量具有相同的表示，不同的事物具有不同的标识。数据平台内部需要实现标识的统一，不存在任何二义性的内容。

3）数据具有良好的拓展性，即新的业务场景不会对既有的数据以及应用产生巨大的影响，产生变更，进而影响整体使用的稳定性。

4）数据可以为用户决策提供支持，即企业用户可以基于数据平台的数据，制定满足企业运营需求的角色。

而对于使用维度建模的企业数据平台来说，这里的核心基础就是维度建模，通过设计合理的维度以及事实表，构建良好的关系，进而达到上述的目标，获得业务群体的认可。

9.1.3　维度建模局限

维度建模成功的标准是满足业务的需求，如果忽略业务要求以及目标而以技术的思路构建整体的数据模型，那么维度建模必然是失败的。

维度建模的核心是构建丰富的维度信息与事实表进行结合来构建企业的数据平台。那么维度的设计以及维度、事实表的粒度拆分都是保证一个友好的高质量的数据平台的关键。从某个层面来看，基于数据平台的各种应用都是基于维度的体现，故维度的质量以及深度与数据平台的易用性成正比。所以维度属性的确定、维度的质量需要在结合业务的基础上反复确定。

维度确定之后并不是不可变化的，随着业务的变化或者发展，关于维度的迭代需要同步进行。维度的变更需要基于某种准备，这个过程中维度的设计者需要基于业务需求进行合理性评估并确认。

同理，对于事实表来说，它是维度模型的基础表，包含了大量的业务度量。不同粒度的事实表与维度构建一起完成。然而在事实表的设计过程中需要保证事实粒度的一致性，即事实表中的度量具有统一粒度。在维度模型中事实表往往具有更多的行以及更少的列，故当事实表的框架确定之后，对于事实表的修改就需要相当的谨慎。因为对于数据量相对较大的表的DDL操作往往需要很多的资源，并且可能因为锁而引起业务上的中断。

总的来看，在维度建模的运用上，局限往往体现在维度建模的设计人员是否有着审慎的态度进行维度表以及事实表的设计、是否以业务驱动的思维构建数据模型。换句话说，设计模型的人能否结合业务需求构建高质量的维度以及事实表决定了维度建模运用的好坏。

为了证企业的数据平台可以随着业务的发展逐步迭代并兼备灵活性，维度建模中有着非常经典的框架来指导维度的设计以及开发，即总线结构（Bus Architecture）。

9.2 维度建模总线结构

总线是计算器组成原理的一种基本概念，它是计算机各种功能部件之间传送信息的公共通信干线，它连接多个部件，是各部件共享的传输介质。通过总线技术，计算机的CPU、内存、输入，以及输出等各种设备能完成通信，进而完成用户发给计算机的各种指令。总线可以在不同时期接入不同的设备时依然保证计算机的正常运行，例如笔记本电脑在增加外接的显示屏以及蓝牙鼠标后依然可以正常地运转。

维度建模的数据总线的设计也采用了类似的思路。随着接入的业务需求逐步增加，数据平台接入的维度或者事实数据也必然会同步增加。对于企业来说，它不可能等待数据平台完全建设完成之后再正式供不同的应用去使用，因为任何数据平台建设的投入都是巨大的，并且往往在数据平台搭建完成之后，发现当初设定的业务范围已经发生很大的变化。

维度建模的总线结构主要由三部分构成，分别是总线矩阵、一致性维度以及一致性事实。

Tips 维度建模的总线结构也就是多维体系结构。

其中总线矩阵是总线结构的具体体现，它在宏观上体现出不同应用系统接入数据平台

时与业务过程之间的关联关系，并使不同数据中心的接入可以同时进行；一致性维度以及一致性事实是总线结构能够具体执行的保障，开发团队按照这个体系结构进行数据平台的接入以及开发。

9.2.1　总线矩阵

从名称上来看，总结矩阵是由总线以及矩阵构成的。矩阵从形式上来看主要由行以及列构成，从内容上来看，行主要代表具体的业务过程，列代表具体的维度信息。列的每一个维度星系与业务过程串联在一起构成一个完整的总线矩阵结构。如表 9-1 所示，这是一个精简的零售企业数据平台的数据总线矩阵。

表 9-1　零售企业数据平台的数据总线矩阵

业务过程	日期	会员	活动	产品	渠道
会员注册	×	×			×
会员购买	×	×		×	×
活动营销	×	×	×	×	×
企业库存	×			×	×

例如在数据总线矩阵中“会员注册”这个业务过程与“日期”、“会员”以及“渠道”挂钩，表示某个用户在某一时刻、某一个渠道注册成为企业的会员。但是这里需要明白的是“会员注册”这个业务过程并不对应着某个具体的应用系统，而是可能代表着不同的应用系统。例如该企业在 Web、微信小程序、移动设备上都有不同的注册渠道，那么它至少对应 3 个不同的应用系统。故在进行具体的维度设计（列）时，需要考虑跨不同业务过程（行）的业务特点进行整合。

数据总线矩阵的作用远非如此，它可以保证数据平台建设过程中数据接入的准确性以及模型与业务的相关性。因为上述的每一个行与列的交叉点（单元格），都代表着数据平台将通过 ETL 的方式接入某些应用系统，并设计合适的维度与不同的事实表以满足业务的需求。

> Tips　总线矩阵需要保证维度，可以贯穿到不同的业务过程，这样做的意义在于保证任何接入数据平台的事实表不会缺失具体的维度信息，当然这需要维度设计的团队成员去深入调研具体的应用系统。

数据总线矩阵定义了具体的业务过程与维度之间的关联关系。为了实现数据总线矩阵的规划，需要一致性维度来确保不同的业务过程共享相同的维度。

9.2.2　一致性维度

一致性维度从名称上就可以看出需要的是企业维度的一致性。一致性主要体现在两个方面。一方面是指企业所有的维度都是一致的，即一致的维度具有一样的关键字、属性列的名称以及业务含义等。换句话说，在企业中，关于同一事物的表述是一致的，例如在企业内部对性别的表述全部都是用 0 代表未知，1 代表男性，2 代表女性。另一方面是指在特定场景上使用的最佳维度是最细粒维度的子集。举个例子来说，如果是日期级别的维度，周相关的维度信息应该是日维度信息的子集，而并不是单独的周日期维度，否则就会导致总线矩阵新增单独的一列（周日期维度）。

一致性维度的意义在于保证不同的业务场景中不会采用不同的维度标准，这样可以保证与维度相关联的事实表所共享的维度以及维度属性都是一致的。这样带来的好处是不言而喻的，即在不同的应用中不会出现各种数据转换的工作。

同时，在企业数据平台中并不是所有的事实表都享有同样的粒度，例如每日的快照需要构建每周或者每月的周期快照以统计当月每日的平均销量，那么需要在原有的日粒度日期维度进行一致性处理，提供按照月的维度信息，如图 9-2 所示。

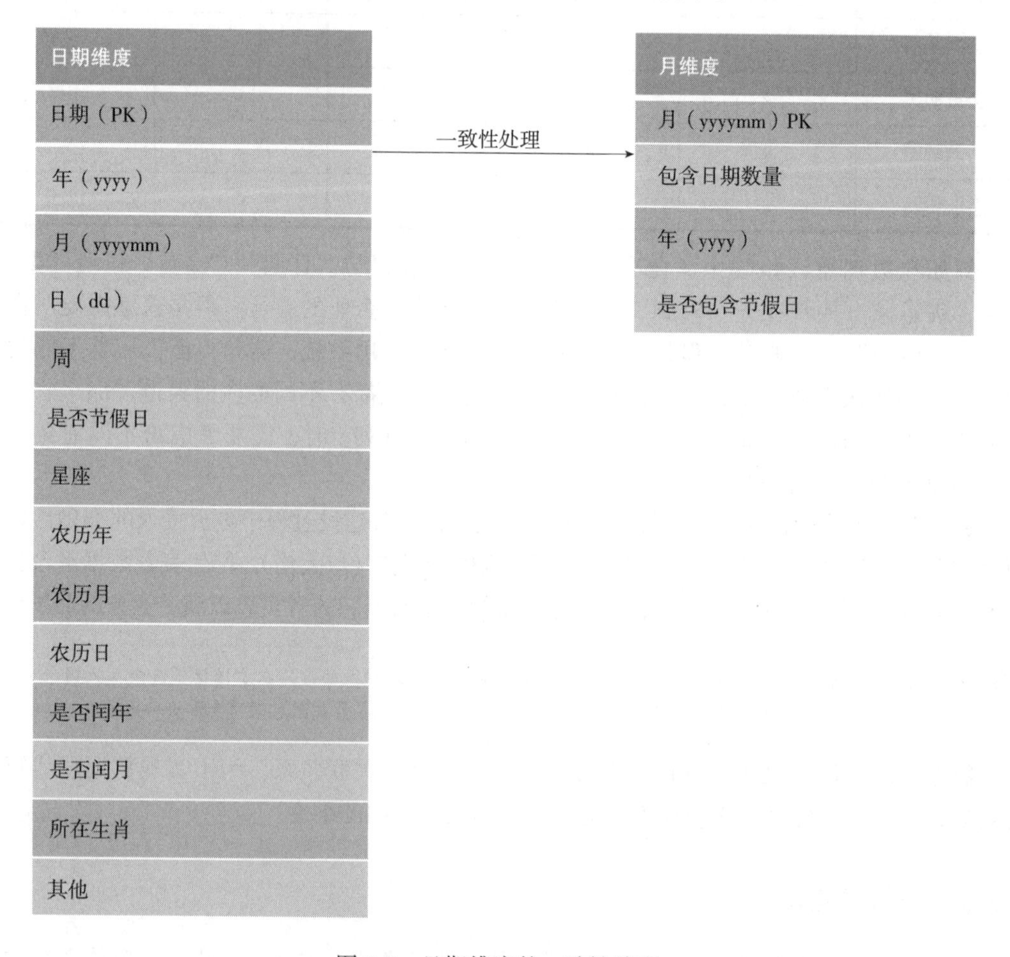

图 9-2　日期维度的一致性处理

这个过程往往通过视图的方式构建以保证维度的一致性。一旦企业的一致性维度确定之后，就会涉及维度应用这个阶段。这个阶段其实主要有两个目的，第一个目的是基于一致性维度在数据平台中应用，第二个目的是如何将一致性维度推广到不同的应用中。这个过程中出现的阻力往往并不是来源于技术层面，更多可能是来源于行政层面。举个例子来说，如何保证数据平台的下游应用全部采用统一的一致性维度，这可能会产生额外的工作量。此外需要注意的是，一旦一致性维度在企业内部逐渐推广，那么关于维度的变更以及同步到不同的应用中是一件相当重要的事情，需要我们更加小心地评估维度变更所带来的潜在影响。

一旦一致性维度构建完成，那么基本上维度建模中的绝大多数工作就已经完成了，剩下的就是构建一致性事实以保证数据总线矩阵的落地。

9.2.3　一致性事实

前面我们已经介绍过，对于维度建模来说，事实表中的任何一条记录其实代表的是一个具体的业务过程，例如订单表中的一条记录，代表某个客户购买某个产品实际的付款信息等内容。那么对于一致性事实来说，企业中不同应用过程应该采用不同的事实度量，相同的事实度量代表相同的业务过程。举个例子来说，零售行业有一些非常重要的指标，例如新客数量、获客成本这些关键指标的定义需要在企业内部保持一致。当不同应用系统的事实数据被整合到数据平台中时，这些指标的计算或者运用则需要在相同的定义下进行。

此外对于相同的事实，不同的业务部门想观察的角度并不一样。例如对于零售行业来说，生产部门可能关心的是具体的以箱为单位的指标，而对于电商行业来说，他们希望看到的是不同的产品形态的销售数量，如不同产品组合的商品销量。那么针对这种问题有两种不同的解决方法：第一种方法是在产品的维度上新增箱的相关维度属性（在维度建模中称为转换因子）来进行统一计算；第二种方法是在事实的度量计算过程中，拆分出两个完全不同的指标进行展示。直接利用事实进行计算以减少维度上不必要的更新所带来后续的影响，例如生产部门新增其他的包装方式，可能导致维度的再一次更新。

综上所述，针对具体的业务场景可能存在通过维度或者事实两种不同的解决方法，在面对实际的问题时，我们需要结合实际需求情况分析不同方法可能带来的潜在影响，进而做出正确的决策。

介绍完维度建模的核心概念之后，接下来我们将对维度建模中的维度、事实表及其相关的分类进行更详细的介绍。

9.3　维度详解

如果你是刚接触维度建模，可能会认为维度是不变的或者变化缓慢的，具有相同属性的集合体，例如日期维度。但是在真实的应用场景中维度可能有十几种，例如从维度使用的特点来看可以分为缓慢变化维度、角色维度、微型维度、缩小维度、杂项维度、支架维度、桥接维度等；从维度的处理方式来看可以分为快照维度表、拉链维度表等；从维度的数据特点来看可以分为递归层次、多值属性、多值维度等。利用这些维度可以更好地平衡模型设计以及业务需求，使模型具备更好的可拓展性以及可维护性等。

如果将维度想象成一把直尺，直尺上不同的刻度代表一个维度表上的不同的列。在几何课上可以使用直尺来测量距离，在阅读时可以将直尺夹在书中，用作书签，在这两种不同的场景下直尺起着不同的作用。这就是角色维度的概念，即相同的维度表在不同的模型中起着不同的作用，一般可以用视图实现。

如果直尺很长，但是每次测量都只用到前面的部分，那么就对直尺进行一定程度的裁剪，将用得最多的部分独立出来。这就是微小维度的概念，即将维度的子集单独提取出来进行使用。与微小维度类似的是微型维度。微型维度并不是按维度的子集进行拆分而是按变化程度进行拆分的，也就是说，将维度中变化比较频繁的维度单独拆分出来进行管理。因为维度表往往都是宽表，单独出来的微型维度可以防止维度表的频繁更新导致锁，进而影响使用。微小维度与微型维度示意图如图 9-3 所示。

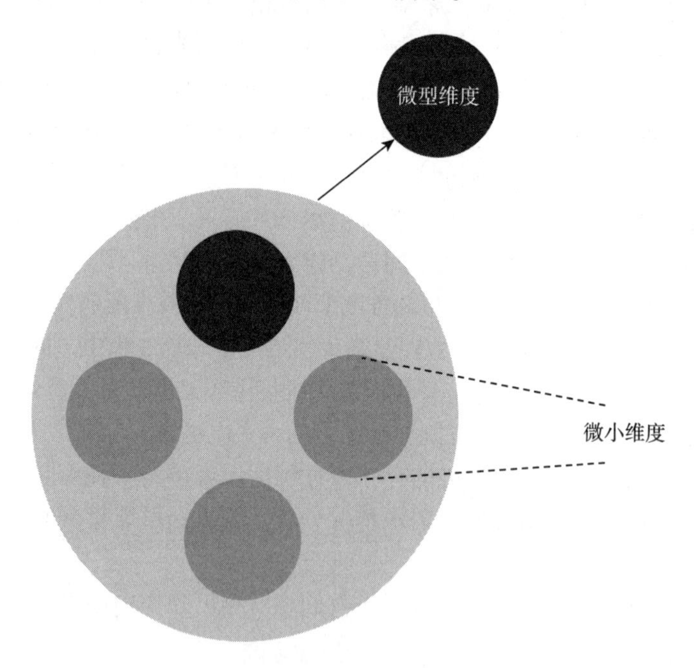

图 9-3 微小维度与微型维度示意图

Tips 微型维度是将主维度中变化频繁的列单独列出，故这里是两张不同的维度表。

支架维度与桥接维度都可以看成维度的一种补充形式，前者是对维度属性的额外补充；后者是对维度表的一种桥接关系，关联另外的维度表。顾名思义，支架维度是对维度中属性信息的一种补充，它主要描述维度表对于另外的维度表的引用关系。例如商品中有出厂日期属性，但是日期属性是属于日期维度的信息，如图 9-4 所示。

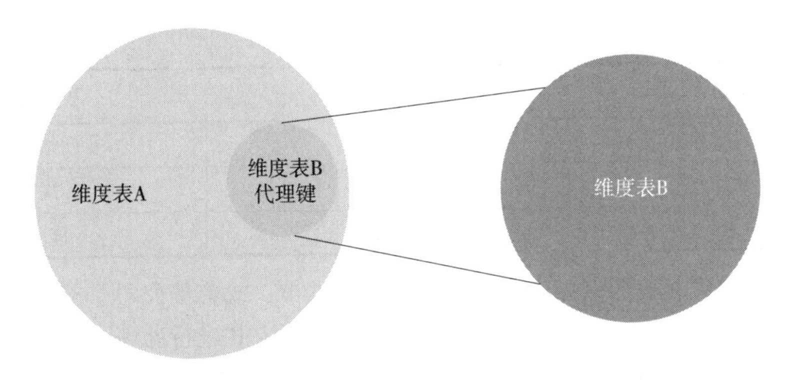

图 9-4　支架维度示意图

支架维度本质上是对不同维度表的进行关联，但是在维度建模中维度表之间的关联是应该通过事实表进行的。如果已经知道维度建模中建议用事实表关联这个原则，并行评估之后仍然使用支架维度的话请继续使用吧。

桥接维度非常好理解，就是两个维度表之间通过第三张维度表进行关联，存储另外两个维度表的关系。如图 9-5 所示，维度表 A 与维度表 B 之间某个字段的属性存在多对多关系，基于这种多对多关系设计维度表 C，用来存储这两个属性的关系。例如代理商与客户之间，一个代理商可以代理多个客户，同时一个客户也可以隶属于多个代理商，那么维度表 C 就是代理商与客户的映射关系。当然按照维度建模的理论，维度之间的关系应该通过事实表去体现，如果你清楚这样做带来的好处以及坏处，那么依然可以采用这种方式去构建你的维度表。桥接维度示意图如图 9-5 所示。

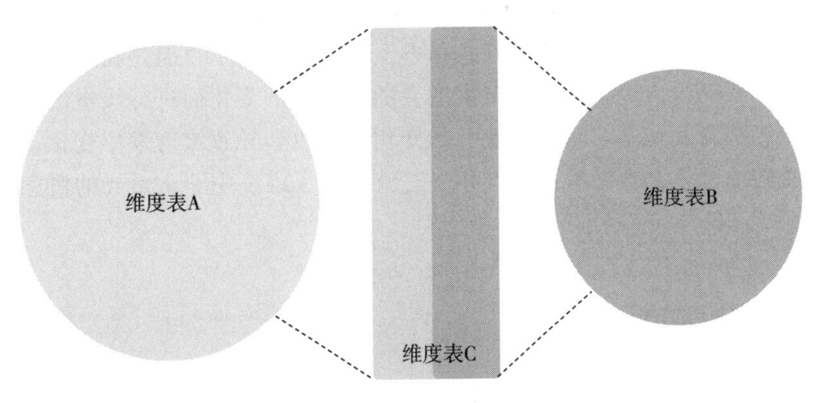

图 9-5　桥接维度示意图

通过支架维度、桥接维度，我们可以解决维度中出现的多值、多属性的问题。然而对于某些零散的维度，每个维度属性值都比较少，例如不同渠道的付款方式：渠道粗略地看只有线上以及线下；付款方式的只有现金、信用卡、网络支付。将这两个属性进行笛卡尔组合之后，过滤掉不合理的场景，就完成了简单的杂项维度的构建，如表 9-2 所示。

表 9-2 杂项维度

代理键	渠道	付款方式
1	线上	网络支付
2	线下	现金
3	线下	信用卡

此外，很多维度是有层级结构的，例如省份、城市，或者母公司、子公司等。这种层次结构的维度对于应用并不友好，故往往采用扁平化的方式进行处理。但是这种处理需要根据具体的应用特点，例如对于省份城市可能直接进行平铺展示，如表 9-3 所示。

表 9-3 平铺处理层级结构

代理键	国家	省份	城市	区
1	中国	江苏	苏州	开发区
2	中国	上海	上海	闵行区

当然也可以利用上下级别引用来进行展示，如表 9-4 所示。

表 9-4 利用上下级别引用处理层级结构

代理键	代理商	下一级代理商	上一级代理商
1	A	C	B
2	B	E	D

说到这里，一些常见的维度处理方式基本上就告一段落了，但是在维度的世界中，维度并不是一成不变的，恰恰相反，很多维度会随着时间的变化而进行缓慢的变化，例如用户的年龄每一年都要变化。同时一些业务的变化必然也会导致维度发生变化，例如公司部门或者产品属性的调整都会导致此类变化，这就引出了维度中非常重要的概念——缓慢变化维度。

9.4 缓慢变化维度

正因为在现实世界中，维度的属性并不是静止或者不变的，只是维度的变化相对于事实表数据的增长速度变化比较缓慢，所以缓慢变化维度的概念被提出，用来指导维度建模的设计以及开发。在维度建模领域中，处理维度表的历史变化信息的问题称为处理缓慢变化维度（Slowly Changing Dimension，SCD）的问题。

在开始本节内容之前，我们需要明白数据库任何一张表的数据处理方式。总的来说数据处理方式只有 4 种，这是由数据表作为一个二维矩阵的特性所决定的。这 4 种方式分别是旧值替换、新增列、新增行以及新增表，这是所有维度修改的核心，甚至是关系型数据表处理的基本法则。详细介绍如下。

- 旧值替换，保留旧的属性名称，但是将既有的属性值进行替换，例如字段 A 本来存储的是 a，现在被替换为 b。
- 新增列，即新增一列具体的列值，属于 DDL 操作，对原有的数值不做修改，例如本来有 10 个字段，现在变成 11 个。
- 新增行，即新增一行与原先表结构相同的记录，属于 DML 操作，但是从实际运用的角度来看，新增行必然伴随着新增列出现，因为会涉及维度的版本问题。
- 新增表，新增表的本质是将二维表升级到三维表，是对原先维度的补充说明，这有点像之前提到的杂项维度、微型维度等。

其中新增表的示意图如图 9-6 所示。

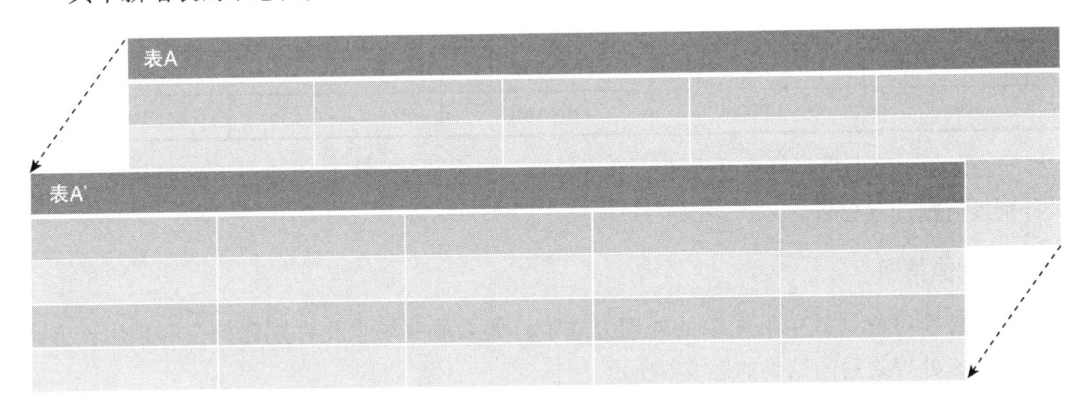

图 9-6　维度建模中表的处理方式之新增表

介绍了上述 4 种处理方式，我们接下来深入介绍缓慢变化维度的相关内容以及处理方式。同时，期望读者始终记住维度的变更会带来数据平台建设中的 ETL 作业，甚至是数据流的变更。

9.4.1　缓慢变化维度的作用

维度建模的核心就是维度的设计以及使用。维度的设计以及质量直接影响到数据平台的好用与否，甚至成败。而对于缓慢变化维度的处理更加直接影响到维度的设计工作。因为对于大多数数据平台来说，绝大部分的维度都不是不变化或者发生巨变，而是缓慢发生变化的。

对于这些缓慢变化维度的处理直接影响着模型背后数据流的处理方式，甚至数据的准确性。举个例子来说，某商品的包装颜色在本月发生变化，那么映射到维度上就是商品表上的包装颜色的属性信息发生变化。如果只是单纯地替换维度信息值的话，那么原有的颜色数据就会丢失，将直接影响本月之前关于颜色与商品销售关系的数据，导致数据准确性的问题，甚至可能影响某些关键决策。

下面详细介绍缓慢变化维度的常用处理方式。

9.4.2 缓慢变化维度的处理方式

前文提到，针对数据表的处理只有四种方式，对于缓慢变化维度的处理方式主要是前面三种，即旧值替换、新增列、新增行。接下来让我们结合具体的例子进行阐述。

假设某零售公司的数据平台存在一张商品维度信息表，其中部分字段信息如表 9-5 所示。

表 9-5 商品信息表字段信息

代理键	商品 ID	商品名称	…	生产厂商
2135	PA	PANAM	…	PAP0
602	PB	PBNAME	…	PAP0

当商品 PA 的生产厂商发生变化，由 PAP0 直接变成 PAP1 时，按照上面提到的三种方式分别进行阐述并分析。

1. 旧值替换

旧值替换可能是其中最简单的处理方式了，如果业务场景允许则建议全部采用该方式进行处理，处理之后的结果如表 9-6 所示。

表 9-6 利用旧值替换方式处理的结果

代理键	商品 ID	商品名称	…	生产厂商
2135	PA	PANAM	…	**PAP1**
602	PB	PBNAME	…	PAP0

从表格中可以看出 PA 对应的生产厂商直接被修改为 PAP1，曾经出现的 PAP0 已经完全消失，那么基于商品以及生产厂商统计维度的指标数值可能都会发生变化，这是评估采用该方式时必须要考虑到的。这种方式不会保留历史数据，不会影响到指标计算的逻辑，但是会直接影响数据指标。

这种修改方式相对简单，但是在实际场景中往往需要查询历史数据，那么这就需要利用后面的两种处理方式。

2. 新增列

相对于旧值替换这种不保留历史数据的方式，新增列则在原有列的基础上新增一例最新的生产厂商的记录，然后进行处理，处理之后的结果如表9-7所示。

表9-7 利用新增列方式处理的结果

代理键	商品ID	商品名称	…	生产厂商（旧）	生效日期	生产厂商（新）
2135	PA	PANAM	…	PAP0	2022-08-22	PAP1
602	PB	PBNAME	…	PAP0	—	—

从表中可以直观地看出，表中新增了2个字段，生效日期以及生产厂商（新），同时原有的生产厂商值被保存下来。这里需要注意的是，样例中的生产厂商（旧）并不代表具体的字段名称发生变化。

这种方式相对旧值替换要复杂一些，但是在具体指标的查询过程中可以根据生效日期进行判断，针对生效日期不为空且在生效日期之间的数据采用旧的生产厂商的数据，针对生效日期之后的日期则采用新的生产厂商数据。新增列可以保证整体指标的准确性，但是同样会使既有的指标计算逻辑发生变化。

3. 新增行

之前的描述中提到新增行的处理方式往往都伴随着新增列的出现，因为如果单纯新增行的数据的话，是无法区分旧产品与新产品之间的状态的，故往往需要增加一列状态列或者版本列来区分具体的值，详细信息如表9-8所示。

表9-8 新增状态列

代理键	商品ID	商品名称	…	生产厂商	状态/版本
2135	PA	PANAM	…	PAP0	0
2135	PA	PANAM	…	PAP0	1

其中当前有效的状态为1，表示是最新的记录，历史的记录状态为0。然而细心的读者可以发现，这种方式只记录历史的记录，但是并未记录变更的具体日期，所以这种场景适用于维度发生变化，但是始终只有一条记录是最新的场景。与此同时，在具体的应用中需要针对版本以及状态进行判断。

将上述的方式进行细微调整就可以得到两种新的维度处理方式：快照维度以及拉链维度。

（1）快照维度

如果将上述处理方式稍微扩展一下，即无论维度的数据是否变化，数据平台中每天都保存最新的维度切片，并且用时间作为版本的对应值，那么这就是所谓的快照维度，如表 9-9 所示。

表 9-9 快照维度

代理键	商品 ID	商品名称	…	生产厂商	数据日期
2135	PA	PANAM	…	PAP0	20220822
2135	PA	PANAM	…	PAP1	20220823

快照维度的优点以及缺点都很明显：优点就是不用考虑维度的变化，每次使用时取当前最新日期的维度数据即可；缺点就是每天都存储维度的数据切片，可能导致维度的数据表膨胀进而影响效率。一般这种情况需要考虑维度数据清理的过程。

（2）拉链维度

相对于快照维度保存每日的数据切片，导致数据膨胀，拉链维利则利用开始时间以及结束时间字段来表示维度生效的时间区间，进而减少数据膨胀。这种方式的处理思路是如果维度数据发生变化，则新增一条维度数据，并将上一条维度数据置为失效，如表 9-10 所示。

表 9-10 拉链维度

代理键	商品 ID	商品名称	…	生产厂商	开始时间	结束时间
2135	PA	PANAM	…	PAP0	20220101	20220822
2135	PA	PANAM	…	PAP1	20220822	29991231
2136	AA	PAANAME	…	PAP3	20220131	29991231

从上面的记录可以看到，代理键为 2135 的记录有 2 条，结束时间分别是 20220822 以及 29991231。其中 20220822（代理键为 2135）这条记录代表着它是开始时间为 20220101 时新增到维度表中，并在 20220822 时发生变化。变化对应的记录是结束时间为 29991231 的这条记录（代理键 2135），因为生产厂商发生变化而被入库。

在拉链维度中，根据实际情况可以将结束时间设置成一个很大的日期数值或者置为空，也可以根据数据平台所在企业的具体情况灵活设置。

同时上述记录还存在一条代理键为 2136 的记录，表示 20220131 这一天该维度新增到维度表中，并且截至现在仍然未发生变化（因为结束日期是 29991231）。

拉链维度需要将维度数据进行全字段对比才能找出发生变化的记录，然后更新对应的记录并新增最新的维度数据，所以整体计算量相对较大。但是很明显，对于一个维度相对变化缓慢并且数据量较大的维度表（例如百万级别），拉链维度是一个比较不错的选择。但是如果维度变化频繁，那么拉链维度并不能节省很多空间，并且较为复杂的计算过程也会带来的额外资源浪费。所以在确定使用的维度方式时一定要结合具体的实际情况综合考虑。

9.4.3　小结

正如之前所提到的，维度的质量直接决定了数据平台的灵活性、易用性以及性能等。所以关于维度的处理一直都是维度建模中一件非常复杂的事情，但这并不意味着数据平台建设全部都是按照维度建模的要求进行维度表的设计。例如前面提到的支架维度往往都是以范式的数据表出现。所以在具体的维度处理上一定要灵活运用，不要拘泥于特定的设计模式，要根据业务需求进行选择。总而言之，一切设计都要从实际业务场景出发，这是对于维度设计者的要求。

当然在维度建模中并不是只有维度，还有很多事实表与维度连接在一起构成了整体的数据平台。

9.5　事实表详解

事实从字面上看就是现实中具体发生的事情，是一个具体的业务过程。不同的事实表代表着不同的业务过程，例如转账事实表、贷款事实表、还款事实表等。举个例子，登录电商网站购买商品、登录银行 App 完成一笔转账都是事实，那么这些业务过程对应的事实表就包含可以度量该业务过程的相关数值，如购买商品的金额、登录银行转账的金额。

Tips　还记得之前提到的总线矩阵吗？矩阵的每一行就代表一个具体的业务过程，但是可能包含多个不同的事实表。

从事实表的度量特点来看，事实分为三种，即可加、半可加以及不可加，分别代表着该事实可以完全、部分或者不可以与维度进行计算。在维度建模中我们了解到，很多指标都是事实表与维度表进行关联并且聚合之后产出的相应的指标，但是由事实表的度量特点来看，不同的度量可以与维度进行计算的范围并不相同：例如用户购买商品的金额，可以与任何维度进行关联运算，那么它就是可加的事实；又如用户银行账户的余额，就无法与时间维度进行聚合计算，但是可以与类似区域的其他维度进行计算，那么它就是半可加的事实；再如用户购买理财的收益率，收益率完全无法与其他维度进行计算，那么它就是不可加的事实。

从事实表的粒度来看，事实表可分为三种，事务型事实表、周期快照事实表以及累计快照事实表。对于数据库有了解的读者很清楚事务代表数据库层面最小的操作单元，要么成功要么失败。所以在维度建模中，事务就代表最小粒度的数据记录，也是企业运营中最小的粒度不可分的业务事件，例如上面提到的一笔转账、一次购买都是一个事务，往往也代表事实表中的一条记录，那么存储这种不可分的业务事件的数据表则为事务型事实表，如图 9-7 所示。

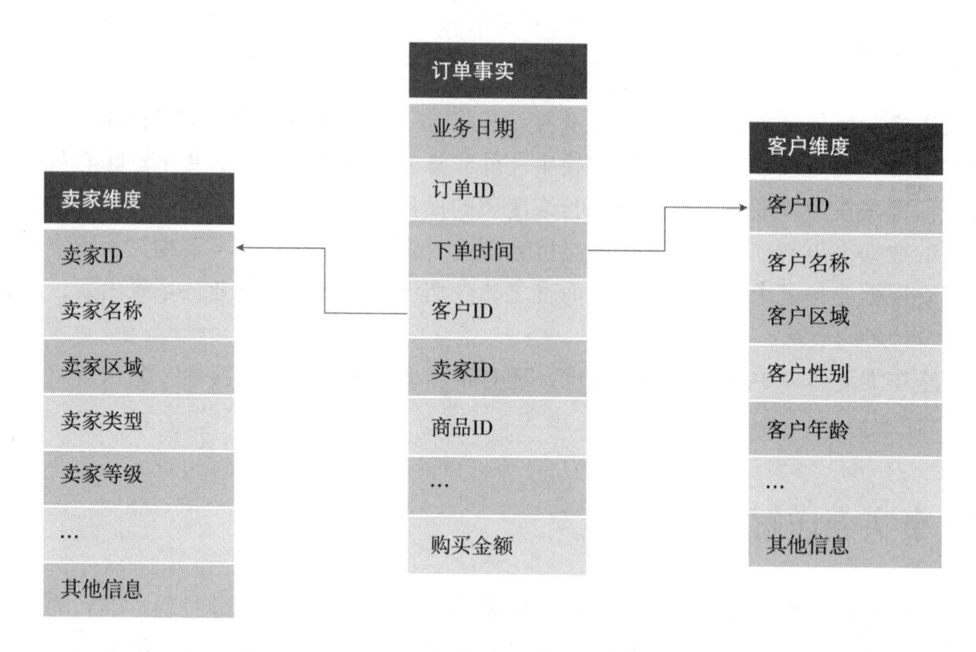

图 9-7 事务型事实表——订单表

正如之前的快照维度一样，事实表也有快照事实表这一个概念，称作周期快照事实表，它主要是按照指定的周期对事务型事实表进行采样，来构建被采样所对应实体的度量值的变化程度，例如以月份为单位查看某个用户的账户余额，就不需要通过事务型事实表进行查询来得出结果。如图 9-8 所示，这是一个典型的周期快照事实表。

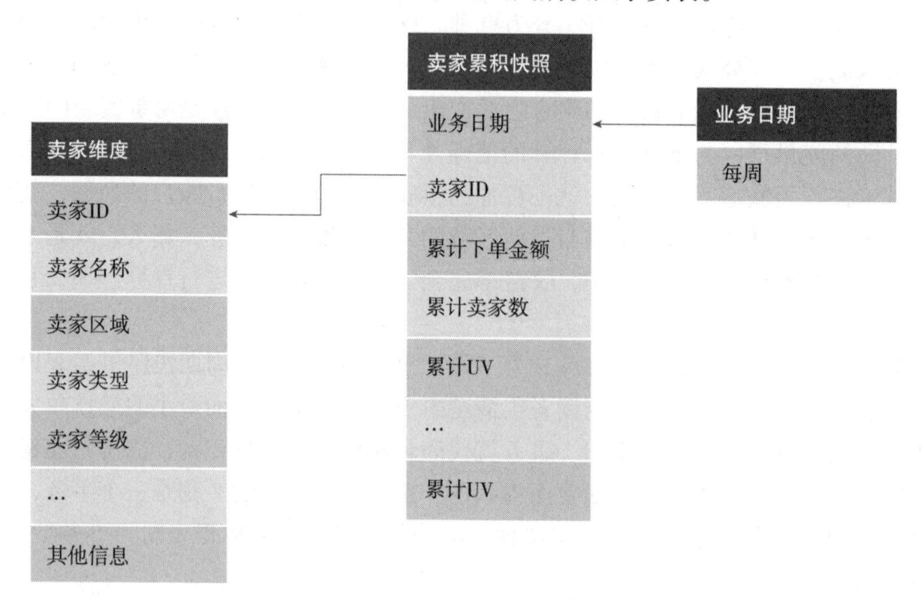

图 9-8 周期快照事实表

例如在“卖家周期快照”表中，按照每周的频率针对卖家的统计信息进行记录并保存，用来追踪卖家整销售状况。

然而无论是事务型事实表还是周期快照事实表，它们都是对于某一个主题的业务事件进行记录之后就不再更新了，但是现实应用场景中还存在有着明显起止事件的业务事件，例如电商网站从下单到确认收货之后才能算整个业务事件的完全结束。那么在这种场景下，用户下单、商家发货、物流签收、确认收货等每个业务节点都会更新各自相应的数据，这种类型的数据表叫作累积快照事实表，如图9-9所示。

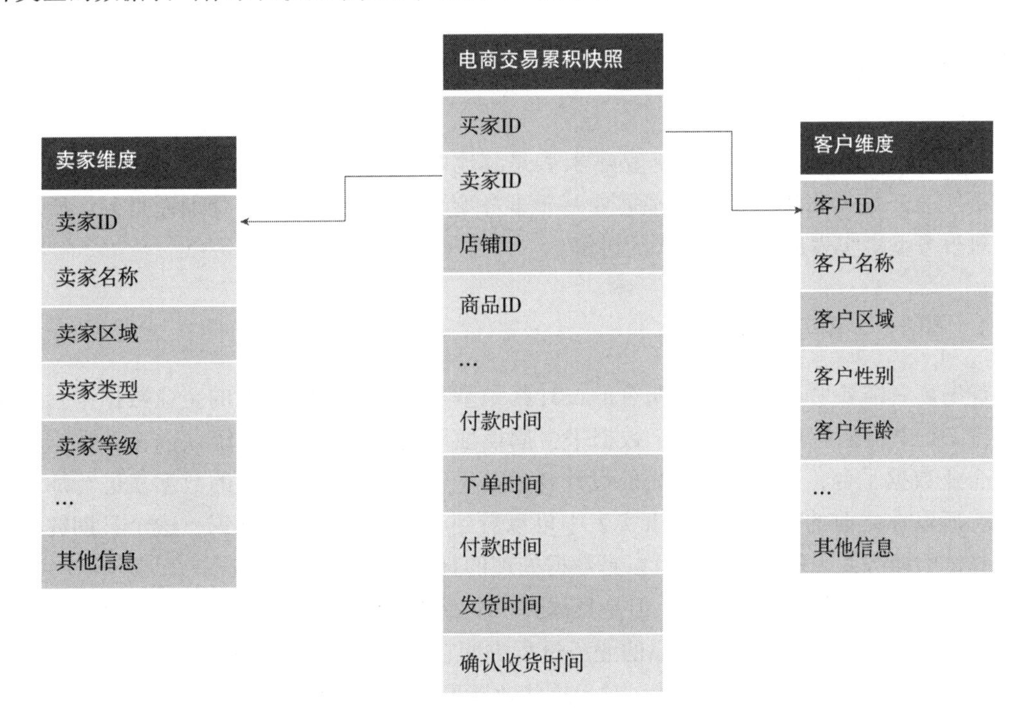

图9-9　累积快照事实表

图9-9记录了用户购买店家某商品从下单到确认收货这一完整的电商购物生命周期。在累积快照事实表中，当新的业务事件发生时，需要更新该事实表，来补充业务状态变更的日期和事实信息。但是需要注意的是，累积快照事实表的某些特定事件的更新时间是不确定的。

Tips　需要注意的是在累积快照事实表中一个业务过程只有一条记录。

不同的事实表有着不同的优点或者缺点，根据不同的事实表类型进行简单的对比，如表9-11所示。

表 9-11 不同类型事实表对比

	事务型事实表	周期快照事实表	累积快照事实表
更新时间	离散的，不规律的	有规律的	不确定的
日期维度	事务日期	快照日期	业务过程涉及的日期
事实表数据变化特点	插入	插入	插入 & 更新
事实表数据更新特点	不更新	不更新	业务过程变更时更新

9.6 事务型事实表

在不同类型的事实表中，事务型事实表是其他两种类型事实表的基础，即无论是周期快照事实表还是累积快照事实表都需要基于事务型事实表进行相应的处理而得到。所以有必要对事务型事实表进行更加深入的讲解。

9.6.1 事务型事实表概述

首先读者需要明确的是我们所有的设计都是基于一个偏 OLAP 型的企业数据平台，而非一个 OLTP 型的应用系统。这个数据平台周期性地从不同的应用系统抽取相关数据并汇聚到企业数据平台，所有的事实表的设计都是基于不同源系统汇聚来的数据表进行加工处理的，所以在之前的不同类型的事实表中可以看到“业务日期”的标识，这个日期往往可以是具体的业务发生的日期，也可以是数据处理的日期。

事实表是与业务过程挂钩的，但是具体到一个业务过程，它可能由一个或者多个业务事件构成，例如在电商平台购买商品的业务过程中，它可能由用户添加购物车、购买、支付、发货、收货等若干个事件构成。那么对于这些业务事件不同的处理方式就构成了不同类型的事务表。如图 9-10 所示，这里展示了一个典型的购物业务过程中不同类型事实表的关系。

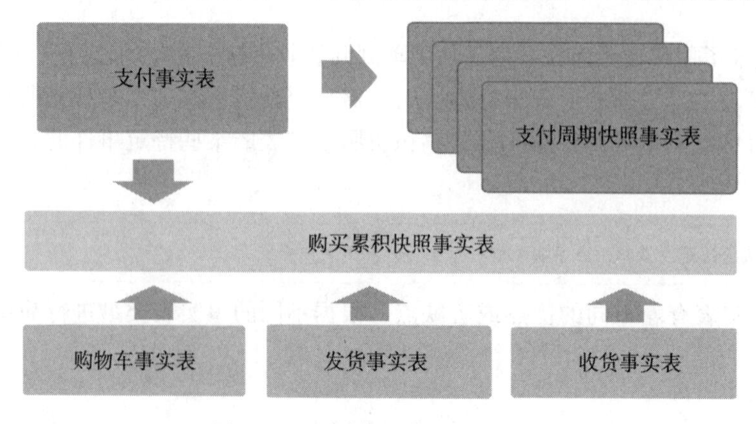

图 9-10 不同类型事实表的关系

不同的事务型事实表一起组成了累积快照事实表，支付事实表周期的快照构成支付周期快照事实表。但是对于事务型事实表本身来说，虽然它是最小粒度的事实，但是实际上对于事务型事实表处理的方式上又可以分为单事务型事实表以及多事务型事实表。

9.6.2　事务型事实表处理

1. 单事务型事实表

单事务型事实表是针对每个业务事件设计一个事实表，这样做的好处是可以方便地对每个独立的业务事件进行独立的分析。例如在电商购买流程中，将下单以及支付分别存储到不同的事实表中，之后根据不同的业务特点设计不同的粒度、维度以及事实。

单事务型事实表处理还有另外一个优势，即实现数据处理层面的解耦。因为我们是将不同源系统的数据汇聚到同一个数据平台，那么不同的事实表在进行数据抽取作业（ETL）时可以相对独立地完成，那么基于该事实表的后续任务则不受其他事实表的影响。

然而过多的事实表可能会造成数据平台中数据表的膨胀，产生过多的数据表，进而产生更多的 ETL 作业。因为在数据平台中一个事实表至少对应一个或者多个 ETL 作业。所以在单事实表处理的基础上，衍生出了多事务型事实表。

2. 多事务型事实表

多事务型事实表是将多个单事务型事实表合并成一张事实表，即将粒度相同且隶属于同一个业务过程的多个业务事件整合在一起。举个例子来说，在电商平台下单、支付以及确认收货之后的订单完成等本质上都属于购物这个业务过程，并且这三者的粒度相同，可以整合到一张多事务型事实表中，如表 9-12 所示。

表 9-12　多事务型事实表的一种形式

业务日期	订单 ID	是否下单（当日）	是否支付（当日）	是否完成（当日）	下单时间	支付时间	收货时间	商品 ID	…度量
20220822	order1	Y	Y	N	…	…	…	…	…
20220824	order1	N	N	Y	…	…	…	…	…

从表 9-12 中可以看到，在该多事务型事实表中，我们将下单、支付以及订单完成这些业务事件整合到同一张事实表中，并且通过标志为 Y/N 来表示该订单在业务日期上的具体状态。看到这里可能有读者会觉得它与累积快照事实表类似，但是二者有着本质上的区别。因为在累积快照事实表中，每个具体的业务过程只有一条记录，并且事实表的状态是逐步更新的，没有明显的标识位表示具体的业务状态。在多事务型事实表中，记录是按照不同的业务日期新增并且逐步更新的。

多事务型事实表往往更加符合业务人员对于业务过程的理解。它能够更加直观地跟踪业务流转的状态，并将业务过程中涉及的事实相对集中的展示，适合支撑大部分应用场景的分析。因此它往往是一种常用的事实表设计方法。然而正如上面提到的单事务型事实表中数据处理过程相对独立，在多事务型事实表中需要同时依赖多个事实表，故在某种程度上对于数据处理作业的稳定性具有一定的要求。

我们可以将单事务型事实表与多事务型事实表进行简单的对比，如表 9-13 所示。

表 9-13 单事务型事实表与多事务型事实表

	单事务型事实表	多事务型事实表
业务事件数量	一个	多个
粒度	相互间不相关	相同粒度
维度	相互间不相关	一致
事实	只取当前业务事件中的事实	保留整个业务过程的事实
冗余维度	多个业务事件，则需要冗余多次	不同的业务过程需要冗余一次
理解程度	易于理解，不会混淆	相对难以理解，需要通过标签来限定

通过上述的对比可以看到，多事务型事实表虽然对于业务理解友好，但是整体处理的过程相对复杂，故在实际处理过程中需要结合具体的应用场景进行平衡。

9.6.3 事实表处理拓展

通过上述介绍，我们对于维度建模中的主要事实表的类型以及优缺点有了大体的了解。然而在实际的应用场景中，偶尔也会出现维度与事实之间的边界并不那么明显的场景，这在维度建模中有着特殊的名称，叫作退化维度。

退化维度一般都是事务的编号，如订单编号、发票编号等。这类编号需要保存到事实表中，但是不需要对应的维度表，所以称为退化维度。换句话说，一般在事实表中都是通过维度键与维度进行关联，然后进行分析，但是在某些场景下，事实表中包含一些并没有对应的维度表与其映射关联在一起的维度信息。例如在事实表中的订单 ID 字段信息，并没有一张维度表去关联它的相关信息，故属于退化维度。

退化维度可以减少在维度建模中维度的数量，提升某些分析场景的性能。因为在维度建模中，分析场景大多都是通过关联维度表计算指标，但是通过退化维度可以减少维度表的关联情况，在一定程度上提高整体性能。

9.7 总结

至此，我们就对维度建模中的维度与事实表进行了比较详细的介绍，了解了维度建模中维度与事实表设计的主要思路以及方法。然而需要注意的是，在任何企业中数据平台的设计都要依赖于企业的业务特点以及数据特点，本章只能让读者明白应该如何去思考建模的设计，在具体的应用中还是得以业务为导向，选取合适的方法进行落地。

当利用维度建模的方法完成企业的数据平台建模并逐步支持具体的业务应用时，从整个数据平台的生命周期来看，这可能才是一个起点，因为数据平台需要保证数据的准确性、及时性以及稳定性。这就涉及数据平台的元数据、数据标准以及数据质量的管理。所以接下来的内容中会针对数据管理等相关内容进行详细的介绍。

第四部分 Part 4

数据资产管理

第三部分介绍企业数据区域以及流向，解析企业数据模型架构，结合主流的数据模型建模方法论，让读者对于企业数据区域的构成有了一定的认知。企业数据区域流向主要是以业务的视角进行，它是随着企业业务发展而逐步构建完成的。正如任何一个企业都需要类似人力资源部、企业发展部、总经理办公室等职能部门，一个完整的企业数据平台也需要类似的职能部门，例如数据标准管理室、数据质量管理室等。其中数据标准管理、数据质量管理属于企业数字化转型的工作范畴。

企业数字化转型是如今较为热门的课题之一。企业数字化转型的本质是企业优化其资源获取及资源配置，优化业务模型，实现企业内部业务的创新，进而提高企业竞争优势。企业的数字化转型离不开企业数据资产管理，正如中国信通院在《数据资产管理实践白皮书（5.0 版）》（以下简称《白皮书》）中提到的：数字资产管理助力企业数字化转型，数据资产管理提高业务数据化效率，推动数据业务化，加速企业数字化转型。

《白皮书》将数据资产管理分为数据资源化、数据资产化两个环节。数据资源化通过将原始数据转变为数据资源，使数据具备一定的潜在价值，是数据资产化的必要前提，它主要包含数据标准管理、数据质量管理、主数据管理、数据模型管理、数据安全管理、元数据管理、数据开发管理等活动职能[⊖]。数据资产化通过将数据资源转变为数据资产，使数据资源的潜在价值得以充分释放，主要包括数据资产流通、数据资产运营、数据价值评估等活动职能。《白皮书》中的数据资产管理内容如图 1 所示。

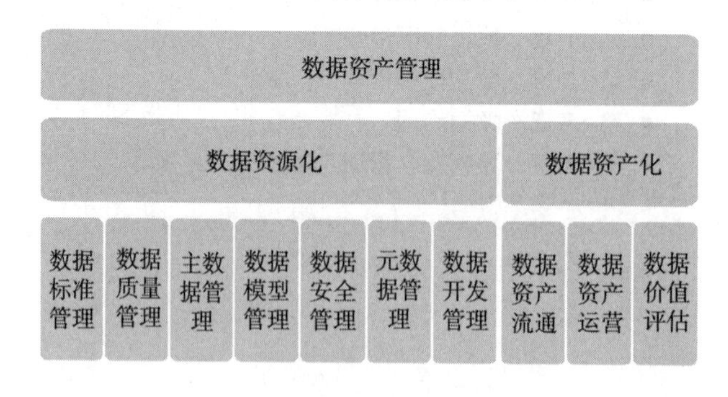

图 1 数据资产管理内容

⊖ 《白皮书》提到的活动职能代表的是数据资产管理中基本的管理单元。

其中数据资产化环节的内容主要围绕“资产”管控开展资产认定、权益分配、价值评估等，而当前整个行业仍然处于探索阶段，故在本书中不会就该话题进行深入探讨。本部分主要围绕数据资源化环节的内容进行相应的阐述。数据模型管理的建模过程在第9章已经进行详细介绍过，数据安全管理与数据开发管理主要是从数据安全分级与数据开发流程角度支持数据资源化，由于不同行业或者企业差异性较大，故此部分不再对这些内容进行探讨。

同时数据资产管理离不开数据治理，并且主数据管理是数据治理中的一个重要环节，因此第四部分将分别从元数据、数据标准、数据质量、数据治理四个方面分别阐述数据资产管理对于企业数据资产的意义。第14章将更加详细地介绍如何构建企业数据资产。

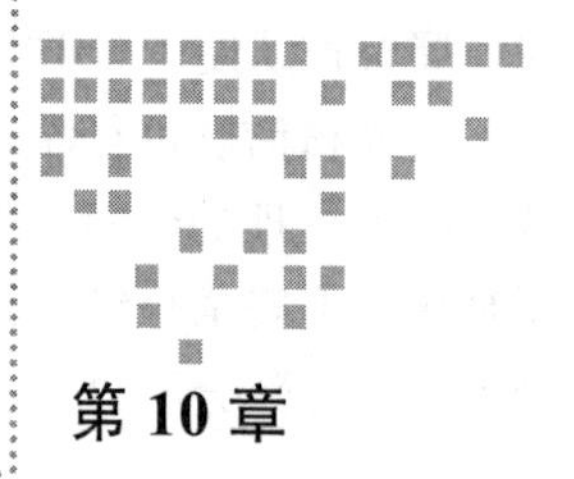

Chapter 10 第10章

元数据管理

无论技术如何发展，无论任何数据相关的系统或者平台采用何种架构，只要企业想管理好当前数据平台的数据，那么必然都无法绕开元数据管理这一个话题。

元数据勾勒企业的数据地图，告诉企业不同的数据使用方在哪里可以找到自己想要的数据。例如元数据可以告诉技术人员不同的数据如何转换、如何映射以及存储在何地；再如元数据可以告诉业务人员某个数据指标是否按照既定的口径进行计算，是否真实地反映现实的业务趋势等。

本章首先介绍什么是元数据、元数据从哪里来，继而介绍元数据的分类、价值以及应用，最后介绍元数据的生命周期以及如何管理元数据的内容。期望读者通过本章的学习可以对元数据有着更加深入的了解。

10.1 元数据概述

英语中的元数据一词最早出现于1968年，虽然仅仅只有几十年的历史，但是它的概念可以追溯到世界上第一座图书馆。这是根据亚里士多德的著作集《形而上学》特别创造的一个词。几千年来图书管理员们一直在工作中使用着“元数据”，只不过他们称呼它为“图书馆目录信息”，而不是我们现在统一称呼的元数据而已[⊖]。

元数据（Metadata）的一个最常见的定义是，关于数据的数据。这个定义可能是主流的一种定义方式，但是代表的含义并不是那么容易理解，例如什么是数据，什么是关于数据

⊖ [美]杰弗里·波梅兰茨.元数据：用数据的数据管理你的世界。

的数据。因为在没有任何人提供信息之前，数据仅仅是一种潜在的信息形式，原始且未经处理，只有付出努力之后，才能将信息释放出来。那么关于数据的数据则可以这样定义：元数据是对某个潜在信息型对象做出的陈述。它可以表述为对于对象性质的理解，对于陈述性质的理解以及如何进行陈述的理解这 3 个不同的维度。举个例子，假设有一个数字是 0.618，那么我们可以从很多方面去了解这个数字对应的内容。

- 名称：黄金分割点
- 计算公式：$\frac{\sqrt{5}-1}{2}$
- 发源：毕达哥拉斯学派
- 应用场景：经常被用于多种场景，比如绘画、雕塑、植物、建筑、宇宙、军事、数学等。
- 相关内容：欧多克索斯、欧几里得、几何原本等。

通过上面不同维度的解释，我们对于 0.618 这个数字有了更加立体的认识。对于数据也是如此，例如电商平台的 GMV 字段，它一般代表商品交易总额，表示某一段时间商品成交的总额度，包含拍下未支付的商品。如果将 GMV 放在数据库的事实表中，则可以表示某电商平台一年的总成交额，并且数据按照年度进行更新。

在数据平台中，数据的载体是数据模型，那么无论什么类型的元数据都是基于数据模型中的不同数据进行描述的。元数据可以帮助数据平台的开发人员以及业务人员更加了解他所关心或者想获取到的数据。甚至，元数据可以极大提高数据平台相关人员对于数据的理解，降低产生歧义的可能性。特别是最近几年数据湖的出现，湖内数据的种类以及应用更加复杂，如果没有元数据的帮助，任何人面对如此复杂的数据都是失去方向，并且关于数据的获取难度也将成倍地增加。此外元数据也是构建企业数据资产的基础，因为没有对于数据更加细化的描述，那么企业相关人员很难了解企业在什么地方以什么形式存放着什么类型的数据。

既然元数据如此重要，那么元数据是如何产生的呢？其实在开始搭建企业数据平台时元数据就产生了，可能很多时候并没有显式地展示在用户面前或者说它一直被使用着，只是用户没有意识到。

10.2 元数据的产生

回顾整个数据平台建设过程，主要可以拆分为 5 个阶段，分别是业务调研、模型设计、数据接入、数据整合、数据应用。每个阶段的核心产出都不一样，但是都属于构成元数据的一部分。然而数据平台并不是建设之后就保持既有的数据或者指标不发生变化，而是随着企业的业务发展而不断发展，所以上述5个阶段会互相影响或者迭代。例如新的数据应用需求会促使新的业务调研，并促使数据平台的数据模型进行优化或者拓展，最终形成如图10-1所示的5个阶段的闭环关系。

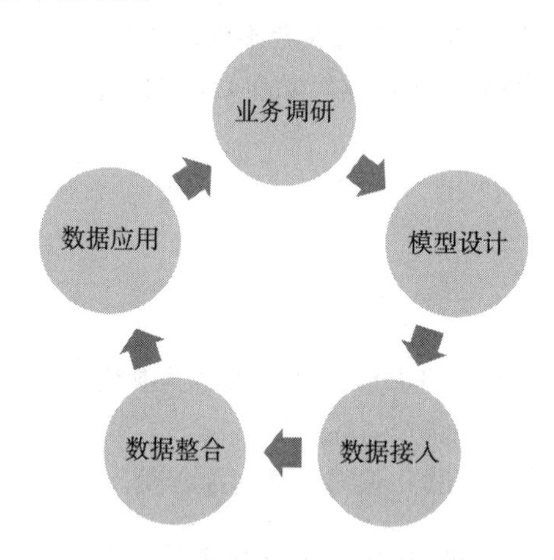

图10-1 数据平台建设主要阶段

此外每个阶段的产出本质上都是补充元数据不同的板块。例如在业务调研阶段，我们首先大体上确定需要建设一个什么样的数据平台、数据应用的主要场景是什么、业务需要什么样的数据支撑日常运营，然后在第9章提到的总线矩阵的基础上，补充每个矩阵中单元格的具体信息，丰富整个总线矩阵，如表10-1所示。

表10-1 总线矩阵

业务过程	日期	会员	活动	产品	渠道
会员注册	×	×			×
会员购买	×	×		×	×
活动营销	×	×	×	×	×
企业库存	×			×	×

在总线矩阵的基础上，模型工程师进行企业数据平台的模型设计，那么在业务调研阶段所有业务相关的信息本质上是补充说明模型中每个表、字段或者指标的业务含义。例如针对之前提到的指标GMV，模型工程师需要在模型设计阶段完善它的具体业务含义以及应用场景，使得任何一个业务人员或者其他相关人员通过这些描述都可以很快明白该字段的含义。

当模型设计进入一定的阶段后，数据平台开始进行数据接入，即主要是向模型中注入具体的数据。在这个阶段，我们需要明白模型设计的每个模型的字段或者指标具体来源于哪个源系统以及经过什么样的转换才能完成具体的数据计算。在这个过程中，ETL 工程师的工作主要分为两个部分：①调研具体的源系统的连接信息，例如数据库的 IP、端口等；②基于源系统与数据平台 ODS 层的映射关系，开发 ETL 脚本或者利用 ETL 工具完成数据接入工作。其中，源系统与数据平台 ODS 层的映射信息也是组成技术元数据的部分信息。

数据整合是将接入数据平台的数据按照模型以及业务的需求构建具体算法，这个过程涉及度量以及维度的定义、数据汇总或者处理，所以需要 ETL 工程师与模型工程师，甚至业务人员进行讨论，确定每个指标的计算方式以及含义。同时在数据平台中进行相应的 ETL 作业开发，这个过程中数据的映射、转换以及聚合会变得异常复杂，因为一个业务的指标往往需要涉及多个不同的源系统的数据，并经过较为复杂的运算才能确定。这个过程中会产生大量的技术元数据用来表明每个指标的计算口径以及数据来源，同时不同的指标统计的频率也并不相同，为此在具体的 ETL 作业开发过程中，仍然需要记录不同指标对应作业的频率信息等。这个阶段会产生大量的技术元数据以及业务元数据，也是元数据难管理的一个阶段。

数据应用是将数据平台的数据通过不同方式传输到下游，以支撑下游系统的应用。由于不同的应用系统支持的数据传输或者应用的方式不同，例如有的应用系统采用文件传输、接口传输、数据流等不同传输方式，再如不同的应用系统可能需要数据平台中相同数据表的不同列值，不同的数据传输频率也可能各不相同，因此这个过程中会产生很多技术元数据用来管理以及维护不同数据的流向信息。

综上，我们可以构建不同阶段中元数据产生的主要信息，形成如图 10-2 所示的数据平台建设阶段与元数据产生的关系图。

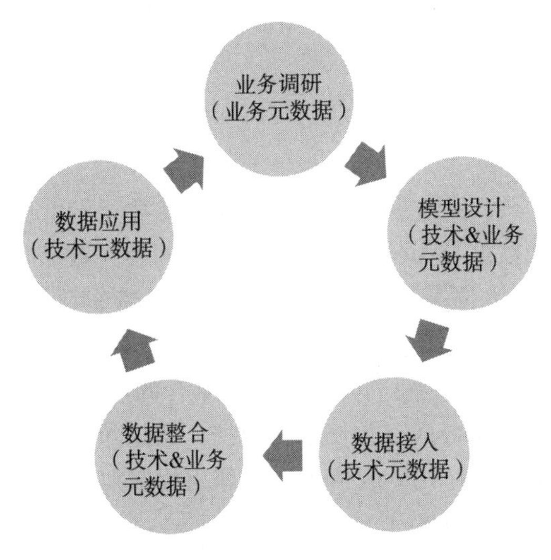

图 10-2　数据平台建设阶段与元数据产生的关系图

数据平台一旦投入使用，那么元数据的产生就会生生不息，在上述阶段中我们引出了技术元数据以及业务元数据的概念，然而在实际情况中，元数据的分类远不止技术元数据以及业务元数据这两类。例如当某些数据或者指标只能针对某些特定的组织或者用户公开时，那么关于人员角色定义的管理元数据也逐步出现。上述提到的三部分构成了元数据的主要分类，如图 10-3 所示。

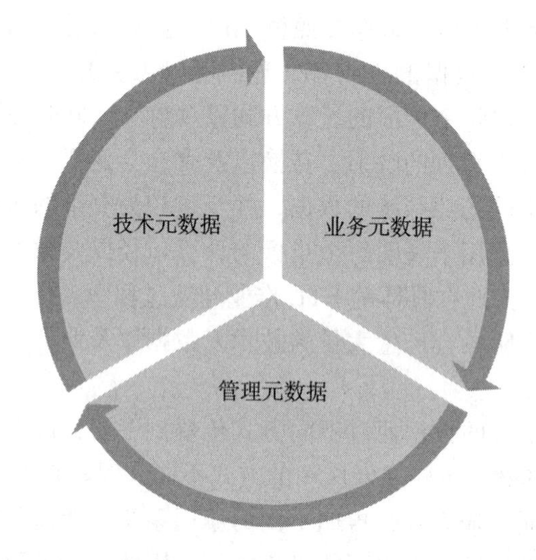

图 10-3　元数据构成的分类

这三类不同的元数据将从三个不同的维度描述数据，即数据是以什么样的形式以及方式进行生产的（技术元数据）；数据在企业生产运营中有着什么样的含义（业务元数据）；数据是如何被企业不同部门或者不同角色人员所使用或者查看的（管理元数据）。

10.3　不同类型元数据详解

按照《元数据》的定义，元数据主要分为描述性元数据、管理性元数据以及使用型元数据这三大类。管理性元数据分为技术型元数据、结构性元数据、溯源元数据、保存性元数据、权限元数据、元 - 元数据等。从这个描述我们可以简单明白元数据其实是一个相对复杂的体系。

对于企业数据平台来说，因为是将业务与技术结合的过程，所以从元数据的分类来看，主要包括两大部分，即业务元数据以及技术元数据。但是随着企业数据平台的使用人员增多，涉及不同类型的数据安全问题，故衍生出管理元数据来管理人员对于项目管理、IT 运维、IT 资源设备等相关信息的描述。

总的来看，数据领域元数据平台主要涉及技术元数据、业务元数据以及管理元数据这三种类型，形成对于数据整体的描述以及管理，如图 10-4 所示。

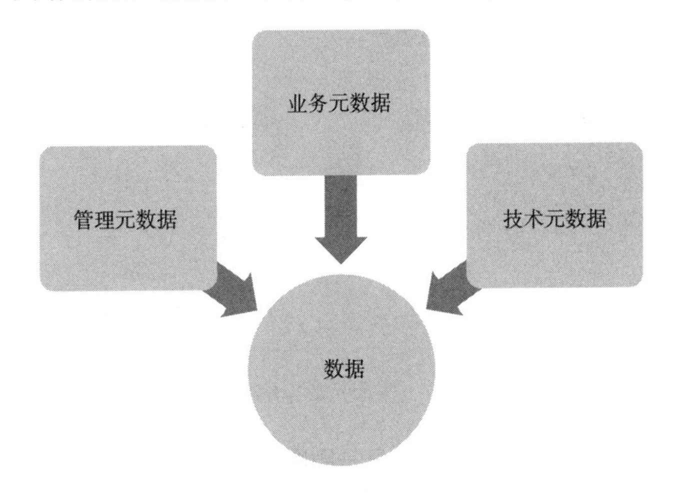

图 10-4　三种不同类型的元数据与数据的关系图

接下来我们针对这三种类型的元数据进行详细的介绍。

10.3.1　技术元数据

一说到技术元数据，第一反应就是与技术相关的一些信息或者要素。在数据领域涉及的技术的相关信息主要包括这几类：数据源相关信息、数据转换相关的信息（包括数据源到数据平台以及数据平台到目的源等）；数据相关对象以及结构信息；数据更新或者清理的相关信息；此外也可能包括数据相关的导入信息、历史信息或者发布信息等。总的来说，技术元数据涉及非业务相关、非人员相关以及非资源相关等一切技术层面的描述信息。

下面我们通过数据平台中的一条转换记录来介绍技术元数据的信息。如果数据平台 ODS 层的表 O_TableA 存在一条记录 RowA，该条记录包括 3 个字段，分别是 C1、C2 以及 C3，那么如下信息都属于技术元数据范畴：

- O_TableA 本身的表结构以及字段的定义信息。
- O_TableA 来源于源系统 S_DB1 的 S_TableA，那么关于 S_DB1 的数据库信息以及 S_TableA 的字段 C1、C2 以及 C3 与 O_TableA 的映射关系都是元数据信息。
- 由于 S_TableA 需要通过 ETL 调度作业定时地将数据同步到 O_TableA 中，假设这里是按照日同步，那么 ETL 调度作业相关的信息以及频率也属于元数据的范畴。
- 此外 ODS 层数据可能需要按照数据表的特点定时归档清理，那么 O_TableA 的清理以及归档信息，例如归档的目录以及周期等，依然属于技术元数据范畴。

基于上述的信息，我们可以构建一个简单的表格映射关系去展示技术元数据信息，如

图 10-5 所示，它展示的内容都属于技术元数据内容。

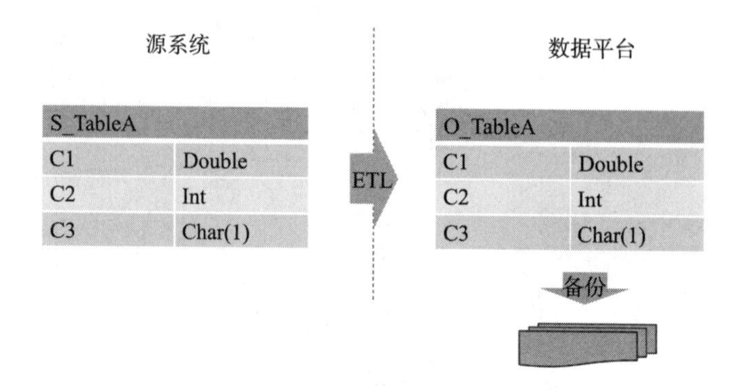

图 10-5 技术元数据信息展示

然而对技术元数据的介绍到这里其实只是刚刚开始，例如当上游的表 S_TableA 的字段 C3 由 Char(1) 调整为 Varchar(30) 时，数据平台中的表 O_TableA 必然需要进行相应的变更，那么关于该表的变更历史依然属于技术元数据的范畴，需要进行管理。

同时 O_TableA 作为比较核心的事实表，其中 C1*C2 的值是某个核心的业务指标，作为一个基础的共享指标它会被很多后续的数据模型所需要，为此，如果基于 O_TableA 将计算结果存入另外的数据表 C_Table1 的字段 CC1 中，那么 CC1 与 O_TableA 之间的映射关系也属于技术元数据的范畴，当然 O_TableA 与 C_Table1 之间的转换也需要通过 ETL 作业进行，最终形成如图 10-6 的技术元数据信息展示关系图。

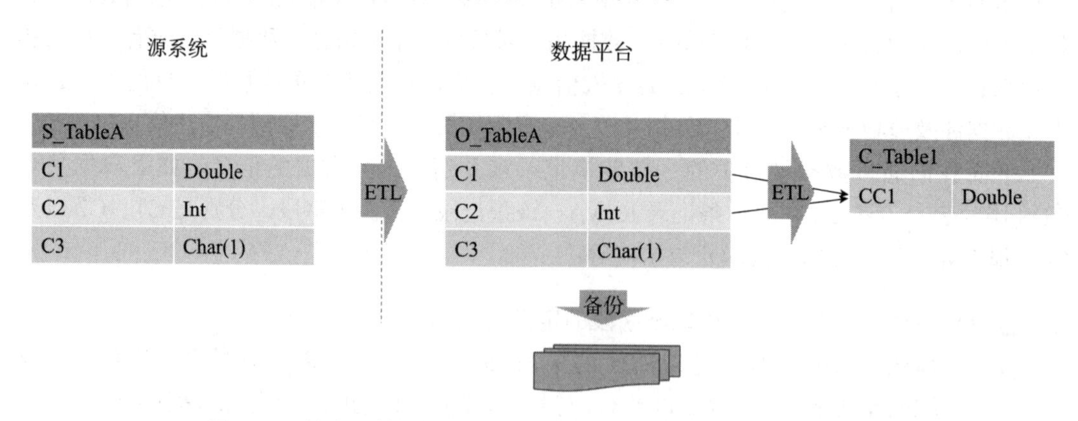

图 10-6 技术元数据信息展示关系图（包含数据平台的数据转换）

如果 C_Table1 的数据按照指定的频率通过文件的形式分发给下游，那么 C_Table1 的数据分发形式、频率以及字段信息也属于技术元数据的范畴。

对于下游用户或者数据平台的用户来说，看到 CC1 的数据并结合技术元数据信息，并不能直接应用到具体的业务或者应用系统中，因为关于 CC1 计算的具体业务含义并没有体现出来，这就需要使用业务元数据来帮助用户进行理解。

10.3.2 业务元数据

在第 8 章中我们介绍过建模主要是按照从概念模型、逻辑模型到物理模型的步骤，完成整个建模过程。其中概念模型主要是站在业务的视角，描述业务过程中不同业务对象的关系。概念模型的产出是基于业务调研的结果衍生出来的，通过概念模型，即使没有任何背景的业务人员也可以简单了解业务以及对象的关系。

业务元数据是业务与技术之间的桥梁，它可以让业务人员清楚地明白数据平台中每个对象甚至每个对象的属性代表的业务含义。所以业务元数据不仅包括概念模型的内容，还需要针对数据平台中的每个模型对象进行业务层面的描述，即该对象及其属性所具有的业务属性进行描述。

说到这里，读者可能觉得业务元数据的管理以及维护工作是一项非常复杂的任务，实际上也确实是这样。因为业务元数据需要有意识地管理，而不像技术元数据那样可以相对显式地从 ETL 作业或者模型的定义中获取到。ETL 作业每天都会执行，而业务元数据只有需要的时候才会去查看。

我们继续以在技术元数据中提到的 ODS 层的表 O_TableA 存在一条记录 RowA 为例，其中 RowA 的三个字段分别是 C1、C2 以及 C3，那么如下关于该字段的信息都属于业务元数据的范畴：

- O_TableA 表代表的订单明细表，每一条记录代表某一个用户在某一个时间点的购买行为。
- 其中 C1 代表商品的单价，单位是元，C2 代表购买的商品数量，单位是件，C3 代表购买者所在的城市代码，可以通过区域的维度信息进行关联以查看具体的区域信息。
- C1*C3 的结果，代表该笔订单的应付金额，也是消费金额，单位是元。

由于 C_Table1 表中 CC1 的值来源于 O_TableA 的计算结果，因此 CC1 的字段含义也是订单的消费金额。这里请忽略具体的 Group By 条件，因为不同维度的 Group By 代表不同的业务含义。

通过上述信息的补充，任何使用数据平台数据的人都能很清楚每个字段的业务含义，从而更好地了解数据平台内部数据的内容。然而技术元数据与业务元数据只是描述数据相关的信息，不同数据可能采用不同的底层技术存储，例如关系型数据库或者大数据平台等，不同的角色查看的数据权限也并不相同，那么这个时候就需要通过管理元数据对数据进行管理。

10.3.3 管理元数据

技术元数据与业务元数据的核心是数据本身以及周边相关的业务信息，除此之外的相关信息理论上都可以划分到管理元数据的范畴。

管理元数据，从名称上就可以看出，主要包含管理领域的相关信息，可以分为两种类型：一种是用户相关，例如人员信息、角色信息、权限信息等；另一种是数据操作相关，这里的操作主要是指基于数据层面的各种操作及相关信息，例如用户的访问日志、访问频率、数据存储类型、存储介质等。

通过管理元数据，可以完成数据相关权限以及资源的分配管理等。例如可以将不同的数据存储到不同类型的介质中，将那些读多写少的数据存入内存中，方便一次读入，多查询或者运算；或者将那些相对重要的数据冗余存储到不同的介质中。随着技术的发展，数据量逐步增加，由于管理元数据的范围太广，因此将管理元数据进行再次拆分，例如拆分为管理元数据、操作元数据、存储元数据等。

在上述提到的 O_TableA 表中，如下相关信息都可以纳入管理元数据的范畴。

- 该数据表可以被销售角色的用户进行查询。
- 可以被管理员角色的用户进行修改。
- 数据存储在 PC 服务器中，并且进行异地冗余归档。
- 该数据表的访问记录以及修改记录被存储到日志中心的某个位置。

细心的读者可能已经意识到，管理元数据的信息本身与数据的值或者业务含义并没有直接关系，而只是关心数据以什么样的形式被管理，同时以什么样的形式被存储。

至此，我们可以将技术元数据、业务元数据以及管理元数据围绕着数据本身简单地勾勒出一个同心圆，如图 10-7 所示，离数据越近的地方与数据自身的值的关系越密切。

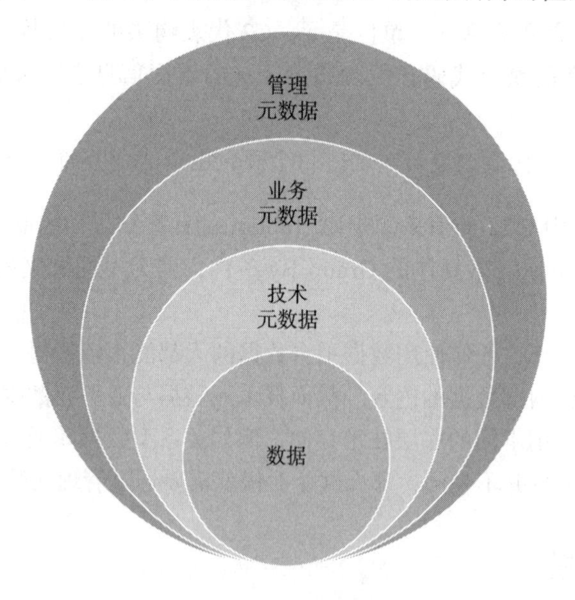

图 10-7　不同类型元数据与数据的关系图

通过拆分不同类型的元数据来对数据进行说明，只是为了方便业务用户理解数据，那么，元数据除此之外还有什么价值呢？

10.4　元数据的价值

关于元数据的价值的论述，可以简单地分为两个阶段：第一个阶段是大数据时代前，第二个阶段是大数据时代后。在大数据时代前，基本上流行的是基于传统的关系型数据库搭建的数据平台，元数据的价值相对单一。在大数据时代后，数据进入 4V[⊖] 时代，数据平台的搭建不再局限于传统的关系型数据，例如 Hadoop 平台；不同类型的数据存储软件应运而生，例如 Elasticsearch、ELK 等；同时以知识图谱或者 AI 应用为代表的数据挖掘方式也逐步兴起，直至数据湖逐步在不同的企业中提供服务，元数据的价值发生了巨大的变化。

10.4.1　大数据时代前

在大数据时代前，传统的关系型数据库是数据平台的主要技术选型，由于技术本身的限制，数据平台的整体数据量呈现数据量相对较少、数据逻辑相对简单、数据存储模式相对简单等特点，如图 10-8 所示。

图 10-8　大数据时代前元数据应用场景

同样对于元数据来说，这个时期的元数据整体功能相对单一，主要作用有如下 3 个：

1）作为数据含义的检索，方便数据相关人员进行日常工作，例如数据人员可以通过元数据信息方便且快速地了解当前数据的定义，是否满足自身的需求。

2）利用元数据可以协助 ETL 人员确认数据异常或者模型变更的影响范围，例如利用元数据的影响分析，可以确认当上游数据异常时，异常对下游数据链路的影响范围。

3）利用元数据构建企业级别的数据标准以及制定数据质量层面的规则（这部分内容会在后续的第 11 章以及第 12 章的内容中会有介绍）。

⊖ 4V 指的是 Volume（大量）、Velocity（高速）、Variety（多样）以及 Value（价值）。

在这个时期，数据平台的建设人员主要是数据人员，也就是我们理解的模型工程师或者 ETL 工程师。进入大数据时代之后，数据应用技术以及数据量发生巨大的变化，元数据的作用也变得更加重要。

10.4.2 大数据时代后

进入大数据时代，数据呈现 4V 的特点，各种各样的应用技术出现，企业对于数据的重视程度空前高涨。由于数据量增加，企业的数据存储方式也更加多样，例如利用 HDFS 存储日志文件、利用 HBase 存储 Key-Value 数据或文件、利用 Neo4j 存储图数据文件，并且底层硬件存储也从传统的小型机、PC 服务器逐渐云化。数据量的增加结合数据存储的多样性，使得数据管理的难度呈几何倍数增加，如图 10-9 所示。

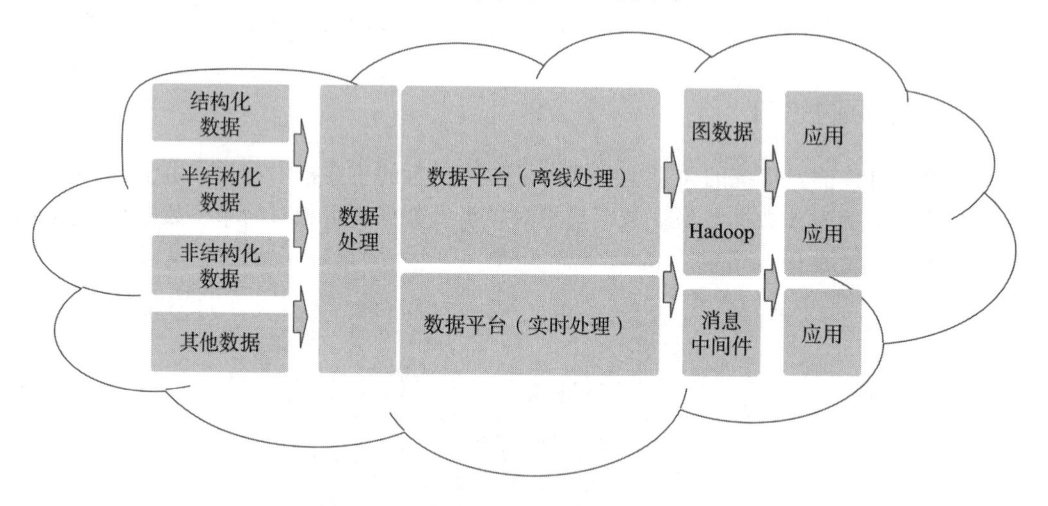

图 10-9 大数据时代后元数据应用场景

元数据是关于数据层面的描述，利用元数据不同层面的管理能力，可以为企业提供在数据管理、数据计算、数据存储以及数据安全等层面的数据支持。同时基于元数据的内容可以为企业在数据作业链路以及数据存储资源等方面的优化提供支持，例如利用某个数据应用链路，可以找出每个作业链路能够优化或者调整的节点。

同时随着企业数据量日益庞大，企业需要清楚地了解当前企业中到底存在什么样的数据资产，以什么样的形式支撑不同的业务等。因此，企业亟须构建自身的数据资产目录，来帮助企业盘点当前的数据资产。企业数据资产的搭建离不开元数据的支撑，元数据是企业数据资产的基础，因为元数据不仅记录企业的数据及其对应的业务含义，也产出数据从哪里来以及到哪里去的全流程信息。换句话说，如果没有元数据，那么企业就无法构建企业的数据资产目录。

除了支持数据资产目录构建外，元数据还有一些非常经典的应用。

10.5　元数据的应用

关于元数据的应用其实很多，例如利用元数据进行数据管理、权限管理、ETL 映射分析、指标库管理、数据模型变更管理等。但是在数据领域存在两个非常经典的应用场景，即血缘分析以及影响分析，前者用来查看指标的来源数据加工过程及其准确性，后者用来确定某个指标后续的影响范围。这两个功能也是市面上主流的元数据管理工具必备的两个功能。

Tips　无论是血缘分析还是影响分析，它们的本质都是利用 ETL 计算出字段级别的映射关系之后的进一步应用。

10.5.1　血缘分析

市面上关于血缘分析的主流称呼有两种，一种是血缘分析，另一种是血统分析。然而无论是什么称呼，它背后的含义总是一致的，即在数据平台中，以任何数据对象为终点，遍历它之前以及与其之前节点有关系的所有元数据的信息。血缘分析反映的是数据的来源问题，即当前查看的数据以何种形式展示在用户的面前。血缘分析关系示意图如图 10-10 所示。

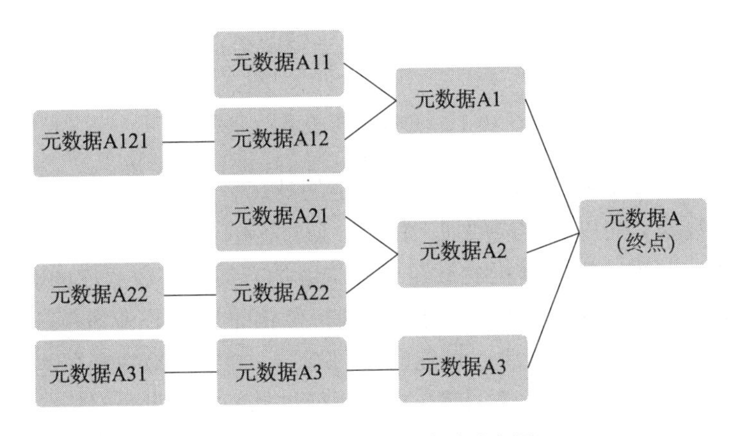

图 10-10　血缘分析关系示意图

在图 10-10 中可以看到，元数据 A 来源于元数据 A1、元数据 A2 以及元数据 A3，这背后的技术层面的含义是，一个或者多个 ETL 作业中存在某个映射管理（计算逻辑），将元数据 A1、A2、A3 通过加工生成元数据 A。换句话说，在血缘分析中，如果两个节点相邻，表明它们是有血缘关系，也代表节点存在某个或者多个 ETL 作业当中。

此外血缘分析按照元数据对象的类型可以简单地分为系统级别血缘、表级别血缘以及字段级别血缘，代表着不同系统、不同数据表以及不同字段之间的血缘分析。读者不妨简单地想象下，数据平台中成千上万张表的血缘分析关系图会是多么复杂的网状关系。

血缘分析可以帮助业务人员确认不同指标之间的关系，当我们将不同元数据之间的运算关系带入具体的血缘分析图时，就可以发现某个指标的变化可能对后续指标带来的潜在影响，进而协助业务人员在制定决策中找到关键问题。

10.5.2 影响分析

影响分析与血缘分析恰恰相反，是以某个元数据对象为起点，然后遍历它之后的每个节点以及相应节点后续的所有节点，它主要反映的是某个元数据对象的影响范围。影响分析关系示意图如图 10-11 所示。

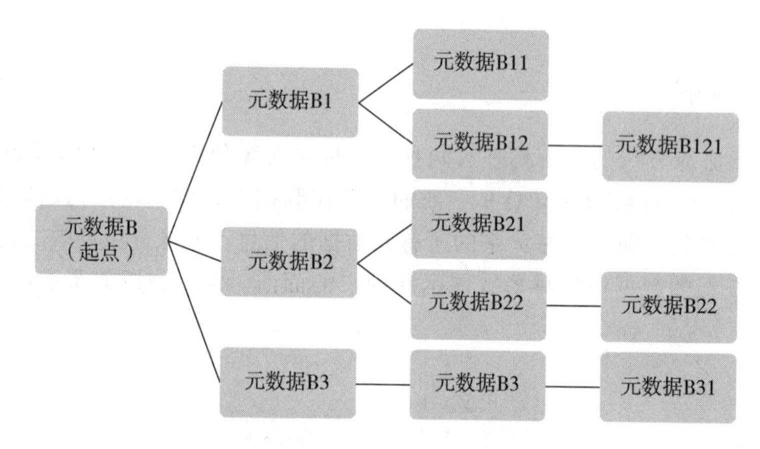

图 10-11 影响分析关系示意图

在图 10-11 中可以看到，元数据 B 经过一定的处理分别变成元数据 B1、B2 以及 B3。它代表的是一种数据流向以及对应的加工过程。通过影响分析可以清楚地看到某一个元数据变更带来的影响范围。影响分析的最经典的应用是当某一个数据库的对象发生变更时，例如某个字段的长度发生变化，确定对应需要进行优化的 ETL 作业清单。此外，通过影响分析，可以快速定位上游数据异常时可能的影响范围，并准确地找到那些需要重新执行的作业清单，而非单纯地在出现问题之后，重新执行将整个数据平台对应的调度作业，造成资源浪费以及极大的时间延迟。

与血缘分析类似，在影响分析中，相邻的节点意味着它们同时存在于某个或者多个的 ETL 作业中，并且存在一定的逻辑转换关系。但是需要注意的是，被影响的节点（例如图 10-11 中的元数据 B11）可能存在多个上级（只是在图中未体现）。

无论是血缘分析还是影响分析，二者都是基于元数据中不同对象的依赖关系而进行展示的形式，用来解决日常数据运营中存在的问题。

然而元数据作为描述数据的数据，并不是一成不变的，而是具有自身的生命周期。

10.6　元数据的生命周期

乍一看元数据的生命周期这个命题，可能会觉得奇怪。但是仔细一想，数据是具有生命周期的，而描述数据的元数据是依赖数据生命周期而存在的，所以元数据必然是有生命周期的。然而元数据的生命周期并不是完全与数据的生命周期一样，而是具有自身独特的特点，即元数据的生命周期与业务的发展以及生命周期紧密相连。

10.2 节介绍元数据的产生大体上经历了 5 个阶段，分别是业务调研、模型设计、数据接入、数据整合、数据应用。其中数据的核心载体是数据平台中的模型以及数据应用中的应用模型，数据模型或者数据应用发生任何的变更都会导致元数据发生变化，例如新增某个业务场景会导致新的元数据产生，减少某个应用场景会导致一些元数据消失。

前文提到，元数据分为技术元数据、业务元数据以及管理元数据。技术元数据主要与数据模型以及 ETL 作业的映射关系相关联，某个映射关系或者数据模型的变更都会引起元数据的变化，例如某个指标删除或者修改，都会带来技术元数据的删除或者修改。同时，指标定义的变更必然导致该指标对应的业务元数据的变化，即它代表的含义发生变化。透过现象看本质，这是业务发展或者变更带来的变化。

总的来看，元数据的生命周期与企业业务的生命周期紧密相连。

10.7　元数据管理体系构建

通过上述介绍，我们可以清楚地了解到如果没有元数据，数据平台就无法发挥自身的价值，所以我们需要通过一些方式或者方法对元数据进行管理，以保证企业元数据的准确性以及及时性。

然而在业界关于元数据的管理始终是一个相对复杂的问题，因为元数据来源于企业不同的系统，不同的系统可能采取不同的标准，可能导致很多时候无法自动化提取不同系统的元数据信息，而需要手工去补充相应的元数据信息。一旦需要人为地去更新，就需要相应的制度以及规范以保证更新能够持续地进行。可是在实际情况中，数据平台的人员更迭，制度以及规范无法有效地实施，很容易导致元数据无法准确及时地更新，渐渐地，元数据就变得不准确不及时，元数据的管理就失去了原有的价值。笔者曾见过很多企业的元数据平台并没有产生其应有的价值。

元数据管理的工具主要分为两大类，一类是商业版本，另一类是企业自研的版本。但是无论哪种类型，都不可避免有很多个性化开发的工作，这是由元数据的特点所决定的。因为元数据依赖于企业的数据平台，而企业的数据平台本质上依赖于企业的业务特点，不同特点的业务很难在元数据管理工具具体的开发层面上统一起来，所以在这笔者只会介绍一个通用的元数据管理框架。

总的来看，一个典型的元数据管理工具应该包括四个模块，分别是元数据采集模块、元数据分析模块、元数据管理模块以及元数据访问模块。不同的模块相互合作构成整个元数据管理工具。

10.7.1 元数据采集模块

元数据采集模块的主要目的是采集不同应用系统以及数据平台中的元数据信息，例如应用系统信息、数据模型的定义、数据字段的定义信息等；同时解析不同类型的数据加工逻辑，获取不同元数据对象的映射关系，进而构建不同元数据之间的血缘关系以及影响关系等。这部分的内容主要属于企业技术元数据的范畴，故还需要通过业务调研逐步补齐对应的业务元数据的信息。

通过采集之后的元数据可以构建企业统一的数据规则、数据字典以及指标库等，帮助企业相关人员快速了解企业数据的信息。

10.7.2 元数据分析模块

元数据分析模块的主要目的是基于采集的元数据信息分析元数据的现状以及关系等，提供一个企业级别的信息地图；基于采集的映射关系构建元数据的血缘分析或者影响分析等。

基于元数据信息，可以评估一个具体的需求可能带来的潜在影响，进而协助企业进行需求评估；同时基于分析之后的结果构建企业数据处理的全链路信息，协助数据人员进行相应作业优化等。

10.7.3 元数据管理模块

由于企业的元数据并不是一成不变的，因此元数据管理模块主要是针对元数据的版本进行管理，以便在数据模型出现异常之后，为数据恢复提供技术支持。

此外通过元数据管理模块，可以控制企业数据平台的变更流程。

10.7.4 元数据访问模块

元数据访问模块的主要目的是将元数据的信息库以界面或者 API 的方式支撑其他应用。例如通过将企业元数据的信息进行聚合，可以清楚地了解到企业当前整体的元数据分布特点，不同系统数据模型的数量、数据量等。同时通过 API 的方式可以更加高效地将企业的数据信息应用到各种不同的系统中，提高企业的数据流转率。

然而关于元数据的应用远不止此，不同的企业可以根据自身的业务特点基于元数据进行更加个性化的应用。笔者曾遇到企业利用元数据去构建企业数据热点分析，协助找出企业关键核心数据等。

10.8　总结

元数据是数据平台的基石，它本质上是对企业数据的一种描述。但是仅仅有这种描述，是无法保证企业数据平台正常稳定地运行的。数据描述只能让使用数据平台的相关人员知道当前有什么样的数据，但是无法保证数据质量。如果想要企业的数据持续高质量地提供服务，还需要进行企业数据质量管理，持续地提高数据质量。

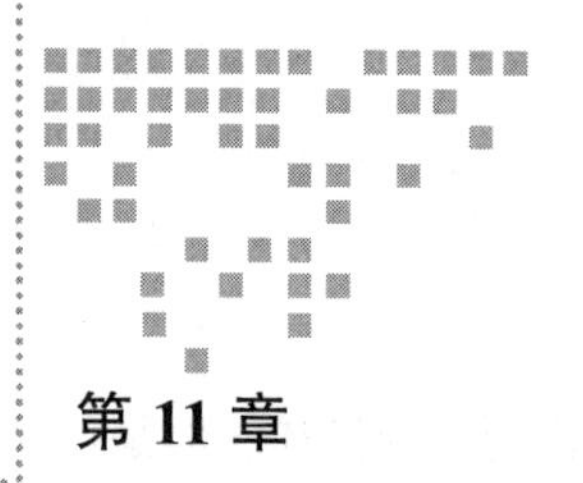

Chapter 11 第 11 章

数据质量管理

数据质量可能是企业内出现的一个高频词，例如某业务人员抱怨这个系统的数据质量怎么这么差，根本不符合实际情况；再如某系统研发人员抱怨上游数据的及时性怎么这么差，每次都导致下游系统报错。诸如此类的场景屡见不鲜。其实上述的场景都属于数据质量的范畴，前者对应的是数据准确性问题，后者对应的是数据及时性问题。

本章将系统性地阐述数据质量管理框架以及数据质量核心维度，并基于这两部分构建数据质量规则体系，提供数据质量评估体系供读者进行参考。通过本章的学习，期望读者可以更快地分辨出日常工作中用户抱怨的数据质量问题是哪一类问题，并掌握解决各类问题的方法。

11.1 数据质量概述

数据质量是由用户以及数据的使用价值所决定的。数据质量的好坏代表着数据在数据知识应用中、数据所存在的系统中以及数据使用的过程中被应用或者有价值的不同程度。只有当数据被下游（系统或用户）所接收并使用时，讨论数据质量问题才有意义。数据是持续变更的，数据质量管理是一个持续过程而不是一次性活动，数据质量管理工作需要相应技术、过程以及人员方面的有效支持。

根据 DCMM 的定义，数据质量是指数据对其期望目的的契合度，即从使用者的角度出发，数据满足用户使用要求的程度。数据质量重点关注数据质量需求、数据质量检查、数据质量分析和数据质量提升的实现能力。数据与用户需求的契合度高，数据质量就高，反之则低。

从 DCMM 的定义中也可以看出数据质量其实是一项持续性的任务。因为对于企业来说，企业的业务在持续发展，基于该业务就会不断有新的数据产生以及新的数据需求，并且对于既有的数据可能提出新的数据质量要求，所以企业需要持续地进行数据质量层面的改进。

进入大数据时代，企业内部系统间的信息共享以及交互逐渐呈现愈加复杂的特点，那么在这些过程中往往会出现各种各样的数据问题：数据标准不统一，例如业务人员与技术人员对于数据理解的不一致；对数据字典缺乏有效的管理，例如当数据模型开发完成后，某些重要的属性实际上并没有数据支持，这些属性可能没有被填充或者填入空值，导致数据并不完整；数据的完整性受到了破坏但是没被发现；数据的合法性受到破坏并被扩展到其他系统中；对技术元数据与业务元数据缺乏管理，重要的信息强依赖于具体开发人员等。以上种种问题都是在企业使用数据时经常出现的问题，为了降低类似问题带来的企业经营上的风险，数据质量管理是一项非常重要的工作。

11.2　数据质量内涵

按照 DAMA 的描述，从企业角度来看，数据质量的价值主要体现在 4 个方面：提高组织数据价值和数据利用机会；降低低质量导致的风险和成本；提高组织的效率和生产力；保护和提高组织的声誉。这 4 个方面其实并不难理解，例如提高组织数据价值主要体现在将那些无法利用的或者利用率不高的数据经过数据质量管理之后，提高了数据的利用率，进而更好地为企业业务提供支持。这也是数据质量管理背后的业务驱动力。

从不同企业对于数据质量管理这项工作的开展情况来看，数据质量工作主要体现在两个方面：第一个方面是偏行政管理职能的，第二个方面是偏技术层面的落地的。这两个方面分别从制度以及具体落地两个维度来保证数据质量可以有效地支撑上述 4 个价值目标。

从数据质量管理职能层面的内容来看，它主要包含如下 3 个部分：

1）明确参与数据质量的工作部门以及确认每个部门的工作以及实施办法。

2）明确不同数据质量检查的管理规则（后面会介绍），例如数据质量规则的收集、更新以及停止等。

3）针对上述工作展开明确具体的流程。

以上内容最终会以企业数据质量管理办法的方式进行体现，同时为了保证管理职能可以真正地落地，往往会成立一个数据质量管理团队，团队成员可以包括数据质量管理专员、数据质量管理员以及数据质量平台管理员等，不同的成员有着不同的职责要求。同时该数据质量管理团队隶属于数据治理办公室，而该团队的成员往往是从内部直接选取合适的人员进行兼任。

从数据质量技术落地层面来看，数据质量管理与企业数据平台中的数据抽取、转换、加载以及存储等过程密切相关，贯穿整个数据平台建设以及使用的全过程。例如在数据抽取过程中未考虑数据质量的问题，将源系统的一些脏数据抽取到数据平台中，经过后续的转换之后被共享到其他应用系统或者被业务人员直接使用，而造成企业的一定风险。因此在数据平台的各个建设阶段都需要考虑数据质量的问题。

数据质量管理的核心对象其实是企业的元数据信息。正如第 10 章提到元数据是描述数据的数据，它包含企业业务以及技术相关的指标信息，同理数据质量规则也可以分为数据质量的业务规则以及数据质量的技术规则。业务规则主要确保数据在抽取、转换以及加载等过程中是符合具体的业务含义的，例如注册地是国内的区域，是否出现非国内的区域信息的。

在相应的数据质量管理流程、制度以及办法配合下，数据质量管理团队在技术落地层面进行数据质量管理。在具体的推进方面，团队往往按照 PDCA 的方式进行，即按照计划—执行—检查—处理的方式逐步解决数据质量的问题，并在这个过程中持续收集数据质量问题的相关数据，通过相应的评估体系来评估数据质量工作的成果以及数据质量改进的程度。

从实施的角度来看，数据质量可以分为事前防范、事中监控以及事后治理三个阶段。这三部分内容构成数据质量管理框架。

11.3 数据质量管理框架

在之前的文章中我们介绍过企业的数据流向，数据从 OLTP 型数据库中产生并逐渐汇集到企业集成区，经过一系列的处理之后进入不同的下游系统中。数据按照某种流向在企业中形成闭环。但是从数据质量管理的角度来看，需要将数据拆分为不同的阶段，采取不同的管理策略。例如业务人员没有按照既定的规则进行数据的录入，则脏数据就会产生，并进入企业系统中。这个阶段可能就处于数据产生前的防范，也称事前防范。同理在数据处理过程中的事中监控以及脏数据运用之后的事后治理则是从数据应用的不同阶段去构建数据质量管理框架。

在上述不同的阶段，数据质量处理的方式以及着重点是不一样的，接下来分别介绍。

11.3.1 事前防范

在上面的介绍中，我们明白针对数据产生前做的一些措施或者流程属于事前防范的内容。事前防范代表的含义是通过规章制度、流程等各种措施，提高未来可能产生的数据质量，从而避免数据异常可能带来的各种各样的问题。

Tips　事前防范主要针对的是还未产生的，面向未来的数据。

事前防范的措施主要分为两个方面，一方面是规章制度或者业务流程，另一方面是通过相应技术对可能产生问题的系统或者环节进行优化。

在规章制度或者业务流程方面，主要针对已经产生的各种数据质量问题进行分析并总结，结合业务特点，制定相应的制度流程或者规范，并逐步推广下去。例如某企业并未制定数据库账户管理的相关规范，开发人员具有较大的数据库权限，他可以在数据库中进行各种 DDL 操作，例如进行某些表结构或者字段的变更，这些变更并未同步到数据平台，可能导致数据抽取过程中发生报错，进而影响数据的及时性。那么企业 IT 部门可以制定数据库变更评审制度，同时回收相应的数据库用户权限，例如只给开发团队赋予 DML 用户权限，任何 DDL 变更必须经过审核。这样反复迭代便可以形成企业的数据库变更流程或者规范，进而达到事前防范的目的。

在技术层面，主要通过对源系统的改造来避免一些脏数据的产生，提高数据质量。例如业务人员在使用应用系统的过程中随便输入一些不合法的字符，并且应用系统未对输入的数据进行合理校验，这样数据平台在抽取相应应用系统的数据时会因为有脏数据而带来数据质量层面的问题。那么应用系统可以新增字符串校验功能，识别用户输入的无效字符，并提示重新输入。此外对业务流程进行优化也可以避免类似的问题，例如在业务人员进行系统操作之后，新增复核流程，提高数据质量。

通过上面的描述可以看出，事前防范主要通过制定规章制度、源系统改造或者业务流程优化等措施来避免脏数据的产生。然而仅仅靠这些措施并不能完全避免数据质量问题。这个时候就需要针对数据平台中运行的数据流进行监控，及早发现问题，以避免带来更大的数据质量隐患。

11.3.2　事中监控

对于大多数企业来说，数据平台可能周期性地或者实时地从源系统抽取数据，并进行相应的转换、加载等操作。那么在这个时间区间内就会有各种各样的数据或者指标在不同的应用系统之间流转。为了保证数据质量，这时就需要针对数据处理的过程进行周期性地或者持续性地监控，即事中监控。

Tips　事中监控是整个数据质量中最重要的一部分，因为无论之前提到的事前防范或者后续需要介绍的事后治理，都会成为事中监控的各种规则。

事中监控主要是针对当前的数据进行监控，它也分为两个方面，一方面是针对数据业务逻辑的监控，另一方面是针对数据处理技术层面的监控。

针对数据业务逻辑的监控主要是指针对数据流中不同数据的业务含义进行监控，即通过撰写各种数据检核规则，发现异常数据。例如针对用户信息表中的性别字段进行校验，确保其只有男或者女这两种枚举值，如果规则校验失败则终止该数据的后续处理流程，避免数据污染。很明显这个校验工作与企业的业务数据流并不相同。

针对数据处理技术层面的监控主要是指针对数据流是否稳定地运行的监控，即通过监控数据流中调度作业的完成情况进行监控，提醒相应的运维人员介入来避免数据延迟带来的数据质量问题。例如某银行客户信息数据必须在每天早上 6 点之前处理完成，那么如果每天早上 5:00 该作业还没有执行，数据可能就会延迟。此时通过针对该数据批处理作业的调度时间进行监控，从而提醒相应的技术人员处理，可以避免造成更大的损失。

通过事中监控可以形成相应的数据质量报告，例如数据质量状态报告或者针对具体的数据质量的问题处理、分析等报告，用来形成数据质量问题的相关管理经验，进而迭代相应的数据质量规则等。

然而无论是事前防范还是事中监控都不是银弹，不能解决数据质量问题，所以需要通过事后治理的方式提高数据质量。

11.3.3 事后治理

事前防范是针对未来的数据，事中监控是针对当下的数据，而事后治理主要是针对历史已经产生的数据进行处理。所以事后治理的主要思路是基于事前规范以及流程结合在事中监控中的数据规则进行数据的检查。

事后治理往往是利用既有的数据质量的各种管理经验对数据本身进行一个摸排操作，在这个过程中发现数据的质量问题并分析潜在的影响。例如在数据质量事中监控中发现性别的数据发生异常，那么从这个现象不难猜测出既有数据中可能存在类似的问题，需要针对既有数据中可能涉及该字段的相应数据进行校验，发现那些已经融入系统中但是未被识别的潜在风险。之后针对该现象产生的原因进行分析，进而迭代优化整个数据质量的体系。

因此，事后治理往往又分为四个阶段，即数据识别、数据检核、数据分析以及效果评估。数据识别阶段主要负责发现潜在数据的问题的范围，并进行相应的风险分析；数据检核阶段主要负责整理数据质量检核规则并进行检核等前置工作；数据分析阶段负责针对数据检核的结果进行分析，找出背后的原因并提出相应的解决方案；效果评估阶段主要负责针对解决方案的落地结果进行跟踪。这四个阶段相互依赖，逐步提高企业的既有数据的质量，形成的事后治理流程图如图 11-1 所示。

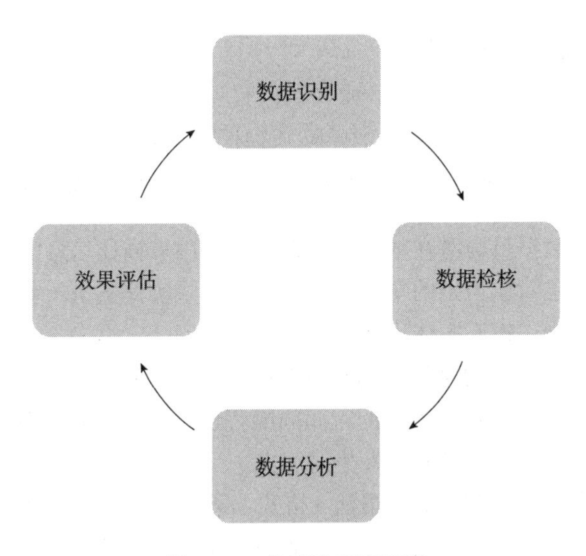

图 11-1　事后治理流程图

至此，数据质量管理框架就构成了，每个数据管理阶段主要针对特定阶段的数据质量进行管理，在迭代中进一步提高未来数据、当前数据以及既有数据的数据质量。数据管理框架不同阶段关系图如图 11-2 所示。

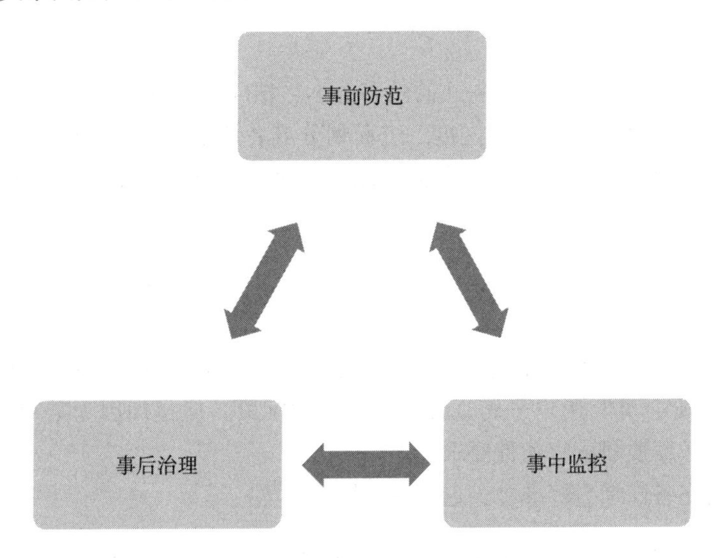

图 11-2　数据管理框架不同阶段关系图

然而要想知道数据质量管理框架是否满足企业的数据质量需求，数据质量在这个过程中是否得到提升，还需要一套检核维度来对企业数据的数据质量进行评估。

11.4 数据质量核心维度

2013 年，DAMA UK 发布了一份白皮书，描述了数据质量的 6 个核心维度，分别是完备性、唯一性、及时性、有效性、准确性以及一致性，详细解释如下：

- **完备性**，存储数据量与潜在数据量的百分比，用来描述信息的完整程度。
- **唯一性**，在满足对象识别的基础上不应多次记录实体实例（事物），用来描述数据是否存在重复记录，没有实体出现多于一次。
- **及时性**，数据从要求的时间点起到数据准备完成的程度，用来描述从业务发生到对应数据正确存储并可正常查看的时间间隔程度，也叫数据的延时时长，数据在及时性上应能尽可能贴合业务实际发生时间点。
- **有效性**，如数据符合其定义的语法（格式、类型、范围），则数据有效，用来描述模型或数据是否符合用户定义的条件。通常从命名、数据类型、长度、值域、取值范围、内容规范等方面进行约束。
- **准确性**，数据描述的"真实世界"对象或事件的正确程度，用来描述数据是否与其对应的客观实体的特征相一致（需要一个确定的和可访问的权威参考源）。
- **一致性**，用来描述同一个信息主体在不同的数据集中的信息属性是否相同，各实体、属性是否符合一致性约束关系。

具体到每一个维度，不同企业关注的内容也不尽相同。在具体的数据质量管理过程中，需要了解管理维度与业务需求的匹配度，进而划分或者评估先后的顺序，以更好地定义和管理项目计划中的行动顺序。接下来我们继续深入每一个核心维度，识别不同维度具体提升的是数据质量中的哪一部分内容。

11.4.1 完备性

完备性主要考察的是数据平台中应当存储的数据与实际存储的数据之间的差距。例如在某电商平台注册会员时用户号码是必须要填写的字段，但是却因为某种原因导致为空，那么它就不满足数据质量的完备性要求。

故在具体的完备性考量标准中，主要考察如下子类：

- 非空约束，即被检查的对象中是否存在数值缺失的现象，如果存在则不满足数据质量的完备性要求。

这里需要注意的是，被检查对象的来源其实是元数据中的业务元数据，即通过业务来划分需要被检查的对象。

11.4.2　唯一性

唯一性主要考察的是数据的业务含义是否能够真实地反映现实情况，例如一个公民只有一个身份证号码，如果在系统中出现一个身份证号码对应多个用户或者一个用户对应多个身份证号码的情况，那么可能就会出现相应的数据质量问题。

故数据唯一性维度大类可细分为以下维度小类。

- 主键唯一性约束：描述一个或多个检核对象作为主键时是唯一的。
- 实体唯一性约束：描述同一客观实体在不同业务数据集中的信息，经整合后是唯一的。如电商平台中某一个用户的具体用户名称应该是全局唯一的。

11.4.3　及时性

从字面上就可以看出，及时性主要与时间有关，它考察的是数据的时效性问题，即业务对于某些数据的需求是否在指定的时间区间内满足，从而保证业务可以正常地运行。需要注意的是及时性并不是要求数据都是实时到达，而是要求数据到达的时间与具体的业务场景相匹配。一般，及时性主要分为如下子类。

- 及时性约束：主要描述数据与业务的时间匹配程度，即实际业务进行的时点与上游数据时点之间的差距。例如在电商场景中，数据平台中商品的物流信息已经更新，但是订单中对应的订单数据未更新，这就造成业务逻辑上的不匹配。及时性问题多由系统处理、系统之间通信、网络等原因造成，通常需要业务人员或系统人员人工介入处理。

具体到企业数据平台中数据及时性的要求，不同的业务场景对于数据及时性的要求并不一样，例如对于某些按日更新的场景，及时性的要求可能是天级别的；对于某些周更新或者月更新的场景，那么及时性的要求可能是周级别或者月级别的。

11.4.4　有效性

有效性主要考察的是数据在技术层面的要求是否符合约束或者特定的规范要求，例如对于某些字段的枚举值输入、长度等要求。数据层面的有效性维度大类可细分为以下 5 个维度小类。

- 代码值域约束：主要描述数据对象的取值是否在对应的值域范围中，即符合值域约束。例如企业数据规范中定义性别的取值为 1（男性）、2（女性）、3（未知性别）、4（拒绝告知性别）这四个取值范围，假如数据中出现“A”“B”这样的取值，则认为性别的数据有效性存在问题。

- 长度约束：主要描述数据在模型层面中数据对象的长度是否满足长度的约束。如中国客户身份证号码长度为18位，当数据对象中存在一个长度为17位或者19位的身份证号码时，它就不是一个有效的身份证号码。
- 内容规范约束：主要描述数据对象的值是否按照一定的要求和规范进行数据的录入与存储。例如电商用户的登录名称主要由中文+数字组合而成，如果数据库中的数据出现特殊字符，例如@#¥%，那么它就是一个无效的登录名称。
- 取值范围约束：主要描述数据对象的取值是否在预定义的范围内。它是内容规范约束的另外一种体现形式，例如银行用户的银行存款应该是大于或者等于0，如果出现一个负数，那么就不符合取值范围约束。
- 标志取值约束：主要描述数据对象的值是否满足标识位的取值约束，它是对代码值域约束的细化，是一种二元的约束规则。例如用户信息是否已经失效对应的状态只有0或者1，其他状态则均不符合标志取值约束。

如果深入地分析上面5个维度小类，可以发现无论是取值范围约束还是标志取值约束，它们都是代码值域约束以及内容规范约束在某些领域的细化以及拆分，而长度约束也是内容规范约束在技术约束层面的细化，因为不满足长度约束肯定是不满足内容规范约束的。

11.4.5 准确性

上面提到有效性的约束主要是从技术层面对数据进行约束，那么准确性的约束则更加强调数据本身是否符合现实世界的要求。总的来看，数据层面的准确性维度大类可细分为以下维度小类：

- 取值准确性约束：描述数据对象是否与其对应的客观实体的特征相一致。如某人的“性别代码”为“1-男性”，虽然满足代码值域约束，但却不满足取值准确性约束，因为该人为女性，“性别代码”应为“2-女性”。

准确性不仅要求数据的取值范围和内容规范满足有效性的要求，也要求数据值是客观真实世界的数据。由此可见，有效的数据未必是准确的，反之成立。所以针对数据准确性的规范约束，往往需要业务人员或其他当事人进行手工核查（或者采用其他信息交叉检测的方式）以发现数据异常的情况，在这种情况下，往往要仔细选择能够用来替代权威参考源的参照物才能核验数据的准确性。

11.4.6 一致性

一致性主要考察的是数据的业务含义、数据与数据之间的关系，以及数据与数据的逻辑约束是否准确。总的来看，数据的一致性主要可以分为 3 个层面的子维度。

- 等值一致性依赖约束：主要描述数据与数据之间的取值相同的约束规则。即某个数据对象的取值应该与另外一个或者多个对象的取值在某个规则下相同。例如身份证号码的前 6 位代表地区，那么相同地区的人的身份证号码的前 6 位应该是相同的。
- 存在一致性依赖约束：主要描述不同数据对象之间的值存在相应的约束规则，即某个数据必须在另一个数据对象满足一定条件下才会存在。例如当用户在电商平台购买某一个商品之后，购买日期的值则不应该为空；电商用户的物流购买信息应当出现在购买记录发生之后等。
- 逻辑一致性依赖约束：主要描述不同的数据对象之间的逻辑关系的约束规则，即某个数据对象的值与另一个数据对象的值满足某种逻辑关系（例如大于、小于、相反等）。例如电商平台上的用户购买确认时间应当大于物流发货时间等。

通过数据一致性可以保证数据在传输以及处理的过程中数据代表的业务含义不会出现异常，进而保证数据业务含义的有效传递。

通过数据完备性、唯一性、及时性、有效性、准确性以及一致性这 6 个核心维度对数据对象进行全面检核，保证数据质量。然而在具体的数据质量提升过程中，仅仅知道这 6 个维度并不能发现或者数据质量的问题，那么就需要基于这 6 个核心维度构建数据质量规则，将具体的核心维度落地成具体的指标或者告警信息。

11.5　数据质量规则体系

在之前的章节中我们提到数据模型与元数据的关系，企业业务需求通过概念模型、逻辑模型以及物理模型这 3 个阶段逐步构建企业数据平台中的数据模型。在这个过程中，数据模型以及不同层级模型之间的数据经过转换逐步形成并且丰富企业的业务元数据以及技术元数据，最终构成企业元数据的整体。数据质量的检核本质上是考核评估企业数据平台中数据模型的各种数据，从某种程度来看，检核对象也是企业元数据中相应的数据对象及其具体的数值。

11.5.1　业务规则体系

元数据从数据属性来看主要分为业务元数据以及技术元数据，那么数据质量规则体系其实也主要分为数据质量业务规则以及数据质量技术规则，这两个分类主要从业务以及技术的层面进行数据质量检核。其中业务规则主要是基于数据质量核心维度对企业元数据中的业务元数据制定相应的业务规则，即对数据对象应当遵循某种约束规则的说明，形成业务规则的数据质量检核模板。一般，业务规则模板主要包括如下信息。

- 业务规则编号：为了便于信息管理，为业务规则分配的编号。
- 业务规则大类：描述检核规则评估维度所属大类，如完整性、有效性、唯一性和一致性等。
- 业务规则小类：描述检核规则评估维度所属小类，是对规则维度大类的细分，如一致性约束分为存在一致性约束、等值一致性约束及逻辑一致性约束。
- 对象主题域：描述检核规则所涉及的数据主题。
- 对象数据表：描述检核规则所涉及的数据表。
- 对象字段：描述检核规则所涉及的数据表的字段。
- 业务规则描述：描述检核对象的具体检核规则。
- 业务规则优先级：描述检核规则使用的优先级。
- 业务规则提出人：描述检核规则提出人。
- 业务规则提出部门：描述检核规则提出人所在的部门。
- 业务规则提出日期：描述检核规则提出的时间。
- 参照对象名称：描述检核规则中检核对象参照的其他对象的名称。
- 业务规则依据：描述检核规则的依据文档。
- 备注：其他对该检核规则的备注信息。

业务规则核心字段样例如表 11-1 所示。

表 11-1 业务规则核心字段样例

业务规则编号	BIZ001
业务规则大类	一致性
业务规则小类	等值一致性
对象主题域	客户主题
对象数据表	P_CUST_INFO
业务规则描述	针对客户编号中的区域信息进行校验
业务规则优先级	高

然而仅仅有业务规则还是无法进行最终的数据质量校验，因为数据平台中最终的数据载体是数据模型，需要进一步将业务规则转换成技术规则。

11.5.2 技术规则体系

技术规则是业务规则的具体实现，它基于业务规则，根据数据对象所在的应用系统、数据库等实际情况，提炼出系统可以执行的具体逻辑。也就是说，技术规则将业务规则涉及的数据对象映射到系统的数据表、字段等信息中，将业务规则转换成具体的数据库或者其他数据存储可以执行的语句或者脚本，之后则可以基于技术规则完成数据检核，进而发现数据问题，提升数据质量。

技术规则是对业务规则的一种转换以及补充形式。总的来看，技术规则主要包括如下内容：

- 技术规则编号：为了便于信息管理，为业务规则分配的唯一编号，由系统生成。
- 业务规则编号：技术规则对应的业务规则编号，关联数据质量业务规则编号。
- 业务规则大类：描述规则维度大类，此项与业务规则维度大类一致。
- 业务规则小类：描述技术规则维度小类，此项与业务规则维度小类一致。
- 业务规则描述：技术规则对应的业务规则描述。
- 技术规则描述：技术规则的描述，具体到系统、表、字段名等。
- 技术规则检核语句：生成的技术规则语句。
- 技术规则提出人：描述技术规则提出人。
- 技术规则提出部门：描述技术规则提出人所在的部门。
- 技术规则提出日期：描述技术规则提出的时间。
- 备注：其他对该检核规则的备注信息。
- 其他：根据实际情况新增的一些内容信息，例如重要级别、是否对下游有影响等。

技术规则核心字段样例如表 11-2 所示。

表 11-2　技术规则核心字段样例

规则简称	值	规则描述
规则ID	DG001	技术规则编号
项目名称	客户主题	业务规则大类
数据源名称	CUST	技术规则描述
表名	P_CUST_INFO	技术规则描述
字段名	ID_CARD_NO	技术规则描述
字段描述	身份证号码	技术规则描述
是否对下游有影响	是	其他
重要级别	高	其他
业务规则编号	BIZ001	业务规则编号

（续）

规则简称	值	规则描述
规则描述	针对客户编号中的区域信息进行校验	业务规则描述
备注	AGT099020	备注
自定义检查规则SQL	SELECT * FROM P_CUST_INFO T WHERE SUBSTR(ID_CARD_NO,1,6) not in (SELECT DISTRICT_NO FROM P_DISTRICT_INFO);	生成的技术规则语句
检验总数获取SQL	SELECT COUNT(1) FROM P_CUST_INFO T	生成的技术规则语句

通过上述表格可以发现，在技术规则中出现了数据库中具体的可以执行的 SQL 语句以及被检验的数据记录数，即“自定义检查规则 SQL”与“检验总数据获取 SQL”之间结果的比值，可以获取该技术规则对应的数据质量的指标。整个数据平台执行的技术规则的所有指标就构成了企业的数据质量报告，通过数据质量报告就可以完成数据质量评估。

11.6 数据质量评估

对于数据质量的评估主要可以从两个方面进行，即当下的数据质量整体情况以及数据质量整体的改善情况。前者可以通过当前数据质量报告的内容了解企业整体的数据质量状态，发现影响数据质量的关键要素，并加以解决；后者将当前数据质量的数据进行保存并构建数据质量数据库，便于长期跟踪管理和推动各系统的数据质量的持续提升。

由于不同的数据质量的维度评估算法可能略有区别，因此需要构建不同核心维度的核心指标算法，用以评估数据质量的整体情况。

Tips 需要注意的是，不同评估的算法对应的技术规则中的“自定义检查规则 SQL”与“检验总数据获取 SQL”不同。

11.6.1 数据质量评估算法

数据质量评估算法用于对某个独立的具体规则进行评估计算，是评估的最小单元，也是其他评估指标算法的参考依据。根据数据质量检核体系，算法针对检核体系中定义的各个维度独立描述，包括完备性、唯一性、及时性、有效性、准确性以及一致性。

以下用 S（Score 缩写）标识规则及分析评估后的得分。

1. 完备性评估算法

“完备性”规则维度大类分为“非空约束”小类。针对具体的数据检核对象，完整性评估算法描述如下：

$$S_{\text{Comp}} = \frac{\text{为空记录数}}{\text{记录总数}}$$

2．唯一性评估算法

“唯一性”规则维度大类分为“主键唯一性约束”和“实体唯一性约束”小类。针对具体的数据检核对象，唯一性评估算法描述如下：

$$S_{\text{Uniq}} = \frac{\text{重复记录数}}{\text{记录总数}}$$

当然也可以针对某一个单独的小类进行算法描述，其中$S_{\text{Uniq_pk}}$为主键唯一性约束评分、$S_{\text{Uniq_entity}}$为实体唯一性约束评分：

$$S_{\text{Uniq\_pk}} = \frac{\text{主键重复记录数}}{\text{实体记录总数}}\text{，}S_{\text{Uniq\_entity}} = \frac{\text{实体重复记录数}}{\text{实体记录总数}}$$

那么唯一性评估算法最终的结果可以根据具体的算法规则进行计算，例如按照权重进行计算，得出唯一性评估算法得分，其中 $w1$ 以及 $w2$ 为对应的权重信息。

$$S_{\text{Uniq}} = w1 * S_{\text{Uniq\_pk}} + w2 * S_{\text{Uniq}_{\text{entity}}}\text{；其中}w1 + w2 = 100\%$$

如果某个维度算法也有类似的子维度，那么也可以按照类似的方式进行计算，下面不再重复。

3．及时性评估算法

针对具体的数据检核对象，及时性评估算法描述如下：

$$S_{\text{DL\_Time}} = \frac{\Sigma\text{（数据记录正确存储并显示的时点}-\text{业务发生的时点）}}{\text{记录总数}}$$

4．有效性评估算法

“有效性”规则维度大类分为“代码值域约束”“长度约束”“内容规范约束”“取值范围约束”和“标志取值约束”小类。针对具体的数据检核对象，有效性评估算法描述如下：

$$S_{\text{Vilid}} = \frac{\text{不满足有效性记录数}}{\text{记录总数}}$$

5．准确性评估算法

“准确性”规则维度大类分为“取值准确性约束”小类。针对具体的数据检核对象，准确性评估算法描述如下：

$$S_{\text{Accu}} = \frac{\text{不满足准确性记录数}}{\text{记录总数}}$$

6．一致性评估算法

“一致性”规则维度大类分为“等值一致性依赖约束”“存在一致性依赖约束”和“逻辑一致性依赖约束”小类。针对具体的数据检核对象，一致性评估算法描述如下：

$$S_{\text{Cons}} = \frac{\text{不满足一致性记录数}}{\text{记录总数}}$$

这样通过上述指标计算指标结构并构建当前的数据质量整体报告，进而形成数据质量的基线。

11.6.2 数据质量基线报告

数据质量基线报告是基于数据质量评估算法进行计算之后，形成的数据质量的报告，是对于当前数据质量的总结。例如将 11.6.1 节的 6 个核心维度指标进行计算之后，可以形成企业级别的数据质量总览，利用数据可视化技术可以形成如图 11-3 所示的结果。

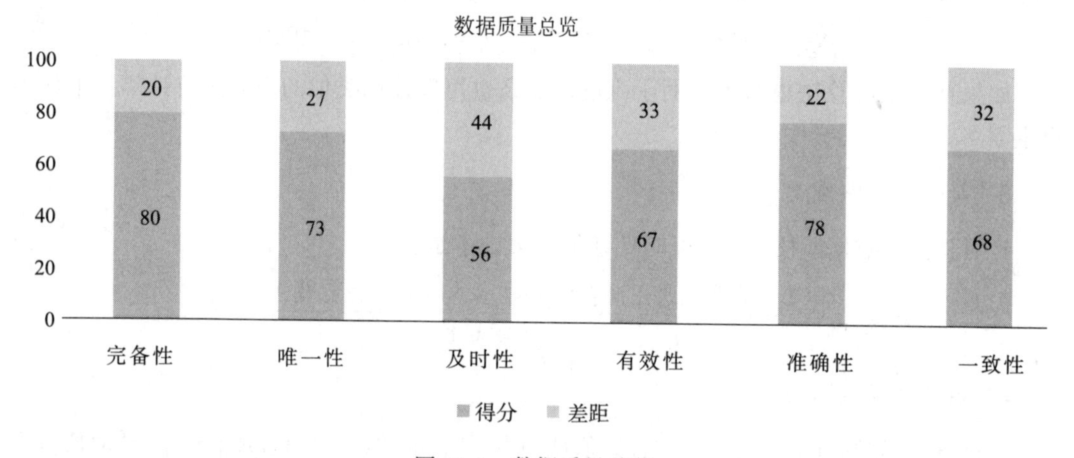

图 11-3 数据质量总览

从上述结果可以看出，当前企业的数据及时性相对较差，数据完备性相对较高。可以根据数据质量报告的原始数据进一步分析出导致及时性问题的关键系统是哪个，如图 11-4 所示。

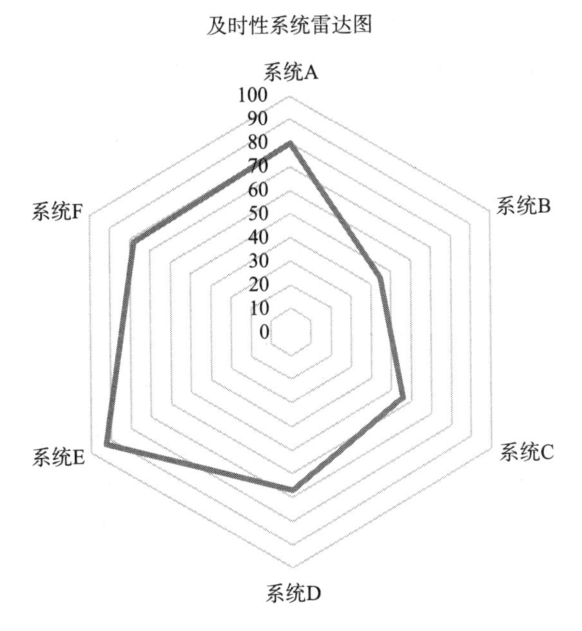

图 11-4　及时性系统雷达图

通过图 11-4 可以直接看出，系统 B 的数据及时性相对较差，需要进行针对性的处理。但是在实际情况中仅仅知道数据质量的基线报告是远远不够的，因为需要评估系统的数据质量的进步情况，那么就需要形成数据质量趋势报告，来评估具体的数据质量改进情况。

11.6.3　数据质量趋势报告

数据质量趋势报告本质上是在时序上针对具体的某一个维度或者某一个系统进行观察并总结，发现当前数据质量工作是否有效或者有无新的数据质量问题产生。例如企业数据质量工作已经进行若干时间，关于核心维度的规则的数据已经有了初步的积累，则可以利用数据可视化技术构建数据质量时序报告，例如以有效性为例，形成如图 11-5 所示的时序报告。

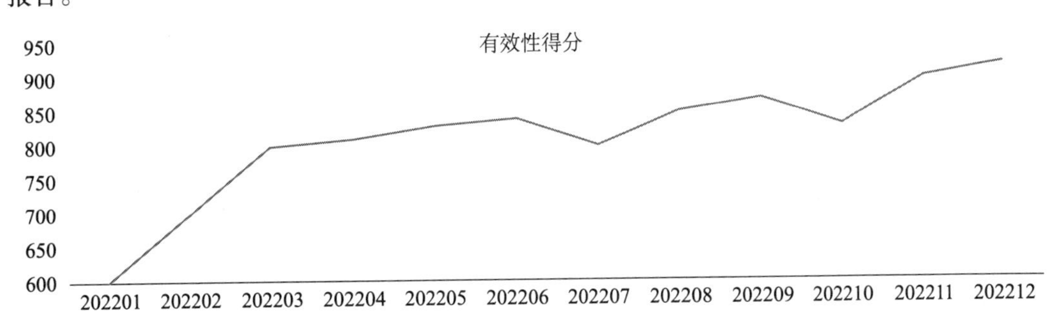

图 11-5　有效性得分时序图

从图 11-5 可以看出，企业关于数据有效性的治理工作稳步提升。那么继续针对其他指标进行深入挖掘也可以用来评估企业数据质量在一段时间内的提升成果。

11.7 总结

正如本章开篇提到的，数据质量是一项持续性工作。企业需要建立相应的评价机制或者系统对该项工作进行追踪。数据质量存在多个核心维度，并且每个核心维度下面可能存在多个子维度，这些不同的维度都有着不同的度量方式、数据处理流程以及逻辑等。这就导致不同的数据质量规则算法所需要的资源是不同的，所以数据质量管理需要从迫切的数据质量问题入手，从易到难逐步构建企业技术的数据质量管理机制或者平台。

虽然数据质量可以保证企业数据在业务流程上正常地运行，但是如果需要企业的数据更加好用以及易于管理，那么就需要建立企业的数据标准，实现企业数据平台的数据在内部更加统一。

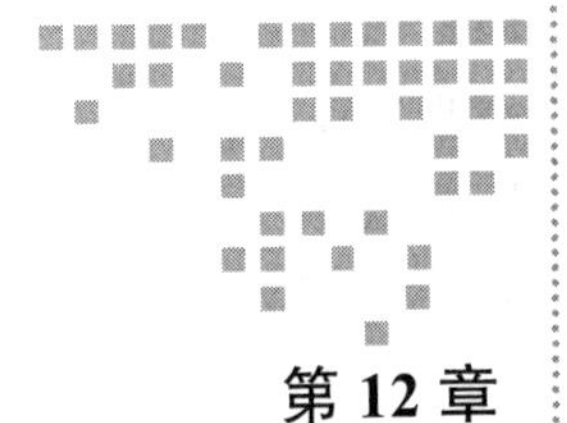

第 12 章 Chapter 12

数据标准管理

与数据质量不同，数据标准更多是一个规范性指导，用来约定企业内部不同系统、不同部分或者不同企业之间甚至是行业内外部的交互方式或者内容。如果没有数据标准，那么涉及跨系统、跨部门或者跨企业等的交互将是一件非常困难或者低效的事情。就好比不同的手机厂商采用不同的充电接口，那么不同的充电器将需要转接头进行不同充电接口的适配。对于企业来说，这种额外成本是无法承担的。

本章将从数据标准的设计框架开始，详细地介绍数据标准的管理流程及数据标准在推进过程中的挑战，最后介绍数据标准与数据质量之间的关系。通过本章的学习，期望读者可以更加科学有效地制定数据标准并推动数据标准的落地。

12.1 数据标准概述

在谈论数据标准之前，首先得明白什么是标准。标准是指为了在一定范围内获得最佳秩序，经协商一致制定并由公认机构批准的，为各种活动或其结果提供规则、指南或特性，供共同使用和重复使用的一种规范性文件。GB/T 3935.1—83 中对标准的定义是："标准是对重复性事物和概念所做的统一规定，它以科学、技术和实践经验的综合为基础，经过有关方协商一致，由主管机构批准，以特定的形式发布，作为共同遵守的准则和依据。"从上面关于标准的定义中可以概括出几个关键词：**重复性、统一规定、实践、协商、批准以及发布。**

如果将这些关键字带入数据标准中，那么就可以得出相应的数据标准对应的描述，即：针对企业中反复被使用的数据或者模型，建立一套统一标准，该标准涵盖定义、操作、应用等多个领域；经过企业不同部门协商并落地执行，形成规范，用来支撑业务、技术以及流程的规范化建设。

《数据资产管理实践白皮书（5.0版）》指出，数据标准是指保障数据的内外部使用和交换的一致性和准确性的规范性约束。数据标准管理的目标是通过制定和发布由数据利益相关方确认的数据标准，结合制度约束、过程管控、技术工具等手段，推动数据的标准化，进一步提升数据质量。

第11章提到的数据质量管理更多是数据应用层面的管理，例如数据的完备性、及时性等。而数据标准管理更多是业务概念、模型定义以及指标等方面的统一管理，是结合具体的流程以及规范制度的管理。数据标准的定义支撑着数据质量管理中相应的核心维度的考核。例如通过发布企业全局性别枚举值的标准，可以作为数据质量中输入有效性的校验指标。然而从数据领域来看，数据标准的作用远不止于此。

12.2 数据标准内涵

标准本身是有层次的，例如存在国际标准、国家标准、行业标准、地方标准以及企业标准等。不同的国家、不同的行业的标准也不尽相同。数据标准本身是企业的数据标准，该标准在不同的维度具有不同的含义。

从企业内外部来看的话，数据标准的目的是建立企业内外部的数据统一标准。例如对于金融行业来说，企业需要受到银保监会的监管，所以企业需要定期上报相应的数据，上报时，需要保证数据的口径与监管的口径一致，此时就需要企业内外部的标准是统一的，进而实现统一计算、统一上报、统一使用等。

从企业内不同部门来看的话，数据可以明确企业内部不同的业务定义、分类以及规范及口径等，可以统一企业内部不同部门之间对于不同基础指标或计算指标的认知。基于统一的认知可以提高业务部门之间、业务部门与技术部门之间、技术部门与技术部门之间的沟通效率以及数据计算过程中的准确性。

从企业数据平台的角度来看，数据标准可以规范企业内部的数据，提高数据在跨系统、跨数据层级交互的效率，减少为统一标准而进行的额外的数据清洗的工作量，便于数据整合以及分析等。

从数据标准管理的核心对象来看，企业的主数据是重点管理的对象，因为主数据最可能在企业业务开展过程中被反复引用。针对这些核心关键数据，往往需要建立统一的数据标准。企业的主数据往往由不同主题的数据构成，例如金融行业的客户主数据、渠道主数据等，同时不同企业的主数据也不尽相同。

Tips 企业数据平台的不同的数据主题往往就是企业不同类型的主数据。

然而在具体的企业落地实践过程中，数据标准的应用并不是一个技术主导的项目或者

过程。数据标准的建立以及推广往往是一个组织业务与技术紧密合作的过程，需要标准的建立、管理、应用以及迭代等环节，且每个环节的重点各不相同。

12.3　数据标准体系设计框架

前面提到数据标准并不是一个技术主导的系统建设的项目，而是一个业务与技术紧密结合，推动组织标准落地的过程。那么数据标准在企业落地的具体过程中就需要构建相应的数据标准体系或者框架，从标准的指导原则开始一直到标准的评估以及检测，进而形成企业数据标准的闭环以及自我迭代的机制。总的来看，数据标准体系设计框架主要涵盖 4 个部分，分别是数据标准原则、数据标准调研、数据标准确定以及数据标准评估。其中数据标准的相关工作内容都需要在数据标准原则下进行，这些内容形成如图 12-1 所示的层级关系。

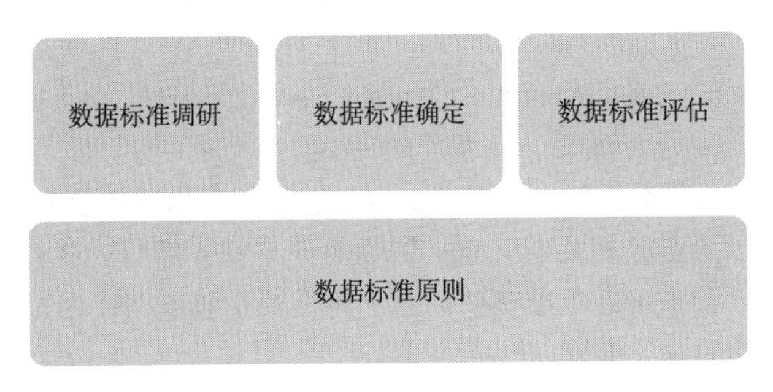

图 12-1　数据标准体系的内容层级图

12.3.1　数据标准的原则

数据标准的原则其实是从内容上阐述数据标准的主要目的，即通过数据标准企业的数据会呈现什么样的形态、企业的数据质量会得到怎样提升。总的来看，数据标准的基本原则主要涵盖 5 部分，分别是唯一性、权威性、准确性、前瞻性以及可执行性，它们是构建数据标准原则的核心内容，如图 12-2 所示。

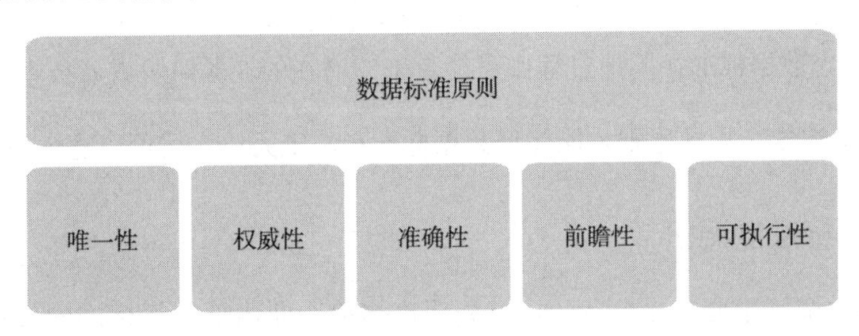

图 12-2　数据标准原则的核心内容

这 5 个指导原则保证数据标准整个设计的环节可以形成闭环，进而保证数据标准相关工作的稳步进行。

- 唯一性，主要是指在数据标准的制定过程中，不同的标准命名、标准编码以及标准对应的业务解释等具有唯一性，不会产生任何的歧义。举个例子，企业数据标准中客户主题下不同类型的子标准的编码不会相同，即同一个标准编码只会对应一个标准，一个标准内容同时只会有一个编码。
- 权威性，主要是指在数据标准的制定过程中，需要综合内外部数据标准相应的最佳实践，结合企业内部数据实际情况，有理有据，提高数据标准的权威性；同时需要保证数据标准的稳定性，即尽量避免在数据标准推广过程中反复修改，进而影响数据标准的权威性。数据标准一旦缺失权威性，那么数据标准的工作将很难真正地在企业内部推广。

 数据标准的权威性受到质疑往往是因为前期数据标准制定过程中对于企业数据现状调研得不够充分。

- 准确性，主要是指数据标准中的业务定义、业务名称以及业务口径定义需要与实际业务相符。因为业务相关定义直接影响业务与业务部门、业务与 IT 部门之间关于口径的对齐，如果出现不准确的问题，将会给企业数据使用过程带来极大的风险，甚至影响企业的业务决策。
- 前瞻性，主要是指数据标准在制定的过程中，需要基于企业现状并结合企业业务的发展而制定。这就要保证制定数据标准的相关人员不仅要对企业现在的业务有一定了解，而且要对企业的业务发展方向有一定了解。数据标准的前瞻性主要体现在当新的业务形态发生时，既有标准的迭代或者修改可能会直接影响 IT 的实现，如果在实现过程中标准已经考虑到后期的改变，将会减少后期因业务变更导致 IT 系统变更所带来的额外成本。例如企业业务逐步拓展到全球，那么在制定不同数据标准的过程中，就需要考虑不同国家的特点而非仅仅以本土为主。
- 可执行性，主要是指数据标准需要以可落地为前提进行制定，而不是一个大而全或者面面俱到的内容，需要充分考虑自身的组织架构、资源分布、政治影响等；同时需要考虑数据标准在落地过程中可能带来的潜在的业务风险或者技术风险等。

只有符合上述 5 个指导原则才能保证数据标准在制定完成之后可以稳步地推进。

12.3.2 数据标准的调研

数据标准的调研主要有 2 个目的：首先明确当前企业内部数据标准的现状，即当前企业内部是否已经存在标准、存在什么样的标准、既有的标准整体落地情况以及当前企业标准重点的领域或者内容有哪些，有了这些信息之后才能使后续标准的制定有的放矢；其次需要调研企业外部的数据标准的最佳实践情况，即当前同行业已经有哪些标准的落地经验，国内外已经存在的数据标准与企业当前标准或者即将制定的标准的差异有哪些等。只有整合企业内外部的数据标准之后，才能使标准的调研变得更加高效以及可落地。我们可以整体明确企业数据标准的调研范围，如图 12-3 所示（其中 IT 部门和业务部门属于企业内部的调研范围）。

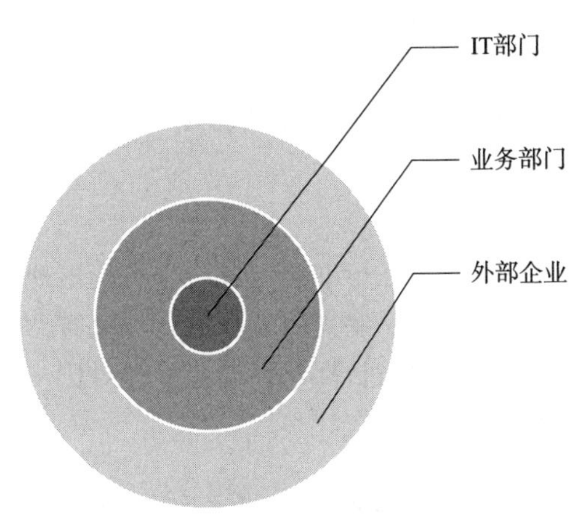

图 12-3　企业数据标准的调研范围

但是在具体的调研流程或者环节中，企业内外部调研的方法或者流程却有一定的区别。

1. 企业内部调研

总的来看，企业内部调研的流程可以分为 4 个步骤，分别是确定调研对象与目标、IT 部门调研、业务部门调研以及标准优先级确认，如图 12-4 所示。

图 12-4　企业内部数据标准调研流程图

每个步骤的重点内容如下所示。

- 确定调研对象与目标，主要是确定企业内部需要被调研的系统或者访谈的干系人（往往是系统的所有者或者关键用户等），并初步计划访谈的内容以及需要通过访谈获取的信息、达到的目标等。
- IT 部门调研，主要是收集整理当前企业不同系统各个维度的信息，例如系统的属性信息、分类信息、命名信息以及既有的标准信息等。通过这个环节的调研可以对当前 IT 系统的标准现状有一定的了解。

Tips 通过调研或者访谈，可以感受到当前系统干系人对于数据标准的态度，这也是数据标准中非常重要的一个环节。

- 业务部门调研，主要是对企业当前业务的流程、定义、口径以及使用场景等进行调研。明确企业业务用户利用哪些数据以及利用这些数据进行哪些业务上的决策。在这个过程中可以明确哪些数据或者口径可能是企业业务的关键，这对于推进后续的数据标准工作有着非常重要的帮助。
- 标准优先级确认，主要是针对当前调研的结果进行分析汇总，发现业务数据标准的主要矛盾，确定数据标准的重点领域以及优先级。

2. 企业外部调研

企业外部调研可以发现或者纠正在标准制定过程中可能出现的问题，也可以保证企业特定数据标准的内外部统一，这对于一些需要监管的行业更有参考意义。外部调研也可以分为 4 个步骤，分别是确定调研对象与目标、系统差异性对比、业务差异性对比以及数据标准补充决议，如图 12-5 所示。

图 12-5 企业外部数据标准调研流程图

每个步骤的重点内容如下所示。

- 确定调研对象与目标，与企业内部调研不同，企业外部数据标准调研按照同业头部企业、同业、泛同业以及国内外等几个层级逐步开展调研。例如针对银行数据标准，可以按照中央银行、国有商业银行、股份制商业银行、城市商业银行、农村商业银行、外资银行等层级逐步开展调研。

Tips 外部调研的最大阻碍是无法调研自身最想期望调研的对象，因为同业往往存在一定的竞争关系。

- 系统差异性对比，主要是考察相同定位的系统在标准落地上的区别，例如都是电商行业，那么自建物流与非自建物流系统之间的物流系统建设就会出现某种程度的差异。同时也要对比业务与系统之间的差异、业务与业务之间的差异。此外，如果调研的外部企业有多个，那么也需要纵向对比不同企业之间的实践的差距。
- 业务差异性对比，主要是对比不同的企业在业务定义以及业务口径上的区别，进而调整自身企业在制定数据标准过程中可能存在的问题。例如有的企业将 PV（访问次数）作为核心指标，有的企业将 UV（注册人数）作为核心指标。

- 数据标准补充决议，主要是基于外部调研的结果与企业内部的调研结果进行整合，形成一个相对合理或者完善的数据标准以及实施建议等内容。这个环节属于调研的最终环节，可以在企业内部以及外部调研全部结束之后进行，并不是只能在企业外部调研结束之后进行。

通过企业数据标准的调研之后，初步可以形成企业数据标准的主要内容。

12.3.3　数据标准的确定

无论什么企业，数据标准的内容主要可以分为两个部分，**即数据标准的定义以及数据标准的分类**。

- 数据标准的定义，主要表述当前企业内部数据标准有哪几类数据标准，例如某金融企业对应的数据标准可能分为客户主题、渠道主题、产品主题等。
- 数据标准的分类，主要表述不同的数据标准主题可能存在什么样的分类，例如以客户主题来说，客户可能分为企业、机关、事业单位、个人、境外客户等；然后基于该分类进行更细粒度的拆分，进而构成整个企业的数据标准的分类。如表 12-1 所示，这是客户主题的数据标准分类信息示例。

表 12-1　客户主题的数据标准分类信息

一级分类	二级客户	三级分类	四级分类
个人客户			
对公客户	境内对公客户		
		企业	
			公司
			非公司制企业法人
			企业分支机构
		…	…
		社会团体	
			社会团体法人
	境外对公客户		
		…	…

从表 12-1 可以看出，针对客户主题的数据标准可以拆分出很多不同的分类信息。针对每一种具体的标准分类需要有详细的描述信息（即业务定义），例如上述表格中提到的“对公客户”“境内对公客户”“企业”“公司”对应的标准描述为：在我国境内设立的股份有限公

司和有限责任公司。

其实到这里数据标准的构建工作才刚刚开始，因为上述标准是无法直接给到企业使用的。在前面的章节中提到，数据标准包括业务定义以及业务口径等的统一。为此需要针对上述的数据标准分类进行继续拆分，补充每一种数据标准的属性信息。同时为了保证数据标准可维护以及可管理，需要给每一种数据标准进行命名并制定相应的编码规范，如表 12-2 所示。

表 12-2 客户主题的数据标准属性信息

标准类型	标准编号	标准名称	业务定义
个人客户	CUS000001	客户编号	客户企业内部统一代码，一般为身份证号码
个人客户	CUS000002	客户类型	客户的类型，根据客户的实体类型进行区分
	…		
个人客户	CUS00000X	客户等级	描述客户的具体等级代码
个人客户	CUS00000Y	客户等级生效日期	客户等级有效日期的开始日期

注：上述表格仅展示样例信息，实际情况列信息略有增改

很明显将数据标准细化之后上述的内容依然无法直接落地，还需要通过程序对数据进行校验。即需要针对上述数据的标准属性进一步细化，对部分数据标准的规范进一步细化，例如规定标准类型 CUS00001 的数据的客户编号标准对应的数据长度为 20，并且前 3 位为字符串。这样按照具体数据标准规则，就可以针对具体的数据进行校验校验。总的来看，对数据标准内容的具体要求可以细化成取值范围类型、允许值、数据类型、数据长度、数据字段以及可信数据源等。

将上述内容进行归纳总结，可以形成如图 12-6 所示的数据标准内容大纲。

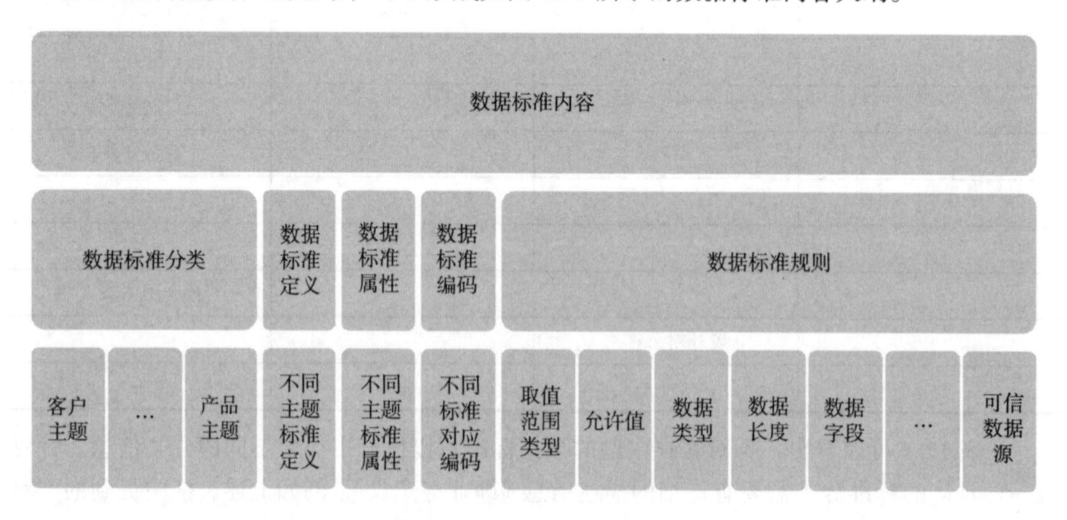

图 12-6 数据标准内容大纲

在具体的实践过程中，需要考虑具体的企业业务特点。例如数据标准的分类需要根据企业的业务特点进行拆分，这部分往往与企业的主数据有关。同时在具体的数据标准属性中，可以根据数据标准的应用场景、信息分类等进行拆分。不同企业的数据标准往往在内容上没有完全一样的，因此在制定数据标准的过程中需要结合企业的业务，灵活调整。

12.3.4　数据标准的评估

我们希望任何一项标准的制定都可以切实地帮助企业提升数据质量，然而在实际的过程中希望与现实总是存在差距。所以就像数据质量评估一样，我们需要一些具体的、可量化的指标去衡量数据标准的落地情况。

数据标准的评估指标主要有两个，即当前企业的数据标准覆盖量以及数据标准整体报告。接下来简单介绍这两个指标。

- 数据标准覆盖量，主要是针对企业当前核心数据（往往都是主数据），制定相应的数据标准分类以及定义等，逐步形成覆盖企业不同主数据的标准内容。
- 数据标准整体报告，主要是指数据标准在企业的落地情况的报告，包括企业数据中不符合数据标准的情况，以及后续逐步整改的结果。例如本来不符合数据标准分类或者业务口径出现错误的定义被逐步整改。

上述两种指标统计口径需要在标准制定中指出。不同类型的数据标准统计的口径不应相同。利用上述两个指标的结果，量化数据标准的落地情况，进而评估数据标准对于企业的价值。

随着企业业务的发展或者变化，例如本来不进行对公业务的企业开展对公的业务，那么既有的数据标准需要进行相应的调整以及更新，即新的对公业务的数据标准需要制定、发布等。同理，如果由于业务调整，企业的某些具体业务不再进行，那么这些业务相关的数据标准也需要进行同步调整或者删除。这就需要对数据标准的生命周期进行相应的管理。

12.4　数据标准管理流程

对于将要进行或者已经进行数据标准相关工作的企业，它们往往都会有类似数据标准委员会的组织，这个组织往往隶属于数据治理（第 13 章介绍）办公室或者类似的职能部门。数据标准委员会进行企业数据标准相关的工作，根据不同企业的组织架构，可能会以集中式、分布式或者联邦式的组织架构进行相关数据标准管理的工作，并且在这个过程中需要不同的分支机构或者部门进行协作。

Tips　在这里不会过多讨论数据标准委员会的组织架构，而是更加关注这个职能部门所需要承担的职责。

数据标准管理流程主要分为 5 个阶段，如图 12-7 所示。

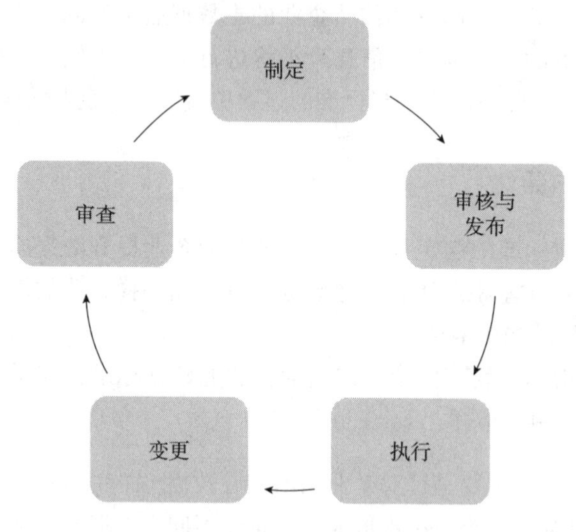

图 12-7　数据标准管理流程

由图 12-7 所示，从数据标准的制定、审核与发布、执行、变更到审查阶段针对数据标准进行修订以及删除。数据标准管理是一项长期的任务，企业不同的数据标准在这 5 个阶段中逐步流转，最终形成企业内部的数据标准。

12.4.1　数据标准的制定

数据标准的制定主要是指按照数据标准的要求制定相关的业务标准或者技术标准等，这里需要注意的是，数据标准是需要拆分等级的，如强制执行的、建议执行的或者可选的等。企业可以根据自身的情况制定相关的标准执行级别，这是在标准制定过程中需要考虑的。

业务标准主要源自企业的业务场景，对应企业业务流程进行梳理，找出企业不同部门中共享的核心业务定义以及口径等，在这个过程中标准的制定往往是基于企业主数据展开的。

Tips　主数据是具有共享性质的基础数据，也是 9.2.1 节提到的总线矩阵中的列维度信息。

技术标准是基于业务标准制定之后，根据业务标准的不同类型应用到企业的数据模型中。举个例子，当业务标准定义企业客户标准之后，企业客户数据模型中相应的关键属性、属性之间的关系也会被同步确定；同时当业务对应的口径确认之后，数据对应的处理逻辑也被同步确认，并运用到企业的数据处理流程中。

需要注意的是，技术标准并不完全是业务标准的技术化改造或者落地。因为技术标准还包括技术元数据的标准化，例如针对企业数据模型中表、字段内容等命名的标准，数据编码标准，数据处理的标准等。

12.4.2 数据标准的审核与发布

当一项数据标准被制定之后，并不是立刻就可以在企业内部推广，只有经过数据标准委员会的审核之后才可以发布。根据不同企业的内部组织架构或者系统建设程度，审核与发布可能有不同的流程。

数据标准的审核是数据标准委员会召集相关成员以及部门对数据标准的内容进行评审的过程。前面提到企业的数据标准往往有着不同的主题，那么企业内部可以成立不同的数据标准专题与委员会进行评审。这个过程是统筹不同部门的利益并且达成共识的过程，因为不同的数据标准对于不同部门的影响是不一样的。举个例子，对于零售企业的营销部门来说，新客户数量、留存客户数或者客户消费额都对业务上的绩效考核有着巨大的影响。新客户数量需要考虑对于用户的招新，而留存客户数需要考虑会员流失的问题。上述数据标准的统计口径将直接影响部门的决策。

Tips 当数据标准制定产生冲突的时候，需要进行相应的升级。

当数据标准通过审核之后，即进入发布阶段。如果企业内部有着统一的数据标准管理平台，则只需要将相应的数据标准录入系统即可；否则企业可能需要建立相应的业务流程，由流程上的不同角色将数据标准的信息同步到不同的部门中。

在数据标准发布的过程中需要收集不同部门的反馈，即基于该标准进行自查、落地或者改造的整体计划，并进行后续的追踪。

12.4.3 数据标准的执行

数据标准的执行主要是指将数据标准委员会发布的相关的数据标准进行落地或者改造的过程，这是数据标准管理的核心环节。因为数据标准执行的程度决定了数据标准的落地程度以及企业数据标准的建设程度，所以这也是数据标准管理环节中投入最大的部分。

当数据标准发布之后，数据标准涉及的相关部门需要制定相应的数据标准整改计划报数据标准委员会审批并确认，数据标准委员会需要统筹不同部门、不同系统的整改计划并建立相应追踪计划。由于企业内部系统类型复杂，例如涉及存量系统、增量系统、外购系统等；同时受限于企业内部预算、资源或者其他政策，因此可能会出现某些系统无法进行整改的情况，这个时候需要进行相应的额外处理。具体的流程以及措施需要基于不同企业的具体情况进行确认。

此外存在部分数据标准是用来要求或者规范企业内部日常数据处理或者工作的。那么需要针对业务人员或者技术人员日常的业务操作或者数据处理流程进行相应的培训、审查以及纠正等。

数据标准的执行需要数据标准委员会牵头，定期或者不定期地对不同部门数据标准的落地情况进行跟踪及管理以保证数据标准可以正常地落地执行，同时发现数据标准执行过程中潜在的风险，并进行相应的风险管理。

12.4.4 数据标准的变更

数据标准的变更主要是指在企业业务发展的过程中，既有的数据标准已经无法满足业务的需求，例如电话号码的长度变更，从 7 位变成 8 位导致既有的数据标准需要变更；或者外部监管的要求或者企业应用的国家等外部标准发生变化，导致已经发布的数据标准需要进行相应的变更，例如对于银保监会需要上报的某些业务口径的变化。

数据标准的变更往往会给业务应用或者 IT 系统的建设带来一定的影响。正如在 12.3.1 节提到的数据标准需要具有一定的前瞻性，即需要在一定程度上保证数据标准的相对稳定性。特别是当数据标准已经在执行时，数据标准变更必然会影响整体数据标准落地的计划。所以对于数据标准的变更，需要从变更的内容、变更的影响等角度进行分析，并审慎评估。

从数据变更的提出角色来看，理论上任何数据标准的相关执行部门或者相关机构都可以提出数据标准的变更请求。当变更请求提出后，需要数据标准委员会与相关的部门进行影响评估以及相应的审批，之后进入发布环节。如果会对既有的计划产生影响，则数据标准委员会需要统筹协调，并更新相应的计划。

12.4.5 数据标准的审查

数据标准的审查主要是针对企业正在运行的数据标准与企业的业务发展以及 IT 系统的适配的审视，期望通过这个环节发现与企业发展不是很匹配的数据标准内容，并进行相应的修订或者废除等。

数据标准的审查周期往往是半年度或者年度进行。因为数据标准的审查需要重新审视企业所有的数据标准，投入较大，并且数据标准一旦确定，它的变化频率并不会很高。因为标准从制定、审核与发布、执行，再到收集反馈的周期相对较长，所以审查的周期也相应较长。特别是对于刚刚开展数据标准项目的企业，对应的审核周期可能更长，例如两年或者三年。

当然一旦数据标准审核结束，它对应的审核结果，即什么标准需要修订、什么标准需要废除都需要提交到数据标准委员会或者更上级的组织进行相应的审核或者复核。一旦确认审核结果，那么就需要按照企业具体的流程进行相应的发布并通知相应的部门或者组织。同时如果对于既有的项目或者流程产生影响，则需要数据标准委员会进行相应的统筹安排。

在大多数情况下，数据标准的修订或者废除往往会引起新的数据标准的产生，这也是企业数据标准更新迭代的过程。而新的数据标准的产生也是企业数据标准制定的过程，也就是 12.4.2 节介绍的数据标准的审核与发布过程。所以在数据标准管理的不同环节中并没有严格的依赖关系，需要根据实际情况进行相应的行动。

12.5　数据标准的挑战

在谈论数据标准的挑战之前，我们首先来看一个普遍的现象。大多数数据标准的制定者都相信数据标准对企业业务发展或者系统建设是非常有帮助的，但在企业内部推广数据标准时常常遇到重重阻碍，无法得到企业相关部门的支持。随着时间的推移，旧的矛盾没有解决，新的矛盾不断产生，在某种程度上又打击了相关标准制定者的信心。循环往复之后企业数据标准往往流于形式，成为束之高阁的相关文档，数据标准的项目也流于形式。

其实数据标准从工作的特点来看必然会带来企业业务流程或者系统的变更。因为如果企业的既有数据已经符合相应的数据标准，那么就不会有数据标准项目的产生。潜在的含义就是当前的业务流程或者系统需要进行标准化改造。那么制定并且推广数据标准这样工作，可能会在企业内部就会产生一定的“对立”情况。

所以，数据标准最大的挑战来自愈加完善的数据标准与极难落地的企业标准现状。

根据笔者总结的一些项目经验来看，对于数据标准的制定者或者推动者来说，只有避免陷入如下三个核心误区，才有可能保证数据标准相对容易地落地。

1）避免同时展开不同主题的数据标准工作。正如前面提到的，企业数据的数据标准内容往往都是基于企业业务流程并依赖企业主数据展开的。企业的主数据往往有多种不同的主题，如果同时推广多个数据主题的企业数据标准，会导致企业相关的业务部门或者 IT 部门在同一时期的工作量陡增，带来更大的“对立”情绪。所以在数据标准的内容与数据标准的落地之间要有相应的取舍，即数据标准的内容可以涵盖多个主题，但是在某一个时刻，应当只有一个主题的数据标准作为主要工作进行推进，在上一个主要数据标准工作完成之后再进行下一个。

2）避免脱离企业现状，只管理而不执行。数据标准是由数据标准委员会制定、审核并发布到不同的企业部门中的。然而每个部门都需要处理企业日常的工作内容，不同部门在执行同一个数据标准时遇到的困难可能是不一样的，这也导致不同部门的“对立”情绪是不一样的，所以数据标准的制定者一定要融入部门或者项目的日常工作中，了解实际的困难之后，再进行数据标准的推广工作。当然在这个过程中可能会带来数据标准的内容或者计划变更，但是从最终的结果来看，这些可能都是值得的。

3）避免缺失必要的企业关键人物的支持。数据标准在制定阶段往往是一个自上而下的项目。只有得到企业高层的支持，才有可能开展数据标准的制定工作。但是标准制定完成后，在具体的执行环节中，仅仅有高层的支持是不够的，需要结合数据标准在该阶段的主题内容寻找核心的关键人物的支持。举个例子，某金融企业数据标准分为客户、渠道等主题。那么当开展客户主题的数据标准工作时需要在企业 CRM 部门（或者类似的职能部门）寻找核心人物的支持。但是当开展渠道主题的数据标准工作的时候，则可能需要在营销部门中寻找核心人物的支持。

数据标准的推广以及落地本身就是一件非常困难的事情，所以需要强力的信念去完成该工作，最终提高企业的数据质量，完善企业的业务流程。

12.6 数据标准与数据质量的关系

在之前的章节中我们提到数据模型与元数据的关系。企业业务需求通过概念模型、逻辑模型、物理模型完成企业数据模型的构建工作。数据模型是物理层面的概念，而元数据等信息本质上是逻辑层面的概念，所以元数据信息需要通过数据模型体现出元数据的相关内容，而数据模型需要元数据的内容搭建企业业务需求的模型。数据模型与元数据的关系如图 12-8 所示。

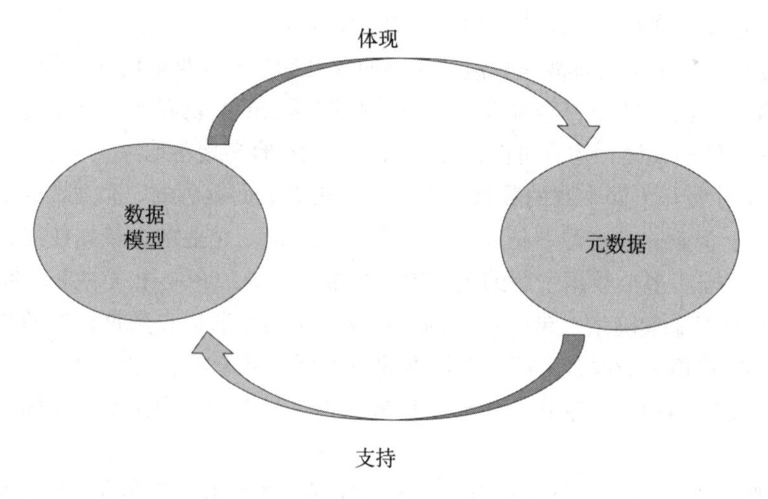

图 12-8 数据模型与元数据的关系

数据标准是通过构建企业业务标准以及技术标准来规范企业业务流程以及数据处理流程的。正如前文提到的，数据标准的建立可以规范企业内部数据，提高数据使用效率以及减少额外的数据开发工作量等。业务标准主要作用于企业的业务元数据，业务数据标准可以规范企业的业务流程以及口径等；技术数据标准可以完善或者修订技术元数据的相关信息，规范企业数据编码等内容。为此，可以构建数据标准与数据模型、元数据的关系图，如图 12-9 所示。

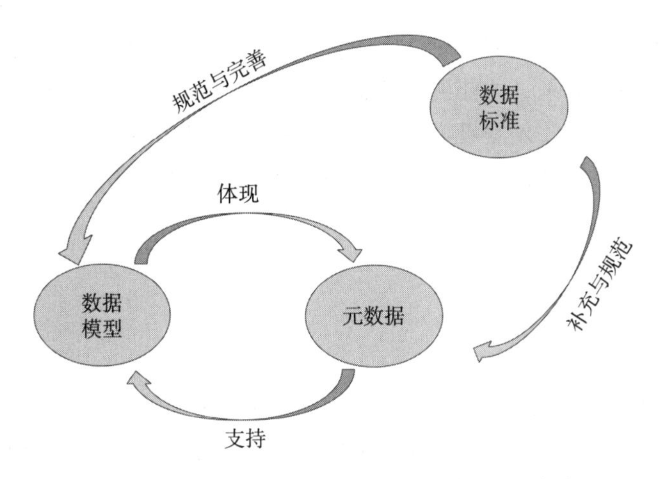

图 12-9　数据标准与数据模型、元数据的关系

从广义的范畴来看，一切能够提升数据质量的制度或者方法都可以隶属于数据质量管理的范畴。所以可以看到很多文献都将数据标准作为数据质量管理的一部分。特别是随着企业数字化进程的加速，企业数据治理也被反复提出。在企业数据治理体系中数据标准也作为数据质量的一部分而被提出。但是数据质量并不仅仅包含数据标准这一项内容，也包含数据安全等内容。正如本书第 11 章提到的数据质量管理包含 6 个方面，用于保证企业数据质量，而企业数据的载体便是企业的数据模型。为此可以基于图 12-9，构建数据质量与数据标准、数据模型、元数据的关系，如图 12-10 所示。

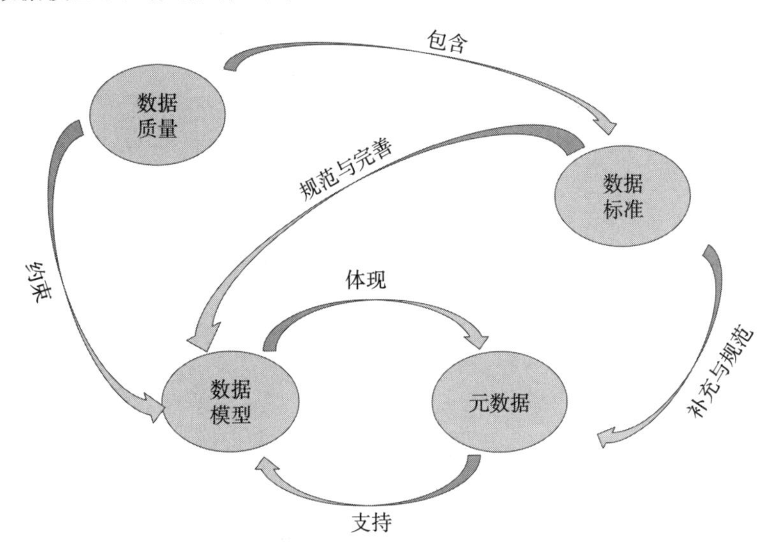

图 12-10　数据质量与数据标准、数据模型、元数据的关系

至此数据质量与数据标准、数据模型、元数据的关系就讨论完了。读者需要非常清晰

地了解它们之间的关系，因为这几个基础概念是构成企业数据管理的最基础的核心概念，只有弄清楚它们之间的关系，才能明白我们在进行的任何一项数据相关的工作的含义是什么、产生的影响是什么。此外随着数据治理体系的逐步完善以及流行，企业数据架构的复杂度逐步增加，只有掌握这些最基础的概念及内涵之后，我们才能更好地进行后续数据治理的相关工作。

12.7 总结

企业数据标准的制定以及落地有助于提高企业的数据质量。但是仅靠数据标准这一项工作是远远不够的。因为企业数据质量的提升是一个系统性的工程，需要企业的组织架构、IT 系统、业务流程等做出相应的调整去适应企业业务的发展。因此随着企业数字化的进程逐步加快，企业的数据架构呈现愈加复杂的特点，企业逐步意识到数据的价值，开始构建企业数据资产，而构建企业数据资产绕不开数据治理这一个话题。下一章，我们将详细介绍数据治理的相关内容。

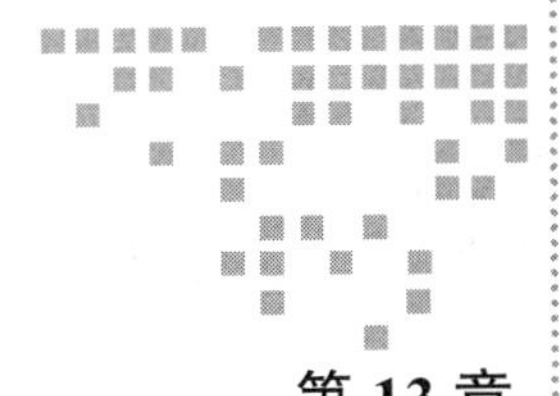

第 13 章 Chapter 13

数据治理

治理类的话题在近些年被反复提起，例如某互联网公司正在进行 API 治理、日志治理或者权限治理等，某金融行业正在进行数据治理类的项目来提高组织的数字化水平等。数据治理如何产生，为什么它往往与数字化转型相关，这些其实都与企业业务或者系统的发展息息相关。

前面提到，企业数字化转型本质上是企业优化其资源获取及资源配置，优化业务模型，实现企业内部业务的创新，进而提高企业的竞争优势。而数据治理则是企业数字化转型的基础，通过数据治理来持续地释放、挖掘企业的数据价值。数据治理的目的并不是单纯地提高数据质量，而是通过组织架构变革的方式逐步减少甚至消除企业在使用数据过程中产生的数据质量问题、数据风险因素等。所以数据治理更多是一种推动组织流程、架构变革的过程，而非单纯技术驱动的任务。

为此本章将从数据治理的主要领域开始，逐步提炼出团队在数据治理过程中需要遵守的核心准则，并基于笔者的经验总结出数据治理的通用流程。

13.1 为什么需要数据治理

从企业应用系统发展的角度来看，数据治理是一种必然的结果。在信息化时代，企业基于不同业务场景建设 IT 系统来提高业务运营效率，但是随着业务的发展，企业不同系统之间的同质化、重复建设现象严重，造成了“烟囱”式的系统。进入数字化转型时期，企业需要以数据驱动业务的发展，为此就需要进行数据治理来促进数据共享，进而提高运营效率。接下来将详细介绍烟囱系统、数字化转型及数据治理的作用。

13.1.1 烟囱系统

对于大多数企业来说，在企业业务开展之初需要系统支持，为了保障企业业务快速进行，应用系统的建设往往都是围绕该业务展开的（这个过程也就是我们常说的信息化）。例如当银行以对私为主开展业务的时候，客户关系系统、信贷系统及客户营销系统均以个人的维度展开；但是随着业务的拓展，银行逐步开展对公业务，由于对公与对私业务的开展形式存在很大区别，为了使业务快速运行，银行往往会独立于既有的个人银行体系搭建一套对公的系统体系，该体系可能包含企业级别关系、企业信贷系统等，同时会搭建相应的评级体系。这样便产生了两个相互独立但又具有类似场景的系统。这两个系统就好比两座烟囱，互不相连。

烟囱系统往往会出现重复建设的问题，例如对公或者对私的用户中都会存在评级、授信、贷款及贷后管理等业务流程，而两套系统的相同功能都需要人力进行开发与维护。同时，系统之间数据共享的难度增大，例如企业的法人也是自然人的身份，当想利用对公的数据来补充对私的数据进行额度的制定等工作时，系统之间跨团队的沟通及数据打通相对困难，成本也较高。随着企业的发展，不同应用系统内部的逻辑愈发复杂，系统之间的交互或者数据共享也愈加困难。

13.1.2 数字化转型

信息化与数字化的一个重要区别是系统之间的数据连通及共享。数字化转型的一个重要目的是打通不同系统之间的数据壁垒，实现企业以数据驱动业务发展的新模式。

2022 年 1 月中国人民银行印发的《金融科技发展规划（2022—2025 年）》提到，全面加强数据能力建设，在保障安全和隐私的前提下推动数据有序共享与综合应用，充分激活数据要素潜能，有力提升金融服务质效。所以数字化转型的目标之一就是实现企业数据共享与综合应用。

数字化转型就是通过提炼不同应用系统之间的共性，逐步构成技术层面的共享底座；在跨系统之间的交互中提炼共享的数据，促进数据的流动与共享，进而提高企业的经营效率。例如，数据中台建设就是数字化转型的一种方式。当然，不同企业由于自身所处的阶段不太一样，在具体进行数字化转型的过程中采用的方式也不尽相同。但是任何企业的数字化转型都需要实现应用系统之间数据的流动与共享，构建企业的数据资产，进而提高企业的数字化程度。

数字化转型的核心是实现系统之间的数据共享。这就需要统一不同系统之间的数据交互的口径及方式等。例如，业务指标的定义及计算方式需要统一，数据交互的方式需要有相应的标准。说到这里，细心的读者可能已经明白，要实现系统之间的数据共享就需要构建企业级别的数据标准。换句话说，数字化转型的前提就是数据标准。

但是，仅仅有数据标准是不够的，数据质量包含完备性、及时性、准确性等特点，所以在满足数据标准的前提下需要实现企业数据质量的提升，才能保证企业数据可以及时、有效、准确地在不同系统之间交互，进而实现企业的数字化转型。

13.1.3　数据治理的作用

在数字化转型的过程中，企业的数字化经营能力将逐步提升。然而在这个过程中不可避免地会面临业务运营风险、数据安全及监管等各种挑战。举个例子，银行需要在日常运营的过程中遵从等保等制度的要求，否则可能会受到相应的惩罚。在具体的等保制度落地执行过程中，一方面需要有相应的信息系统在建设之初就考虑相应的要求，另一方面需要有相应的规章制度去保障具体的业务流程。在具体执行过程中，需要相应的监督角色或者审核角色去发现流程执行过程中存在的潜在风险，避免造成更大的损失，但是这些角色并不会介入日常运营的过程中。这种审计与日常运营之间的关系就是治理与企业运营的关系，如图 13-1 所示。

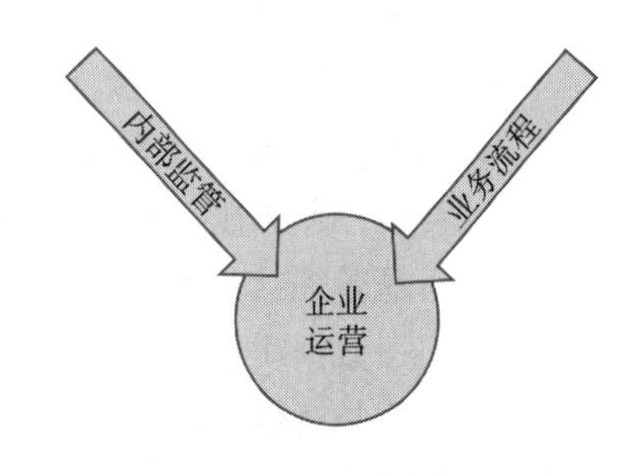

图 13-1　治理与企业运营的关系

如果将上述概念带入数据治理中，则可以将数据治理简单地理解为：利用人、组织及规章制度保障企业运营过程，避免风险，改进企业的业务流程。

国际数据管理协会（DAMA）对数据治理的定义是：数据治理是对数据资产的管理活动行使权力和控制的活动集合（规划、监控和执行）。简单地说，数据治理就是通过数据战略、数据策略、数据标准和质量、数据监督等方式构建企业的数据资产，进而让企业数据从不可控、不可用、不好用到可控、可用、好用，实现企业的数字化转型。

13.2　数据治理内涵

数据治理并不是一个具体的系统应用，在具体的数据治理过程中必然会需要系统工具的支撑，用来管理数据治理的过程或者产出等。与传统项目制的 IT 工作不一样，数据治理是持续性的工作，因为它涉及组织架构及潜在业务流程的变更，且这种变更并不会立即生效，而是需要通过一系列的行动逐步引导变革。

> **Tips**　企业内部涉及组织架构调整、业务流程的调整时往往都会受到来自不同方面的阻力，企业越大，阻力越大。所以变革往往都是分阶段、逐步进行的。

13.2.1　数据治理内容

具体到数据治理的内容，按照 DMBOK 一书的定义，它主要包括战略、策略、标准和质量、监督、合规、问题管理、数据管理项目及数据资产估价共 8 个方面，具体如下。

- **战略**：定义、交流、驱动数据战略和数据治理战略的执行，例如企业进行数据治理的战略目标是什么等。
- **策略**：设置与数据、元数据管理、访问、使用、安全、质量有关的策略，例如企业数据或者元数据的哪些角色可以访问哪些内容等。
- **标准和质量**：设置与强化数据质量、数据架构标准，例如通过一些规章制度或者流程来保障数据标准和质量。
- **监督**：在质量、政策和数据管理的关键领域提供观察、审计和纠正等实际操作措施，例如在具体执行数据治理相关的内容时发现潜在的风险并进行调整。
- **合规**：确保组织达到数据相关的监管合规性要求，这里主要是针对外部监管等风险。
- **问题管理**：识别、定义、升级和处理问题，主要针对如下领域：数据安全、数据访问、数据质量、合规、数据所有权、政策、标准、术语或者数据治理程序等。这里主要是对数据治理过程中出现的具体问题进行统一管理。
- **数据管理项目**：增强优化数据管理实践的能力。
- **数据资产估价**：设置标准和流程，以一致的方式定义数据资产的业务价值，即通过数据治理提高企业数据的业务价值，构建企业数据资产。这部分内容会在第 14 章详细展开。

DMBOK 将数据治理划分为 8 个方面，但是回到具体的数据治理的领域，即从如何进行数据治理的角度来看，它主要分为三个部分，分别是主数据管理、数据质量和商业智能。下面展开详细介绍。

13.2.2 数据治理范围

John Ladley 在《数据治理：如何设计、开展和保持有效的数据治理计划》一书中提到，无论治理的数据或内容是什么类型的，数据治理其实都是以相同方式完成的，也就是说，从“如何做”的数据治理角度来看，实施数据治理的方案并不存在差异，方案都会涉及如下三部分内容，即主数据管理、数据质量以及商业智能。

1. 主数据管理

按照 DMBOK 的定义，主数据是指有关业务实体（如雇员、客户、产品、金融结构、资产和位置等）的数据，这些实体为业务交易和分析提供了语境信息。实体是客观世界的对象（人、组织、地方或事物等）。实体被实体、实例以数据 / 记录的方式表示。按照维度建模理论来说，主数据往往就是维度建模中的维度信息，例如客户维度、机构维度、产品维度、渠道维度等。不同的用户在不同的渠道购买产品时就产生了订单的行为，该业务场景所处的环境就是客户、产品及渠道构成的联合体。

主数据管理的主要目的是建立企业级别的一致性主数据，进而保障不同的参考数据在企业中保持最新且协同的一致性管理流程等。13.1.1 节提到，由于企业不同的业务系统按照自己的业务流程进行系统的建设，但是相同的主体在不同的业务系统所处的角色可能是不一致的。例如用户在电商平台购买产品时是消费者，隶属于客户系统；但是该用户也可以在平台上开设店铺，那么他就是店铺所有者；如果电商平台搭建个贷系统进行评级及授信的话，就需要抽取不同系统的客户数据按照对私或对公的方式进行后续的流程。但是，由于缺乏企业统一的用户数据信息，一旦用户店铺的资质发生变更，则可能因为数据及时性的问题，系统对于用户的评级产生误判或出现其他风险。

综上，数据治理通过主数据管理，实现企业数据管理流程，构建企业级别的统一、真实、准确的主数据源，对企业内部数据进行组织、管理及分发。

2．数据质量

在第 12 章中，我们从技术层面定义数据质量包含的相关内容及其与数据标准、数据模型等之间的关系，具体关系可参考图 12-10。

从图 12-10 中可以看出，数据质量基本上涉及了数据的所有核心内容，例如数据模型、元数据等。从业务流程来看，任何由数据引起的问题，如数据不准确、数据不及时、指标错误等问题都是数据质量的问题。所以数据质量必然也是企业内部关于数据最常提到或者探讨的问题之一。

从数据治理的角度来看，按照 DMBOK 的定义，数据质量是指数据符合相关的要求、业务规则以及给定用户提出的准确、完整、及时和一致性要求的程度。在数据使用过程中，不符合业务或者客户要求的、无效的数据等都可以被归为数据质量问题。这也是数据质量问题在不同的企业被诟病最多的原因。此外数据质量问题的解决方案往往都是对业务流程或者操作系统的修正，所以数据质量问题也是数据治理的核心驱动因素之一。

具体到某个数据质量问题，需要了解该问题的产生背景、产生原因、相关的业务流程、问题的解决方式及潜在的影响等。正如在第 11 章中提到的，数据质量可能因为数据的完备性、一致性、及时性及准确性等而出现问题。不同的数据质量问题对应的解决方案是不一样的，例如数据及时性问题可能需要通过调整应用架构或者提高数据批处理的频率来解决，数据准确性的问题可能需要通过上游数据规则校验来解决。甚至有的数据质量问题可能是由多种因素导致的，因此在具体的数据质量问题解决过程中需要进行统筹考虑。

可见，期望通过数据治理来制定解决方案一次性解决数据质量问题是不切实际的，需要通过企业的数据标准、规则及过程评估等来确保数据以符合业务要求或者其他目的的方式产生并被使用。

3．商业智能

商业智能（Business Intelligence，BI）是通过查询、分析和报告活动，监督与了解企业财务和运营的健康状况，包括查询、分析与报告的流程和程序等。BI平台所展示的数据均来自数据平台，数据平台按照BI指标相关要求进行运算来保证数据展示的准确性。

数据治理通过数据质量活动来保障数据质量，让BI活动可以在较高的数据质量的情况下进行。BI的结果需要与企业运营的实际情况相匹配，即BI相关的内容应当与企业业务活动一致，数据治理通过保障BI与业务流程的一致性，并通过BI相关工作来优化与迭代业务流程等。此外，数据治理期望在企业的不同部门共享一致性数据的基础上，保证不同业务部门共享相同指标以及相同规则的指标内容，减少不同部门之间因BI数据规则不一致而引起歧义，保障数据标准及算法的一致性。

如果将数据治理的内容与范围进行匹配，我们大体上可以规划出数据治理的整体轮廓：从数据共享层面来看，从主数据治理到BI治理，实现企业主数据、企业数据经营活动相关数据或者指标的共享。从数据治理的核心内容来看，数据质量贯穿整个数据治理过程；在每个具体的领域都需要匹配数据治理的内容，即数据治理的战略、策略等，用来保障每个范围的治理工作可以匹配整体的数据治理目的。为此，可以构建数据治理范围与数据治理内容的关系，如图13-2所示。

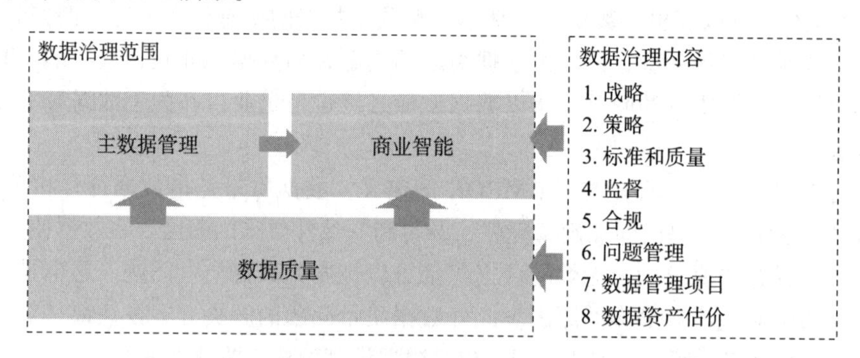

图13-2 数据治理范围与数据治理内容的关系

在介绍完数据治理内容及数据治理范围之后，真正开展数据治理工作之前，需要明确数据治理的一些核心准则，以保障数据治理工作正常推进，实现既有的目标。

13.3 数据治理核心准则

从事数据治理的人员需要明白一点，数据治理对于任何企业来说都是一件非常困难的事情，有极大的失败可能。失败的原因可能是：治理团队给出的建议或者流程对既有的业务产生非常大的影响（业务满意度）；数据治理并没有解决当下的数据质量问题；甚至可能是公司高层不知道数据治理的最终成果（治理成果不明确），导致数据治理工作被叫停等。

同时数据治理是一项长期的工作，数据治理团队可能进行长期的数据治理相关的工作，可能有各种原因导致数据治理团队的工作与业务团队的需求相距甚远，让团队或者外部产生很长时间没有成果的错觉，最后导致数据治理工作的失败。

根据笔者的经验，在数据治理项目中一定要把握 6 个核心准则，分别是确定范围、融入团队、由点到面、团结业务、主动沟通、定期汇报成果，如图 13-3 所示。这 6 个核心准则互相依赖，缺一不可，构成数据治理成功的关键。

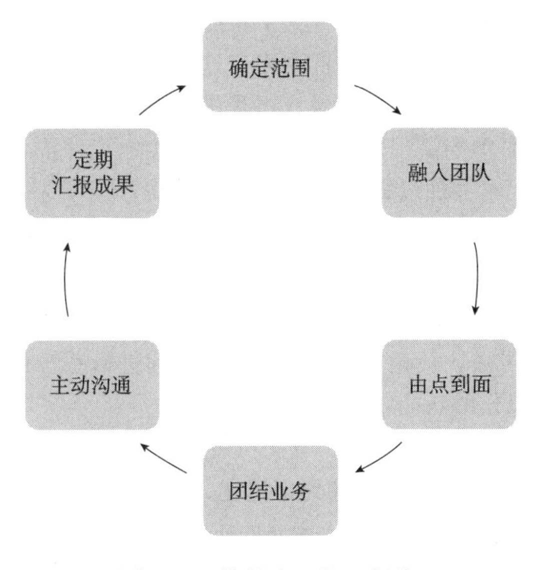

图 13-3　数据治理核心准则

13.3.1　确定范围

确定范围主要是指确定进行数据治理的范围，它包括两层意思。一是企业中需要进行数据治理的范围，即如果某企业需要进行数据治理，则应该依托于企业的业务模式确定需要被治理的范围。举个例子，如果针对跨国企业的供应线进行数据治理，那么可能涉及该企业在全球的任何组织。二是企业中涉及被治理数据的范围，即根据业务模式确定组织的治理范围（业务部门或者事业线），然后确认需要被治理的数据范围。

在确定需要被治理的组织及数据之后，需要明确不同组织的不同数据的重要程度。因为在企业相同的业务场景下往往存在不同类型的数据，例如某些数据是全球的、全国的或者本地的。所以不同级别的组织架构的数据的重要程度往往也是不一样的。如果对所有的数据使用同一种标准，无论对于数据治理团队还是对于企业来说都是不太现实的，所以在确定具体的范围之后一定要分清所需要进行数据治理的数据的重要程度。

13.3.2　融入团队

按照笔者过往的经验，企业 80% 的业务可能集中在企业 50% 的数据甚至更少的数据中

(这些数据往往跟主数据息息相关)，并且 90% 的问题可能都是这 50% 的数据引起的。从数据治理的成果来看，需要集中资源解决产生绝大多数问题的关键数据。那么就需要数据治理团队深入一线，了解产生及使用这些数据的技术人员或者业务人员的痛点，并从组织、数据标准或者流程等层面去解决类似的问题。

融入团队是数据治理核心准则之一。一个企业或者部门需要进行数据治理的原因往往是该企业或者部门中存在产生数据问题的因素。这些因素可能是技术问题导致上游下发数据不及时或者不准确，也可能是在数据录入过程中没有按照制定的流程或者规范进行。这些问题往往并不能通过简单的流程规范解决，需要切实地观察技术团队和业务团队的日常工作，发现其中关键的因素并加以解决。很多时候，问题并不是技术导致的。

笔者曾遇到业务人员抱怨某系统的数据初始化无法在早上 6 点左右完成，因为数据不全他无法在 6 点进行系统操作（其他业务人员往往都是在工作时间进行操作），技术团队进行数据优化依然无法满足该要求。数据治理团队与其沟通之后才了解到，他一般要在 7:30 左右送孩子上学，到公司往往会晚一些，所以需要早起进行系统操作。之后系统中开发了一个定时执行某些预设操作的功能，该问题得以解决。

很多时候一个看似简单的业务需求，背后可能有一个需要我们去深入探究的真实需求。单纯地按照业务用户的要求进行数据批处理优化，往往依旧无法满足业务的需求，为此，需要探究该用户的真正需求，这也是融入团队的核心。

13.3.3 由点到面

很多团队在开展数据治理项目的时候，往往都是全面铺开，将数据治理团队的成员融入各个团队以进行相应的治理工作。但是这样做往往会受到各种各样的阻力，例如数据治理团队似乎干扰了正常的业务流程，团队成员似乎并没有提供有效的帮助等。这些声音一方面会打击数据治理团队成员的信心，另一方面会增大数据治理团队推进相关政策的阻力。

为此在融入团队收集业务背后的真实诉求或者原因之后，数据治理团队应该收集并整理这些信息，结合数据治理的范围统筹分析，找准一个关键的业务痛点进行治理。这个痛点可能是企业内部收到外部监管的部分或者核心业务流程中的某个环节等。

依托这个痛点进行治理之后，重新分析当前企业内部不同的关键信息，再次治理，最终完成数据治理的工作。当然，很多时候这个过程的目标可能会发生变化或者调整，这是非常正常的。但是无论怎么看，数据治理都应该以一个核心痛点作为起点，然后逐步扩大治理的范围。

13.3.4 团结业务

数据治理并不是一个技术驱动型的工作，它往往更需要得到企业内部的业务人员的认可，例如它能否切实地提高企业业务的运行效率，减少企业运行中的风险等。所以需要相应的业务人员进行背书，来肯定数据治理团队的成果。

当数据治理团队在某个特定的领域获得阶段性成果时，需要团结该领域所有的业务人员去针对该成果进行定性，肯定数据治理团队的工作成果。

这有两方面的直接益处：一方面可以证明数据治理团队工作的价值，鼓舞数据治理团队的士气（因为数据治理团队收到的质疑往往多于肯定）；另一方面可以通过这个机会增进团队与业务方的关系，增强数据治理团队的非职权影响力，方便后续数据治理团队经验在不同团队中的推广。

13.3.5 主动沟通

数据治理团队将在某个部门或者具体项目上的经验总结成具体的规范或者标准之后，必然面临将该规范或者标准推广到其他部门或者团队的过程。这个过程往往是数据治理过程中最漫长、最耗费心神，以及最有可能与其他部门发生激烈冲突的。

为此，数据治理团队依然需要融入被推广的部门（或者组织）中，去发现该部门与其他部门之间的共性与个性，找出部门中的核心人物，这个核心人物往往是团队中最具有影响力的人，比较了解团队的实际情况，但可能不是最直接的领导。数据治理团队可以与他主动沟通，充分汲取他的意见之后，更新相关规范或者标准，然后逐步推广落地。

企业中往往有新成立的部门或者存在很久的部门，对于同一规范，不同部门的反映可能是不一样的。如果规范的内容是从旧部门中产出的，那么这个规范可能会更容易推广，反之可能就不一样。如果规范的内容是从新成立的部门中产出的，但该部门受到更高层的直接领导或者支持，那么情况也可能发生改变。为此数据治理团队一定要找出关键人物，并与他沟通推广数据治理的成果。

13.3.6 定期汇报成果

数据治理团队的成功往往依赖于团队成员的非职权影响力，为此需要通过成果去提高自身的影响力，进而保证数据治理的成功。很明显，在团结业务及主动沟通之后，在组织层面向高层汇报数据治理团队的成果，用来提高高层对于数据治理的信心，进而提高他的支持力度是数据治理可以顺利进行的关键之一。

但是需要注意的是，定期汇报成果的材料以及与会人员必然需要做好充足准备。因为既然数据治理团队需要提高高层的信心，那么汇报的内容就必须与高层关心的方向相匹配，并在汇报的过程中反复强调。此外，需要进行数据治理的企业往往具有一定规模，它内部的不同业务部门之间相互往来程度也不完全一样，汇报的相关方需要与下个阶段数据治理的工作相关联。例如，在汇报成果的会议上描绘一个与下一个治理部门相关的数据应用场景，用来动员相应的业务部门，这无疑会提升数据治理团队工作的顺利程度。

不同企业的情况相差较大，数据治理团队需要具体问题具体分析。在不同的阶段，不同准则的作用是不一样的，这也需要数据治理团队灵活调整。当然，基于这些准则并不能保证数据治理一定成功，所以需要科学的数据治理流程或者框架来尽可能保证数据治理工作成功开展。

13.4　数据治理通用流程

正如前面提到的，数据治理是一项持续性的工作，它主要治理的领域是主数据管理、数据质量及商业智能。虽然治理的领域一样，但是不同的企业在系统建设、数据平台阶段、数据质量情况等方面都各不相同。具体到每个企业的治理工作，可能采取的具体方法或者措施也不尽相同。例如针对由企业重要数据指标或者企业数据架构导致的数据及时性问题，治理的具体方式也不会相同：前者可能通过跨部门调研梳理核心指标，并制定相应数据标准位置来解决；后者往往通过调研源系统，并结合当前企业数据架构进行优化来解决。

虽然不同企业数据治理的情况不一样，但是依然可以总结出数据治理的通用阶段或者流程。总的来说，任何数据治理任务都可以拆分为以下三个阶段：

- 数据治理准备阶段，主要包括确定数据治理的范围、愿景以及相关的评估标准等。
- 数据治理设计阶段，主要包括数据治理团队的职能设计、治理框架设计等。
- 数据治理运营阶段，主要是基于数据治理范围及企业愿景，制订相应的落地实施规划，并确定规划的每个阶段的具体里程碑，确定数据治理的成果；同时利用某些措施宣传数据治理的成果，肯定数据治理的作用。

这三个阶段构成了数据治理的通用流程，如图 13-4 所示。

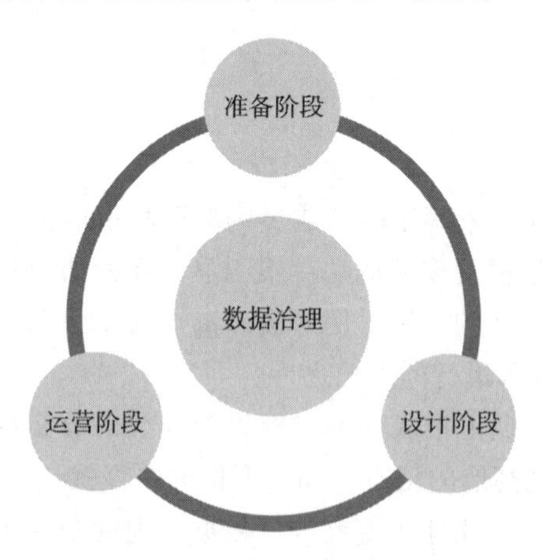

图 13-4　数据治理的通用流程

其中需要注意的是，数据治理任务并不都是从准备阶段开始的。接下来我们详细介绍每个阶段的内容。

13.4.1　准备阶段

准备阶段的主要目的是在组织内部形成共识，明确需要进行数据治理的部门及数据领域等。确保数据治理工作能够与企业的业务战略“齐头并进”，并且能够支持企业业务战略。通过反复沟通获得高层支持，并且明确数据治理能够在哪些方面为企业带来价值。在这个阶段需要尽量减少企业高层、业务层面的阻力，提高数据治理工作“政治层面”的支持。

Tips　数据治理的过程始终存在阻力，并且随着治理的深入，阻力会逐步增大，所以治理团队需要利用每一次机会来减少潜在的阻力。

总的来说，准备阶段的关键内容主要分为 4 个部分，分别是确认治理范围、评估治理能力、描述治理愿景及确保业务一致性，如图 13-5 所示。

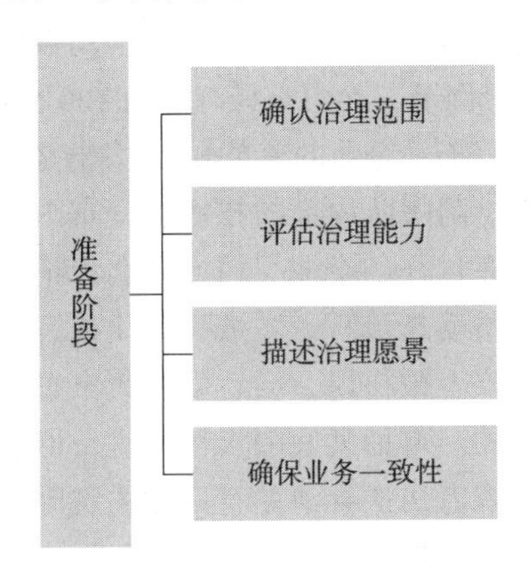

图 13-5　数据治理准备阶段的关键内容

需要注意的是，在具体的数据治理任务中首先需要确认当前所处的阶段，而非机械地从第一步开始。

1. 确认治理范围

确认治理范围主要包含两个方面的含义：一方面是确认数据治理工作涉及的数据领域，例如某主题的主数据、某数据质量问题等；另一方面是确认数据治理工作涉及的企业中的不同部门、业务条线、组织层级等。这两方面内容需要站在企业的视角进行审慎地评估并确认。因为企业在不同的地方可能存在不同的数据问题，所以需要在进行问题调研之后，结合数据治理团队的资源进行评估并确认。

一般来说有两种思路来进行范围的确认：第一种思路是通过与企业高层或者利益相关方进行沟通，找出当前企业的痛点，从业务侧评估企业的最大诉求；第二种思路是从当前整体企业数据管理的角度来评估需要治理的核心要点。将这两部分融合之后可初步得出需要治理的范围及内容。

此外，如果当前企业内部正在进行某个重点项目，那么数据治理工作就要围绕该项目进行，即将重点项目涉及的主数据、数据质量等问题作为数据治理的范围及内容。

> Tips 切忌在数据治理初期就全面展开，这样做的压力对于数据治理团队来说是很难承受的。但是数据治理团队的核心人员心中必须有一个完整的地图，明白哪些领域是需要治理但是暂时还未开展的。

数据治理工作需要站在企业视角，需要结合企业现状，规划短期及长期的数据治理范围及内容。同时做好规划，标记出在什么时候扩大参与数据治理的部门或者人员等。

2. 评估治理能力

评估治理能力主要包含两个方面的内容：一方面是数据治理团队自身的能力，例如团队专业能力、沟通能力、协调资源能力，甚至是潜在的政治影响力等；另一方面是企业自身可以进行变革的能力。前者是数据治理团队具有的推动数据治理工作的能力，而后者是企业能够进行变革的能力。举个例子，大力士具有推动100公斤巨石的能力（数据治理团队的能力），但是遇到500公斤的巨石（企业的变革），大力士是很难将其推动的。

为此，数据治理团队需要绘制团队内部的技能点分布图，然后通过调研去挖掘企业变革的能力。这些能力往往体现在过往的企业文档或者会议记录中，例如某年某月企业内部决议需要进行某种类型数据质量管理流程、主数据优化或者治理项目、数据标准推广及落地等。如果这些内容仅仅在会议上被探讨，会后就被大家置之脑后，那么很明显在这种情况下，变革的能力是非常弱小的。再如某些决议被推进，但是由于某些原因被搁置，那么数据治理团队一定要通过调研或者访谈弄清楚背后的关键因素，否则数据治理团队提出的类似决议可能也会面临同样的“待遇”。

基于企业过往的数据相关管理策略的推进程度来评估企业的变革能力，并且结合数据治理团队的能力，重新审视数据治理的范围及内容。在这个过程中，过往制订的计划可能会发生变化。从某种角度来说，这是一件值得高兴的事情，因为数据治理的出发点是真正地解决企业的数据痛点，计划的改变意味着数据治理更加贴合企业的实际情况。

3. 描述治理愿景

描绘治理愿景是向组织及相关干系人描述数据治理工作能够给企业及不同的组织带来什么价值，即通过数据治理可以给企业带来什么业务价值，或者避免什么损失等。

但是对于数据治理团队来说，这些额外价值的产生来自对当前企业流程或者部门的改变，所以需要在愿景中描述出这些价值是由哪些部门产生的，以及这些价值产生的原因是什么。通过对这些价值来源的详细描述，在相关的组织中构建相应的心理预期。同时在这个过程中去感受每个部门或者条线，了解背后潜在的态度并探究这些态度背后的原因。

> Tips 需要弄清楚这些支持者、中立者、反对者背后的态度及其原因。这项工作并不是一次性的工作，需要时刻保持谨慎。

如果在这个环节中感受到来自不同方面的压力，那么数据治理团队需要重新评估当前数据治理的范围是否合理、对于企业的能力评估是否准确等。一定要明确高层对于愿景的支持程度，因为如果数据治理的愿景无法获得企业高层的支持，那么数据治理的内容或者方向可能与企业的业务战略方向存在较大的偏差。

4. 确保业务一致性

治理愿景是在大方向上统一高层及业务部门与数据治理团队的目标，即在宏观层面保持一致。在具体的落地层面，数据治理的方向也需要与企业业务保持一致，即数据治理工作与业务在执行层面保持一致。

举个例子，数据治理团队正在进行指标治理工作。团队发现存在某些业务指标一致性的问题，但是产生这些一致性问题的原因是业务流程问题。为此数据治理团队需要灵活地调整当前治理的主要方向，并考虑如何结合当前的具体业务诉求进行后续的治理工作。

这样做的原因是数据治理团队工作的成功体现在其创建的业务价值，而业务价值很大一部分体现在业务部门对于数据治理团队工作内容的肯定程度上，即数据治理团队有无切实地解决当前业务面临的数据问题。

数据治理是一项循序渐进的工作，在实际执行中，问题的解决依赖某些前置条件，而这些前置条件得不到满足的话，问题是无法解决的。因此，数据治理团队需要对当前治理内容或者方向进行评估，与相关业务部门沟通，剖析当前问题的产生原因，并规划相应的实施路径，建立相应的预期，进一步提高数据治理团队的影响力。

13.4.2　设计阶段

设计阶段主要解决的问题是数据治理团队以什么样的组织架构、流程及原则按照既定的治理框架进行数据治理任务。这里的内容需要与准备阶段中的治理范围及愿景等内容相契合。设计阶段主要包含两部分内容，分别是团队职能设计和治理框架设计，如图 13-6 所示。

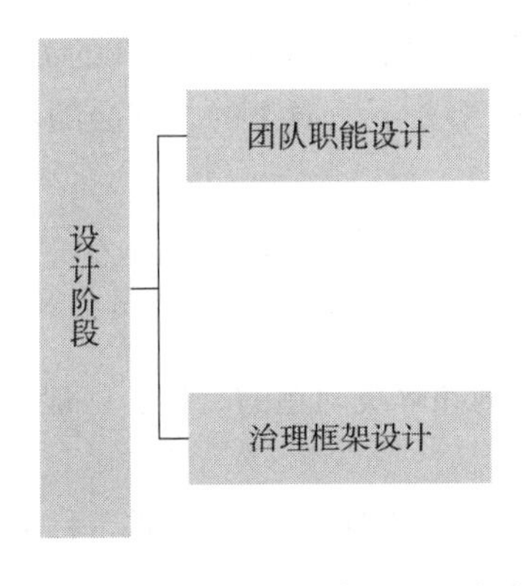

图 13-6　数据治理设计阶段的内容

通过职能及框架的设计，让数据治理团队融入具体的业务过程中，以保证数据治理工作的正常推进。

1. 团队职能设计

“职能”一词代表事物、机构所应有的职责与功能。职能设计主要考虑的是数据治理团队内部的指导原则是什么，由什么角色按照什么职责，在什么流程下展开工作。总的来看，要保证数据治理持续进行，需要包含如下 4 种不同的职能：

- 确认业务与数据治理流程，例如财务与审计之间的流程如何展开。
- 识别企业内部不同数据管理的职能及流程，即当前企业内部有什么样的数据管理角色以及这些角色职能在流程上所处的位置。
- 确认这些职能中的关键核心职能及角色，并明确权责边界，即哪些角色需要对什么样的数据内容负责，承担什么样的责任等。
- 向管理层汇报企业数据治理相关角色及职能，即数据治理团队存在哪些职能以及这些职能之间如何进行合作等。

上述不同职能可以保证团队了解当前企业业务的流程，并且将数据治理内容融入企业业务中；保证团队对于企业职能变更具有一定的敏感性，减小数据治理团队中潜在的阻力；保证团队在某些关键节点会有具体的决策权力；保证数据治理团队可以获得高层的支持。

但是仅仅有具体的职能还不够，因为只有具体的职能与企业既有的组织框架进行融合，才能保证数据治理任务可以真正落地。

2. 治理框架设计

治理框架设计主要解决的问题是数据治理团队的职能如何与企业既有的组织架构融合。这里没有按照既有的企业组织架构设计数据治理职能，原因是数据治理团队关注的是业务运行的机制及工作流程，并且对于不同企业、不同组织，甚至不同阶段来说，数据治理的任务有着较大的差异，如果按照企业组织架构进行职能设计，则需要在不同阶段按照治理的阶段进行调整，进而带来不必要的效率损耗以及潜在的流程变更风险。

同时需要注意的是，治理框架并不是静态的，它会随着企业业务的发展、治理流程的深入而发生变化。

按照 John Ladley 所著的《数据治理：如何设计、开展和保持有效的数据治理计划》一书，治理框架主要包含 3 个角色，分别是理事会、委员会及工作组，它们对应的职能如下：

- 理事会，通常是首要监测和解决问题的机构，一般组织中会有管理理事会和操作理事会。
- 委员会，当管理理事会具有顾问性质时，它常常称为委员会。
- 工作组，主要是针对特定数据治理主题的团队，例如负责客户主数据治理的数据治理小组。

需要注意的是，针对数据治理的不同层级，需要制定相应的章程来保证各个层级的使命、愿景以及工作内容的一致性。

13.4.3 运营阶段

在前面的内容中，已经确定数据治理的愿景，但是愿景仍然是方向性的或者偏概括性的描述。所以，运营阶段就需要在愿景的每个里程碑的基础上，将工作细化到可执行层面，并逐步落地。这个阶段是数据治理中最艰难的阶段，因为这个阶段需要面对治理对象的各种事务性的事情，数据治理团队与业务团队之间往往会出现分歧，甚至随着矛盾的加深，会导致数据治理团队内部的矛盾，进而影响整个数据治理的进度。

1. 制订演进路线

演进路线类似于项目计划进度表，即数据治理团队成员在什么领域、什么时间点完成治理任务。这个过程需要保证演进路线中的计划能够按照既定的时间点完成，如果存在风险，则需要及时跟进并将其消除。

在制订演进路线的过程中，需要将数据治理的工作融入企业的日常运营中，制订相应的数据治理工作计划，并根据企业的重点项目来灵活调整。

这里数据治理团队成员有两个重要的职责：一是利用数据治理团队的专业性来了解企业日常运营中存在的问题，并提高成员的政治影响力；二是快速了解业务流程、组织架构等相关内容的变更，并将相应的信息整理和汇总到数据治理团队。数据治理团队会根据相应的输入来快速地迭代演进路线，保证数据治理工作的正常推进。

此外，正如在项目管理过程中需要针对每个具体的内容制订明确的指标来衡量项目的成果一样，在制订演进路线时，数据治理团队也需要制定具体的度量指标来衡量数据治理团队的工作成果。需要注意的是，这些衡量指标需要与业务团队进行讨论确认，并记录在过程文档中。

在执行已经制订好的计划时，最终的结果可能会与团队制定的既定目标存在一定的差距，甚至完全无法完成，这时就需要数据治理团队采取一定的措施或者方法来提高团队士气，更重要的是分析计划无法完成的原因并及时调整，只有这样才能逐步保证制订的计划按照既定的目标完成。

2. 推广及运营

推广及运营的目的是夯实数据治理团队的阶段性成果，给予团队信心，并提升高层及业务团队对数据治理团队的信心。但是这并不是推广及运营的最终目的，因为数据治理团队是针对企业当前存在的数据质量等问题进行治理，本质是针对企业产生数据问题的流程、制度及文化进行改变，进而找出产生数据问题的根本原因，并最终解决。这也是数据治理团队与文化变革、组织架构及工作方式深刻关联的原因。

因此，推广及运营就是将数据治理团队中那些已经取得成果的方法及流程逐步推广到其他团队、部门甚至整个企业，减少团队在推广过程中受到的潜在阻力。数据治理团队需要强大的“政治”影响力（或者称作非职权影响力）来保证数据治理工作顺利进行。数据治理过程本质是对企业内部一些错误的、不合适的流程或者制度进行优化与改革的过程，这是对相应流程上的工作人员的工作方式的修正，如果数据治理团队没有一定的非职权影响力，任何决定都需要高层决策，则必然会导致数据治理工作无法正常进行，甚至失败。

所以推广及运营阶段是非常重要的阶段，需要与演进路线相互配合。需要注意的是，并不是一定要达到一个具体的里程碑才需要进行推广及运营，而是要抓住每一次机会，去推广及运营。

虽然上文从流程上拆解了数据治理的核心内容，但是在具体的执行过程中数据治理团队仍然需要根据实际情况，选取合适的方法来保证数据治理可以正常、稳定地进行。

13.5 数据治理的挑战

从上面的描述中读者可能会感受到，数据治理的内容似乎与技术本身的关系并不是很紧密，或者换句话说，数据治理的过程更多的是博弈的过程。其实在笔者看来，数据治理更多是数据治理团队的成员利用自身的个人专业和人格魅力完成企业文化与流程重建的过程，这个过程需要团结企业中所有相关的业务人员，来保证数据治理任务的稳定推进。总的来说，数据治理在认知或者推进过程中往往面临如下几个重要的挑战：

- 切记以咨询的方式进行数据治理。数据治理是解决企业数据背后的问题，所以需要明确企业在日常运营中存在的问题。在进行具体的数据治理过程中，数据治理团队需要融入具体的业务流程中，在实际场景下感受企业面临的真正问题，避免仅仅以访谈、调研等手段总结相应的问题。
- 切记以做项目的态度进行数据治理。数据治理是一个持续性的任务，即期望通过相应的文化变革、规章制度修改或者流程优化来解决数据问题。所以理论上数据治理没有明确的结束标志，或者说当这些变革之后的文化已经融入企业流程、日常运营的工作中时，数据治理任务才会结束。为此需要做好打持久战的准备，但是需要注意，在某个具体领域的数据治理是存在明确的项目周期的，即有明确的起始日期。
- 明确企业需要变革。上面提到数据治理的本质是纠正企业中既有的导致数据问题的文化、流程制度。那么仅仅通过某些系统或者方式纠正某些人员的方法等，并不能从真正意义上解决企业数据问题，也无法达到数据治理的目的，因为产生数据问题的“土壤”仍然存在。为此在数据治理过程中，一定要纠正企业中某些导致数据问题的文化，进而实现数据治理的目标。

数据治理在企业数字化转型的今天变得愈发重要，但是从实际情况来看，数据治理达到既定目标的比例仍然不是很让人满意。当企业决定进行数据治理的时候，需要进行充分的调研，利用既有的资源稳步推进相应的工作。

13.6　总结

企业进行数据治理的目的是更好地实现企业的数字化转型，而企业的数字化转型需要企业的数据资产平台的支持。接下来将会介绍数据治理的最大成果之一——企业数据资产。

Chapter 14 第14章

数据资产管理与数据资产目录

“资产是指由企业过去的交易或事项形成的、由企业拥有或者控制的、预期会给企业带来经济利益的资源。”

从描述中就可以大概明白，数据资产是将数据看成类似企业实物的资产，例如物业等固定资产，构成企业资产的一部分。但数据资产不同于可以看得见、摸得着的普通的实物资产，也不同于可以体现在资产负债表上的金融资产；它是指由组织（政府机构、企事业单位等）合法拥有或控制的数据资源，以电子或其他方式记录，例如文本、图像、语音、视频、网页、数据库、传感信号等结构化或非结构化数据，并可进行计量或交易，能直接或间接带来经济效益和社会效益。

数据是无形的，它的价值具有随时间推移而变化、持久、不会磨损等特点。数据容易被复制以及传输，一旦丢失或者销毁则很难再次产生。但是数据不会因为使用而产生消耗，甚至同一份数据可以同时被许多用户使用。这在传统的资产类目上是不可能的。并且数据在使用的过程中还会产生新的数据，如果企业不进行数据资产管理，那么就不得不面对越来越差的数据质量以及越来越复杂的数据关系的困境。

所以大体上我们可以理出一条逻辑线，即如果企业想构建数据资产，那么就必须进行数据资产管理，而数据资产管理的核心内容之一就是构建企业数据资产目录。企业数据资产目录就是记录了企业内部哪些数据资产是真正的数据资产。因此企业需要在构建数据资产目录并持续迭代的过程中，进行相应的数据资产管理，并最终构建企业数据资产。

本章将从数据资产相关概念讲起，让读者了解数据资产概念提出的背景；之后详细介绍数据资产的三大构成部分，并详细解析数据资产管理的内容以及活动职能；最后详细介绍数据资产管理的核心——构建数据资产目录。期望读者通过本章的学习，可以明白数据资产的前因后果以及企业数据资产管理的发展阶段，并将本章的知识运用到企业数据资产构建中。

14.1　数据资产内涵

数据资产一词第一次出现是在 1974 年，由美国学者理查德·彼得斯（Richard Peterson）提出。当时他认为数据资产主要是一种金融资产，包括持有的政府债券、公司债券以及实物债券等。2009 年国际数据管理协会（DAMA）在《DAMA 数据管理知识体系指南》中提到，在信息时代，数据被认为是一项重要的企业资产，每个企业都需要对它进行有效的管理。在接下来的十几年中，关于数据资产的相关探索从未停止，关于数据资产的定义以及内容也逐渐达成共识。

14.1.1　数据相关概念

在技术发展的不同阶段，不同的词汇经常出现在我们的面前，例如 20 世纪 50 年代开始的信息化时代、21 世纪左右的数字化时代以及现在经常提及的大数据时代。将这些内容中的核心关键词提取出来与“资源”“资产”“资本”以及“经济”等术语连接在一起，则构成一系列概念，例如信息资源、信息资产、数字资产、数字经济、数据资产等。这些概念出现的时间点实际上并没有规律，并且在很多时候会被混用，所以在此对它们进行了统一梳理，如表 14-1 所示。

表 14-1　不同概念出现的年份表 [1]

	经济	资本	资源	资产
信息	1959 年	1962 年	1970 年	1997 年
数据	2011 年	1967 年	1968 年	1974 年
数字	1995 年	2000 年	1981 年	1996 年

其中行与列组成的概念对应的单元格的值即该概念出现的时间，例如信息经济对应的单元格的值为 1959 年，表示信息经济概念第一次提出的时间为 1959 年。

如果将信息、数据以及数字的所有相关概念进行时间上的算术平均，则可以得到如图 14-1 所示的概念首次出现平均年限。

[1] 数据引自叶雅珍、朱扬勇的《数据资产》的第 2 章内容。

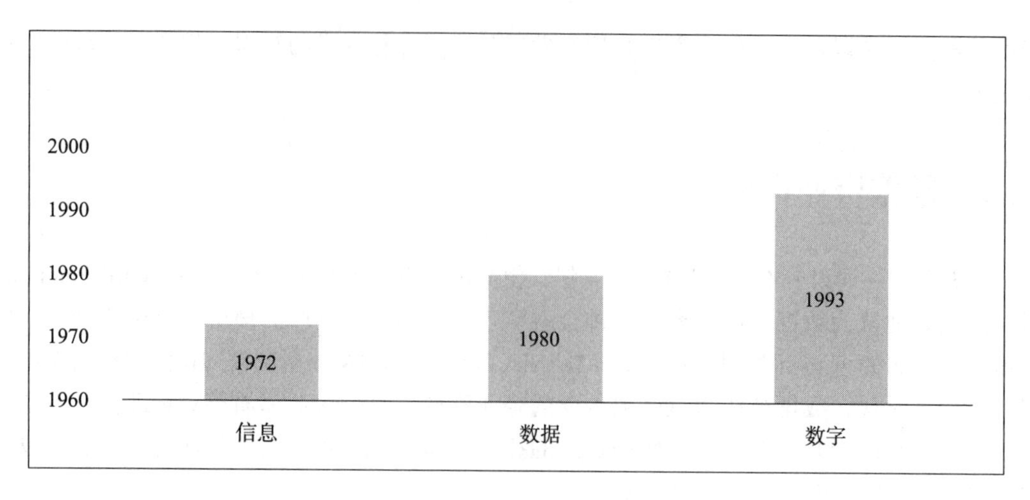

图 14-1 概念首次出现平均年限

从图 14-1 中可以很明显地看出，数字相关概念出现得相对较晚。实际上数字化转型也是近些年国家的战略之一。《数据资产》一书中提出，近些年来“信息 ××”的提法趋弱，“数据 ××”的提法趋强。这说明大数据热潮兴起后，“数据 ××”的概念越来越受重视，但 3 组概念仍然是并存的，只是信息、数据以及数字的侧重点各有不同。

- 信息的概念相对宽泛，它不仅包括网络空间中的各种内容，也包括物理空间的内容，例如图书馆的图书资料等。但是网络空间与物理空间对应信息的处理以及应用等各个环节差距较大。随着大数据时代来临，亟须探索网络空间的内容，为此数字的概念被提出。
- 数据是数字经济的关键要素。从这句话就可以看到，“数字”在经济层面和社会层面得到广泛的认可。但是“数据”在信息技术领域被广泛使用。为此其实可以简单推理得到，数字经济所涉及的网络、通信、计算机、软件以及数据资源等，在数字经济中发挥核心作用的本质是数据资源。
- 数字（0，1）是网络空间存储在物理介质的形式，故数字 ×× 的概念颇为流行。但是，0 以及 1 无法直接被人们看见，更不能直接被人理解。因此数字 ×× 就不能直接被人们理解和认识，关于数字资产的定价（后续会介绍）也无从谈起。

综上，可以明白数据是以数字的形式存储在不同的存储介质中，数据通常代表着信息，但是并不是绝对包含信息，例如数据库中一条类似“fysdfsdfgsdfa”的字符串。数据作为一种资源或者生产资料大量存在，需要新的技术将数据所包含的信息开发出来，所以数据是数字经济的关键要素。如果将信息、数字以及数据的关系进行描绘出来，可以形成如图 14-2 所示的关系。

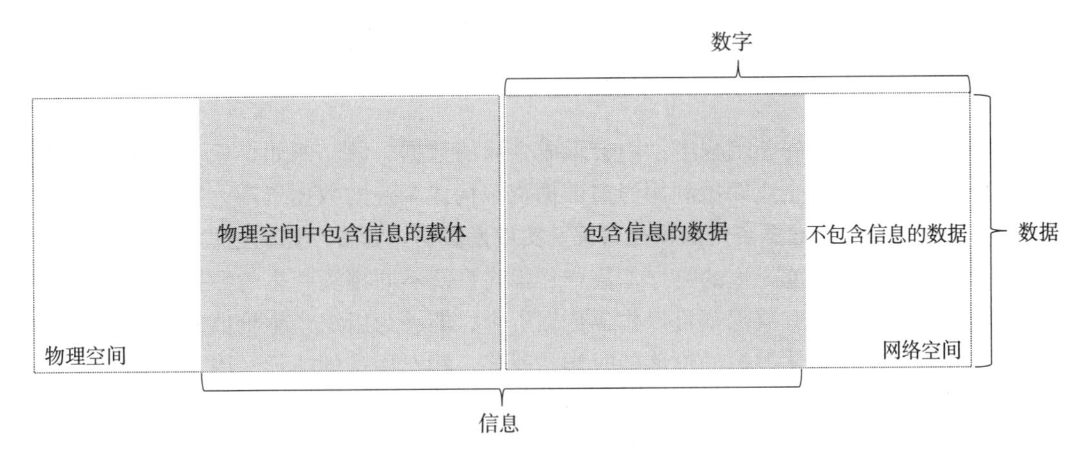

图 14-2　信息、数字以及数据的关系

可以看出，数字相关概念主要是在网络空间中体现。随着技术以及经济的发展，数据 ×× 的说法逐渐形成趋势。因此“信息资产”“数字资产”“数据资产”统一成“数据资产”，更利于数据资产的运营以及管理，进而促进数字经济的发展。

14.1.2　数据资产构成

前文提到，数据资产（Data Asset）是指由组织（政府机构、企事业单位等）合法拥有或控制的数据资源，以电子或其他方式记录，例如文本、图像、语音、视频、网页、数据库、传感信号等结构化或非结构化数据，可进行计量或交易，能直接或间接带来经济效益和社会效益。

总的来看，数据资产包含三部分内容，分别是数据资产构建、数据资产管理以及数据资产运营，如图 14-3 所示。

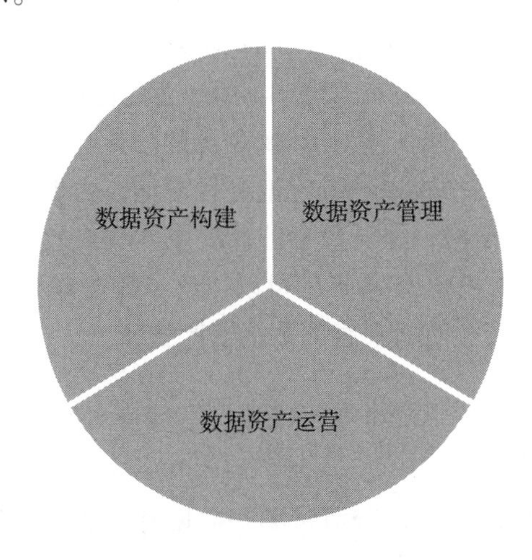

图 14-3　数据资产的主要内容

上述三部分内容互相关联，逐步构建企业的数据资产，给企业带来更大的经济价值。

1．数据资产构建

企业内部数据积累到一定程度，则会形成企业的数据资源。例如企业不同应用系统产生的各种各样的数据。企业期望利用当前数据资源构建企业的数据资产，挖掘企业数据的价值。所以总的来看，**数据资产的构建过程其实就是数据资源资产化的过程**。

很明显企业不同系统产生的数据，甚至是相同系统不同模块产生的数据的价值并不相同。并非企业内部的所有数据都可以构成数据资产，能够为组织产生价值的数据才是数据资源。一旦需要量化具体数据的价值的时候，就陷入相对困难的情形，因为没有一种统一的数据价值计量的方法来表明不同数据的价值。关于数据资产定价的问题这里暂不展开。

数据资源资产化主要包含两个方面的内容，分别是数据权属以及数据收益分配。

Tips 在《数据资产》一书中将数据资产化内容分为5个部分，分别是数据资源确权、数据价值确认与质量、数据装盒入库、数据资产定价以及数据资产折旧与增值管理。

数据权属主要是指作为经济主体的个人或者机构拥有该数据集的什么权限，例如电商平台的消费者的购买记录的所有权属于消费者个人，而平台方理论上只有使用权，那么消费者有权要求平台方删除个人的所有数据。2018年5月25日生效的《通用数据保护条例》（General Data Protection Regulation，GDPR）对个人的数据权进行了详细的描述，包括知情权、访问权、纠正权、被遗忘权、限制处理权等。但是数据资产的权属问题在全球仍然面临较大挑战。因为当前数据权属的确认都是在某一个领域，或者以个案的方式进行处理，例如隐私保护法、知识产权等不同法律，目前仍未出现纲领性的方案去确定数据权属。

数据收益分配主要是指数据资产定价以及产生的收益如何分配的问题，即当数据权属被确定，在该类数据的流动方式、流通定价以及流动确认之后，数据产生的价值如何在数据资产化的不同主体上进行分配。例如，Apple Music上每首歌曲的价格都是99美分，那么从歌手录制该首歌曲到消费者可以在Apple Music上进行购买，涉及的主体包括歌手、歌唱公司、Apple公司等，那么不同主体对于99美分的分配权以及占比是不一样的。然而不同组织的数据并不都像歌曲这种可以标准化地进行流动，数据可能存在形式不一、大小不一、质量不一、价值不一的情况，并且数据涉及的主体相对较多，所以当前并未形成通用的分配方案。在《数据资产》中，作者提到可以构建“数据盒”，形成标准的数据的计件单位，进而准确地计算数据资产，进行后续的数据资产管理。

Tips 概念的提出到具体可以落地往往有着很长的距离。例如数据资产概念从提出到现在已经过去近50年，但是关于数据权益分配问题仍然没有通用的解决方案。

当前很多企业的实际情况是可以分清楚哪些数据有价值以及价值的相对大小，但无法通过量化的方式去衡量具体的数据价值。

2. 数据资产管理

数据资产管理（Data Asset Management，DAM）是规划、控制和提供数据及信息资产的一组业务职能，包括开发、执行和监督有关数据的计划、政策、方案、项目、流程、方法和程序，从而控制、保护、交付和提高数据资产的价值。

数据资产管理可以理解为工业原材料经过各种环节被最终加工成商品的过程。例如通过咖啡豆去壳、选豆、清洗、烘焙以及研磨等流程制作一杯咖啡。那么对于数据资产来说，企业从数据资源中去除杂质，选取可以资产化的数据，经过企业内部加工处理，形成优质数据资产之后，为企业创造额外价值。

从具体的管理内容来看，数据资产管理主要分为四个部分，分别是数据资产目录、数据资产入库、数据资产折旧以及数据资产增值，如图 14-4 所示。

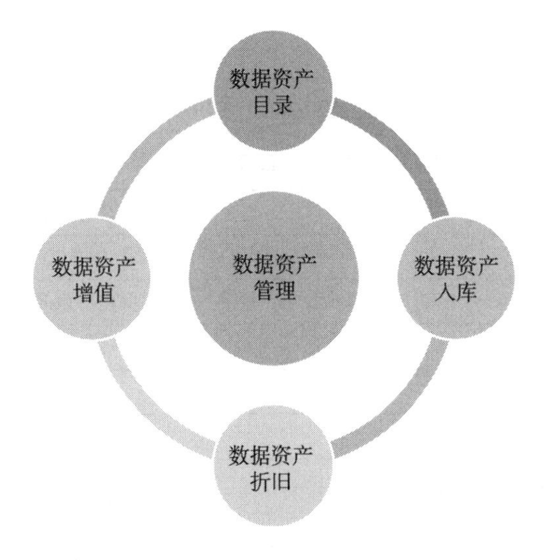

图 14-4　数据资产管理

数据资产目录是针对存量的企业数据资源进行梳理，确认当前企业内部存在的数据资产；数据资产入库是针对新增的数据资源进行入库，逐步拓展企业数据资产；数据资产折旧是按照一定准则对企业数据资产进行折旧处理；数据资产增值则是利用某些技术手段对数据资产进行增值以进一步提高数据的价值。企业通过数据资产管理的四个环节，将原始数据转变为数据资源，并逐步将数据资产化以获得更多价值。

（1）数据资产目录

数据资产目录是数据资产的必备信息，主要用来登记数据资产类别、登记数据资产明目以及界定管理范围等。它是开展数据资产识别、盘点、使用以及变更工作的基础。数据资产目录可以理解为图书馆里的图书目录，具有统一的格式、规范。

数据资产目录往往需要包含数据相关的所属部门或者相关利益方，例如数据所属部门、资产更新时间、资产类别以及资产存储地址等，如表 14-2 所示。

表 14-2 数据资产目录通用信息

序号	属性
1	数据资产编码
2	名称
3	数据资产类别
4	数据所属部门
5	数据更新时间
6	数据存储地址

此外由于不同企业的数据有着不同的特点，因此数据资产目录往往也有不同的类型。例如，如果数据以时效性为主，那么数据资产目录的模板中就应该强调数据相关时效性的特点，包括数据是不是时序数据、数据的有效期以及数据更新频率等，如表 14-3 所示。

表 14-3 以时效性为主的数据资产目录信息

序号	属性
1	数据类型
2	数据是不是时序数据
3	数据有效期
4	数据更新频率
5	数据提供方

注：表格中已经去除通用的数据资产目录信息。

如果企业主要是通过融合内外部数据对外提供服务的，例如数据交易中心，那么数据资产目录就需要侧重数据来源等信息，如表 14-4 所示。

表 14-4 以融合内外部数据为主的数据资产目录信息

序号	属性
1	是否外购
2	数据提供方
3	数据购入价格
4	采购频率
5	数据类型

注：表格中已经去除通用的数据资产目录信息。

在实际的数据资产目录构建的过程中，数据资产的目录需要结合企业具体的业务特点进行调整，没有特定的标准。

（2）数据资产入库

数据资产入库是将企业数据资产进行规范化整理，并将企业数据资产进行整合管理的过程。它包括两部分内容，第一部分是针对既有数据资产的盘点入库；第二部分是针对企业后续增量数据的入库流程以及工作机制的建立。

在实际操作中，存量数据资产入库操作相对简单（至少从工作的方式来看），一次性投入相应的资源即可完成。但是增量数据资产入库操作就相对复杂，因为不同企业的数据资产不一样。以时效性为主的数据资产需要按照数据更新的频率进行相应的入库操作，例如证券行情数据是按照天的方式进行更新的，那么数据资产入库也需要按照天的频率进行更新；再如一些统计类型的数据，如国家定期公布的统计数据则需要按照月、季度或者年的方式进行入库操作。

为此数据资产入库需要使用相应的数据资产管理工具进行半自动化或者自动化的操作，同时需要建立相应的数据复核机制，安排相关人员对于入库的数据资产进行核查，以保证数据资产入库信息的准确性。

当然数据资产信息的存储需要考虑到相应的数据安全问题，以免组织内外部对于数据资产进行窃取以及破坏，给企业带来损失。

（3）数据资产折旧

按照会计准则，企业资产会折旧，那么相应的企业数据资产也存在折旧的问题。因为随着外部环境的变化，数据产生的价值可能会逐步递减，但企业存储该部分数据的成本却会逐步增加（因为存储数据的资源在逐步增加），企业从中获取的价值最终会少于成本，此时就需要针对该部分数据进行折旧处理。例如不同的导航软件公司每隔一段时间就会重新更新地图以及线路信息，这是因为线路信息随着时间的推移可能发生变化，那么对于企业来说，这部分历史数据将无法继续使用，数据的边际价值在逐步递减。

但是截至现在，数据资产折旧的量化方式并没有统一的标准，为此从现状来看，企业只能定性地针对部分数据进行相应的处理，而无法通过计算等方式算出相应的临界点之后再进行后续的工作。

（4）数据资产增值

数据资产增值主要体现在新的技术手段出现，企业内部数据出现新的用途或者价值，进而带来数据价值的提升。例如在人工智能出现之前，电商平台存储的消费者行为数据无法给企业带来直接的价值。但是随着推荐算法的普及，企业可以通过挖掘用户行为习惯，发现消费者偏好并向他推荐相应的商品进而提高转换率，提高平台收入。那么这部分数据资产的价值必然是增加的。

数据资产增值主要是因为随着时间推移企业数据的完整性提高，新的技术以及新的场景带来数据额外的价值。然而正如之前所说，市面上关于数据资产价值的量化方式仍未有统一的标准，所以企业往往也只能通过定性的方式来评估企业的数据价值。

3. 数据资产运营

数据资产运营主要是指企业通过数据资产的流通进而实现数据资产的价值，甚至是数据的变现操作。

数据流程则需要构建相应的数据产品在市场上进行流通。但是在实际操作中数据产品的流通涉及如下5个核心问题，分别是数据产品形态、数据产品使用授权、数据产品定价机制、数据源产品的权属以及数据产品出版机构。

- 数据产品形态，主要是指不同企业的数据资产无法构建统一的数据产品形态进行对外流通，例如股票数据是一条一条、文本是一个一个，计量单位的不一致以及形态的不一致会导致产品可被计量、计价的方式也不一致。数据产品形态的不统一会导致数据资产的货币化面临巨大的挑战。
- 数据产品使用授权，主要是指终端消费者对于数据产品的权限范围的问题，例如数据产品的提供商是否有权删除消费者终端设备中购买的数据产品的权限，例如音乐平台是否有权删除本地的离线音乐文件。
- 数据产品定价机制，主要是指针对数据产品定价的方法以及价格等。截至目前，数据产品的定价方法以及理论仍旧没有出现。因此很多数据产品的定价策略往往依赖于人为定价。这种方式在某种程度上导致了数据产品定价的混乱，并且阻碍了数据产品的流通。当然数据产品的形态的不统一也增加了数据定价的难度。
- 数据源产品的权属，主要是指未明确数据源属主的数据产生的数据产品的权限如何界定的问题。这里包括两个方面的含义，一方面是属主无法明确，基于该数据进行数据资产化的数据产品产生的价值如何分配的问题；另一方面是针对多个主体共同产生的数据如何界定权属以及后续价值如何分配的问题。
- 数据产品出版机构，主要是指当前市面上没有专门从事数据产品出版的组织或者机构来统筹数据产品流通的整个流程。

因为存在以上种种的问题，所以数据资产的相关工作在市面上流通的进展相对缓慢。对于大多数企业来说，数据资产管理主要是企业内部的数据在内部进行资产化的过程，用来服务企业内部不同的组织或者部门，间接地为企业带来价值。

Tips 对于大多数企业来说，它们仍未进入数据资产在市场上流通的阶段。

当前，数据资产管理更多是指企业明确内部哪些数据是数据资产并明确界限；明确数据资产定义、流程规范以及数据资产在内部提供服务的技术规范等；将上述信息整合之后，

构建企业内部的数据共享服务进而提高企业业务流转的效率，产生相应的价值。

14.2　数据资产管理活动职能

数据资产管理的活动职能代表在进行数据资产管理过程中所涉及的每一个管理单元，它包括数据从设计阶段、产生阶段、运用阶段、数据资产流通以及运营阶段的所有内容。根据《数据资产管理实践白皮书（5.0 版）》，数据资产管理活动职能主要包括如下内容，分别是数据模型管理、数据标准管理、数据质量管理、主数据管理、数据安全管理、元数据管理、数据开发管理、数据资产流通、数据价值评估以及数据资产运营。

如果读者从第二部分开始逐步阅读到本章，大概可以看到上述的很多名词基本上都出现过。实际上数据资产管理活动职能总体可以分为三个环节，分别是数据开发及运用、数据治理以及数据资产化。

- 数据开发及运用：主要是指基于企业业务特点，构建企业数据模型来支持企业业务流程以及决策等需求，并且在这个过程中形成企业元数据信息等。
- 数据治理：主要是指基于企业业务流程，通过数据标准管理、数据质量管理、主数据管理、数据安全管理等手段实现企业数据标准统一、数据质量提升以及数据安全等，进而实现企业内部数据共享以提高企业业务效率。
- 数据资产化：主要是对企业内部数据资源进行资产化并依托定价策略，在企业内外部流通，进而实现企业数据价值。

数据资产管理十大活动职能可以形成相应的活动职能分布图，如图 14-5 所示。

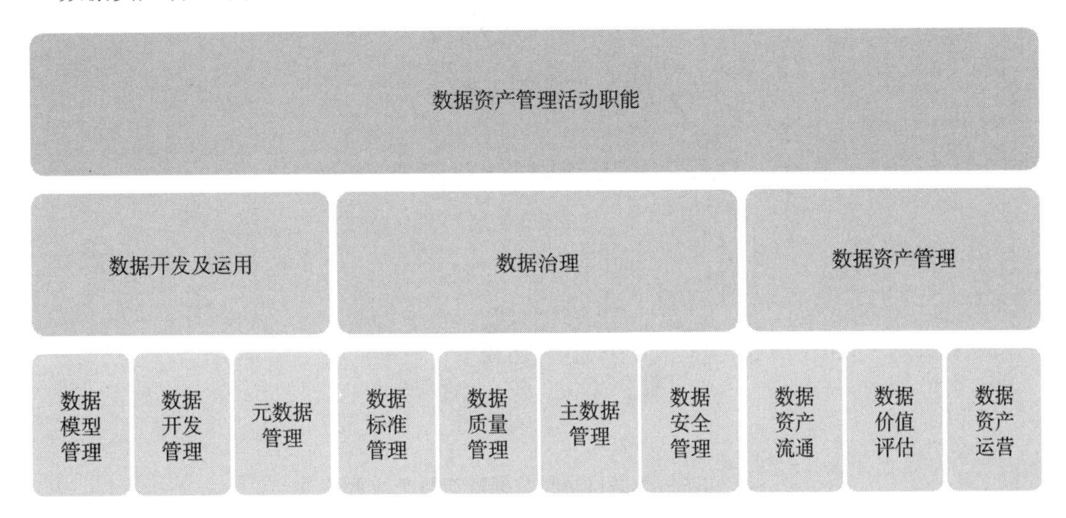

图 14-5　数据资产管理活动职能分布图

图 14-5 中的每个职能的重心都是不一样的，在数据开发及运用环节主要是以实现业务需求为主，是可用阶段；数据治理环节是将企业数据从可用阶段变成好用阶段，属于效率以及数据价值提升阶段；数据资产管理环节则是基于好用的数据实现企业价值的增加，达到拓展企业资产的目的。

但是正如之前内容提到的，对于当前绝大多数企业来说，数据资产活动职能往往限制在企业内部，即内部增效而非外部流通阶段。所以对于企业来说，很多时候数据资产管理的重点都是构建企业数据资产目录，明确当前企业内部有哪些有价值的数据。

14.3 数据资产目录实践

在前面的内容中提到，数据资产目录是展开数据资产管理的基础。只有构建完企业数据资产目录之后，企业才能明确当前有哪些数据资产、以什么样的频率、以什么样的形式存储在何处。在当前关于数据产品的定价机制并未统一、数据资产流通市场并未形成的大背景下，企业数据资产管理的工作主要是以服务内部为主。

14.3.1 数据目录与数据资产目录

数据资产目录来源于数据目录，但是两者并不是同一个概念。企业依赖 IT 系统进行运营，一旦有业务发生，就会产生数据，但是产生的数据并不是数据资产。数据能否成为数据资产受限于当前的技术以及数据自身的业务价值。例如银行开户过程中分配的银行卡号。很明显数据资产目录是数据目录的一个子集，如图 14-6 所示。

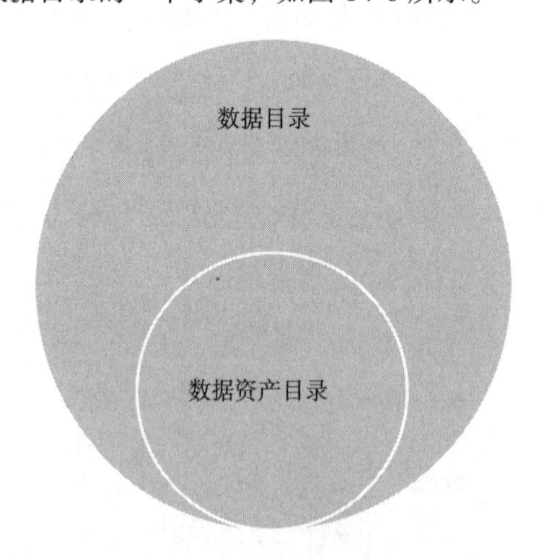

图 14-6 数据目录与数据资产目录的关系

数据目录是一个偏技术视角的概念，主要用于判断数据存不存在，数据目录本质来源于企业元数据信息。所以企业数据目录来源于企业内部不同系统的元数据信息，例如与数据模型及处理相关的技术元数据。然而元数据不仅仅包括数据模型相关的技术元数据，也包括业务元数据以及管理元数据。业务元数据主要描述不同数据在业务层面的含义，但是这些信息本身并不会直接体现在数据模型上，即不会直接体现在技术元数据上。所以从这个角度来看元数据的范畴其实是大于企业数据目录的范畴的。

数据资产目录是一个偏业务视角的概念，它主要是判断数据是否存在业务价值。在判断过程中需要基于元数据并结合各种机制去筛选出那些对企业内部有价值的数据，然后按照一定的业务领域、场景进行区分。数据资产目录主要是面向业务用户，所以数据资产目录体系构建主要是从业务的视角构建一套业务用户可以理解并为其带来业务价值的数据。需要注意的是，数据资产目录最终仍需要映射到具体的系统、数据库以及相应的表等对象中。从数据的范围来看，数据资产目录必然隶属于数据目录。因此数据目录、数据资产目录以及元数据的关系可以如图 14-7 所示。

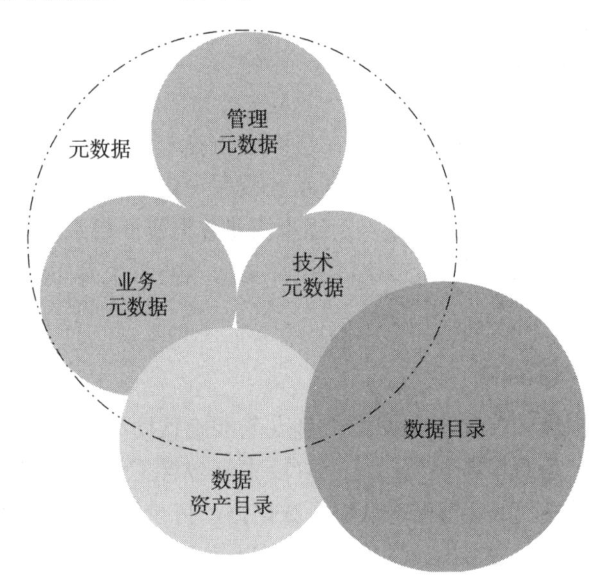

图 14-7　数据目录、数据资产目录以及元数据的关系

从图 14-7 中可以看出数据资产目录与业务元数据、技术元数据有重叠部分，但是数据主要是以技术元数据为主，并且数据资产目录与数据目录也有重叠部分。

14.3.2　数据资产目录构建

企业数据资产目录构建可以分为四个步骤，分别是数据资产盘点范围确认、数据资产目录结构确认、数据资产目录构建、数据资产目录运用。通过上述四个步骤解决企业需要盘点哪些数据、企业有哪些数据、企业数据资产以什么样的结构存在以及企业数据资产如何运用等内容。

1. 数据资产盘点范围确认

数据资产盘点范围确认主要是解决当前哪些业务条线、哪些业务部门以及哪些 IT 系统等需要进行数据资产盘点。要确认数据资产盘点的范围，往往会从三个方面考虑，分别是组织层面、业务层面以及系统层面。

- 组织层面，主要是从企业的组织架构上面确认，例如集团 + 子公司的模式，那么可能是从集团先开始，然后逐步扩展到子公司；或者是从不同子公司开始然后逐步拓展到其他子公司。
- 业务层面，主要是从企业的业务线中确定相应的范围，例如以银行为例，可以从个贷业务条线进行数据资产的盘点。
- 系统层面，主要是从企业的具体系统中选取相应的系统资产进行盘点。有的企业可能存在一个系统服务多个业务部门的情况，那么针对这种系统的资产盘点就需要与多个业务部门进行沟通。

但是在实际的场景中，往往都是首先在组织层面确定相应的企业或者部门，之后选取相应的业务线，最后根据业务线涉及的不同系统按照一定的优先级进行资产盘点。基本上很少出现以盘点某系统的数据资产为起点，逐步构建数据资产目录的情形。

此外，数据资产盘点工作采取的策略往往都是从核心系统到边缘系统，从主要业务线到次要业务线。

2. 数据资产目录结构确认

数据资产目录结构确认往往与数据资产盘点范围确认同时进行，甚至在大多数情况下会稍微领先于数据资产盘点范围确认。这个阶段主要包含三个部分的内容，分别是数据资产目录结构确认、数据资产目录模板确认以及数据资产目录标签结构确认。

数据资产目录结构确认主要是规定数据资产以什么样的形式存放在数据资产目录中。举个例子，图书馆的藏书可能分为文学、科技以及 IT 等范畴，IT 中又包含应用架构以及数据架构等。如果把具体的图书比作数据资产的话，那么不同的数据就需要按照不同的功能放在不同的目录下面，以便后续的管理。并且图书馆的一些数据只允许一些特殊的读者借阅，那么这些数据就需要一些特殊的标记进行标识。所以构建数据资产目录结构是一件非常重要的事情，可能直接影响后续数据资产目录的运用。

在具体的数据资产目录结构设计过程中往往会按照企业的业务领域进行拆分，例如以银行为例主要分为负债业务、资产业务、中间业务以及表外业务四类业务。其中负债业务可以分为存款业务以及借款业务等。存款业务包括本币存款以及外币存款。然后本币存款又分为个人存款、单位存款和同业存款，外币存款又分为个人外汇存款和机构外汇存款。

通过上述的业务拆分就可以简单地构建一个数据资产目录结构，如图 14-8 所示。

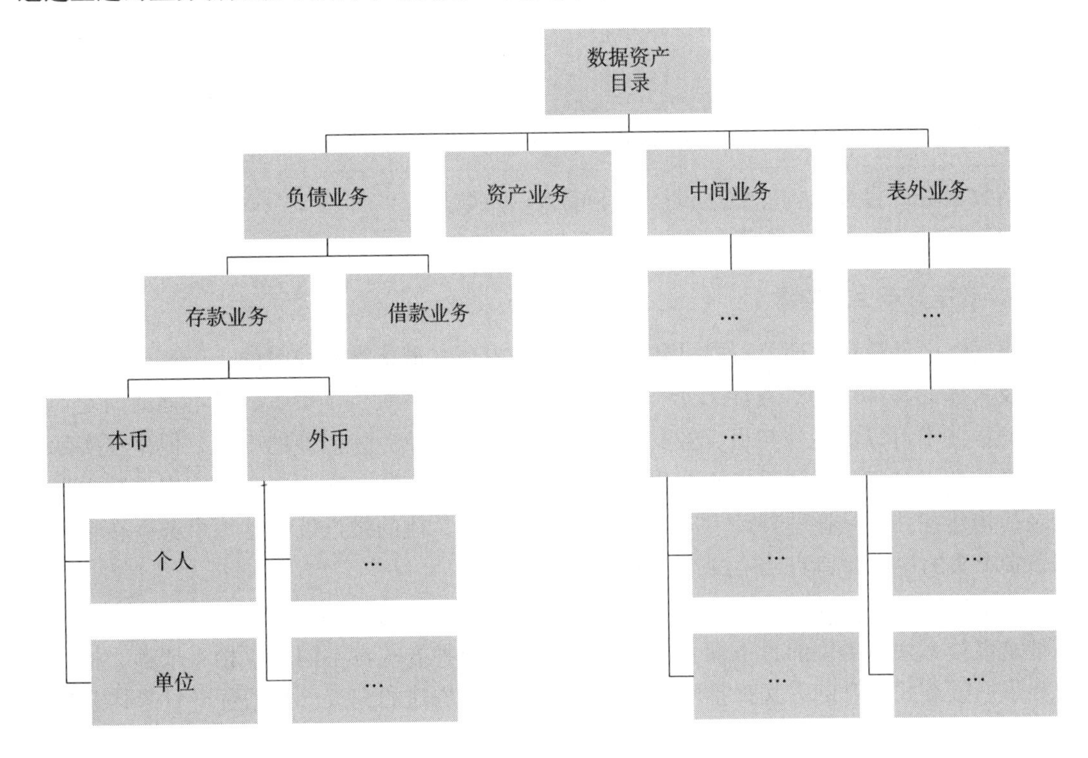

图 14-8　数据资产目录结构样例

但是仅仅有数据资产目录结构是远远不够的，因为不同的数据资产所具备的数据属性是不一致的，存在以时效性为主的数据或者以融合内外部数据为主的数据，所以需要选择数据资产目录的不同模板来登记不同的资产数据。

数据资产目录模板往往需要结合企业所在的行业、业务特点以及数据特点进行构建，例如涉及个人敏感信息的行业需要考虑相应的等保问题，所以在制定数据资产目录时往往采用通用 + 个性化的方式进行确认。其中通用主要考虑企业所在行业以及自身业务特点所关心的数据信息；而个性化主要考虑在具体的业务场景中所涉及的数据的特点。其中通用的属性信息往往可以从数据来源、数据所属业务系统、数据分类、数据类型、数据存储方式、数据敏感等级以及数据共享方式等方面考虑。数据个性化可以结合具体的业务特点，通过与业务人员进行沟通讨论以确认他们所关心的关键属性并添加。

无论是数据资产目录结构还是数据资产目录模板都无法完全满足数据资产目录后续使用的要求。因为在具体的使用过程中可能需要用到跨不同的数据资产目录的数据。例如对于金融业来说，不同的业务条线可能涉及不同程度的监管。在制定数据资产目录结构的过程中往往不会特定地制定监管的目录结构（因为它不属于特定的业务条线），而是通过标签的方式，拆分不同的主题作为属性添加到不同的数据资产目录中。当然在具体的实践过程中，标签可能也会涉及不同的层级结构，这也是随着数据资产盘点的进程深入而逐渐迭代的。

Tips 根据笔者过往的经验，标签体系的设计往往不要超过3个层级，并且需要考虑一定的扩展性。

当数据资产目录结构、数据资产目录模板以及数据资产标签体系确定之后，就可以开展数据资产目录构建的工作了。

3. 数据资产目录构建

数据资产目录构建环节可能是数据资产盘点中存在最多潜在冲突的一个环节，因为其中涉及具体的跨部门的事务性工作，即数据资产盘点谁牵头、谁负责、谁落地的问题。从上述的描述中可以清楚地知道，数据资产目录是一个以业务为主导的工作，但是在实际的工作中业务人员相对来说可能不会主导数据资产的盘点工作。在大多数企业中，数据资产目录的构建往往都是邀请外部专家或者厂商牵头负责具体的推进以及落地事务，在企业内部负责牵头的往往都是IT部门或者数据部门等。

数据资产目录构建往往有两种方式，一种是以业务视角为主的自下而上的构建方式，一种是以技术视角为主的自下而上的构建方式，这两种方式在不同阶段相互依赖、相互配合并形成螺旋式上升的方式来推动整个数据资产目录构建的完成。数据资产目录构建的步骤如下所示：

1）**范围确认**：在数据资产盘点范围确认环节，从范围上确认需要梳理什么样的业务条线、业务部门以及对应的IT系统等。

2）**目录确认**：与相应的业务人员确认具体的目录结构，从具体的工作来看，以业务视角给出的暂时的输入已经告一段落。

3）**技术属性提取**：技术人员将确认好的数据资产盘点范围映射到具体的数据目录中，通过技术的手段获取相应的数据资产属性信息，例如源系统、数据库表、字段类型、字段格式、取值范围、存储方式等可以从系统中直接读取的信息。

4）**资产盘点范围迭代**：在步骤3中，会进行系统数据的上下游梳理，例如某个表依赖于之前未在盘点范围中的IT系统，那么这个过程就需要与相应的业务人员确认影响面，是否对步骤1中确认的范围进行修改。

5）**业务属性补充**：基于步骤3的初步结果，与业务人员确认额外的业务属性，例如业务定义、业务规则以及数据敏感级别等；如果数据中涉及对外提供服务或者监管报送的数据，则需要与企业内部的安全合规部门进行再次确认，即引入额外的利益相关方。

6）**资产目录标签化**：在步骤5之后，需要业务人员结合标签体系针对梳理的数据资产目录内容进行“打标签”的操作。因为使用场景的扩充，这个过程可能涉及对标签体系的进一步优化或者迭代。

7）**资产目录评审**：当按照数据资产目录模板完成初步的梳理构建之后，则需要邀请业务相关方以及技术相关方针对梳理的数据资产目录进行初步确认，经过相应的利益人审核之后，某个业务线或者系统的数据资产目录构建工作也就初步完成了。

在实际的盘点过程中，往往是按照步骤 1 ～ 7 进行，但是在具体的执行过程上，并不一定是依次进行的，例如在步骤 3 中，业务人员突然意识到需要增加或者减少涉及的业务范围或者系统范围，那么步骤 3 进行的工作范围或者优先级都会需要进行相应的调整。

在这个环节制定的计划、在前面两个环节制定的数据资产目录结构以及标签体系在实际的数据资产目录构建过程中很大概率会发生变化，甚至必然会发生变化，所以负责数据资产盘点的团队需要清楚这是很正常的事情，而不要因为发生变化就影响团队的心态或者计划的推进，但是一定要与利益相关方保持密切的沟通，达成共识，以降低变化对于后续计划的影响。

4. 数据资产目录运用

数据资产目录构建完成之后，需要进行数据资产目录入库操作，即企业依托于 IT 系统构建企业数据资产管理平台，将数据资产盘点过程中形成的数据资产目录通过某些技术手段进行入库操作，然后利用数据资产管理平台提供对外的查询服务，以方便企业用户查询并获取相应的数据资产信息，实现企业内部的数据资产共享。

企业数据资产一直在更新迭代，即一些新的数据资产产生、一些既有的数据资产可能会逐渐失效。14.1.2 节的数据资产入库部分提到企业数据资产需要有增量更新的操作。从实践角度来看，关于增量的数据资产更新往往有两种不同的方式，一种是定期盘点，一种是依托数据资产平台进行流程管理。

- 定期盘点，主要是指每隔一段时间（例如半年）按照之前的流程对企业数据资产进行盘点，然后将盘点之后的结果与既有的数据资产目录进行合并之后更新相应的数据，再对外发布。很明显这种方式的好处在于数据资产平台的功能复杂度较低，但是每次盘点需要耗费的资源相对较多。
- 依托数据资产平台进行流程管理，就是在数据资产平台中按照企业数据资产发布流程进行录入、审批、复核以及发布等操作。很明显这样做的好处是能保证数据资产平台内部数据资产的时效性，但是需要从企业流程上对相关利益方进行约束以保证数据资产目录的时效性。

此外数据资产目录构建完成之后，只是告诉企业用户哪里有数据资产可以使用，但是具体仍需要通过相应的技术手段才能使用。所以数据资产平台需要将数据资产的数据进行服务化，按照不同的数据资产特点提供数据服务，只有这样数据资产管理平台才能发挥最大的价值。

14.4 总结

截至本章，本书的第四部分——数据资产相关内容已经介绍完成。第四部分从元数据开始到企业数据质量管理，之后到数据标准进而衍生到数据治理，构建企业数据资产平台。如果读者深入思考就会发现，无论在什么时期，任何数据概念的提出，例如数据资源、数据资产、数据治理、数据资产，本质上都离不开元数据、数据标准以及数据质量的支持，并且这些都是从某些角度去管理企业数据模型以及数据模型中数据流动的关系。

对于数据领域的相关概念，我们需要透过现象看本质，了解这些概念背后的含义是什么，最终落脚在数据领域底层的某个方面，是关心数据模型设计、数据转换开发还是跨部门的主数据管理等。只有这样才能不会被纷纷扰扰的概念所迷惑，陷入无法利用概念去有的放矢地实践的情形。

第五部分 Part 5

数据架构实践

在第二部分我们介绍了数据架构的组成。在第 3 章，我们介绍了不同类型的数据库类型及其原理，例如集中式数据库、分布式数据库等；同时针对当前比较流行的大数据存储进行了相应的阐述，例如 Hadoop、Hive 以及 HBase 等；此外也针对某些数据场景下的数据存储进行了一定的介绍，例如大数据分析领域的 ClickHouse。在第 4 章，我们详细地介绍了主要的数据调度与消息传输的相关组件，例如开源的调度平台 Airflow、数据同步工具 DataX 以及消息中间件 Kafka 等，并对其相应的组件构成以及优劣点进行了较为具体的阐述。

从技术选型来看，通过使用第 3 章以及第 4 章提及的组件，构建了企业级别的 Lambda 数据架构技术框架。第 5 章介绍了批处理与实时计算之间的区别、总结了 Lambda 架构与 Kappa 架构的优劣势，并指出在当前的企业中，Lambda 架构是主流的架构选型。

Lambda 架构需要结合具体企业数据并在具体的场景下才能真正地产生价值。Lambda 架构中包含离线计算以及实时计算。所以 Lambda 架构中的数据需要通过构建数据模型来提高企业内部数据平台的健壮水平、提升数据质量、降低成本消耗，进而提高系统响应速度。为此第三部分对这些内容进行了详细的介绍。

本部分将主要运用第二部分以及第三部分提到的相关技术组件以及建模方法论，结合企业中某些特定的场景，带领读者构建企业级别的数据平台的雏形，进而从理论以及实践两个方面提升读者对于企业数据架构中不同组件运用场景的理解、数据建模的思路等，最终加深对于企业数据架构的理解。

例如快消领域的企业存在这样的特点：企业有不同的营销渠道，并且不同的营销渠道收集消费者不同的属性信息，例如在微信端收集消费者的 OPENID（或 UNIONID）、性别以及区域等信息；在电商平台收集用户的用户名称以及 TaoBaoID 或者 JingDongID 等。每时每刻都有用户访问不同的营销渠道并注册成为会员，为此企业需要监控渠道历史 + 每日实时用户注册变化趋势，并制定相应的营销策略来吸引更多的消费者注册成为会员。

前面提到，Lambda 架构包含离线计算与实时计算两部分，所以本部分将拆分为两章来分别介绍 Lambda 架构中的离线计算与实时计算的内容，让读者在明白不同组件的原理的基础上，更加深入地了解 Lambda 架构以及企业数据架构的相关内容。

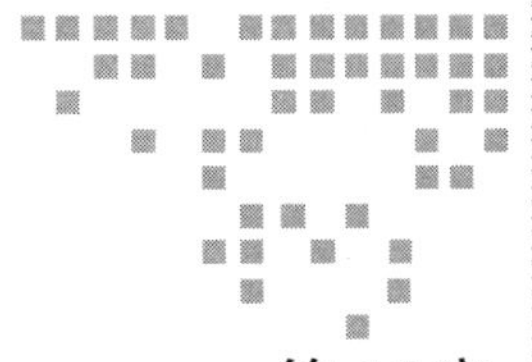

第 15 章　Chapter 15

离线计算

与实时计算相比，离线计算更多是通过离线批处理的方式对企业中的数据进行处理以满足企业业务对于数据的诉求。本章主要基于在第五部分开始的地方提到的场景：收集整理不同渠道的用户访问数据，并进行相应的模型设计以及数据处理，实现对历史数据的访问趋势的展示。

本章首先将从离线计算架构开始介绍并部署架构中涉及的软件；然后由于离线计算部分涉及内部批处理层的模型设计，因此也会基于该场景详细剖析不同的模型层的设计；最后将开发相应的 ETL 作业完成整个离线计算框架的搭建。

15.1　离线计算架构概述

在 Lambda 架构中，离线计算主要是利用数据抽取组件，将结构化数据、半结构数据或者非结构化数据汇总到大数据平台中进行存储；开发相应的 ETL 脚本或者程序处理相应的数据，并将结果存储到预先设计好的数据模型中；支持下游应用系统或者满足业务部门的数据需求。离线计算部分的整体数据流向如图 15-1 所示。

其中批处理层中的数据往往会按照数据的特点构建分层数据模型，以保证核心主题数据以及相关指标的共享，进而降低数据重复处理带来的资源消耗以及潜在的数据不一致风险。

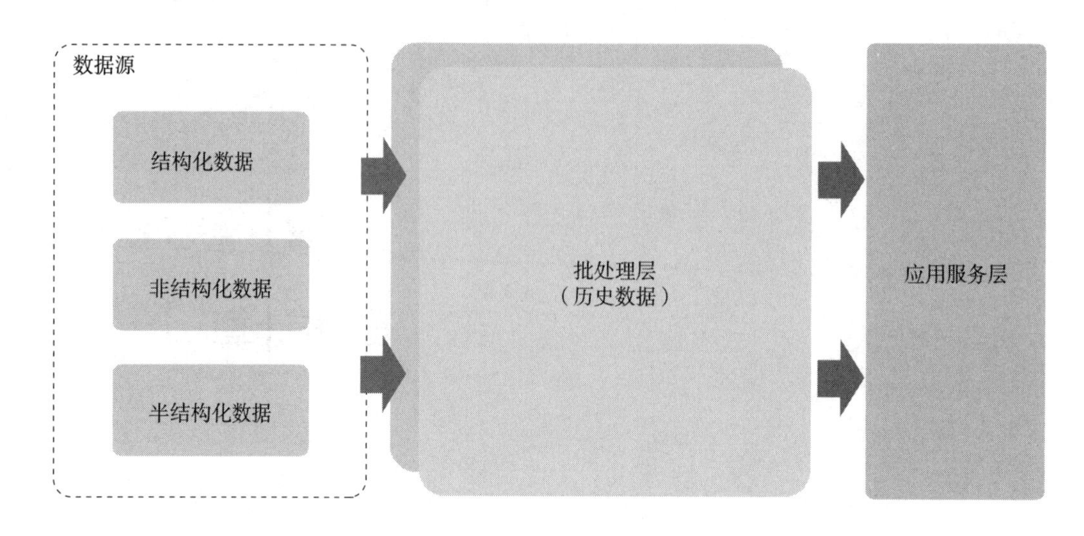

图 15-1 离线计算部分数据流向

Tips 在批处理层中构建数据模型的思路与传统的数据仓库建模的思想基本一致，最大的区别主要是底层半结构或者非结构化数据需要再次处理之后才能纳入模型范围。

批处理层的下游往往有两种主要的应用场景：第一种是利用下发的数据进行分析或者可视化处理，例如接入报表平台、领导驾驶舱等；第二种是支撑下游应用系统相关的业务流程，例如将头寸数据提供给下游交易系统以支持次日的交易。

15.2 架构设计

在进行架构设计之前，读者首先需要明白的是，Lambda 架构是一种支持企业数据湖的架构。数据湖与传统数据仓库的不同点在于，它需要数据尽可能地保持数据原貌。为此数据湖中必然会存在一个底层数据存储层，用来存储数据湖接入的数据。

Tips 可以将底层数据层理解为企业的数据网盘，用于存储企业不同源系统的数据。

在批处理层中往往使用 Hive 进行数据存储，但是由于 Hive 底层是基于 Hadoop 的 MapReduce，所以它无法像传统的关系型数据库那样实时查询 Hive 相关表的数据。为此批处理层的结果往往需要通过某个数据缓冲层来实时支持下游应用系统的数据查询。这个缓冲层根据不同的应用特点可以是传统的关系型数据库、数据缓存中间件，例如 Redis，也可以是其他支持实时查询的组件，例如 Elasticsearch。离线计算架构设计示例如图 15-2 所示。

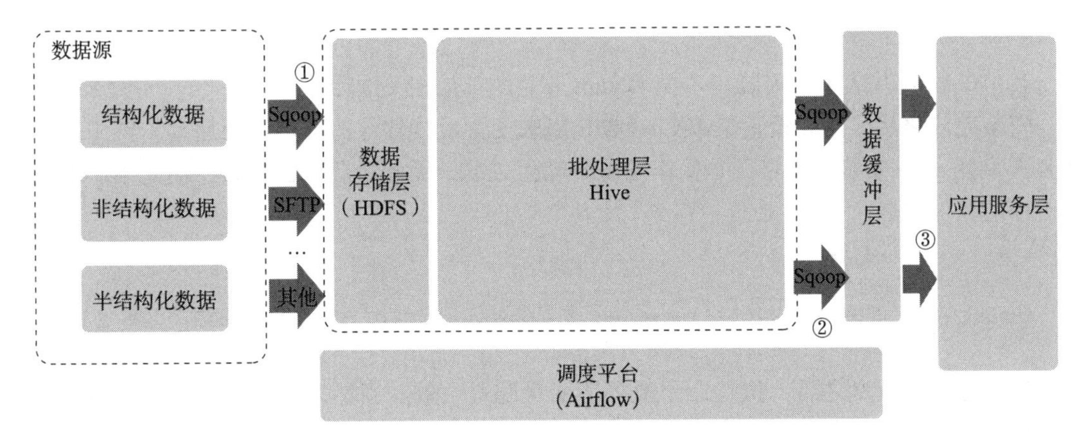

图 15-2　离线计算架构设计示例

在图 15-2 中可以看出数据源通过不同的数据同步方式进入 Hadoop 平台，例如在①中，采用 Sqoop 的方式抽取结构化数据，采用 SFTP 等技术抽取非结构化数据；进入 Hadoop 平台之后，开发相应的处理脚本并利用调度平台保证整个平台的数据有序处理；在②中可以看到最终处理的结果可能通过 Sqoop 同步到数据缓冲层，进而支持后续的应用服务，当然如果数据缓冲层的数据不是传统的关系型数据库数据，那么可能需要采用其他的数据同步组件；在③中可以看到应用服务层直接查询数据缓冲层的数据，这里往往可能利用 JDBC 的方式直接查询相关的数据。

在 Hadoop 平台内部则涉及相应的数据模型设计以及 ETL 脚本的开发，这部分往往是考察一个数据平台是否好用的标准，因为数据平台中的模型会随着数据的增加而逐步扩张，并且数据之间的关系也会变得愈加复杂，模型的好坏将会直接决定数据是否可用。

接下来让我们基于上述架构进行相关的应用软件部署。

15.3　软件部署

图 15-2 已经简单地列举出了可能涉及的软件，限于篇幅，我们只介绍部分软件的安装，例如软件运行环境 JDK、数据存储 Hadoop、批处理层的 Hive 以及数据抽取工具 Sqoop 等。此外这里采用 PostgreSQL 作为我们源系统的数据库以及数据缓冲层的数据库。

15.3.1　JDK 部署

网上关于 JDK 安装的方法多如牛毛，为了方便，这里直接采用 yum 来安装 JDK 1.8，命令如下：

```
#yum install java-1.8* -y
```

其中参数 -y 代表直接安装，不提示 yum 安装的其他相关选项。

安装完成之后，需要设置 JAVA_HOME 用来支持后续软件的部署以及启动。其中由于 JDK 是利用 yum 安装的，路径是操作系统自动生成的，因此看起来比较长，但是不影响我们后面的软件部署。

```
# vi /etc/profile
...
export JAVA_HOME=/usr/lib/jvm/java-1.8.0-openjdk-1.8.0.352.b08-2.el7_9.x86_64
...
```

配置好环境变量之后，执行命令使环境变量配置生效。当然，直接退出然后重新登录也是可以的。

```
# source /etc/profile
```

执行完成之后，查看 Java 版本信息，如果显示正常则代表安装成功。

```
# java -version
openjdk version "1.8.0_352"
OpenJDK Runtime Environment (build 1.8.0_352-b08)
OpenJDK 64-Bit Server VM (build 25.352-b08, mixed mode)
```

本次部署中均使用拥有超级权限的用户进行安装，所以设置的都是全局的环境变量，即对所有的用户都生效，但是在实际安装过程中，需要考虑权限的隔离。

15.3.2 Hadoop 部署

Hadoop 中的 HDFS 在 Lambda 架构中主要用来存储企业源系统中各种结构化、半结构化以及非结构化的数据文件。当然它也承担着存储不同组件计算过程中的临时文件的作用。可以将 Hadoop 理解为企业的数据网盘，利用高可用技术，保证数据的完整性。

1. Hadoop 下载以及安装

下载并安装 Hadoop，这里选取的 Hadoop 版本是 2.6.0。

首先利用 wget 命令从远端直接下载 Hadoop 的可执行环境，之后利用 tar 命令将文件解压到指定路径中。

```
# wget http://archive.apache.org/dist/hadoop/common/hadoop-2.6.0/hadoop-
  2.6.0.tar.gz
# tar -zxvf hadoop-2.6.0.tar.gz -C /opt
```

解压完成之后，需要设置 HADOOP_HOME。因为无论是后面的 Hive 还是 Sqoop 都需要读取 HADOOP_HOME 这个环境变量用于后续的数据处理。

```
# vi /etc/profile

...
```

```
export HADOOP_HOME=/opt/hadoop-2.6.0
export PATH=$HADOOP_HOME/bin:$HADOOP_HOME/sbin:$PATH
...
#source /etc/profile
```

这里我们将 HADOOP_HOME 下面的 bin 以及 sbin 添加到全局变量 PATH 中，以便在命令行下面执行相应的 Hadoop 命令。

保存修改之后，执行如下命令，确认 Hadoop 是否正常安装。

```
# hadoop version
Hadoop 2.6.0
Subversion https://git-wip-us.apache.org/repos/asf/hadoop.git
-re3496499ecb8d220fba99dc5ed4c99c8f9e33bb1
Compiled by jenkins on 2014-11-13T21:10Z
Compiled with protoc 2.5.0
From source with checksum 18e43357c8f927c0695f1e9522859d6a
This command was run using
/opt/hadoop-2.6.0/share/hadoop/common/hadoop-common-2.6.0.jar
```

2. Hadoop 环境变量配置

执行没有问题之后，通过修改 hadoop-env.sh 文件配置 Hadoop 的环境变量。需要注意的是，这里是 Hadoop 自身运行的环境变量，而非操作系统的环境变量。

```
# vi $HADOOP_HOME/etc/hadoop
# vi hadoop-env.sh
```

添加 JAVA_HOME 信息：

```
export JAVA_HOME=/usr/lib/jvm/java-1.8.0-openjdk-1.8.0.352.b08-2.el7_9.x86_64
```

需要注意的是，上面 hadoop-env.sh 文件中的 JAVA_HOME 需要与 15.3.1 节中设置的 JAVA_HOME 保持一致。

3. Hadoop HDFS 参数配置

因为在实际部署环境中，Hadoop 的数据文件的存储路径往往是映射较大容量的磁盘（至少 T 级别），所以需要修改 Hadoop 默认的数据存储路径。在修改完 Hadoop 自身的环境变量之后，配置本地 HDFS 路径相关信息。

```
# cd $HADOOP_HOME/etc/hadoop
# vi core-site.xml
```

添加如下内容：

```
<configuration>
    <property>
           <name>hadoop.tmp.dir</name>
           <value>file:/data/hdp/tmp</value>
           <description>Abase for other temporary directories.</description>
      </property>
```

```
        <property>
            <name>fs.defaultFS</name>
            <value>hdfs://localhost:9000</value>
        </property>
</configuration>
```

其中hadoop.tmp.dir对应的是Hadoop的计算或者处理过程中临时文件存储的本地磁盘路径，fs.defaultFS代表的则是HDFS的URL路径。

之后继续修改hdfs-site.xml相关信息，配置HDFS的默认副本数，以及NameNode与DataNode的本地存储路径。

```
# vi hdfs-site.xml
```

添加如下内容：

```
<configuration>
      <property>
          <name>dfs.replication</name>
          <value>1</value>
      </property>
      <property>
          <name>dfs.namenode.name.dir</name>
          <value>file:/data/hdp/dfs/name</value>
      </property>
      <property>
          <name>dfs.datanode.data.dir</name>
          <value>file:/data/hdp/dfs/data</value>
      </property>
</configuration>
```

其中dfs.replication代表HDFS的默认副本数，由于是本地开发环境，这里设置为1。在生产环境中需要设置为3；dfs.namenode.name.dir代表NameNode存储的本地路径；dfs.datanode.data.dir代表DataNode存储的本地路径，其中可以设置多个路径值，如果没有该路径则需要预先创建，否则后续启动会报错。

4. 配置Yarn

Yarn主要是Hadoop内部资源管理器，可以为基于Hadoop的应用提供统一的资源管理和调度支持。

```
# cd $HADOOP_HOME/etc/hadoop
# vi mapred-site.xml
```

添加如下内容：

```
<configuration>
   <property>
          <name>mapreduce.framework.name</name>
          <value>yarn</value>
   </property>
```

```
</configuration>
```

通过配置 mapred-site.xml 告诉集群将 Yarn 作为集群的默认调度框架。接下来配置 Yarn 相关组件的配置信息。

```
# cd $HADOOP_HOME/etc/hadoop
# vi mapred-site.xml
<!-- 主要添加如下内容…--->

<configuration>

    <property>
        <name>yarn.resourcemanager.hostname</name>
        <value>lee001</value>
    </property>

    <property>
        <name>yarn.nodemanager.aux-services</name>
        <value>mapreduce_shuffle</value>
    </property>

    <property>
        <name>yarn.nodemanager.aux-services.mapreduce_shuffle.class</name>
        <value>org.apache.hadoop.mapred.ShuffleHandler</value>
    </property>
     <!-- …--->
     </configuration>
```

其中 yarn.resourcemanager.hostname 为客户端访问的主机名称，客户端通过该地址向 RM 提交应用程序、杀死应用程序等；AuxiliaryService 是节点 NodeManager 内的服务，用于接收应用 / 容器初始化和停止事件并作相应处理，用 yarn.nodemanager.aux-services 来定义，默认值是 mapreduce_shuffle。yarn.nodemanager.aux-services.mapreduce_shuffle.class 代表 shuffle 对应的类信息。

5. 配置免密登录

生产环境中往往存在成百上千个节点，而 Hadoop 在启动的过程中需要登录不同的节点并启动相应的服务。如果每个节点都需要输入密码进行登录，这明显是不现实的。为此需要配置集群中不同节点的免密码登录。这里以单节点为例，简单描述下如何进行免密登录配置。

免密登录的原理是将 A 机器的公钥复制到需要免密登录的机器 B 的授权列表上，当 A 通过 SSH 的方式登录 B 机器时，B 机器可以通过 A 的公钥解密后返回给 A 并建立通信。

实际配置过程如下，切换到用户的主目录，然后利用 sh-keygen 命令生成相应的密钥信息，然后复制到授权列表中。由于是单机环境，所以 A 跟 B 是同一台服务器。

```
#cd ~
# sh-keygen
Generating public/private rsa key pair.
Enter file in which to save the key (/root/.ssh/id_rsa):
Enter passphrase (empty for no passphrase):
Enter same passphrase again:
Your identification has been saved in /root/.ssh/id_rsa.
Your public key has been saved in /root/.ssh/id_rsa.pub.
The key fingerprint is:
SHA256:3xrvt1+dX+0HPeEbK7HmbpUt4PDBbtTB4MHiOb2zT/0 root@lee001
The key's randomart image is:
+---[RSA 2048]----+
|         .oo  |
|       ....o |
|      . =.. . |
|        = * .. |
|      S  B +..+|
|      ..B.oB*|
|       o..o=+@|
|       +.*.+*|
|        ..B=+oE|
+----[SHA256]-----+

# cd ~/.ssh/
# ls id*
id_rsa  id_rsa.pub
```

如果可以在 .ssh 路径下看到这几个文件，表明配置正常，由于是单机环境，所以配置无密码登录的命令相对简单：

```
#more id_rsa.pub>>authorized_keys
```

然后就可以无密码登录了：

```
# ssh lee001
Last login:Sun Jan 22 17:18:02 2023 from 172.28.252.13
Welcome to Alibaba Cloud Elastic Compute Service !
```

其中 id_rsa.pub 就是对应的公钥信息，而 authorized_keys 则对应具体的授权列表。

6. 格式化 NameNode

配置好之后，格式化 NameNode 节点，输出如下日志。由于日志篇幅较大，这里仅展示部分日志内容：

```
# hdfs namenode -format
23/01/22 17:06:31 INFO namenode.NameNode: STARTUP_MSG:
/************************************************************
STARTUP_MSG:Starting NameNode
STARTUP_MSG: host = lee001/172.28.252.13
STARTUP_MSG: args = [-format]
```

```
STARTUP_MSG: version = 2.6.0
STARTUP_MSG: classpath = /opt/hadoop-2.6.0/etc/hadoop...
STARTUP_MSG: build = https://git-wip-us.apache.org/repos/asf/hadoop.git -r e3496
499ecb8d220fba99dc5ed4c99c8f9e33bb1; compiled by 'jenkins' on 2014-11-13T21:10Z
STARTUP_MSG: java = 1.8.0_352
************************************************************/
23/01/22 17:06:31 INFO namenode.NameNode: registered UNIX signal handlers for
[TERM, HUP, INT]
23/01/22 17:06:31 INFO namenode.NameNode: createNameNode [-format]
Formatting using clusterid: CID-fcbd6e68-c50c-4ce8-920c-e1d82ba74873
…
23/01/22 17:06:31 INFO util.GSet: Computing capacity for map BlocksMap
23/01/22 17:06:31 INFO util.GSet: VM type       = 64-bit
23/01/22 17:06:31 INFO util.GSet: 2.0% max memory 889 MB = 17.8 MB
23/01/22 17:06:31 INFO util.GSet: capacity      = 2^21 = 2097152 entries
23/01/22 17:06:31 INFO blockmanagement.BlockManager: dfs.block.access.token.
enable=false
23/01/22 17:06:31 INFO blockmanagement.BlockManager: defaultReplication     = 1
23/01/22 17:06:31 INFO blockmanagement.BlockManager: maxReplication         = 512
23/01/22 17:06:31 INFO blockmanagement.BlockManager: minReplication          = 1
23/01/22 17:06:31 INFO blockmanagement.BlockManager: maxReplicationStreams   = 2
23/01/22 17:06:31 INFO blockmanagement.BlockManager: shouldCheckForEnoughRacks =
false
23/01/22 17:06:31 INFO blockmanagement.BlockManager: replicationRecheckInterval
= 3000
23/01/22 17:06:31 INFO blockmanagement.BlockManager: encryptDataTransfer  = false
23/01/22 17:06:31 INFO blockmanagement.BlockManager: maxNumBlocksToLog      = 1000
..
23/01/22 17:06:31 INFO util.ExitUtil: Exiting with status 0
23/01/22 17:06:31 INFO namenode.NameNode: SHUTDOWN_MSG:
/************************************************************
SHUTDOWN_MSG: Shutting down NameNode at lee001/172.28.252.13
************************************************************/
```

格式化的主要目的是重置NameNode的元数据，保证NameNode与不同DataNode的版本一致。例如在上述日志输出的NameNode的cluster-id为CID-fcbd6e68-c50c-4ce8-920c-e1d82ba74873，它必须与不同的DataNode的cluster-id一致，这样Hadoop集群才能正常启动。在本机环境中，分别查看NameNode与DataNode的版本信息如下：

```
#more /data/hdp/dfs/name/current/VERSION
#Sun Jan 22 17:06:31 CST 2023
namespaceID=1668308033
clusterID=CID-fcbd6e68-c50c-4ce8-920c-e1d82ba74873
cTime=0
storageType=NAME_NODE
blockpoolID=BP-1458607129-172.28.252.13-1674378391724
layoutVersion=-60

#more /data/hdp/dfs/data/current/VERSION
```

```
#Sun Jan 22 17:29:11 CST 2023
storageID=DS-a84651a8-0969-4fbc-9dac-1028e0d12ed1
clusterID=CID-fcbd6e68-c50c-4ce8-920c-e1d82ba74873
cTime=0
datanodeUuid=44437cfc-8321-4c81-88e9-77b22bb1da8c
storageType=DATA_NODE
layoutVersion=-56
```

其中 /data/hdp/dfs/name 以及 /data/hdp/dfs/data 分别对应 NameNode 与 DataNode 在 hdfs-site.xml 中配置的路径信息。

7. 启动 Hadoop

完成 NameNode 节点的格式化之后就可以启动 Hadoop 服务了，使用如下命令即可启动相关服务：

```
# start-all.sh
This script is Deprecated. Instead use start-dfs.sh and start-yarn.sh
Starting namenodes on [lee001]
lee001: starting namenode, logging to /opt/hadoop-2.6.0/logs/hadoop-root-namenode-lee001.out
localhost: starting datanode, logging to /opt/hadoop-2.6.0/logs/hadoop-root-datanode-lee001.out
Starting secondary namenodes [0.0.0.0]
0.0.0.0: starting secondarynamenode, logging to /opt/hadoop-2.6.0/logs/hadoop-root-secondarynamenode-lee001.out
starting yarn daemons
starting resourcemanager, logging to /opt/hadoop-2.6.0/logs/yarn-root-resourcemanager-lee001.out
localhost: starting nodemanager, logging to /opt/hadoop-2.6.0/logs/yarn-root-nodemanager-lee001.out
```

通过输入如下命令可以确认 Hadoop 进程是否正常启动，这里已经删除了一些无用的输出。

```
# jps
14216 NameNode
14488 DataNode
15164 ResourceManager
15478 NodeManager
14813 SecondaryNameNode
```

NameNode 与 DataNode 为 HDFS 相关进程，其中 NameNode 为 HDFS 的管理节点，存储每个数据块的信息，DataNode 从名称上就可以看出是数据节点的相关进程。

ResourceManager 与 NodeManager 属于 Yarn 服务相关进程，其中 ResourceManager 负责统一资源管理以及调度，NodeManager 负责接收 ResourceManger 信息并执行相关指令。

SecondaryNameNode 是 NameNode 在单节点（即非 HA 环境）下的特殊进程，它并不是 NameNode 的备份，主要负责将 NameNode 的修改日志合并到 fsimage 文件中，用来提高 NameNode 异常启动下集群恢复的效率。

8．输入网站查看是否创建正常

当 Hadoop 启动完成之后，即可通过浏览器输入相关地址，查看 Hadoop 集群相关信息。地址信息如下：http://your_host_ip:50070/dfshealth.html#tab-overview 。Hadoop 平台管理界面如图 15-3 所示。

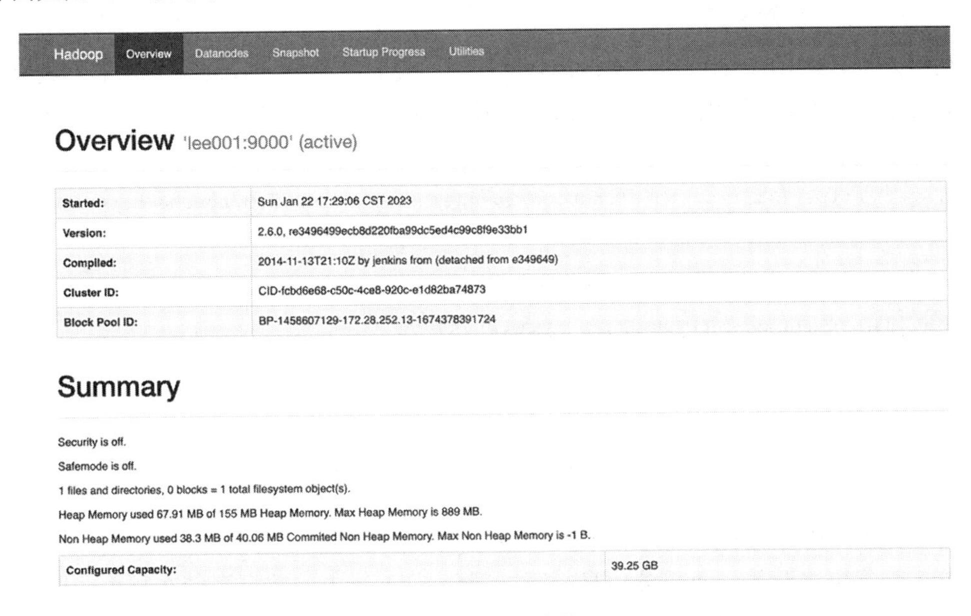

图 15-3 Hadoop 平台管理界面

需要注意的是，如果购买的是云厂商提供的 ECS 等服务器来部署相关服务，记得将访问的机器 IP 添加到安全组中，以保证可以正常访问。

15.3.3 Hive 部署

一般来说，在 Hadoop 中处理数据往往需要开发 MapReduce 程序，很明显这对于大多数开发人员（特别是 ETL 人员）以及企业来说是一件相对低效的事情。而 Hive 可以让使用者撰写 HQL（类似 SQL）的语法，将查询语句转换成 MapReduce 程序来查询或处理 Hadoop 中的数据，极大地降低了 Hadoop 集群的数据门槛，提高了数据开发的效率。

Hive 在大数据平台中的定位是对标传统的关系型数据库，用来进行大数据的 ETL 任务。就像传统数据仓库是基于关系型数据建设的，在大数据平台中，数据仓库或者离线处理往往是基于 Hive 构建的，所以会在 Hive 中构建类似传统数据仓库中的数据分层架构，这部分会在 15.4 节进行相应的介绍。

由于 Hive 无法像关系型数据库那样支持实时数据查询（Hive 是将查询的 SQL 语句转换成 MapReduce 程序，会出现一定的延迟），因此在很多实际场景中，会在 Hive 的上层添加一个实时数据查询层，例如 HBase、ElasticSearch、Redis 甚至关系型数据库，用来满足下游应用的实时查询需求。

接下来我们进行 Hive 相关的部署，用作后续的批处理层。

1．Hive 下载以及安装

利用镜像下载 Hive 的可执行文件，并解压到相应的路径中。Apache 官网的下载速度可能相对较慢，这里使用国内的下载地址，并添加 --no-check-certificate 表示不验证 SSH 证书信息。

```
# wget https://mirrors.bfsu.edu.cn/apache/hive/hive-2.3.9/apache-hive-2.3.9-bin.
tar.gz --no-check-certificate

# tar -zxvf apache-hive-2.3.9-bin.tar.gz -C /opt/
```

切换到相关的目录，可以查看 Hive 路径已经存在。

```
# cd /opt
#ls -rtl
total 536
drwxr-xr-x 10 root  root    4096 Jan 23 13:11 apache-hive-2.3.9-bin
drwxr-xr-x  2 root  root    4096 Jan 29 15:25 software
```

接下来修改 Hive 的相关配置，保证 Hive 可以正常启动。

Hive 配置中主要关注两部分信息：第一部分是 Hive 中的数据存储在哪里，即对应的 HDFS 路径；第二部分是 Hive 中的元数据信息存储在哪里，即 Hive 中的表定义、表对应的存储位置等。

但是在配置上述信息之前，需要进行相关的准备工作，如下文所示。

2．配置 Hive 中的环境变量

Hive 启动时需要读取 Hadoop 的相关信息，故需要在 Hive 自身的环境变量中配置 JDK、Hadoop 路径信息等。

首先，切换到 Hive 安装路径，并复制 Hive 环境变量配置文件：

```
#cd /opt/apache-hive-2.3.9-bin/conf
#cp hive-default.xml.template hive-site.xml
#cp hive-env.sh.template hive-env.sh
```

之后，修改 hive-env.sh 文件，配置 JDK、Hadoop 以及 Hive 自身配置文件等路径。

```
#vi hive-env.sh
# appropriate for hive server.
```

```
JAVA_HOME=/usr/lib/jvm/java-1.8.0-openjdk-1.8.0.352.b08-2.el7_9.x86_64

# Set HADOOP_HOME to point to a specific hadoop install directory
HADOOP_HOME=/opt/hadoop-2.6.0

# Hive Configuration Directory can be controlled by:
export HIVE_CONF_DIR=/opt/apache-hive-2.3.9-bin/conf
# Folder containing extra libraries required for hive compilation/execution can
be controlled by:
# export HIVE_AUX_JARS_PATH=
```

修改完成之后保存。接下来进入 Hive 的核心配置，即存储路径以及元数据信息的配置。

3. 配置存储路径以及元数据库

Hive 默认使用自带的 derby 数据库存储元数据信息，启动时会在相应的路径生成 metadata 文件，并在此模式下每次只能支持一个客户端连接。很明显这种配置只适合在开发环境下使用，而不适合生产环境。

在生产环境下，建议采用关系型数据库存储 Hive 相关的元数据信息，以保证元数据信息的持久化存储。在本书中，使用 PostgreSQL 14.6 作为元数据库。

Hive 安装包中并没有自带 PostgreSQL 驱动，为此需要自行下载相应驱动程序，并放到 Hive 的 lib 路径下，命令如下：

```
#cp /opt/software/postgresql-42.5.1.jar  /opt/apache-hive-2.3.9-bin/lib/
```

其中驱动下载路径参考如下：

```
https://repo1.maven.org/maven2/org/postgresql/postgresql/42.5.1/postgresql-
42.5.1.jar
```

之后创建 Hive 在 HDFS 中存储的路径信息，并将路径信息保存到 hive-site.xml 中；此外也要将 Hive 的元数据信息配置保存在 hive-site.xml 中。

```
#hadoop fs -mkdir  /tmp
#hadoop fs -mkdir -p /user/hive/warehouse
#hadoop fs -chmod g+w /tmp
#hadoop fs -chmod g+w /user/hive/warehouse
```

在上述命令中，/tmp 为 HDFS 中的临时文件路径，/user/hive/warehouse 为 Hive 的数据文件所在路径。为保证可以正常读写，为所在群组添加写的权限（chmod g+w）。

在文件路径创建成功之后，修改 hive-site.xml 文件。注意，这里默认已经在本地服务器的 PostgreSQL 上创建了相应用户 hive。

```
#vi hive-site.xml
<?xml version="1.0" encoding="UTF-8" standalone="no"?>
<?xml-stylesheet type="text/xsl" href="configuration.xsl"?>
```

```
<configuration>
<!--Hive数据文件位置-->
      <property>
            <name>hive.metastore.warehouse.dir</name>
            <value>/user/hive/warehouse</value>
      </property>

<!--连接数据库地址信息 -->
      <property>
            <name>javax.jdo.option.ConnectionURL</name>
            <value>jdbc:postgresql://localhost:5432/hive</value>
      </property>

<!--数据库驱动，根据实际数据库类型进行替换 -->
      <property>
            <name>javax.jdo.option.ConnectionDriverName</name>
            <value>org.postgresql.Driver</value>
      </property>

<!--数据库用户-->
      <property>
            <name>javax.jdo.option.ConnectionUserName</name>
            <value>hive</value>
        </property>

<!--数据库密码-->
      <property>
            <name>javax.jdo.option.ConnectionPassword</name>
            <value>hive</value>
        </property>
 <!--关闭数据库版本检查-->
      <property>
            <name>hive.metastore.schema.verification</name>
            <value>false</value>
      </property>
</configuration>
```

其中hive.metastore.schema.verification参数命令主要用于关闭数据库版本检查，保证Hive可以正常启动，读者可以根据实际情况自行添加。

4. 元数据初始化

在核心信息配置完成之后，需要执行Hive的元数据初始化的命令，具体命令信息如下。该命令将在上述的PostgreSQL中创建相应的表，用来存储后续Hive中的对象信息。

```
#schematool -dbType postgres -initSchema
SLF4J: Class path contains multiple SLF4J bindings.
SLF4J: Found binding in
[jar:file:/opt/apache-hive-2.3.9-bin/lib/log4j-slf4j-impl-2.6.2.jar!/org/slf4j/
impl/StaticLoggerBinder.class]
```

```
SLF4J: Found binding in
[jar:file:/opt/hadoop-2.6.0/share/hadoop/common/lib/slf4j-log4j12-1.7.5.jar!/org/
slf4j/impl/StaticLoggerBinder.class]
SLF4J: See http://www.slf4j.org/codes.html#multiple_bindings for an explanation.
SLF4J: Actual binding is of type [org.apache.logging.slf4j.Log4jLoggerFactory]
Metastore connection URL:        jdbc:postgresql://localhost:5432/hive
Metastore Connection Driver :    org.postgresql.Driver
Metastore connection User:       hive
Starting metastore schema initialization to 2.3.0
Initialization script hive-schema-2.3.0.postgres.sql
Initialization script completed
schemaTool completed
```

上述命令执行之后，登录 PostgreSQL，切换到 hive 用户之后可以看到相应的元数据信息，由于篇幅问题，这里只是列举了部分表名称。

```
hive-# hive=# \d
                  List of relations
 Schema |            Name            |   Type    | Owner
--------+----------------------------+-----------+-------
 public | BUCKETING_COLS             | table     | hive
 public | CDS                        | table     | hive
 public | COLUMNS_V2                 | table     | hive
 public | DATABASE_PARAMS            | table     | hive
 public | DBS                        | table     | hive
 public | DB_PRIVS                   | table     | hive
 public | DELEGATION_TOKENS          | table     | hive
 public | FUNCS                      | table     | hive
 public | FUNC_RU                    | table     | hive
```

为了后续更加方便地执行 Hive 的相关命令，将 Hive 的 bin 添加到 PATH 路径下，详情如下所示。

```
#vi /etc/profile
export HIVE_HOME=/opt/apache-hive-2.3.9-bin
export PATH=$HADOOP_HOME/bin:$HADOOP_HOME/sbin:$SQOOP_HOME/bin:$HIVE_HOME/
bin:$PATH

#source /etc/profile
```

5. 进入 Hive 并测试

在 cli 中执行命令，连接 Hive。

```
#hive
which: no hbase in (/opt/hadoop-2.6.0/bin:/opt/hadoop-2.6.0/sbin:/opt/sqoop-
1.4.7.bin__hadoop-2.6.0//bin:/opt/apache-hive-2.3.9-bin/bin:/opt/hadoop-2.6.0/
bin:/opt/hadoop-2.6.0/sbin:/opt/sqoop-1.4.7.bin__hadoop-2.6.0//bin:/usr/local/
sbin:/usr/local/bin:/usr/sbin:/usr/bin:/root/bin)
SLF4J: Class path contains multiple SLF4J bindings.
..
```

```
SLF4J: Actual binding is of type [org.apache.logging.slf4j.Log4jLoggerFactory]
Logging initialized using configuration in jar:file:/opt/apache-hive-2.3.9-bin/lib/
hive-common-2.3.9.jar!/hive-log4j2.properties Async: true
Hive-on-MR is deprecated in Hive 2 and may not be available in the future
versions. Consider using a different execution engine (i.e. spark, tez) or using
Hive 1.X releases.
```

进入 Hive 之后，创建测试表 test，如果执行成功，则代表 Hive 配置成功。

```
hive> show databases;
OK
default
Time taken: 3.28 seconds, Fetched: 1 row(s)
hive> create table test;
FAILED: SemanticException [Error 10043]: Either list of columns or a custom
serializer should be specified
hive> create table test (id int);
OK
Time taken: 0.547 seconds
```

6. 配置 HiveServer2 并启动

HiveServer2 是一个服务接口，能够允许远程的客户端去执行 SQL 请求并得到检索结果。HiveServer2 的实现，依托于 Thrift RPC，是 HiveServer 的升级版本（因为之前 HiveServer 只允许一个客户端远程连接 Hive 服务）。通过配置 HiveServer2 可以实现类似 JDBC 连接数据库的效果，可以远程执行相应的 Hive 数据处理逻辑。

切换到 Hive 配置文件路径，添加 HiveServer2 对应的 Thrift 相关接口信息，配置完成之后启动 Hive Server2 服务。

```
# cd $HIVE_HOME/conf
# vi hive-site.xml

  <property>
    <name>hive.server2.thrift.bind.host</name>
    <value>lee001</value>
  </property>

  <property>
    <name>hive.server2.thrift.port</name>
    <value>10000</value>
  </property>

 <property>
    <name>hive.server2.authentication</name>
    <value>NONE</value>
    <description>
      Expects one of [nosasl, none, ldap, kerberos, pam, custom].
```

```
    Client authentication types.
      NONE: no authentication check
      LDAP: LDAP/AD based authentication
      KERBEROS: Kerberos/GSSAPI authentication
      CUSTOM: Custom authentication provider
            (Use with property hive.server2.custom.authentication.class)
      PAM: Pluggable authentication module
      NOSASL:  Raw transport
  </description>
</property>
```

其中 hive.server2.thrift.bind.host 对应的是主机名称（即在命令行执行 hostname 时得到的结果），hive.server2.thrift.port 对应的是 Thrift 对外提供服务的端口信息；hive.server2.authentication 对应的是 HiveServer2 认证方式，主要包括 6 种，即 nosasl、none、ldap、kerberos、pam 和 custom，默认为 None，即登录不做任何验证。在本开发环境中，采用默认参数。

配置完成之后，启动 HiveServer2 并登录测试。

```
#mkdir -p $HIVE_HOME/logs
#cd $HIVE_HOME/bin
#nohup hiveserver2 >> ../logs/hiveserver2.log 2>&1  &
```

由于默认安装的 Hive 不存在 logs 路径，因此需要创建 logs 路径存储相应日志。确认启动成功之后，使用 beeline 连接 HiveServer2，具体命令如下：

```
# beeline -u jdbc:hive2://lee001:10000
SLF4J: Class path contains multiple SLF4J bindings.
SLF4J: Found binding in [jar:file:/opt/apache-hive-2.3.9-bin/lib/log4j-slf4j-impl-
2.6.2.jar!/org/slf4j/impl/StaticLoggerBinder.class]
SLF4J: Found binding in [jar:file:/opt/hadoop-2.6.0/share/hadoop/common/lib/slf4j-
log4j12-1.7.5.jar!/org/slf4j/impl/StaticLoggerBinder.class]
SLF4J: See http://www.slf4j.org/codes.html#multiple_bindings for an explanation.
SLF4J: Actual binding is of type [org.apache.logging.slf4j.Log4jLoggerFactory]
Connecting to jdbc:hive2://lee001:10000
Connected to: Apache Hive (version 2.3.9)
Driver: Hive JDBC (version 2.3.9)
Transaction isolation: TRANSACTION_REPEATABLE_READ
Beeline version 2.3.9 by Apache Hive
```

其中 lee001 以及 10000 分别对应 hive-site.xml 中配置的 hive.server2.thrift.bind.host 以及 hive.server2.thrift.port。

至此 Hive 部署便告一段落，接下来部署 Sqoop。

15.3.4 Sqoop 部署

Sqoop 是一款开源的工具，主要用于在 Hadoop（Hive）与传统的数据库（MySQL、

PostgreSQL）之间进行数据的双向传递，即可以将 Hadoop 数据同步到关系型数据库，也可以将关系型数据库的数据同步到 HDFS。

Sqoop 底层用 MapReduce 程序实现数据抽取、转换、加载，保证了并行化和高容错率。并且 Sqoop 的数据抽取任务主要依赖 Hadoop 集群，所以与传统的 ETL 工具相比，Sqoop 的抽取性能有较大提升。

1. Sqoop 下载以及安装

从 Apache 官网下载 Sqoop 安装包，然后解压到相应路径。这里选择 sqoop1 作为本书的主要版本，因为相比 sqoop2，sqoop1 的部署更简单，并且性能以及集成度更高。

```
# wget https://archive.apache.org/dist/sqoop/1.4.7/sqoop-1.4.7.bin__hadoop-
  2.6.0.tar.gz
# tar -zxvf sqoop-1.4.7.bin__hadoop-2.6.0.tar.gz -C /opt
```

部署完成之后，需要配置 Sqoop 相关环境变量，以保证 Sqoop 的正常使用。

2. 环境变量修改

Sqoop 进行数据同步的操作需要依赖 Hadoop、MapReduce 以及 Hive 等的路径信息。故将这些相关路径信息添加到 sqoop-env.sh 中。

```
# cd /opt/sqoop-1.4.7.bin__hadoop-2.6.0/conf
# cp sqoop-env-template.sh  sqoop-env.sh
# vi sqoop-env.sh

#Set path to where bin/hadoop is available
export HADOOP_COMMON_HOME=/opt/hadoop-2.6.0

#Set path to where hadoop-*-core.jar is available
export HADOOP_MAPRED_HOME=/opt/hadoop-2.6.0

#set the path to where bin/hbase is available
#export HBASE_HOME=

#Set the path to where bin/hive is available
export HIVE_HOME=/opt/apache-hive-2.3.9-bin

#Set the path for where zookeper config dir is
export ZOOCFGDIR=
```

为了方便，配置 SQOOP_HOME 以及 PATH 信息，使我们在命令行下可以直接使用 Sqoop 的相关命令，并执行 source 命令使环境变量生效。

```
# vi /etc/profile
export SQOOP_HOME=/opt/sqoop-1.4.7.bin__hadoop-2.6.0/
export PATH=$HADOOP_HOME/bin:$HADOOP_HOME/sbin:$SQOOP_HOME/bin:$PATH
#source /etc/profile
```

执行完成之后即可进行数据的同步工作了。

3．Sqoop 测试

Sqoop 同步不同类型的数据库数据时需要依赖不同数据库的驱动信息。将指定数据库类型驱动放到 $SQOOP_HOME/lib 目录下之后，执行 Sqoop 的相应命令即可查询指定数据库的相关信息。

```
#cp postgresql-42.5.1.jar /opt/sqoop-1.4.7.bin__hadoop-2.6.0/lib
# cd /opt/sqoop-1.4.7.bin__hadoop-2.6.0/lib
# ls -rtl postgresql-42.5.1.jar
-rw-r--r-- 1 root root 1046770 1月 22 18:23 postgresql-42.5.1.jar

#sqoop list-databases --connect jdbc:postgresql://127.0.0.1:5432/ --username
postgres -P
23/01/22 18:57:00 INFO manager.SqlManager: Using default fetchSize of 1000
postgres
testdb
template1
template0
```

命令 sqoop list-databases 主要用于查看当前连接的 PostgreSQL 的数据库信息，其中对应的数据库连接用户需要预先创建并赋予相应的权限。

在完成上述软件的安装后，我们就完成了主要组件的部署工作，接下来继续进行相应的模型设计。

15.4　模型设计

很多源系统都会将用户注册信息存储在特定的数据表中，为此对于 Lambda 平台来说，只需要通过 Sqoop 定时抽取相应的数据即可初步完成相应的数据汇总。

但是不同渠道的用户在注册时需要填写的属性信息并不相同、相同属性的枚举值也不相同，以性别属性为例，在 A 渠道为 0、1，在 B 渠道为 a、b。所以，需要在批处理层构建全局统一的枚举表，完成相同业务含义的属性值的统一。

在完成属性值的整合之后，则需要计算相应的指标以满足相应的数据需求。例如在本案例中，需要展示小时级别的历史数据变化趋势，那么就需要将用户注册信息按照小时级别进行统计并提供给业务系统。同时由于该指标具有可加性，因此下游系统可以很容易地将小时级别的数据累加成日、周，甚至季度级别的数据指标。

Tips　在共享指标的设置过程中，需要考虑指标是否具有可加性。举个例子，对于用户的数量来说，就不具有可加性。那么就需要按照不同的统计周期从原始数据中计算。

其实到这一步，从数据的角度来说，直接将共享模型层的数据同步到下游即可满足对应的需求。但是需要注意的是，本节仅仅涉及一个场景，在真实的企业数据应用场景中，不同的下游系统有着不同的要求，为此需要构建数据集市层来为不同的下游业务系统提供个性化服务，将数据集市层的数据按照一定的频率同步到相应的目标系统，供下游应用系统使用。

通过上述内容基本可以描述出批处理层的整体数据流向以及不同模型层的主要职责，如图 15-4 所示。

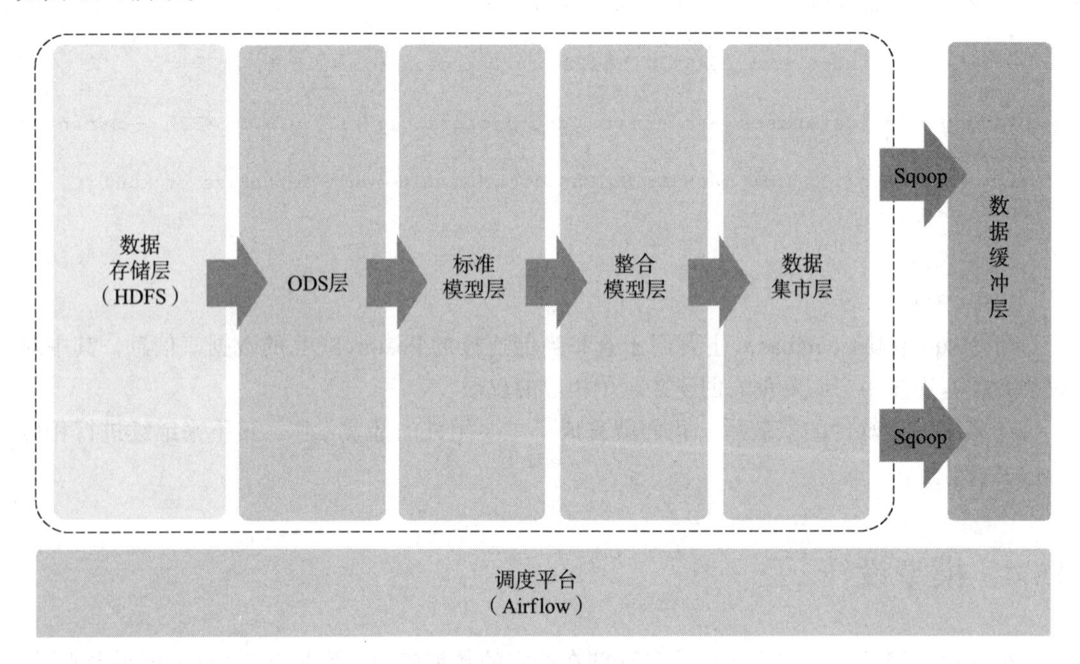

图 15-4 批处理模型层

接下来让我们按照对应的层级进行相应的模型设计，以满足下游系统的数据需求。

15.4.1 数据存储层模型设计

数据存储层主要是将源系统的数据抽取到 Hadoop 集群中并进行处理。在这个过程中，需要保持上游数据的原貌，不做任何处理或者转换。

> Tips 这是与数据仓库的一个区别，在构建数据仓库的时候，从源系统进行数据抽取时经常需要做一些转换或者空值处理，在数据湖中则不需要做任何处理。

假设这里有两个渠道，分别是微信渠道以及 App 渠道。不同渠道对应的会员注册信息表结构如图 15-5 所示。

微信渠道会员注册信息表

手机号码

用户名
性别
区域
生日
OPEN_ID
UNION_ID
…
注册时间

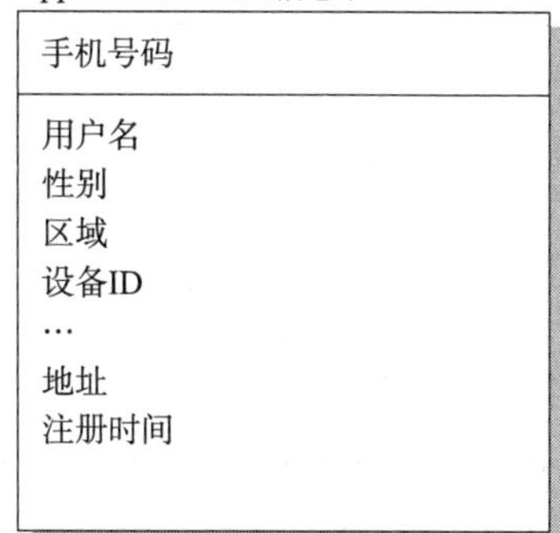

图 15-5　不同渠道会员注册信息表结构

微信渠道会员注册信息表的名称为 WE_USER_REG_INFO，具体的表结构如表 15-1 所示；App 渠道会员注册信息表名称为 MEMBER_REGISTER_INFO，具体的表结构如表 15-2 所示。

表 15-1　微信渠道会员注册信息表结构（WE_USER_REG_INFO）

序号	字段名称	字段类型	字段描述
1	MOBILE	VARCHAR(11)	手机号码（主键）
2	USER_NAME	VARCHAR(50)	用户名
3	GENDER	INT	性别
4	REGION	VARCHR(25)	区域
5	BIRTHDAY	DATE	生日
6	OPEN_ID	VARCHAR(128)	OPEN_ID
7	UNION_ID	VARCHAR(128)	UNION_ID
8	CREATE_TIME	DATE	注册时间

表 15-2　App 渠道会员注册信息表结构（MEMBER_REGISTER_INFO）

序号	字段名称	字段类型	字段描述
1	PHONE_NO	VARCHAR(11)	手机号码（主键）
2	NICK_NAME	VARCHAR(50)	用户名
3	GENDER_TYPE	VARCHAR(20)	性别
4	REGION_NAME	VARCHR(25)	区域

（续）

序号	字段名称	字段类型	字段描述
5	BIRTHDAY	DATE	生日
6	DEVICE_ID	VARCHAR(128)	DEVICE_ID
7	MEMBER_ADR	VARCHAR(200)	地址
8	REGISTER_TIME	DATE	注册时间

从上面的表结构可以看出，不同的渠道或者不同的应用系统对于同一个属性，在命名或者字段类型等方面的处理可能存在较大的差距。例如手机号码对应的字段名称在微信渠道是 MOBILE，在 App 渠道是 PHONE_NO。

此外在微信渠道以及 App 渠道中性别的枚举值也不一样，如表 15-3 所示。

表 15-3 不同渠道会员性别的枚举值

性别	微信	App
男	1	male
女	2	female
未知	3	na

为此需要在批处理层中构建统一的维度信息为后续的统一模型奠定基础，这部分会在后续的内容中介绍。

Tips 在实际的场景中相同业务属性相同但是值域不统一的现象比比皆是，特别是当上游源系统数量繁多，并且业务都具有一定相似度的时候。举个例子来说，涉及区域名称的描述可能各不相同，这些都是前期调研的重点。

这里就需要利用 Sqoop 定时地将微信渠道以及 App 渠道后台数据库的注册表信息存储到 Hadoop 中。

15.4.2 数据贴源层模型设计

在第 7 章中提到数据贴源层（ODS 层）主要是按照上游不同的数据特点，开发相应的 ETL 算法，例如历史拉链算法或者增量抽取算法等。在本节，会员注册都是按照时序进行注册。那么 ODS 层在处理这些会员注册信息的时候，只要按照增量的方式进行处理即可。

Tips 在真实的场景中，已经注册的会员可能需要更新相应的信息。这里为了简化处理，假设用户注册之后信息不会再在发生变化或者修改。

在数据存储层中源系统的数据已经被抽取到 HDFS 中并进行存储，那么在 ODS 层中基于源系统在 Hive 中对应的数据表来生成 ODS 层的相应数据的示意图如图 15-6 所示。

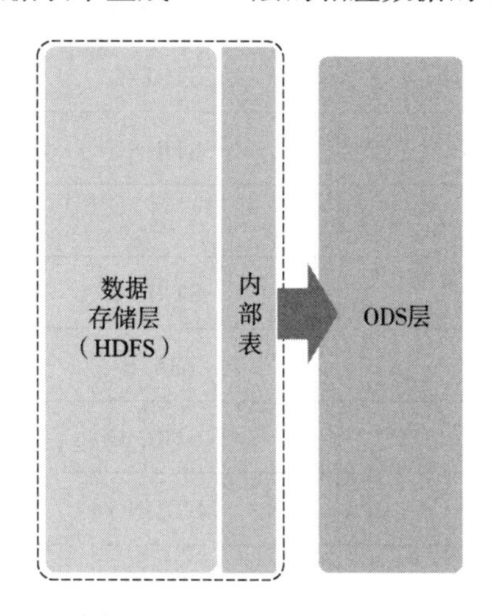

图 15-6　源系统数据通过内部表的方式参与 ODS 层处理

此外由于 Hive 中的字段类型没有关系型数据库中那么繁多，例如所有的字符类型均是 String 类型，为此可以看到在 ODS 层中，数据表的逻辑模型如图 15-7 所示。

图 15-7　ODS 层数据表的逻辑模型

其中微信渠道会员注册信息表的表名为 O_WE_USER_REG_INFO，具体的表结构如表 15-4 所示；App 渠道会员注册信息表的表名为 O_APP_MEMBER_REGISTER_INFO，具体的表结构如表 15-5 所示。

表 15-4 微信渠道会员注册信息表结构（O_WE_USER_REG_INFO）

序号	字段名称	字段类型	字段描述
1	MOBILE	STRING	手机号码
2	USER_NAME	STRING	用户名
3	GENDER	INT	性别
4	REGION	STRING	区域
5	BIRTHDAY	DATE	生日
6	OPEN_ID	STRING	OPEN_ID
7	UNION_ID	STRING	UNION_ID
8	CREATE_TIME	DATE	注册时间
9	ETL_DATE	DATE	ETL 日期

表 15-5 App 渠道会员注册信息表结构（O_APP_MEMBER_REGISTER_INFO）

序号	字段名称	字段类型	字段描述
1	PHONE_NO	STRING	手机号码
2	NICK_NAME	STRING	用户名
3	GENDER_TYPE	STRING	性别
4	REGION_NAME	STRING	区域
5	BIRTHDAY	DATE	生日
6	DEVICE_ID	STRING	DEVICE_ID
7	MEMBER_ADR	STRING	地址
8	REGISTER_TIME	DATE	注册时间
9	ETL_DATE	DATE	ETL 日期

这里主要有 3 个变化：源系统的表名在前缀上添加了“O”，代表表所处的数据层级为 ODS 层；并且在“App 渠道会员注册信息表”的表名中添加了 APP，表明表所属的渠道类型；所有的表中都添加了 ETL_DATE，代表抽取数据的日期。

当 ODS 层的数据模型构建完成之后，就可以进行标准模型层的处理工作了。

15.4.3 标准模型层模型设计

在本节的例子中，标准模型层的主要目的有两个。一是构建一张企业级别的会员注册信息表，整合不同渠道注册会员的所有信息；二是在这个过程中将不同渠道的相同业务属性的字段进行合并以及规整，按照企业的数据标准进行字段标准化以及取值标准化。

例如在上述的例子中，微信渠道是没有地址信息的，但是 App 渠道存在地址信息，则企业级别的会员注册信息表应包括地址信息的属性。此外微信渠道以及 App 渠道对于性别的枚举值并不一致，需要基于统一的维度进行转换，进而实现属性以及取值的统一。整合后，标准模型层中对应的逻辑模型如图 15-8 所示。

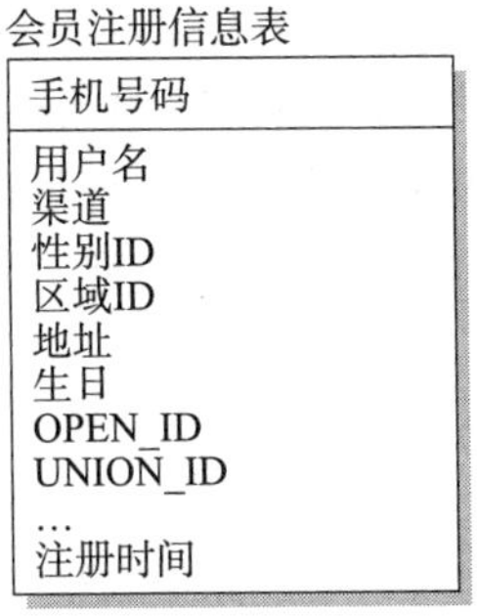

会员注册信息表

手机号码
用户名 渠道 性别ID 区域ID 地址 生日 OPEN_ID UNION_ID … 注册时间

图 15-8　标准模型层中逻辑模型

在设计标准模型层时，需要根据业务需求预先新增一些属性用来支持更加灵活的业务分析。例如我们新增“渠道”属性来标识不同渠道的会员来源。

其中全局注册信息表的表名为 D_MEMBER_REGISTER_INFO，具体的表结构如表 15-6 所示。

表 15-6　标准模型层的会员注册信息表结构（D_MEMBER_REGISTER_INFO）

序号	字段名称	字段类型	字段描述
1	PHONE_NO	STRING	手机号码
2	USER_NAME	STRING	用户名
3	CHANNEL_TYPE	STRING	渠道
4	GENDER_ID	INT	性别 ID
5	REGION_ID	STRING	区域 ID
6	ADDRESS	STRING	地址
7	BIRTHDAY	DATE	生日

（续）

序号	字段名称	字段类型	字段描述
8	OPEN_ID	STRING	OPEN_ID
9	UNION_ID	STRING	UNION_ID
10	DEVICE_ID	STRING	DEVICE_ID
11	REGISTER_TIME	DATE	注册时间
12	ETL_DATE	DATE	ETL 日期

在上述的表结构中可以看到，手机号码的字段名称、不同渠道的性别字段以及区域字段全部被统一。这也是标准模型层的主要作用，实现数据的标准化。

标准模型层一旦设计完成，就可以进行整合模型层的相应模型设计了。

15.4.4 整合模型层模型设计

整合模型层的主要作用是承上启下。源系统数据经过标准化之后，流入整合模型层；整合模型层按照一定的业务主题对数据进行划分以及聚合处理。本节将基于标准模型层的注册信息表进行聚合处理，生成会员注册相关的指标数据。

为了保证整合模型层的灵活性，在设计整合模型层时基于输入的数据表的维度以及事实进行笛卡尔运算，则构成整合模型层的主要属性。举个例子，在本节中，标准模型层的主要维度有性别、区域、渠道、注册日期、注册小时，对应的事实则是注册这个行为，那么整合模型层则需要包括渠道、区域、性别、日期、小时以及注册数量这 6 个核心字段。最终得出来的逻辑模型如图 15-9 所示。

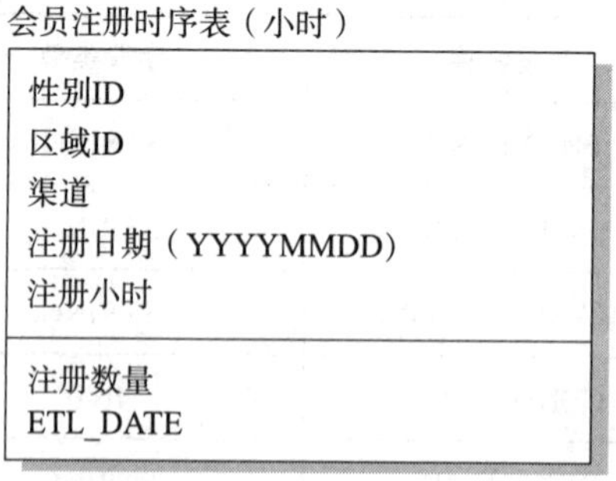

会员注册时序表（小时）

性别ID
区域ID
渠道
注册日期（YYYYMMDD）
注册小时

注册数量
ETL_DATE

图 15-9 整合模型层注册时序表（小时）的逻辑模型

其中整合模型层会员注册时序表（小时）的表名为 W_MEMBER_REGISTER_H_TS，具体的表结构如表 15-7 所示。

表 15-7　整合模型层会员注册时序表（小时）的表结构（W_MEMBER_REGISTER_H_TS）

序号	字段名称	字段类型	字段描述
1	GENDER_ID	STRING	性别 ID
2	REGION_ID	STRING	区域 ID
3	CHANNEL_ID	STRING	1 表示 App，2 表示微信
4	REGISTER_DAY	INT	日期，格式为 YYYYMMDD
5	REGISTER_HOUR	INT	小时，范围为 0 ～ 23
6	UV	INT	注册会员数量
7	ETL_DATE	DATE	ETL 日期

表名为 W_MEMBER_REGISTER_H_TS，其中 W 代表所处的模型层，MEMBER 代表所处的主题，TS 表示这是一个时序数据表，H 代表该表的聚合程度，在这里是按照小时聚合。如果是按照日聚合则为 D，例如 W_MEMBER_REGISTER_D_TS 是会员注册时序表（日）的聚合表。

此外在这个表中，我们将日期（REGISTER_DAY）以及小时（REGISTER_HOUR）都当作维度来处理，并没有直接处理成注册时间（YYYYMMDDHH）。日期可能包括很多属性，例如是不是节假日、属于什么星座；小时可以包括上午、中午、晚上以及深夜等不同时间段的属性。这样基于日期或者小时构建维度表，可以使下游更加方便、灵活地运用数据，实现类似按照节假日、不同时间段维度的分析。

Tips　在维度建模中，设计者往往会创建一个日期的维度表，并且用一个业务无关的编码作为该表的主键，利用该主键参与后续的数据处理流程。但是这里并没有采取这种方式，因为直接查看数据表即可清楚日期、小时等信息，不需要增加一次关联。

当整合模型层的数据模型一旦确认，就可以进行数据集市层的相关设计工作了。

15.4.5　数据集市层模型设计

数据集市层主要是为了对接下游系统数据需求而存在的，在这里模型的设计相对宽松，主要是以下游需求为主。数据集市层可以理解为在集成型数据区中偏向应用倾斜的一个数据层级，它基本上是由需求驱动，且基于集市层之间的应用相互独立。

在本案例中假设用户需要分析不同渠道、不同性别在小时级别的注册趋势，同时基于数据也可以进一步分析节假日是否也是一个影响注册的关键因素。基于这种需求可以设计如图 15-10 所示的集市层会员注册趋势表（小时）逻辑模型。

集市层会员注册趋势表（小时）逻辑模型

性别ID 性别名称 渠道ID 渠道名称 注册日期（YYYYMMDD) 是否假期 注册小时
注册数量 ETL_DATE

图 15-10 集市层会员注册趋势表（小时）逻辑模型

从上面的逻辑模型可以看出，在模型中将维度以及对应的维度值全部都放到对应的目标中，很明显是违反范式的，但是对于下游来说，可以直接读取数据表完成对应的应用，无疑是提高下游应用效率的一种方式。当然也可以忽略维度值，单独传输对应的维度表给到下游，具体需要根据实际情况进行确认。

基于上述描述，我们可以创建集市层会员注册趋势表（小时）表，表名为 M_MKT_MEMBER_REGISTER_H_TS，具体的表结构如表 15-8 所示。

表 15-8 集市层会员注册趋势表（小时）表结构（M_MKT_MEMBER_REGISTER_H_TS）

序号	字段名称	字段类型	字段描述
1	GENDER_ID	STRING	性别 ID
2	GENER_NAME	STRING	性别名称
3	CHANNEL_TYPE	STRING	渠道名称，1 表示 App，2 表示微信
5	REGISTER_DAY	INT	YYYYMMDD
6	IS_HOLIDAY	INT	0 表示否，1 表示是
7	REGISTER_HOUR	INT	0 ～ 23
8	UV	INT	注册会员数量
9	ETL_DATE	DATE	ETL 日期

在表名 M_MKT_MEMBER_REGISTER_H_TS 中，M 代表所处的模型层为集市层，MKT 代表下游的应用系统为市场营销（Market），H 代表小时级别的数据，TS 代表时序表。

至此，关于会员注册相关的模型全部设计完成，将上述不同模型层中的数据模型进行整合，按照一定依赖关系连接在一起，则可以获得元数据的影响分析的图表，即数据字段级别的映射关系，如图 15-11 所示。

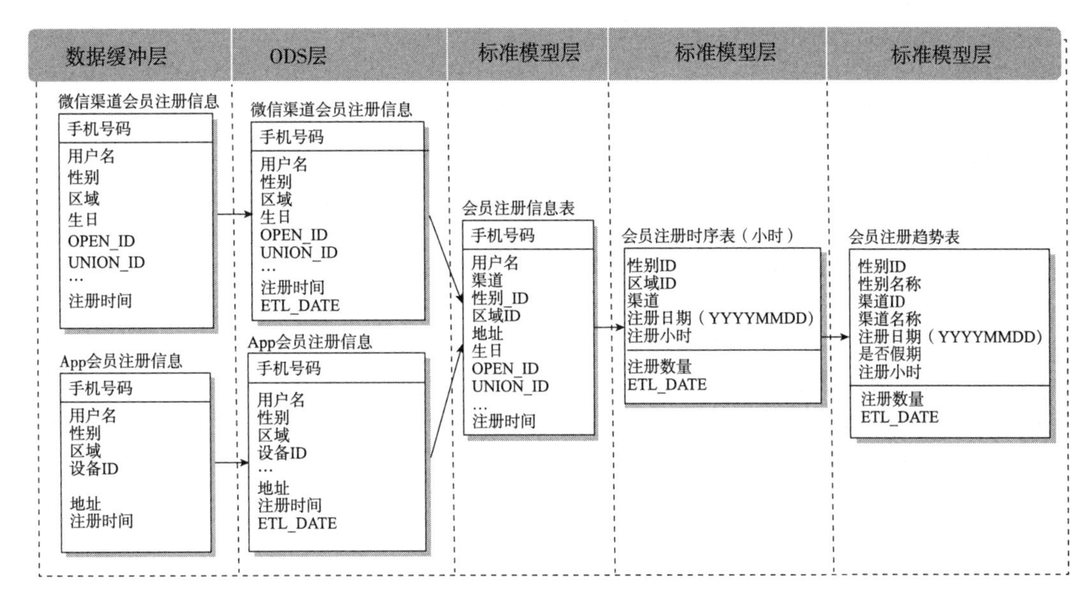

图 15-11 模型层间数据字段级别映射关系

基于这个映射关系，接下来可以通过相应的 ETL 作业开发来进行模型层间的数据流转。

15.5 数据处理

在批处理层中数据处理从技术层面主要分为两部分，第一部分是利用数据抽取工具，例如 Sqoop 将源系统数据定时地抽取到 Hadoop 中；第二部分是利用 HQL（Hive SQL）进行数据处理。接下来我们将按照不同的模型层进行相应的脚本开发。

15.5.1 源系统数据同步

数据同步主要是指利用 Sqoop 将源系统数据抽取到 Hadoop 的指定目录中。在本节中，微信渠道以及 App 渠道是两个主要数据源，这里利用 Sqoop 每天定时地将数据抽取到指定的源系统对应的 Hive 数据表中。源系统往往需要增量更新或者全量更新，这些更新数据均需要通过 Sqoop 进行抽取。

1. 准备工作

利用 Sqoop 同步数据到 Hive 表之前，需要配置 HIVE_CONF_DIR 相关参数以保证数据的正常同步，如下所示：

```
# vi /etc/profile
export HIVE_CONF_DIR=$HIVE_HOME/conf
```

```
export HADOOP_CLASSPATH=$HADOOP_HOME/lib:$HIVE_HOME/lib
#source /etc/profile
```

环境变量生效之后，将 Hive 的相关 jar 包复制到 Sqoop 的 lib 路径下，保证数据可以正常同步到 Hive 中。

```
# cp $HIVE_HOME/lib/hive-common-2.3.9.jar $SQOOP_HOME/lib
```

同步完成之后即可使用 Sqoop 进行不同系统之间的数据同步。

2. 数据同步

在同步数据时，如果源系统是增量更新，那么可以通过 Hive 分区表的方式来进行增量抽取，对于微信渠道信息表 WE_USER_REG_INFO 来说，可以利用 Sqoop 的查询功能增量抽取每日注册的会员数据，详细的命令如下：

```
#sqoop import \
--hive-import \
--connect jdbc:postgresql://127.0.0.1:5432/testdb \
--username ******* \
--password ******** \
--query 'select * from we_user_reg_info where to_to_char(create_time,
'yyyymmdd')= #etl_date# and $CONDITIONS' \
--hive-database sdata \
--hive-table s_we_user_reg_info \
--hive-partition-key etl_date\
--hive-partition-value #etl_date# \
--null-string '' \
--null-non-string '' \
--num-mappers 1 \
--target-dir /user/hive/warehouse/sdata/s_we_user_reg_info \
--delete-target-dir
```

其中 --hive-database 代表在 Hive 中的数据库为 sdata；对应的数据表由参数 --hive-table 来控制，这里的数据表是 S_WE_USER_REG_INFO，s_ 用来表明是 sdata 下面的数据表；--hive-partition-key 代表在 sdata 中 S_WE_USER_REG_INFO 的分区键是 registe_date，并且在本次抽取过程中分区值为 20220302，由 --hive-partition-value 控制；--target-dir 是目标的数据存储位置，并且通过新增 --delete-target-dir 来表示每次抽取之前会删除相应分区的数据。

在上述命令中将 #etl_date# 替换为指定的抽取日期就可以完成相应的数据抽取。例如将 #etl_date# 替换为 20221108 可以看出抽取的数据如表 15-9 所示。为了更好地展示，将查询结果进行转制之后再展示。

表 15-9　Hive 查询结果

mobile	13209090909
user_name	dataarch003
gender	1
region	南京市
birthday	2022/12/13
open_id	o9425466c0dce45b0-927f-6677f66e9305
union_id	
create_time	2022/11/8
etl_date	20221108

其中 register_date 为对应的分区间，在数据导入时自动创建，其余字段均为源系统中 WE_USER_REG_INFO 的字段信息，在 Hive 中查看 S_WE_USER_REG_INFO 的表结构可以发现 Hive 也进行了自动转化，表结构信息如下所示：

```
Hive>show create table sdata.s_we_user_reg_info;
OK
create table `sdata.s_we_user_reg_info`(
  `mobile` string,
  `user_name` string,
  `gender` int,
  `region` string,
  `birthday` string,
  `open_id` string,
  `union_id` string,
  `create_time` string)
comment 'Imported by sqoop on 2023/02/22 23:35:09'
partitioned by ( `etl_date` string)
…
location
'hdfs://172.28.252.13:9000/user/hive/warehouse/sdata.db/s_we_user_reg_info'
…
```

可以看出该数据表为分区表，分区键为 etl_date，同时数据表的路径为 /user/hive/warehouse/sdata.db/s_we_user_reg_info。

对于全量更新来说，可以直接通过表与表之间的同步，不需要创建分区，本节不再赘述。

同理，按照增量方式进行 App 渠道会员表 MEMBER_REGISTER_INFO 的数据抽取，sdata 中对应的表名为 S_APP_MEMBER_REGISTER_INFO。这样就完成了数据同步，之后就可以在 ODS 层中进行相应的处理了。

15.5.2 数据贴源层数据处理

数据贴源（ODS）层对于增量数据的处理相对简单，可以直接通过 Hive 进行数据插入以完成每日数据更新操作。

首先创建 ODS 层下面对应的数据表，这里以 WE_USER_REG_INFO 为例，它在 odata 中对应的表名为 O_WE_UER_REG_INFO。其中 O 代表该表的 schema 信息。很明显为了更好地处理 ODS 层的数据表，我们需要对该数据表进行分区处理。对应的建表语句如下所示：

```
create table `o_we_user_reg_info`(
  `mobile` string,
  `user_name` string,
  `gender` int,
  `region` string,
  `birthday` string,
  `open_id` string,
  `union_id` string,
  `create_time` string)
partitioned by ( `etl_date` string)
…
location
  'hdfs://172.28.252.13:9000/user/hive/warehouse/odata.db/o_we_user_reg_info'
…
```

其中 partitioned by (`etl_date` string) 代表该表的分区键为 etl_date。为了方便进行分区处理，这里创建了 odata 来存放 ODS 层下面的数据表。

之后就可以基于该表进行 ODS 层的数据表的处理了，相应的语句如下所示，这里还是以 20221108 这天的数据为例：

```
alter table odata.o_we_user_reg_info drop if exists
partition(etl_date=20221108); ①

set hive.exec.dynamic.partition.mode=nonstrict; ②

insert into table odata. o_we_user_reg_info partition(etl_date)
select
mobile,
user_name,
gender,
region,
birthday,
open_id,
union_id,
create_time ,
etl_date
from sdata.s_we_user_reg_info where etl_date ='20221108'③
```

上述逻辑主要包括 3 个部分：清除需要初始化的数据，允许动态创建分区以及插入指定日期的数据。其中①是一种数据重置的操作，用于保证每次插入之前既有的数据表中没有对应的时间的数据；② 是 Hive 表中的一个参数，nonstrict 表示每次可以动态地按照分区键生成分区，否则我们就需要预先创建分区；③表示从 sdata 中抽取指定日期的数据。这样就完成了将注册日期为 20221108 的数据从 sdata 抽取到 odata 的操作。

Tips　Hive 的一些高级的版本中已经开始支持 delete 或者 update 等操作。可以将上述①中的分区操作替换成 delete 操作。但是从 Hive 的底层实现的角度来看，进行 ALTER 操作的效率是相对高的。

同理我们也可以采取类似的操作完成 APP_MEMBER_REGISTER_INFO 相应的数据转换。

15.5.3　标准模型层数据处理

对于维度表来说，标准模型层主要是对不同源系统中相同主题的数据表属性进行汇总，构建一个属性相对较全并且数据标准统一的模型层。在本案例中将微信渠道以及 App 渠道会员属性合并之后，可以得到一个相对全量的属性信息，如 15.4.3 节中表 15-6 所示。

由于不同的渠道对应的性别属性的字段并不一致，所以预先要做一个性别维度的标准模型，将不同渠道的标准信息预先加载到该表中，作为后续标准化的驱动表。在本节中，预先创建标准性别维度表 D_MEMBER_GENDER_INFO，它的逻辑模型如图 15-12 所示。

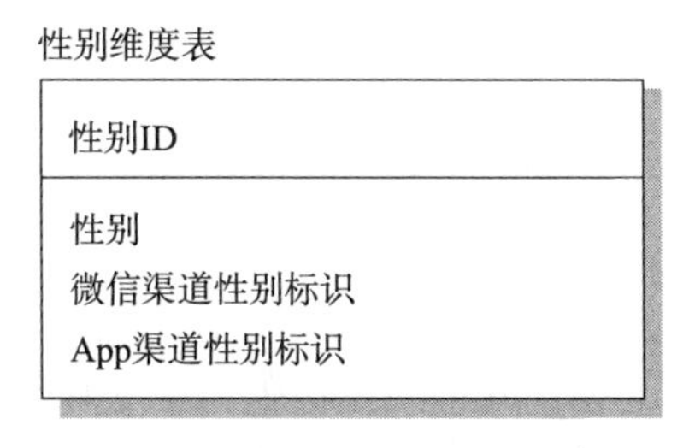

图 15-12　标准性别维度的逻辑模型

通过 odata 的数据表结合性别的逻辑模型则可以直接进行每日的数据转化工作，其中对应的 HQL 逻辑如下所示：

```
alter table ddata.d_member_register_info drop if exists partition(etl_
date=20221108); ①

set hive.exec.dynamic.partition.mode=nonstrict; ②

insert into table ddata. d_member_register _info partition(etl_date) ③
select
mobile,
user_name,
1 channel_id,
```

```
t2.gender_id,
region,
''member _adr,
birthday,
open_id,
union_id,
'' device_id,
create_time ,
etl_date
from odata.o_we_user_reg_info t1
left join ddata.d_member_gender_info t2
on t1.gender = t2.we_gender_id
where etl_date ='20221108';

insert into table ddata.d_member_register_info partition(etl_date) ④
select
phone_no,
nick_name,
2 channel_id,,
t2.gender_id,
region_name,
member_adr,
birthday,
'' open_id,
'' union_id,
device_id,
register_time,
etl_date
from odata.o_app_member_register_info t1
left join ddata.d_member_gender_info t2
on t1.gender_type = t2.app_gender_id
where etl_date ='20221108';
```

其中①与②的主要作用与之前出现的脚本类似，都是保证数据可以正常回溯以及动态创建分区表；由于不同渠道收集的会员属性并不完全相同，所以需要按照标准的会员模型补齐相应的字段信息，③与④在处理过程中会添加一些默认为空字符串（注意不是null）的字段。在③与④处理的过程中与性别的标准模型关联，未完成性别字段的标准化操作。

> **Tips** 进行属性字段标准化的方法比较多，可以采取类似decode的方式，也可以采取类似本书介绍的预先构建维度表的方式；但是从后期维护以及可拓展的角度来看，建议预先构建维度表。

当这些数据都就绪之后，就可以进行整合模型层的开发工作了。

15.5.4 整合模型层数据处理

整合模型层主要是生成共享指标的数据。基于标准模型层的会员注册信息表，可以生成会员在小时级别的注册信息趋势，详细的处理逻辑如下所示：

```
alter table wdata. w_member_pegister_h_ts drop if exists partition(etl_
date=20221108); ①

set hive.exec.dynamic.partition.mode=nonstrict; ②

insert into w_member_pegister_h_ts partition(etl_date) ③
select
gender_id,
region_id,
channel_type,
substr(register_time,1,8),
substr(register_time,9,10),
count(1),
etl_date
from ddata.d_member_register_info where etl_date = '20221108'
group by
gender_id,
region_id,
channel_type,
substr(register_time,1,8),
substr(register_time,9,10);
```

在③中，REGISTER_TIME 的格式为 YYYYMMDDHHMMSS，通过 substr 命令从中按照日期以及小时进行抽取，并进行 GROUP BY 处理之后，可以获得不同渠道、不同性别以及不同区域在不同日期的小时级别的会员注册数量。

这样就完成了整合模型层的数据聚合操作，可以进行数据集市层的逻辑处理了。

15.5.5 数据集市层数据处理

数据集市层主要是按照不同的应用需求进行数据处理。在本案例中用户需要分析不同渠道、不同性别在小时级别的注册趋势，还需要分期是不是节假日。为此需要预先在标准模型层构建，标准化的日期维度表的逻辑模型如图 15-13 所示。

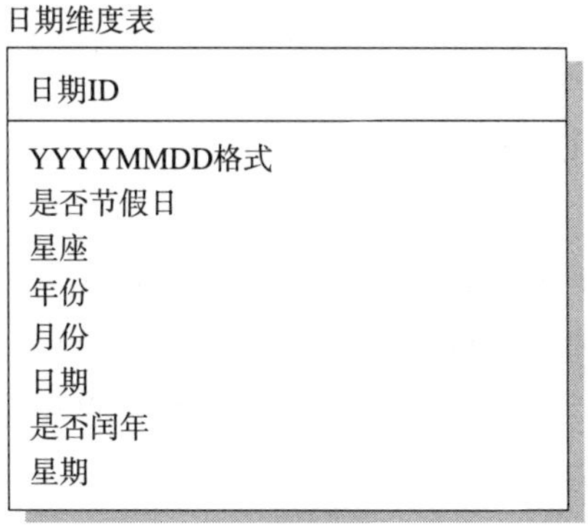

日期维度表

日期ID
YYYYMMDD格式 是否节假日 星座 年份 月份 日期 是否闰年 星期

图 15-13 标准化的日期维度表的逻辑模型

基于该维度表可以完成数据集市层的数据处理，详细逻辑如下所示：

```
alter table mdata.m_mkt_member_register_h_ts drop if exists partition(etl_date
=20221108); ①

set hive.exec.dynamic.partition.mode=nonstrict; ②

insert into m_mkt_member_register_h_ts ③
select t1.gender_id,
t3.gender_name,
t1.channel_type,
t1.register_day,
t1.register _hour,
t2.is_holiday,
sum (t1.UV),
etl date
from wdata. w _member_register_h_ts t1 left join
ddata.d_date_basic_info t2
on t1. register_day = t2.DATE_YYYYMMDD
left join ddata.d_ member_register _info t3
on t1. gender _id = t3. gender_id
where t1. etl_date =  '20221108'
group by t1. gender _id,
t3.gender _name,
t1.channel_type,
t1.register_day,
t1.register_hour,
t2.is_holiday,substr(register_time,1,8),
```

在③中可以看出，整合模型层的会员注册时序表与标准模型层的性别维度表以及日期维度表进行关联补齐相应的关键属性，例如性别名称以及是否节假日。通过表的设计也可以看出已经违反了范式的设计，因为在数据集市层的设计往往是以下游应用的数据要求为主，尽量避免下游拿到数据后进行再次加工或者处理，提高数据应用的效率。

至此从源系统到数据集市层的指标计算均已完成，接下来就是将集市层的数据同步到数据应用层中。

15.6 离线计算数据应用

离线计算数据应用主要是指将离线计算处理的结果同步到目标的数据库中并定时更新数据，用来满足下游的数据需求。可以利用 Sqoop 或者 DataX 等数据同步工具，将 Hive 集市层的数据同步到目标数据库中，本节主要采用 sqoop export 命令将数据导出到目标的数据库中，详细的命令如下所示：

```
sqoop export \
--connect jdbc:postgresql://127.0.0.1:5432/testdb \①
--username ****** \
```

```
--password ****** \
--table t_member_register_h_ts \②
--export-dir  /user/hive/warehouse/wdata.db/w_member_register_h_ts/etl_
date=20221108 \③
--fields-terminated-by ',' \
--m 1 \
--input-null-string '\\N' \
--input-null-non-string '\\
```

其中①代表目标数据库的信息；②为目标表的信息，并且表需要预先创建，否则会报错；③代表需要导出的数据表在 Hive 中的 HDFS 路径的信息，这里可以看到 etl_date=20221108，为数据集市层中表所在的路径信息。这样每日替换数据同步的日期，则可以定时更新下游目标数据表的数据，以支持后续的分析。

15.7　总结

本章系统性地介绍了 Lambda 架构中批处理层的整体数据流的内容，包括数据模型的设计以及数据流转的具体实现逻辑。虽然案例中只列举了一个场景，但是无论多么复杂的数据平台，所遵从的思想或者设计的思路都是相同的，期望通过本章的学习，读者可以明白如何构建批处理层相关数据。

在实际的设计过程中，具体的技术选型，例如数据同步工具、数据调度工具，模型层的设计以及思路，都需要结合具体的企业数据特点进行因地制宜的设计，不能刻板地按照既定的模式进行设计。

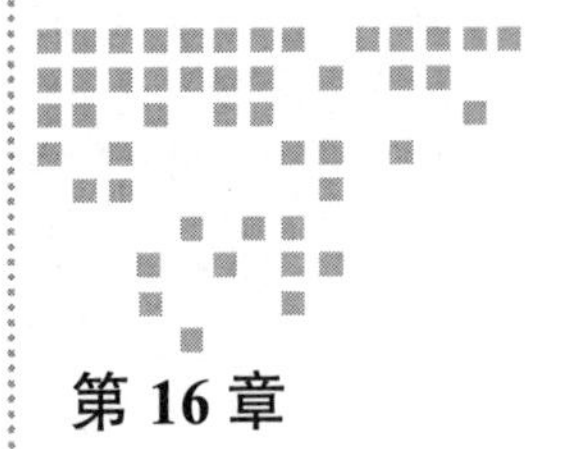

Chapter 16 第 16 章

实时计算

实时计算主要是通过实时的方式对企业系统产生的数据进行处理以满足业务系统对于数据的诉求。很明显实时计算针对流式数据进行处理，那么它对应的处理逻辑就不可能太复杂，因为更复杂的逻辑对应着更多的资源需求或者数据准备时间。本章将基于第五部分中提到的场景，即实时监控用户注册变化趋势，来支持企业制定相应的营销策略以吸引更多的消费者注册成为会员。

本章首先将从实时计算架构开始介绍并部署架构中涉及的软件；其次，由于实时计算部分涉及不同层级的数据处理以及交互，因此会基于该场景详细剖析不同数据模型层的设计；最终开发相应的应用程序来完成整个实时计算框架的搭建。

16.1 实时计算架构概述

第 15 章已经介绍了 Lambda 架构中离线数据处理的相关内容。本章将详细介绍 Lambda 架构实时数据处理的相关内容，包括实时处理的架构设计、相关核心软件的部署及联通性配置等，此外也会介绍实时架构中数据层级的设计等。

在实时计算中，主要通过实时监控组件，例如 Flume，监控上游源系统或者日志等数据的变化，即数据获取层；一旦源系统数据的变化被捕获到，则会将数据以消息的形式发送到消息中间件的指定队列中，例如将消息发送到 Kafka 的指定 Topic 中，即消息层；后续则通过实时计算组件订阅相应的消息，按照一定的时间窗口进行运算，再将运算结果写到相应的数据存储组件中，供下游的应用使用，即数据摄取层。在这个流程中整体的实时计算数据流向如图 16-1 所示。

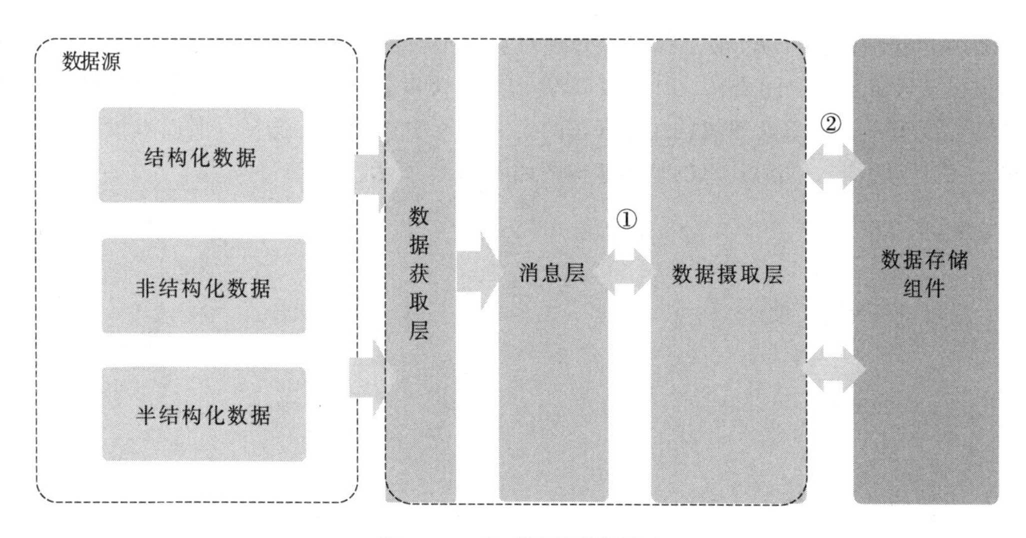

图 16-1　实时计算数据流向

需要注意的是，在消息层与数据摄取层之间（如①所示）的数据是双向的，因为在数据摄取层中进行计算的某些结果或者指标也会写入不同的 Topic，即数据摄取层既作为消息的消费方，也作为消息的生产方；同时数据摄取层与数据存储组件之间的数据写入也是双向的（如②所示），因为数据摄取层不仅会将消息层的数据进行处理之后写入数据存储组件中，而且可能会从数据存储组件中读取一定的维度信息，进行映射处理以完成部分计算。

举个例子来说，第 15 章提到不同源系统的会员注册信息的性别维度信息不一致，需要在数据摄取层进行标准化处理，如果不处理，则可能需要下游应用继续处理，影响数据的时效性，增加数据应用的复杂度。

16.2　架构设计

通过上述介绍，可以从功能上大体了解到实时计算整体的数据流向以及实时计算中不同层级之间的数据流向。在实时计算的架构设计中，核心部分就是负责实时数据流处理的相关软件，在 Flink 出现之前，主要是以 Spark Streaming 作为实时处理的核心。Spark Streaming 可以实现实时数据的快速扩展、高吞吐量，并且可以对接不同的数据源，例如 Kafka、Flume 等，同时提供非常丰富的内置函数和机器学习的函数库来处理相应的数据，一度成为流式计算的主流选型。

然而 Spark Streaming 从底层设计上看是基于弹性分布式数据集（Resilient Distributed Dataset，RDD）以及 DAG 调度的。这意味着虽然 Spark Streaming 支持实时计算，但是它无法细粒度地实时处理每一条记录，需要等到数据汇总到一定的数据量之后再处理，也就是微批次的概念，增加了一定的数据延迟，故它并不是真正地进行实时数据处理。

随后Flink出现了，Flink不仅可以处理有界的批数据，也可以处理无界的数据流，还可以提供多种灵活的时间语义、时间窗口等。Flink可以真正地支持实时的数据处理，即可以在细粒度上一条一条处理消息，是真正的实时计算引擎的不二选择。所以本章主要选取Flink作为计算引擎。实时计算的整体架构图如图16-2所示。

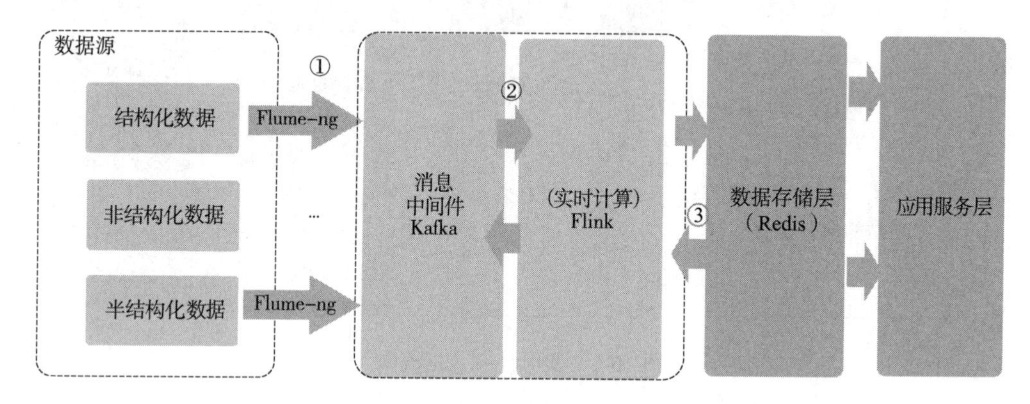

图16-2 实时计算的整体架构图

在图16-2所示的架构图中，①主要是指通过Flume进行不同类型的数据源的消息收集以及发送。Flume是一种高可用的、高可靠的分布式海量日志、聚合以及传输的系统。通过Flume可以收集不同源系统的实时数据变更。但是需要注意的是，在收集不同类型的消息数据的时候，Flume可能需要部署在应用所在的服务器上，例如当实时监控应用日志发生变化时，需要将Flume部署在应用的服务器上，并指定日志存储规则等。

②主要是指Kafka与Flink之间的数据交互，其中需要注意的是这种交互并不是单向的，即Flink既可以作为消息的消费者，也可以作为消息的生产者。举个例子，Flink中存在一个进程P1每5分钟对Kafka中产生的消息进行聚合，计算出5分钟的PV，这个时候它的主要角色是消费者；还存在另外一个进程P2每15分钟对Kafka中产生的数据进行聚合，那么从数据流向的角度来看，是将5分钟的结果通过Kafka传输给P2进行消费，每3条记录进行一次聚合，这个时候P1同时也是生产者。所以Kafka与Flink的通信是双向的，但是通过不同的Topic完成的。

③是指Flink与数据存储层进行通信，这里可以是Redis或者其他类型的数据存储，例如Elasticsearch或者关系型数据库。在实时计算架构中，数据存储的作用主要有两个：

1）保存Flink的计算结果，方便其他进程或者应用使用。

2）存储Flink在计算过程中需要的相关数据，例如维度数据，用来进行相应指标的映射处理等。

对于1）来说，Flink是向数据存储中写入数据；对于2）来说，Flink是从数据存储中读取相应的数据。所以 Flink 与数据存储之间的交互也是相互的。当然在实际的情况中可能不同的数据存储有着不同的作用，例如 2）是通过一些基于内存的组件完成的，1）则是通过关系型数据库完成的。针对不同情况，架构图可能存在一定的区别。

16.3　软件部署

图 16-2 所示的架构图中已经列举出了可能涉及的软件，例如作为实时日志采集工具的 Flume、消息中间件 Kafka、实时计算核心引擎 Flink 以及数据存储 Redis。在接下来的章节中会详细介绍除 Redis 以外的相关软件的安装。由于是演示环境，所以所有的软件安装均是单机模式，并不会涉及集群或者 HA 的配置。

16.3.1　Flume 部署

前面已经介绍过，Flume 主要是实时监控数据源的变化、进行汇总并传输到 Kafka 中。所以如果我们需要对某些应用日志进行监控，则需要将 Flume 部署到应用所在的服务器上。这里选择的是 Flume 1.11.0 版本的 bin 文件，无须编译直接下载解压即可。利用 wget 命令从远端直接下载可执行文件，之后利用 tar 命令将文件解压到指定路径中。

```
# wget https://mirrors.cloud.tencent.com/apache/flume/1.11.0/apache-flume-1.11.0-
  bin.tar.gz
#tar -zxvf apache-flume-1.11.0-bin.tar.gz
```

解压完成之后，需要设置 FLUME_HOME，并添加到操作系统的 PATH 中，以便后续直接启动 Flume 中的相关命令。

```
#vi /etc/profile
...
export FLUME_HOME=/opt/apache-flume-1.11.0-bin/
export PATH=$PATH:$FLUME_HOME/bin
...
#source /etc/profile
```

配置好环境变量之后，执行 source 命令使配置的环境变量立即生效（后续内容不再赘述）。这个时候执行 Flume 命令，可以判断 Flume 是否安装成功。

```
# flume-ng version
Flume 1.11.0
Source code repository: https://git.apache.org/repos/asf/flume.git
Revision: 1a15927e594fd0d05a59d804b90a9c31ec93f5e1
Compiled by rgoers on Sun Oct 16 14:44:15 MST 2022
From source with checksum bbbca682177262aac3a89defde369a37
```

执行 flume-ng version 命令，如果显示版本相关信息，则代表 Flume 安装成功。

16.3.2 Kafka 部署

Kafka 的作用是作为实时计算的消息分发中心，它与 Flume 结合在一起可以起到削峰的作用，进而保障整个实时计算流程的稳定性。前面 4.4 节中也详细介绍了 Kafka 的特性，即利用零复制等技术，极大地提高消息的并发能力，强力地支持实时计算系统的消息分发以及传输。

一般，我们下载的 Kafka 的安装包的名称往往类似 Kafka_version1-version2.tgz 的形式，名称中包括 2 个版本号，分别是 version1 以及 version2。其中 version1 代表的是 Scala 的版本，而 version2 则代表 Kafka 自身的版本。如果后续进行计算的过程中 Scala 版本不匹配，则会产生 Scala 相关类无法发现的错误。

本节下载的 Kafka 版本为 Kafka_2.11-2.4.1.tgz，其中 2.11 为 Scala 版本，2.4.1 为 Kafka 版本。由于 Kafka 需要利用 ZooKeeper 作为配置中心，存储相应的元数据信息以及消费状态等，因此 Kafka 的安装不仅涉及 Kafka 自身，也同时需要依赖 ZooKeeper。

在 Kafka 后续的版本中，逐步减弱了对于 ZooKeeper 的依赖。

1. Kafka 下载与安装

这里依然使用 wget 下载 Kafka 的安装包，并解压到指定的路径中。

```
# wget https://archive.apache.org/dist/Kafka/2.4.1/Kafka_2.11-2.4.1.tgz
# tar -zxvf Kafka_2.11-2.4.1.tgz
```

解压之后配置 KAFKA_HOME，并添加到操作系统的 PATH 中，以便后续直接启动 Kafka 的相关命令。

```
#vi /etc/profile
...
export Kafka_HOME=/opt/Kafka_2.11-2.4.1
export PATH=$Kafka_HOME/bin:$PATH
# source /etc/profile
```

安装完成 Kafka 之后，配置 ZooKeeper 相关信息，以保证 Kafka 可以正常运行。

2. 配置 ZooKeeper 服务

在 Kafka 的安装包中存在 ZooKeeper 相关的应用组件，所以无须单独下载。但是启动 ZooKeeper 服务需要配置数据存储路径，用来存放相关元数据信息。

首先在指定路径中创建 ZooKeeper 的数据存储路径，并将数据存储路径配置到 ZooKeeper 的配置文件中。

```
# mkdir /opt/zookeeper
# cd /opt/kafka_2.11-2.4.1

# vi config/zookeeper.properties
```

```
# 快照所在目录
dataDir=/opt/zookeeper ①

# 客户端要连接的端口
clientPort=2181 ②
# 禁用每个IP的连接数限制，因为这是非生产配置
maxClientCnxns=1000
# 默认情况下禁用adminserver以避免端口冲突
# 如果选择启用，将端口设置为非冲突端口
admin.enableServer=false ③
```

在修改配置的过程中不仅配置了数据存储路径，如①所示；也配置了 ZooKeeper 客户端连接 ZooKeeper 服务的端口，如②所示，这里为默认值 2181；其中③设置的 admin.enableServer 表示关闭 ZooKeeper 中自带的应用服务。

3. 配置 Kafka 服务

完成 ZooKeeper 的配置之后，需要在 Kafka 中配置对应的日志存储路径以及连接 ZooKeeper 的信息。

按照实际情况创建 Kafka 存储日志的路径之后，将日志路径添加到 Kafka 的配置文件中；同时根据具体的 ZooKeeper 服务的信息进行相应的配置。

```
# cd /opt/kafka_2.11-2.4.1
# 创建kafka日志路径
# mkdir /opt/kafka_2.11-2.4.1/logs
# vi config/server.properties

# 用逗号分隔的目录列表，用于存储日志文件
log.dirs=/opt/kafka_2.11-2.4.1/logs ①
...
zookeeper.connect=localhost:2181 ②
```

如①所示，在服务器上创建日志路径 /opt/kafka_2.11-2.4.1/logs，并配置到 server.properties 中；由于 ZooKeeper 与 Kafka 在同一台服务器上，所以将 .connect 的连接串配置为 localhost:2181，其中 2181 对应 zookeeper.properties 中的 clientPort 的值，如②所示。

当 ZooKeeper 以及 Kafka 相应的配置完成之后，则可以启动 ZooKeeper 服务以及 Kafka 服务。需要注意的是，由于 Kafka 依赖 ZooKeeper 服务，所以需要先启动 ZooKeeper 服务之后，再启动 Kakfa 服务。

4. 启动 ZooKeeper 服务

启动 ZooKeeper 服务相对简单，只要切换到 ZooKeeper 可执行路径下，执行启动脚本即可。

```
#cd /opt/kafka_2.11-2.4.1/bin
#sh zookeeper-server-start.sh -daemon ../config/zookeeper.properties  ①
```

在①中，zookeeper-server-start.sh 为启动 ZooKeeper 的脚本，daemon 代表以后台的

方式运行，../config/zookeeper.properties 则表示启动 ZooKeeper 所使用的配置文件。当 ZooKeeper 启动之后，则可以切换到日志路径，查看 ZooKeeper 启动日志，如下所示。

```
#cd /opt/kafka_2.11-2.4.1/logs
# ls -rtl
# ls -rtl zookeeper.*
-rw-r--r-- 1 root root   334 1月  27 11:04 state-change.log
-rw-r--r-- 1 root root   322 1月  27 11:04 controller.log
-rw-r--r-- 1 root root 11410 1月  27 11:04 zookeeper.out
# 查看ZooKeeper启动日志
#tail -f -n100 zookeeper.out
...
[2023-01-27 11:04:59,101] INFO Server environment:os.memory.total=512MB (org.apache.zookeeper.server.ZooKeeperServer)
[2023-01-27 11:04:59,117] INFO minSessionTimeout set to 6000 (org.apache.zookeeper.server.ZooKeeperServer)
[2023-01-27 11:04:59,117] INFO maxSessionTimeout set to 60000 (org.apache.zookeeper.server.ZooKeeperServer)
...
[2023-01-27 11:04:59,155] INFO Snapshotting: 0x0 to /opt/zookeeper/version-2/snapshot.0 (org.apache.zookeeper.server.persistence.FileTxnSnapLog)
[2023-01-27 11:04:59,175] INFO Using checkIntervalMs=60000 maxPerMinute=10000 (org.apache.zookeeper.server.ContainerManager)
```

用命令确认 ZooKeeper 后台进程是否启动成功。

```
#ps -ef|grep zookeeper |grep -V grep |wc -l
2
```

上述结果表明后台出现 2 个 ZooKeeper 的相关进程，表示启动成功。

5. 启动 Kafka 服务

启动 Kafka 服务与启动 ZooKeeper 服务类似，均需要切换到安装路径下执行相应的启动脚本，并制定启动的模式以及配置文件。

```
#切换到Kafka安装路径
# cd /opt/kafka_2.11-2.4.1/bin
#启动Kafka服务
# sh kafka-server-start.sh -daemon ../config/server.properties ①
```

在①中，kafka-server-start.sh 对应启动 Kafka 服务的脚本，daemon 表示后台运行，../config/server.properties 代表指定的配置文件的路径信息。

执行启动命令之后，切换到日志路径，查看启动是否正常，详情如下所示。

```
# cd /opt/kafka_2.11-2.4.1/logs

#  tail -f -n100 kafkaServer.out
...
[2023-01-27 11:08:32,836] INFO [GroupMetadataManager brokerId=0] Removed 0 expired offsets in 1 milliseconds. (kafka.coordinator.group.GroupMetadataManager)
[2023-01-27 11:08:32,842] INFO [ProducerId Manager 0]: Acquired new producerId
```

```
block (brokerId:0,blockStartProducerId:0,blockEndProducerId:999) by writing to Zk
with path version 1 (kafka.coordinator.transaction.ProducerIdManager)
[2023-01-27 11:08:32,857] INFO [TransactionCoordinator id=0] Starting up. (kafka.
coordinator.transaction.TransactionCoordinator)
[2023-01-27 11:08:32,858] INFO [TransactionCoordinator id=0] Startup complete.
(kafka.coordinator.transaction.TransactionCoordinator)
[2023-01-27 11:08:32,859] INFO [Transaction Marker Channel Manager 0]: Starting
(kafka.coordinator.transaction.TransactionMarkerChannelManager)
[2023-01-27 11:08:32,879] INFO [ExpirationReaper-0-AlterAcls]: Starting (kafka.
server.DelayedOperationPurgatory$ExpiredOperationReaper)
[2023-01-27 11:08:32,897] INFO [/config/changes-event-process-thread]: Starting
…
[2023-01-27 11:08:32,945] INFO [KafkaServer id=0] started (kafka.server.
KafkaServer)
```

从日志的最后一行可以看出 kafka.server.KafkaServer 已经启动完成。

6. 确认进程启动情况

当所有服务启动完成之后，可以通过端口号查看对应的进程情况，进而再次确认服务是否正常。在上述配置文件中，ZooKeeper 对应的端口号是 2181，Kafka 对应的端口号是 9092，通过 netstat 命令可以查看这两个端口对应的进程信息。

```
# netstat -plan|grep 2181
tcp6       0      0 :::2181              :::*              LISTEN      20275/java

tcp6       0      0 ::1:60740            ::1:2181          ESTABLISHED 29792/java
tcp6       0      0 ::1:2181             ::1:60740         ESTABLISHED 20275/java
# netstat -plan|grep 9092
tcp6       0      0 :::9092              :::*              LISTEN      29792/java

tcp6       0    0 172.28.252.13:35380    172.28.252.13:9092    ESTABLISHED
29792/java
tcp6       0      0 172.28.252.13:9092    172.28.252.13:35380   ESTABLISHED
29792/java
```

通过该命令可以发现，两个端口对应的进程均存在，结合日志内容可以确认服务正常。接下来进行 Flink 的部署。

16.3.3 Flink 部署

Flink 是实时计算中的核心数据处理组件，通过实时接收 Kafka 的消息，并按照指定的逻辑进行相应的流式数据处理。Flink 的社区是 Apache 最活跃的社区之一，所以 Flink 版本的更新速度相对较快，目前 Flink1.16 已经发布，推出了流式仓库（Streaming Warehouse）的概念，并进一步升级了流批一体化的概念。

本书主要采用 Flink 1.12.5 版本，这可能是主流企业使用 Flink 的版本之一（主流的 Flink 版本主要以 1.12.X 以及 1.13.X 为主）。由于 Flink 社区的发展迅速，并且不同版本之间的特性可能相差较大，所以在部署 Flink 之前，需要确认其与 Kafka 版本之间的关系。本书简单整理了不同 Flink 版本与 Kafka 版本之间的对应关系，如表 16-1 所示。

表 16-1 Flink 版本与 Kafka 版本之间的对应关系

Flink 版本	Kafka 版本
1.12.X	2.4.1
1.11.X	2.4.1
1.10.X	2.2.1
1.9.X	2.2.0
1.8.X	2.0.1
1.7.X	2.0.1
0.10.x	0.8.2.0
0.9.x	0.8.2.0

在安装 Flink 之前一定要确认安装版本与 Kafka 版本是否匹配，否则在后续的数据处理过程中会出现问题。本书中的 Flink 1.12.5 与之前安装的 Kafka 2.4.1 是适配的，可以正常安装。

1. Flink 安装

Flink 的安装与之前的组件安装类似，首先是下载对应版本的文件，之后配置相应的环境变量。详细的操作步骤如下所示。

```
#wget https://archive.apache.org/dist/flink/flink-1.12.5/flink-1.12.5-bin-
scala_2.11.tgz ①
#tar -zxvf flink-1.12.5-bin-scala_2.11.tgz -C /opt ②
#配置环境变量

# vi /etc/profile ③
#添加Flink_Home并且将bin添加到PATH中
export FLINK_HOME=/opt/flink-1.12.5
export PATH=$HADOOP_HOME/bin:$HADOOP_HOME/sbin:$SQOOP_HOME/bin:$HIVE_HOME/
bin:$KAFKA_HOME/bin:$FLINK_HOME/bin:$PATH

#执行命令让配置的环境变量生效
# source /etc/profile
```

如①所示，首先利用 wget 命令下载文件；接着解压到指定路径，如②所示；之后按照③的方式配置环境变量，新增 FLINK_HOME 并将 bin 路径添加到 PATH 中；最后利用 source 方式使环境变量即时生效。

Flink 安装完成之后，则可以启动 Flink。

2. Flink 启动

Flink 启动相对简单，进入 Flink 的 bin 文件，然后执行相应的脚本即可，详细命令如下，

```
#cd $FLINK_HOME/bin
# chmod +x start-cluster.sh  ①
# start-cluster.sh
Starting cluster.
Starting standalonesession daemon on host lee001.
Starting taskexecutor daemon on host lee001.
```

①主要的作用是让 start-cluster.sh 变成可以直接执行的文件。通过 start-cluster.sh 的执行结果来看，Flink 服务启动成功。需要注意的是，Flink 具有 3 种不同的部署方式，分别是本地模式（local）、独立模式（standalone）以及利用 Yarn 框架的 Yarn 模式。本书采用的是本地模式。

之后则可以通过浏览器查看 Flink 启动情况，对应的链接为

```
http://lee001:8081/#/overview
```

进入之后可以看到如图 16-3 所示的界面。

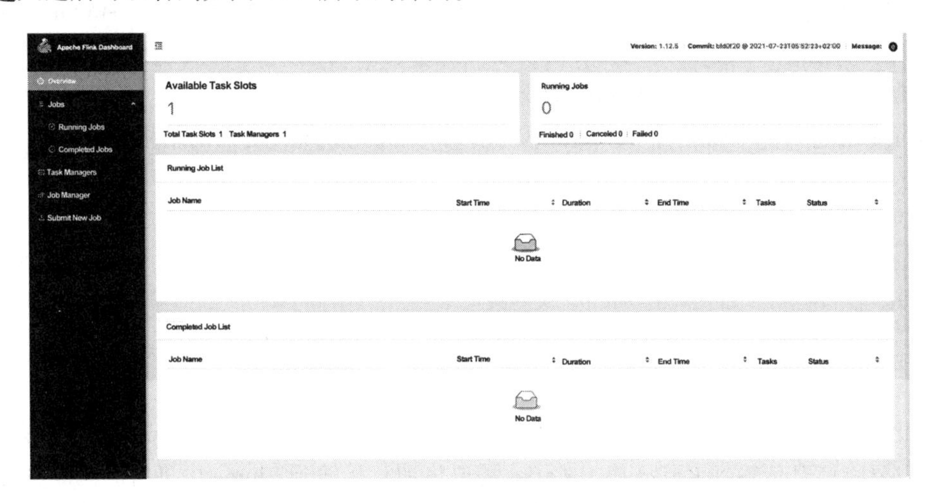

图 16-3 Flink 界面

启动完成之后，可以执行利用 Flink 提供的 WordCount.jar 进行简单的测试。

3. Flink 测试

在 Flink 的安装路径下可以看到一个 example 的路径，在下面可以看到有一个 WordCount.jar 的文件，这是 Flink 官方提供的类似 hello world 的小样例。

首先创建一个测试文件，并写入相应的内容，如下所示：

```
#cd $FLINK_HOME/bin
```

```
#more /tmp/flink-test/word.txt
hello data
hello arch
hello flink
hello leeyond
hello java
hello scala
```

之后切换到 Flink 的可执行文件路径下执行，命令如下所示。

```
#cd $FLINK_HOME/bin
#ls -rtl ../examples/batch/WordCount.jar
-rwxr-xr-x 1 501 games 10434 Jul 27  2021 ../examples/batch/WordCount.jar

# flink run -m localhost:8081 ../examples/batch/WordCount.jar --input file:///tmp/
flink-test/word.txt --output file:///tmp/flink-test/wordOut.txt  ①
Job has been submitted with JobID 2ce2918c3f77b3b7581068c984f7a475
Program execution finished
Job with JobID 2ce2918c3f77b3b7581068c984f7a475 has finished.
Job Runtime: 476 ms
```

①主要由 4 部分构成，localhost:8081 是 Flink 作业管理服务的地址，需要与 -m 配合使用；WordCount.jar 是官方提供的统计词频的程序，这里用的是相对路径；--input 是需要进行词频统计的输入，其中 file 代表的是本地磁盘文件位置；--output 是词频统计结果的输出文件，要输入到本地磁盘文件 wordOut.txt 中。

执行完成之后，可以查看 wordOut.txt 文件，查看词频统计之后的结果。

```
# more /tmp/flink-test/wordOut.txt
arch 1
data 1
flink 1
hello 6
java 1
leeyond 1
Scala 1
```

至此实时计算相关核心组件全部安装完成，但是不同组件之间需要进行通信，例如 Flume 需要将信息传输到 Kafka 中，Kafka 需要将消息传输到 Flume 中进行后续的计算，为此需要配置不同组件的通信来完成整个数据处理流程。

16.4 连通性配置

连通性配置主要是保证源头产生的信息被 Flume 捕获之后可以即时地传输到 Kafka 中；之后 Kafka 的实时消息可以在 Flink 中即时地消费。总的来看，连通性配置主要是两部分，第一部分是 Flume 与 Kafka 的连通性，第二部分是 Kafka 与 Flink 的连通性。

16.4.1 Flume 与 Kafka

Flume 将数据传输到 Kafka 中，需要预先在 Kafka 中创建 Topic，命名为 we-member-topic，用来接收微信渠道中实时产生的消息；之后通过 Flume 的 source 以及 sink 机制监控上游数据的变化，并写入 Kafka 的 Topic 中。

1. 创建 Kafka Topic

创建 Topic 相对简单，可以直接执行 Kafka 的命令，命令如下所示：

```
# kafka-topics.sh  --create \
--zookeeper lee001:2181 \                    ①
--replication-factor 1 \                     ②
--partitions 1 \                             ③
--topic we-member-topic                      ④
```

上述主要存在 4 个参数，其中①代表的是 --zookeeper 的服务，正如 16.3.2 节中配置的 ZooKeeper 信息；②中的参数 replication-factor 代表 Topic 的副本数，每个 Topic 有多个副本，不同副本位于不同的 broker 上，不能超过 broker 的数量。因为本书中是单机部署，故设置为 1；在③中，partitions 代表 Topic 的分区数量，由于是单机部署，因此这里也设置为 1；④主要是创建的 Topic 名称，这里是 we-member-topic，表示微信渠道的日志信息都会写入该 Topic 中。

执行完上述的命令之后，可以利用 Kafka 自带的命令查询该 Topic 是否创建成功，具体命令如下所示：

```
# 查看创建的Topic
#kafka-topics.sh --zookeeper lee001:2181 --list
we-member-topic
```

从上述命令的执行结果来看，名为 we-member-topic 的 Topic 已经创建成功。接下来配置 Flume 的 source 以及 sink 机制来完成日志的监控以及传输。

2. 配置 Flume 监控

Flume 中主要存在几个关键的概念，如 event、source、sink 以及 channel。其中 event 代表的是 Flume 中发送数据的基本单位，表示一行数据的字节数据；source 代表的是 Flume 监控的数据源，负责监控上游数据的变化，它可以监控文件、数据库等不同类型的数据源；channel 是数据传输的通道，负责数据缓存以及传输；sink 负责接收 channel 中的数据并写入具体的目标中。

所以在本节中，Flume 需要监控微信应用所在服务器的日志，并通过 sink 传输到指定的 Kafka 的 Topic 中。在配置相应的参数之前，首先在指定路径下创建 Flume 的配置文件，并逐步向其中添加配置信息，详细命令如下所示。

```
#cd $FLUME_HOME
#mkdir sink
```

```
#touch sink /sink-we-member-topic.properties
```

在 $FLUME_HOME 下创建 sink 文件，并创建名称为 sink-we-member-topic.properties 的配置文件。

（1）配置 source

在创建的 sink-we-member-topic.properties 配置文件中创建 source、channel 以及 sink 的名称，并配置 source 的数据源。

```
#vi sink-we-member-topic.properties
a1.sources = s_we_member                                              ①
a1.channels = c_we_member                                             ②
a1.sinks = k_we_member                                                ③

a1.sources.s_we_member.type=exec                                      ④
a1.sources.s_we_member.command=tail -F /tmp/we_member.log             ⑤
a1.sources.s_we_member.channels=c_we_member                           ⑥
```

上述配置文件中出现的 a1 代表 Flume 代理的名称，在该文件中配置项均以 a1 开始。其中①、②、③分别代表 source、channel 以及 sink 的名称，在⑥中将 source 与②中的 channel 进行映射；④代表 source 获取的类型，这里是 exec，即执行操作系统的命令；对应的命令是⑤，即查看 /tmp/we_member.log 日志最新的输出。

④与⑤组成 source 的数据源，即当日志文件有新增的记录时，会通过指定的 channel 传输，同步到 sink 中。

（2）配置 sink

在上面的内容中提到，Flume 是通过 sink 将数据写入指定的 Kafka 的 Topic 中的，因此 Sink 中会涉及 Kafka 的相关信息，详情如下所示。

```
#vi sink-we-member-topic.properties

#设置Kafka接收器
a1.sinks.k_we_member.type= org.apache.flume.sink.kafka.KafkaSink  ①
#设置Kafka地址
a1.sinks.k_we_member.brokerList=lee001:9092  ②
#设置发送到Kafka上的Topic
a1.sinks.k_we_member.topic=we-member-topic  ③
#设置序列化方式
a1.sinks.k_we_member.serializer.class=kafka.serializer.StringEncoder  ④
a1.sinks.k_we_member.channel=c_we_member  ⑤
```

首先通过①可以看出，sink 的类型是 KafkaSink，即可以连接指定的 Kafka 服务；在②中配置相应的 Kafka 的服务信息；③代表 Kafka 中指定的 Topic 信息；④表示上游数据序列化的方式是以 String 的形式进行编码；并且由于 sink 需要与指定的 channel 进行绑定，因此在⑤中设置该 sink 对应的 channel 名称。

（3）配置 channel

配置完 source 以及 sink 之后，则需要配置 channel 的一些信息。由于 channel 主要是数据传输的通道，因此主要配置 channel 的类型以及容量等信息。详情如下所示：

```
#vi sink-we-member-topic.properties
a1.channels.c_we_member.type=memory                        ①
a1.channels.c_we_member.capacity=1000                      ②
a1.channels.c_we_member.transactionCapacity=100            ③
```

通过上述配置文件可以看出，channel 是通过内存的形式进行数据传输，如①所示，但是 channel 也支持 File、Kafka 等方式；该 channel 存储的最大 event 数是 1000，可以理解为可以缓存 1000 条数据，如②所示；根据③的配置，source 或者 sink 的每个事务中存储的 event 数量为 100。

这样关于 Flume 的数据监控配置就基本完成了，可以通过启动 Flume-ng 来对文件的变更进行实时监听以及数据传输了。

（4）启动 Flume-ng

启动 Flume-ng 相对简单，只要指定配置文件具体的路径以及日志展示的方式即可，详细的命令如下所示：

```
#flume-ng agent \
--conf conf \                                                  ①
--conf-file $FLUME_HOME/sink/sink-we-member-topic.properties \       ②
--name a1 \                                                    ③
-Dflume.root.logger=INFO,console
```

在上述命令中①代表配置文件的配置方式为 conf，即配置文件方式；②指定配置文件的绝对路径，也是上面配置的文件信息；③代表 Flume 本次代理的名称，即 a1。

执行完上述命令之后，Flume 对于文件的监听以及数据传输即可开始。

3. 连通性测试

由于 Flume 是将数据传输到 Kafka 的 Topic 中，当监听的日志文件发生变化时，如果数据可以正常传输到 Kafka 的指定 Topic 中，那么代表该链路正常。

为此在服务端执行如下命令，创建一个消费者，用来模拟 Kafka 的数据消费，该命令将会直接展示名为 we-member-topic 的 Topic 上的消息。

```
#kafka-console-consumer.sh --bootstrap-server lee001:9092 --topic we-member-topic
```

之后通过执行 echo 命令，向监听的日志中写入数据，模拟日志发生变更。

```
#echo "hello world ">>/tmp/we_member.log
```

这个时候观察消费者的日志，可以看到输入 hello world 信息，详情如下所示：

```
#kafka-console-consumer.sh --bootstrap-server lee001:9092 --topic we-member-topic
hello world
```

这表明 Flume 可以正常监控日志文件，并将数据准确地传输到 Kafka 的 Topic 中。

16.4.2 Kafka 与 Flink

Kafka 与 Flink 的连接，主要是通过在 idea 工具中编写代码进行测试的。其实在实际场景中也是将相应的 jar 提交到 Flink 的集群中进行运算。编写的代码核心部分如下所示：

```
public static void main(String[] args) throws Exception {

        StreamExecutionEnvironment env = StreamExecutionEnvironment.
getExecutionEnvironment();
        Properties properties = new Properties();
        env.setStreamTimeCharacteristic(ProcessingTime.EventTime);
        properties.setProperty("bootstrap.servers", "lee001:9092");            ①
        DataStream<String> stream = env
                .addSource(new FlinkKafkaConsumer<>("we-member-topic"           ②
                , new SimpleStringSchema(), properties));
        stream.print();
        env.execute("flink-test");
    }
```

其中包括一些固定方式，主要是配置 Kafka 的连接信息，如①所示；同时需要在 Flink 的 DataStream 中指定 Flink 的消费者类型为 FlinkKafkaConsumer 以及该消费者对应的 Topic 信息，如②所示。

执行上述代码段之后，如果继续模拟日志变更，即通过 echo 的方式向日志中插入数据，那么可以在 idea 工具的控制台中看到对应的数据，如图 16-4 所示。

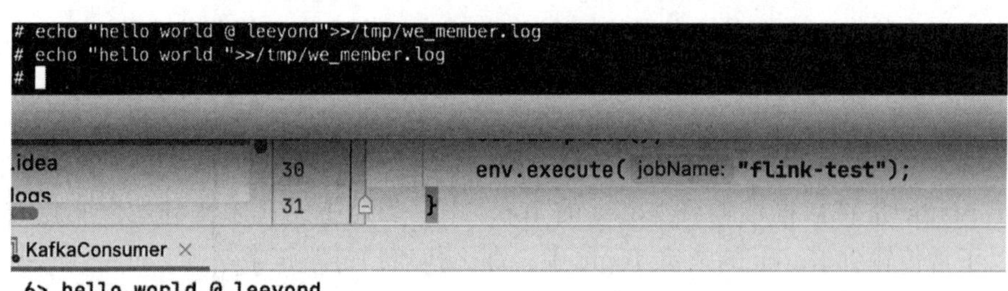

图 16-4 Kafka 消息被 Flink 及时消费

通过图 16-4 可以看出，日志的变更准确地通过 Flume 传输到 Kafka 中，并被 Flink 及时消费。

至此 Flume+Kafka+Flink 链路连通性配置完成，并可以进行正常的数据传输以及数据消费，接下来就可以基于该环境进行实时计算层的开发工作了。

16.5 实时计算层

在进行实时计算内部数据层级的设计之前，首先要明白实时计算的场景通常支持流式计算，并且能够支持秒级别的数据处理。但是它无法像离线计算那样支持多表关联的复杂计算或者大数据量的聚合查询或者关联等。所以实时计算场景往往是需求相对明确或者模式相对固定的场景。对于流式计算场景来说，如果需要改变计算口径（即改变数据的计算方式或规则），那么就需要重新计算从数据产生之初的所有数据。这无疑给整个系统带来很大的压力。

同时因为实时计算无法像离线计算那样构建层级较为复杂的数据模型，所以为了尽可能地提高数据指标的共享程度，需要进行一定的数据汇总以减少数据重复计算或者加工的工作量。

为了保证数据的及时性，实时计算中会存在大量通过消息中间件进行数据传输的场景，这会引入另外一个方向，即对于消费主题的分层以及管理。不过在本书中不会讨论该话题，感兴趣的读者可以自行查阅相关内容。

16.5.1 数据层级设计

在实时计算中，数据层级可以分为三部分，第一部分是源系统，第二部分是实时计算层，第三部分是基于实时计算结果的数据应用层。系统从源系统实时抽取相关数据，经过实时计算层处理之后供下游应用使用。

对于源系统来说，从数据的结构化程度来看，可以分为结构化数据、半结构化数据以及非结构化数据。但是从源数据的类型来看，可以拆分为数据库的 Binlog、其他数据类型（非 Binlog）的流式数据、非实时类型数据以及应用日志文件等。

对于实时计算层来说，它往往并不是从源系统获取数据、进行处理并且直接推送结果的流程。因为在实时计算过程中也存在一些共享的指标。例如需要获取分钟聚合、小时聚合的指标数据，如果完全新建两条独立的数据处理流水线，若每分钟产生 6000 条数据，则时小时级别的流水线需要处理 360000 条记录；而如果只建一条数据处理流水线，基于分钟级别聚合的结果获取小时级别的数据，则聚合时只需要处理 60 条记录，相差近 6000 倍！从这种思路来看，在实时计算层内部可以计算一些相对细粒度的共享指标，进行轻量的聚合以减少资源的损耗。

对于数据应用层来说，基于实时计算的结果可以进行实时的数据分析及数据查询、可视化分析或者提供一些 RESTful API 等数据应用服务。当然对于一些数据查询来说，可能需要借助一些数据存储或者类似 Socket 等服务来实现。

基于上述描述，在整个实时计算中，整体的数据层级图如图 16-5 所示。

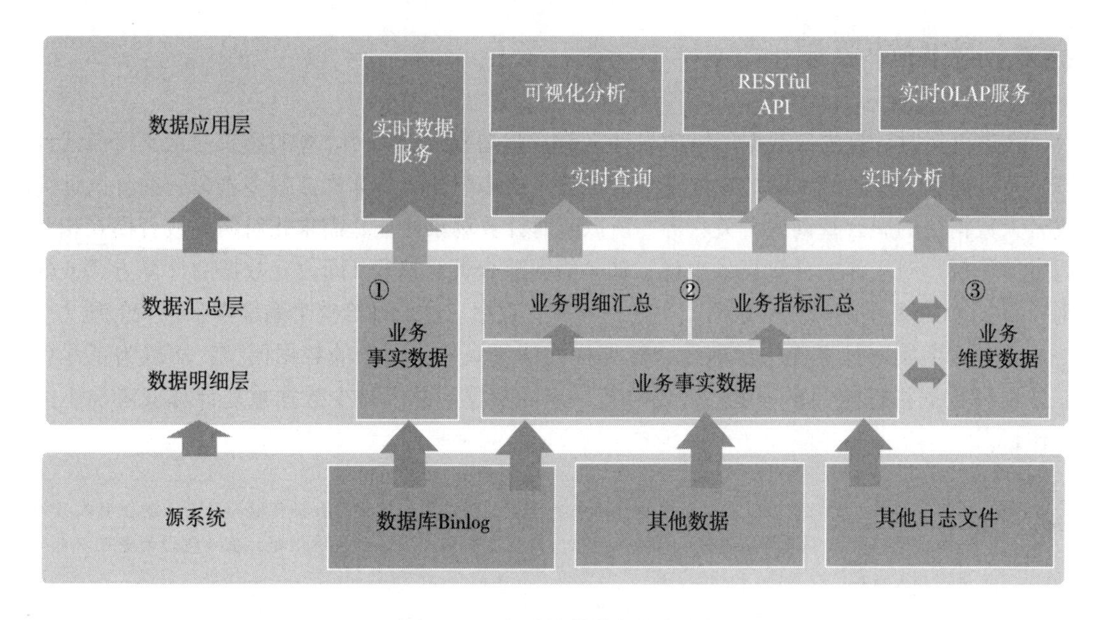

图 16-5 实时计算数据层级图

在实时计算层中主要可以分为数据明细层以及数据汇总层，用来满足不同类型应用的数据需求。

其中①主要是对接源系统的实时数据，然后通过实时计算层将数据广播出去供不同的应用系统订阅以及消费。

业务事实数据经过轻量汇总之后形成业务明细汇总数据（这里可以是秒级别或者分钟级别的数据），然后这些明细汇总数据可以对接下游应用服务或者通过②进一步汇总形成业务指标相关的数据（这里基本上都是通过 Kafka 的 Topic 进行数据传输的）。

在实际计算过程中，可能存在实时数据（例如指标）需要与维度表进行关联后运用的场景。例如将实时数据中的省份信息匹配成类似华东、华北等区域信息，那么需要业务维度表的数据与实时数据进行关联处理。这个过程往往是在实时计算内部完成，应用程序读取维度数据后，通过程序逻辑关联，如③所示。此外在实际计算过程中，实时数据中可能存在某些维度不在维度表中，那么业务维度信息则可以通过实时计算层反向补充维度类型，持续丰富企业维度信息。

当明白实时计算层的主要数据层级以及组成之后，接下来将基于微信渠道的实时数据分析进行相应的开发。

16.5.2 实时计算开发

实时计算开发的逻辑可以分为两部分，第一部分是从流式的日志文件中提取出关键信息；第二部分是将解析信息的值利用 Flink 的算子以及窗口函数进行统计之后输出。

1. 信息提取

不同的数据源的数据格式并不相同，所以在接入实时数据之前，需要分析源系统的数据格式，然后通过编写应用程序来解析不同源系统的数据格式并从中提取需要的关键信息。这里以微信渠道的日志数据为例，应用日志的数据格式如下所示：

```
2022/01/12 12:12:13.345 133*******3 gender:1 mac 220.196.194.xx
2022/01/12 12:12:15.565 156*******2 gender:3 iphone 220.196.194.xx
```

分析之后可以发现日志主要包括五部分，时间戳、脱敏的注册手机号码、性别、设备型号以及 IP 信息。

根据之前讨论的业务需求，系统需要计算不同渠道、不同性别在不同时间的注册分布，所以该数据的时间戳、脱敏的手机号码以及性别是需要的关键信息。可以编写相应数据的提取函数来获取关键信息，代码片段如下：

```
public static WeMemberInfo transformLogToWeMemberInfo(String logRecord){
    String regex ="(\\d{4}/\\d{2}/\\d{2} \\d{2}:\\d{2}:\\d{2}.\\d{3}) (.*) gender:(.*) (.*) (.*)"; ①
v    Pattern p= Pattern.compile(regex);
    Matcher m= pattern.matcher(logRecord);
    if(m.matches()){
        return new WeMemberInfo(m.group(1), m.group(2), m.group(3));
    }
    return null;
}


public static class WeMemberInfo{                                    ②

    private String registerTime;
    private String phoneNo;
    private String genderType;

    public WeMemberInfo(){}

    public WeMemberInfo(String registerTime,String phoneNo,String genderType){
      this.registerTime = registerTime;
      this.phoneNo = phoneNo;
      this.genderType = genderType;
    }
}
```

在上述代码片段中，主要有两个关键部分，第一部分是利用正则表达式从日志文件中解析出系统需要的核心内容，如①所示，利用正则表达式从流式日志中解析出用户注册时间、脱敏的手机号码以及性别类型等数据；第二部分是将解析之后的值实例化为实体类 WeMemberInfo.class，如②所示。

当数据解析完成后则可以通过创建算子以及时间窗口函数来进行实时计算逻辑的开发。

2. 实时计算

实时计算的主要思路是按照每 5 分钟处理一次的频率将数据统计出来，并存储到 Redis 中或者推送到 Kafka 中以方便下游应用进行数据查询或者消费。

本节选取的是 Redis 的 Hash 数据结构将不同渠道的数据按照分钟级别进行存储。对应某一具体渠道在某一分钟的 key 格式如下所示：

```
yyyymmddhhmm_wechat
```

其中 yyyymmddhhmm 代表具体的分钟，wechat 表示渠道名称。

（1）自定义 RedisSink

在 Flink 中如果需要连接 Redis 则需要自定义 Redis 的 sink 来进行 DataStream 的处理，故编写自定义 RedisSink 类用来处理 Redis 的连接情况。

```
public class MemberRedisSink implements RedisMapper<MemberRedisObj> { ①

    public RedisCommandDescription getCommandDescription() {
        return new RedisCommandDescription(RedisCommand.HSET,"member_register");
    }

    public String getKeyFromData(MemberRedisObj data) {
        return data.getChannelWithMinutue();
    }

    public String getValueFromData(MemberRedisObj data) {
        return data.getValue().toString();
    }
}
```

①中的 MemberRedisObj 为自定义的实体类，格式如下：

```
public class MemberRedisObj {

    private String channelWithMinutue;              ①-1

    private MemberRegisterRealTimeTs value;         ①-2

    public MemberRedisObj(String channelWithMinutue,MemberRegisterRealTimeTs
    value){
      Integer intgerMinuteValue =
      Math.round(Integer.parseInt(channelWithMinutue.substring(10,12))/5*5);
      this.channelWithMinutue = String.format("%s%s",
              channelWithMinutue.substring(0,10)
              ,intgerMinuteValue);
      this.value =value;
    }
}
```

其中① -1 为写入数据库中的 Key 格式，也是上面提到的 yyyymmddhhmm_wechat 格式的数值。① -2 对应的实体类 MemberRegisterRealTimeTs 为存储不同渠道不同注册会员数的对象，也是 Flink 在实时计算中转换成的实体类，对应的格式如下：

```
public class MemberRegisterRealTimeTs {

    private String genderId;
    private String genderType;
    private String channelId;
    private String channelName;
    private Integer uv;

    public String toString(){
            return String.format("\"genderId\":\"%s\"," +"\"genderType\":\"%s\","
+"\"channelId\":\"%s\"" +"\"channelName\":\"%s\"," +"\"uv\":%s}",genderId,gender
Type,channelId,channelName,uv);
    }
  }
```

MemberRegisterRealTimeTs 重写了 toString 函数，将数值以 JSON 的形式存储，方便后续在 Redis 中读取。

（2）实时数据处理

实时处理流程可以分为 3 个环节，第一个环节是读取 Kafka 的数据，然后统计不同 genderId（性别）在指定时间窗口的注册人数；第二个环节是将上个环节中统计的结果转换成对应的 Redis 需要存储的数据格式，也就是前面提到的 MemberRedisObj 对象；第三个环节是利用 Flink 的 Sink 将数据写入 Redis 中。详细的数据处理流程图如图 16-6 所示。

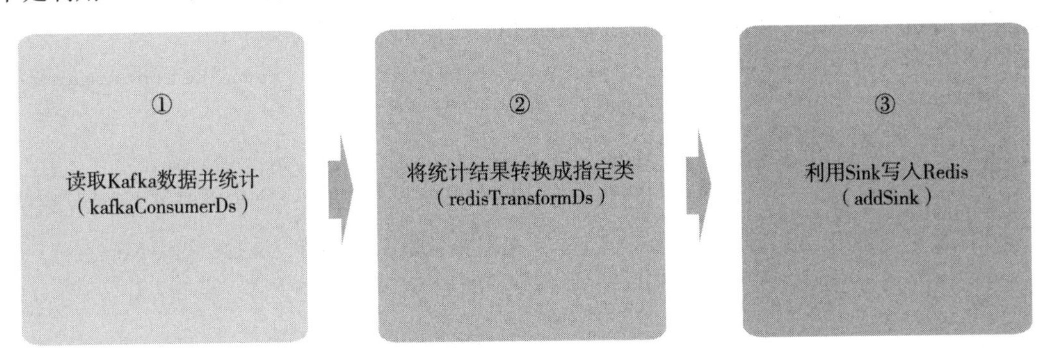

图 16-6　实时计算数据处理流程图

其中括号中的名称是实际处理逻辑中的关键变量名称。

1）kafkaConsumerDs：主要用来接收 Kafka 的消息并按照性别类型进行聚合，具体处理逻辑如下。

```
DataStream<Tuple2<String, Integer>> kafkaConsumerDs= stream.flatMap(
        new MyFlatMapper())                                    ①-1
```

```
                .returns(Types.TUPLE(Types.STRING, Types.INT))
                .keyBy(0)
                .window(TumblingProcessingTimeWindows.of(Time.minutes(5)))
                .sum(1);
```

其中① -1 就是基于信息提取中获取的日志数据格式封装自定义类，用来转换、处理输入的日志信息。MyFlatMapper.class 的定义如下所示：

```
  public static class MyFlatMapper implements FlatMapFunction<String, Tuple2<String,
Integer>> {
        @Override
        public void flatMap(String value, Collector<Tuple2<String, Integer>> out)
throws Exception {
            WeMemberInfo memberInfo =  transformLogToWeMemberInfo(value);  ①-2
            if(memberInfo!=null){
                out.collect(new Tuple2<String, Integer>(memberInfo.genderType, 1));
            }
        }
    }
```

① -2 是具体的日志数据转换部分，这里做了一个判断用来区分输入的日志是否符合提取的关键信息的日志格式，以防止出现空指针异常或者因脏数据导致统计结果不准确的情况。

2）redisTransformDs：将聚合之后的结果转换成 Redis 存储的键值对。由于 kafkaConsumerDs 输出的结果是 Tuple 格式，因此在 redisTransformDs 中需要自定义 MapFunction，将 Tuple 转换成 MemberRedisObj，具体的处理逻辑如下：

```
  DataStream<MemberRedisObj> redisTransformDs = resultStream.map(new
MapFunction<Tuple2<String, Integer>, MemberRedisObj>() {                    ①
            @Override
            public MemberRedisObj map(Tuple2<String, Integer> data) {
                SimpleDateFormat simpleDateFormat1 = new SimpleDateFormat("yyyyM
Mddhhmm");
               String currentMinute = (simpleDateFormat1.format(new Date())); ②
               MemberRegisterRealTimeTs registerRealTimeTs = new ③
             MemberRegisterRealTimeTs(data.f0)
                     .uv(data.f1).wechatChannel();
              String key = String.format("yyyyMMddhhmm_%s","wechat"); ④
              return new MemberRedisObj(key, registerRealTimeTs);
    }
});
```

①是自定义的 MapFunction，函数的输入参数为 Tuple2<String, Integer>，它也是 kafkaConsumerDs 的输出结果；②是每条聚合结果之后的时间戳，在④中与渠道 wechat 拼接之后构成 Redis 存储的 Hash 中的 key 值；③主要是将输入的 Tuple2<String, Integer> 的值初始化为 MemberRegisterRealTimeTs 的值并将输入的时间处理成整 5 分钟，同时调用

wechatChannel() 完成渠道的初始化工作，具体的实现如下：

```
public MemberRegisterRealTimeTs wechatChannel(){
        this.channelId = "1";
        this.channelName="WECHAT";
        return this;
    }
```

这样关于 redisTransformDs 的处理就完成了，接下来则是利用 RedisSink 完成数据向 Redis 的写入。

3）addSink：利用 Flink 提供的 RedisSink 类，完成向 Redis 的数据写入，具体的实现如下所示：

```
FlinkJedisClusterConfig config = new FlinkJedisClusterConfig.Builder()
                .setNodes(new HashSet<InetSocketAddress>(
                        Arrays.asList(new InetSocketAddress("lee001", 6379)))).
build();                        ①

redisTransformDs.addSink(new RedisSink<MemberRedisObj>(config, new
MemberRedisSink()));                    ②
```

其中①是利用 Flink 提供的 Redis 连接配置，在添加 Redis 服务器以及端口之后构建配置信息；之后通过 addSink 即可直接将 redisTransformDs 写入指定的 Redis 中。

整个代码块如图 16-7 所示，其中①、②、③与图 16-6 中实时计算处理整体流程相匹配。

直接运行上述程序，向 Flume 监控的日志文件写入数据，则可以在 Redis 上看到指定的数据，如下所示：

```
> hget member_register 20230301121205_wechat
"{\"genderId\":\"1\",\"channelId\":\"1\",\"channelName\":\"WECHAT\",\"uv\":3}"
```

当每 5 分钟的数据可以正常显示之后，就可以构建实时数据应用了。

```
public static void main(String[] args) throws Exception {

        StreamExecutionEnvironment env =
StreamExecutionEnvironment.getExecutionEnvironment();
        Properties properties = new Properties();
        properties.setProperty("bootstrap.servers", "lee001:9092");

        FlinkKafkaConsumer kafkaConsumerDs = new FlinkKafkaConsumer<>("we-member-topic",new
SimpleStringSchema(), properties);
        DataStream<String> stream = env.addSource(kafkaConsumerDs);              ①
        DataStream<Tuple2<String, Integer>> resultStream = stream.flatMap(
                new MyFlatMapper())
                .returns(Types.TUPLE(Types.STRING, Types.INT))
                .keyBy(0)
                .window(TumblingProcessingTimeWindows.of(Time.minutes(5)))
                .sum(1);
```

图 16-7　核心代码块展示

```
        DataStream<MemberRedisObj> redisTransformDs = resultStream.map(new
MapFunction<Tuple2<String, Integer>, MemberRedisObj>() {                    ②
            @Override
            public MemberRedisObj map(Tuple2<String, Integer> data) {
                SimpleDateFormat simpleDateFormat1 = new SimpleDateFormat("yyyyMMddhhmm");
                String currentMinute = simpleDateFormat1.format(new Date());
                MemberRegisterRealTimeTs registerRealTimeTs = new
MemberRegisterRealTimeTs(data.f0)
                        .uv(data.f1).wechatChannel();
                String key = String.format("yyyyMMddhhmm_%s","wechat");
                return new MemberRedisObj(key, registerRealTimeTs);
            }
        });

        FlinkJedisClusterConfig config = new FlinkJedisClusterConfig.Builder()
                .setNodes(new HashSet<InetSocketAddress>(                    ③
                        Arrays.asList(new InetSocketAddress("lee001", 6379)))).build();
        redisTransformDs.addSink(new RedisSink<MemberRedisObj>(config, new
MemberRedisSink()));
        env.execute();
    }
```

图 16-7 核心代码块展示（续）

16.5.3 实时数据应用

从 16.5.1 节的数据层级设计中可以看出来，实时数据应用的方式并不是只有一种。例如这里 Redis 中的数据按照不同渠道每 5 分钟生成一条数据，那么后端应用可以根据当前时间生成查询的 Redis 的 key 进行查询，并将查询的结果通过 Socket 的方式实时传输到前台进行可视化展示或者其他处理。

在本节中由于按照每 5 分钟的方式分别对不同渠道的数据进行存储，因此需要应用程序在后台将相应的数据进行汇总，并按照标准的性别维度表进行转换处理后合并。

除此之外也可以用另外一种方式，即将在 Flink 内部对微信渠道以及 App 渠道进行数据转换，例如在 Redis 中缓存相应的标准性别的维度信息，在 Flink 中对不同渠道的性别进行转换，然后传输到下游中。从下游应用角度考虑的话，建议采用这种方式，因为可以节省下游不同应用系统对渠道信息的维护工作。

16.6 总结

通过对比实时计算与离线计算的区别可以发现，在实时计算中的数据模型比离线计算简单了许多。这是因为实时计算需要考虑数据的及时性，低延迟地将数据传输到不同的下游应用中，如果数据模型过于复杂，将会提升数据传输以及处理的复杂度。

真实场景中的实时计算远比本书中的案例复杂，例如由于网络抖动或者其他影响导致数据生成以及传输的顺序发生变化，例如 19:00—19:05 的数据在 19:06 才传输到 Flink 中进行计算，导致生成的数据出现误差。当然 Flink 中存在相应机制来解决类似问题，例如使用水印来保证数据的时序性。此外还有生产者生产效率大于消费者而带来的反压问题。这些都是在实时场景中存在的问题，期望通过本章的学习，读者有更大的兴趣去研究实时计算的相关技术。

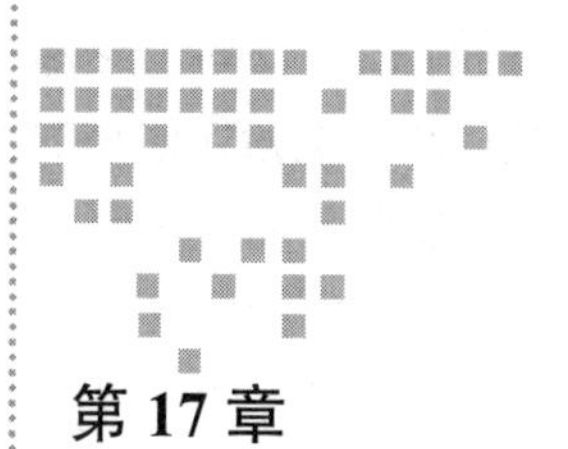

Chapter 17 第 17 章

对数字未来的展望

17.1 建设数字中国

2023 年中共中央、国务院印发了《党和国家机构改革方案》(以下简称方案)，其中明确提到组建国家数据局。负责协调推进数据基础制度建设，统筹数据资源整合共享和开发利用，统筹推进数字中国、数字经济、数字社会规划和建设等，由国家发展和改革委员会管理。协调国家重要信息资源开发利用与共享、推动信息资源跨行业跨部门互联互通等职责，国家发展和改革委员会承担的统筹推进数字经济发展、组织实施国家大数据战略、推进数据要素基础制度建设、推进数字基础设施布局建设等职责划入国家数据局。

上层的纲领性文件，可以体现出当今社会对于数字化的重视程度。最近几年也一直提倡数字化转型。从某种程度上来看，《方案》的提出更加验证数字化转型以及数字化建设在政策层面将会逐步进入相对完善及加速阶段。对于在不同领域从事数据相关工作的我们来说，更应该积极响应国家、社会以及行业对于数字化的号召。

到底什么是数字化？其实《方案》中也提到了，即进行数据资源整合并共享，构建基础制度建设。从哲学的层面来理解，数字中国的完成必然是基于中国的不同省份或者区域数字化完成而完成的；数字经济是基于参与经济活动的各个有机体在进行相应的经营生产活动过程中的数字化完成而完成的；数字社会则是基于组成社会中的个体之间的沟通交互的数字化完成而完成的。

数字化转型的提出是企业从信息化向更加高效的发展而必然要经历的阶段。在信息化时代，不同的企业按照不同的业务线或者业务场景，构建相对独立的业务系统来支持企业的日常运行。但是随着企业体量增加、业务复杂度增加以及对于效率的进一步追求等，不同系统之间的数据交互、数据打通以及数据共享的需求变得愈加迫切；在信息化快速建设过程中遗留的一些数据质量问题所带来的企业经营上的风险愈加增大。为此企业需要逐步打破“孤岛”，构建企业级别的数据底座，进一步提高企业内部数据质量、数据共享程度等以降低企业运营的风险，提高企业运营的效率。这也更加需要作为数据从业者的我们提高自身的专业能力，为企业数字化转型做贡献。

在企业数字化转型的过程中，逐步形成企业的数据资产，进一步提高企业在数字时代的竞争力。然而在当下，关于企业的数据资产的定价以及跨企业之间的流转或者交互无论在政策方面还是在实际操作方面均未形成相应的可推广的实践。这可能也是国家数据局在今后需要逐步推动落地的一个方面。这也要求从业者需要时刻紧跟国家政策，持续提升理论知识水平。

17.2　金融行业的数字化转型

2021 年 12 月，中国人民银行发布的《金融科技发展规划（2022—2025 年）》（以下简称《规划》）中提到，数据成为新的生产要素，数字技术成为新的发展引擎，数字经济浪潮已势不可挡。

《规划》提到，力争到 2025 年，整体水平与核心竞争力实现跨越式提升，数据要素价值充分释放、数字化转型高质量推进、金融科技治理体系日臻完善、关键核心技术应用更为深化、数字基础设施建设更加先进，以“数字、智慧、绿色、公平”为特征的金融服务能力全面加强，有力支撑创新驱动发展、数字经济、乡村振兴、碳达峰碳中和等战略实施，走出具有中国特色与国际接轨的金融数字化之路，助力经济社会全面奔向数字化、智能化发展新时代。

在《规划》中数据出现 115 次，在重点任务中涉及数据相关的条目有全面塑造数字化能力、强化数据能力建设、推动数据有序共享、深化数据综合应用等，并且强调持续强化标准体系建设、盘活企业数据资产等内容。

此外金融行业中不同的从业者也针对数字化转型阐述了自己的观点，例如中电金信软件有限公司（简称“中电金信”）在《商业银行大零售数字化转型白皮书》中明确提到，数字经济已经成为当今社会发展主流，以银行业为代表的服务业既是数字经济的参与者，又是数字经济的受益者。数字经济的发展离不开大数据，以分布式计算系统为基础的算力和以大数据和行业知识为基础的算法的共同作用，开启了商业银行由传统服务行业向现代企业的变革过程。银行业来到 Bank 4.0 的数字化时代，商业银行零售业务的数字化转型既具备条件，又成为商业银行必备的重要生存技能和发展利器。

但是我们需要明白的是任何金融行业的数字化转型之路都离不开数据架构的支持。

17.3 数据架构核心

虽然不同的时代有着不同的数字化的诉求，不同的时代存在不同的组件可以帮助企业搭建不同的企业数据平台，但是无论技术怎么迭代，在数据架构中存在一些始终不会改变的核心组成。

不同的数据在不同类型的数据库或者 NoSQL 中存储，数据存储的方式或者数据层级的设计是由数据模型所决定的。数据模型代表基于业务场景，数据以什么样的形式存放在数据库或者 NoSQL 中，以及数据以什么样的关联或者聚合方式提供到对外的数据处理或者后续的数据服务中。

无论什么行业、什么企业、数据以什么形式进行存储，数据架构总是依托数据对象的存在而存在，例如关系型数据库时代的数据库表、大数据时代的 Key-Value 以及 Flink 中的流式数据。数据对象总体上包括两方面的内容：一方面是数据对象本身在技术层面的含义，例如值是什么；另一方面是数据对象本身在业务方面的含义，例如这条记录是注册信息记录还是消费信息记录等。这本质上就是元数据的一部分。

数据在流转过程中，往往由于不同的系统所关注的业务场景重点或者系统建设阶段不同，而主动或者被动导致企业业务中同一实体的不同属性在不同业务系统中是不一样的；或者不同实体的不同属性却有着相同的属性值等。这本质上是由企业内部的数据标准不统一而导致的。为此在构建数据平台过程中，数据标准是一项非常核心的工作，也是数据可以共享的基础，如果企业没有数据标准，那么数据共享从某种程度上来看就是局部的、片面的数据共享。这对于不同行业来说更是如此。

从大多数企业系统间的交互现状来看，不同业务系统之间可能通过各种各样的方式进行数据交互，例如通过文件方式、消息中间件方式或者 API 等。如果某一个业务系统产生一条脏数据，且这条脏数据如果没有得到有效发掘，那么它将会随着在不同系统之间流转而逐步影响企业其他系统的业务进行，例如对于零售行业，如果用户注册时间发生错误，不同营销系统会在用户注册满周年时向用户发送不合时宜的消息，这无疑会让用户对企业产生一些负面评价。所以在企业中数据质量始终是一个非常重要的话题，并且数据质量的重要程度仍在不断提升。

所以无论时代如何变化，数据模型、元数据、数据标准以及数据质量始终是数据架构的核心。无论是数据治理、数据资产，本质上都是需要基于这四部分内容展开的。

17.4 数据开发趋势

就笔者这几年的观察来看，数据开发正在逐步向应用开发趋近。即从某种意义上来说最近很多做数据开发的人员并不是从数据行业（例如 ETL、数据模型）转型而来的，而是从应用开发转型而来的。换句话说，现在数据开发从业人员的岗位要求与十年或者二十年前的岗位要求相比，发生了较大的变化。

这种变化的原因可能是现在针对不同场景的组件如雨后春笋般出现，以前数据从业者只能选择关系型数据库；现在除了可以选择关系型数据库，还可以选择不同场景的数据库或者 NoSQL，例如 Key-Value 数据库、文本搜索数据库 Elasticsearch、高性能的数据库 ClickHouse 以及实时计算组件 Flink 等。这些新出现的组件往往都需要使用人员存在一定的高级语言的研发能力，例如 Java 或者 Scala 等。可是大多数数据开发人员往往不熟悉上述研发语言，这在某种程度上阻碍了数据人员深入新时代的数据平台建设（或者降低参与程度），所以需要应用开发人员更多地参与到数据平台建设中；对于大多数应用开发人员来说，他们并不像传统的数据开发人员那样有较多的数据模型设计或者开发经验，往往是业务流程驱动，而非数据驱动，由于缺少系统的方法论或者模型设计的经验，导致企业数据模型设计不可避免地出现数据标准或者数据共享问题。

所以在企业数字化转型过程中，一方面传统的数据开发人员需要学习一些高级语言，以提高自身专业能力；另一方面负责数据开发的应用开发人员则需要学习并了解一些数据模型设计的方法论，这样可以进一步夯实企业数据底座。

举个例子，笔者曾经参与过某应用系统开发项目，利用数据思维构建应用模型，不懂数据开发的应用人员看到该数据模型也会觉得数据模型非常易懂易于使用。这里并没有任何炫耀的成分，只是觉得不同领域的技能交叉可以极大地提高开发人员的思考深度以及专业能力。

17.5　DataOps 发展

DataOps 第一次出现是在 Lenny Liebmann 于 2014 年发表的一篇名为“3 Reasons Why DataOps is Essential for Big Data Success”的文章中。2015 年 Andy Palmer 发表文章“From DevOps to DataOps”，彼时 DataOps 这一词被大众所熟知，文中提出 DataOps 的四个关键构成——数据工程、数据集成、数据安全和数据质量。2018 年 Gartner 将 DataOps 定义为数据管理的一种实践，目标是实现数据、数据模型以及相关数据产品的按期交付和变更管理等。

从 DataOps 的概念提出到现在已经近 10 年，不同的组织对于 DataOps 的侧重点各有不同，例如有的强调敏捷的方法，有的强调自动的方式，也有的强调数据旅程和业务价值。在具体的行业实践中，我们可以看到有的金融行业已经开始进行 DataOps 的落地探索。正如在《DataOps 实践手册》一书中提到的，DataOps 为数字化转型奠定基础，它应该是经过深思熟虑的数据战略的一部分。

为了消除软件开发和数据开发之间的差异，打破数据科学与软件开发之间的 IT 知识鸿沟，进一步挖掘企业数据资产的价值，DataOps 可能将会在企业数字化转型以及企业数据资产构建中发挥巨大的作用。

17.6 总结

在本章中笔者分享了自己对于数据架构、数据开发这个行业的一些浅薄的观点。期望数据行业从业者或者准备从事数据行业的读者可以获得一些启发，在即将到来的数字中国的进程中发挥自己的专业能力以及价值。